Collège International pour l'Etude Scientifique des Techniques de Production Mécanique
International Institution for Production Engineering Research
Internationale Forschungsgemeinschaft für Mechanische Produktionstechnik

Springer

Berlin
Heidelberg
New York
Barcelona
Hongkong
London
Mailand
Paris
Tokio

Collège International pour l'Etude Scientifique des Techniques de Production Mécanique (Eds.)
International Institution for Production Engineering Research (Eds.)
Internationale Forschungsgemeinschaft für Mechanische Produktionstechnik (Hrsg.)

Wörterbuch der Fertigungstechnik
Umformtechnik 2
2. Auflage

Dictionary of Production Engineering
Metal Forming 2
2nd Edition

Dictionnaire des Techniques de Production Mécanique
Formage 2
2e Edition

Springer

Herausgeber/Editor
Collège International
pour l'Etude Scientifique
des Techniques de Production Mécanique
9 rue Mayran
F-75009 Paris, France

ISBN 3-540-61889-9 Springer-Verlag Berlin Heidelberg New York

Die Deutsche Bibliothek – CIP-Einheitsaufnahme
Wörterbuch der Fertigungstechnik = Dictionary of production engineering / Collège International pour l'Etude Scientifique des Techniques de Production Mécanique (ed.). – Berlin ; Heidelberg ; New York ; Barcelona ; Hongkong ; London ; Mailand ; Paris ; Tokio : Springer.
Umformtechnik 2. – Red.: P. Paulsen – 2. Auflage – 2002
ISBN 3-540-61889-9

This work is subject to copyright. All rights are reserved, whether the whole or part of the material is concerned, specifically the rights of translation, reprinting, re-use of illustrations, recitation, broadcasting, reproduction on microfilms or in other ways, and storage in data banks. Duplication of this publication or parts thereof is only permitted under the provisions of the German Copyright Law of September 9, 1965, in its current version, and permission for use must always be obtained from Springer-Verlag. Violations are liable for prosecution act under German Copyright Law.

Springer-Verlag Berlin Heidelberg New York
a member of BertelsmannSpringer Science + Business Media GmbH

http://www.springer.de

© Springer-Verlag Berlin Heidelberg 2002
Printed in Germany

The use of general descriptive names, registered names, trademarks, etc. in this publication does not imply, even in the absence of a specific statement, that such names are exempt from relevant protective laws and regulations and therefore free for general use.

Cover-Design: de'blik, Berlin
Typesetting: medio Technologies AG, Berlin

Printed on acid-free paper SPIN: 10551029 61/3020 Rw – 5 4 3 2 1 0

Einführung

Die Internationale Forschungsgemeinschaft für mechanische Produktionstechnik C.I.R.P. mit dem Sitz in Paris hat von 1962 bis 1984 ein dreisprachiges Wörterbuch der Fertigungstechnik in Deutsch, Englisch, Französisch mit den folgenden Teilen herausgegeben:

1. Schmieden – Freiformschmieden, Gesenkschmieden
2. Schleifen, Oberflächenrauheit
3. Blechbearbeitung
4. Grundbegriffe des Spanens
5. Kaltfließpressen und Kaltstauchen
6. Hobeln, Stoßen, Räumen, Drehen
7. Bohren, Senken, Reiben, Gewindefertigen
8. Fräsen, Sägen, Verzahnen
9. Elektrochemisches, elektroerosives, elektronisches, photonisches (Laser) und chemisches Abtragen

Darin sind angesichts dessen, daß in den drei Sprachen und darüber hinaus in den jeweiligen Sprachräumen mitunter unterschiedliche Begriffsinhalte für einzelne Begriffe auftreten, im Unterschied zu anderen Wörterbüchern in großem Umfang Definitionen und, soweit erforderlich, erläuternde bildliche Darstellungen enthalten. Hierdurch wird das Anliegen von C.I.R.P. verwirklicht, sachlich einwandfreie Übersetzungen zunächst in den drei genannten Sprachen zu ermöglichen. Band 1 wurde auch auf Dänisch, Norwegisch, Schwedisch, Finnisch (Band 1N) und Italienisch, Spanisch, Portugiesisch (Band 1R) erweitert. Band 1 bis 9 wurden kürzlich auch auf die chinesische Sprache ausgedehnt.

Die Entwicklung der Fertigungs- und Produktionstechnik mit rasch zunehmender Internationalisierung, Einführung der Informationstechnik und Organisationstechnik bringt unter anderem auch eine deutliche Ausweitung des Begriffsvolumens, verbunden mit teilweiser Veränderung von Begriffsinhalten, mit sich. C.I.R.P. trägt dieser Entwicklung durch Erarbeitung einer 2. Auflage in deutscher, englischer und französischer Sprache Rechnung. Diese ist durch eine deutliche Ausweitung des Umfangs und eine neue Struktur mit fachlich-systematischer Gliederung gekennzeichnet. Definitionen werden für nahezu alle Begriffe gegeben; die Anzahl der bildlichen Darstellungen ließ sich dadurch verringern.

Die Bände I/1 und I/2 *Umformtechnik* enthalten ca. 3.400 Begriffe für die Metallumformung in den Teilen:

1. Allgemeine Begriffe der Umformtechnik
2. Warmschmieden und Gesenkschmieden
3. Kalt- und Halbwarmumformen
4. Blechbearbeitung
5. Walzen
6. Durchziehen
7. Strangpressen

Die weitere Gliederung erfolgt in diesen sieben Teilen einheitlich nach den Kriterien: teilebezogene Grundbegriffe, Technologie und Tribologie; Werkstückwerkstoffe und ihre Eigenschaften sowie Wärmebehandlung; Werkzeuge – Werkstoffe, Herstellung, Eigenschaften; Werkzeugmaschinen – Steuerung, Automatisierung, Zusatzeinrichtungen; Wärmen und Wärmanlagen; Werkstücke – Eigenschaften, Qualitätssicherung; allgemeine Gesichtspunkte der Fertigung; Rechneranwendungen; Verschiedenes. Band I/1 enthält die Teile 1 bis 4, Band I/2 die Teile 5 bis 7.

Die Bände I/1 und I/2 *Umformtechnik* der 2. Auflage des Wörterbuches wurden von 1989 bis 1997 vom Scientific Technical Committee „Dictionary (D)“ unter dem Vorsitz von Prof. em. Dr.-Ing. Dr. h.c. K. Lange erarbeitet. Sie wurden durch die SI-Vorhaben S 218 und S 312 aus Mitteln der Stiftung Industrieforschung über die Forschungsgesellschaft Stahlverformung e.V. (FSV), Hagen, gefördert und durch Zuwendungen der National Science Foundation, U.S.A., zur Finanzierung der Reisen des stellv. Vorsitzenden, Prof. K. J. Weinmann, unterstützt.

Die Bände I/1 und I/2 - „Forming“ der 2. Auflage des „C.I.R.P.-Wörterbuches der Fertigungstechnik“ wurden auf Beschluß des C.I.R.P.-Council vom Scientific Technical Committee „Dictionary (D)“ in enger Zusammenarbeit mit der Forschungsgesellschaft Stahlverformung, Hagen, auf Anregung von Dipl.-Ing. G. Peddinghaus erarbeitet.

Zusammenstellung der Begriffe:
Prof. T. Altan (USA), Dipl.-Ing. N. Dicks (Deutschland), Prof. E. Doege (Deutschland), Prof. E. v. Finckenstein (Deutschland), Dipl.-Ing. M. Hoppe (Deutschland), Prof. R. Kopp (Deutschland), Prof. K. Lange (Deutschland), Prof. D. Schmoeckel (Deutschland), Prof. K. J. Weinmann (USA), Dr. H. Wiegels (Deutschland).

Zusammensetzung der Arbeitsgruppe im Rahmen des STC „D“:
Dr. C. Bédrin (Frankreich), Prof. A. Bramley (Großbritannien), Dr. E. Felder (Frankreich), Prof. J.-C. Gélin (Frankreich), Prof. K. Lange, Chairman, Dr. P. Paulsen (Deutschland), Prof. K. J. Weinmann, Vice-Chairman.

Weitere Mitarbeiter:
Dipl.-Ing. R. Janotta (Deutschland), Dipl.-Ing. P. A. Jippa (Deutschland), Dr. M. Knoerr (USA), B. de Lamberterie (Frankreich), B. Petit (Frankreich), Dr. W. Pieper (Deutschland), P. Rahier (Frankreich), D. Raoult (Frankreich), L. Roesch (Frankreich), Dipl.-Ing. J. D. Saniter (Deutschland/Großbritannien), R. F. Vinall (Deutschland/Großbritannien), Prof. R. D. Weill (Israel), J. Wendenbaum (Frankreich).

Koordination in Deutschland:
Dr. H. Meyer-Nolkemper

Zusammenstellung / Redaktion:
Dr. P. Paulsen

Die Begriffe aus DIN-Normen sind wiedergegeben mit Erlaubnis des DIN Deutsches Institut für Normung e.V. Maßgebend für das Anwenden der Norm ist deren Fassung mit dem neuesten Ausgabedatum, die bei dem Beuth Verlag GmbH, Burggrafenstraße 6, 10787 Berlin, erhältlich ist.

Die Bände [illegible] 2. Auflage [illegible] Wörterbuch der Fertigungstechnik wurden mit der Hilfe der [illegible] von Scientific Technical Committee Dictionary (STC) [illegible] der Fertigung [illegible] Anregung von Dipl.-Ing. [illegible]

Zusammenstellung der Begriffe

[illegible]

Zusammensetzung der Arbeitsgruppe(n) im Rahmen des STC „D“

[illegible]

Weitere Mitarbeiter

[illegible]

Koordination [illegible]

Dr. [illegible]

[illegible]

Die [illegible] DIN [illegible] des DIN [illegible] Anwender der Norm [illegible] neuesten Ausgabe [illegible] die bei dem Beuth Verlag GmbH [illegible] Berlin, erhältlich ist.

Introduction

The International Institution for Production Engineering Research (C.I.R.P.) headquartered in Paris issued a trilingual dictionary of Production Engineering from 1962 to 1984 in English, French, and German with volumes as follows:

1. Forging, drop forging
2. Grinding, surface roughness
3. Sheet metal forming
4. Fundamental terms of cutting
5. Cold extrusion and upsetting
6. Planing, slotting, broaching, turning
7. Drilling, countersinking/boring, reaming, tapping
8. Milling, sawing, gear manufacturing
9. Electrochemical, electrodischarge, electronic, laser, and chemical machining

The dictionaries took account of the likelihood of different interpretations of terms in any given language by including both definitions of the terms as well as figures. Thus the aim of C.I.R.P. to make available correct translations of technical manufacturing terms into the three languages was realized. Incidentally, volume 1 was extended to Danish, Finnish, Norwegian, and Swedish (Volume 1N), and Italian, Spanish, and Portuguese (Volume 1R). Also volumes 1 to 9 were extended to Chinese most recently.

The subsequent development of manufacturing technology with advancing internationalization, introduction of computers and organizational aspects led to a significant expansion of the number of terms as well as occasional alterations of term definitions. C.I.R.P. is taking account of these developments by introducing a second edition in English, French and German. It is characterized by a considerable expansion of the number of terms and a new topically systematic structure. Definitions are provided for nearly all terms, which permitted the reduction of the number of figures.

Volumes I/1 and I/2 *Forming* contain about 3400 terms for metal forming within the chapters

1. General terms of metal forming
2. Hot- and die forging

3. Cold- and warm forging
4. Sheet metal working
5. Rolling
6. Drawing
7. Extrusion

A further subdivision within each of these chapters is provided according to the criteria: part-specific basic terms; technology and tribiology; workpiece materials – their properties and heat treatment; tool and die materials, production and properties; heating and heat treating equipment; workpieces, work piece properties and quality assurance; operational aspects; cornputer applications; miscellaneous. Volume I/1 contains chapters 1 to 4, and Volume I/2 chapters 5 to 7.

Volumes I/1 and I/2 *Forming* of the second edition of the dictionary are the result of the combined efforts of the C.I.R.P Scientific Technical Committee "Dictionary (D)" from 1989 – 1997 under the chairmanship of Prof. em. Dr.-Ing. Dr. h.c. K. Lange. Support for this effort was provided by the SI-Projects S 218 and S 312 from funding of the Stiftung Industrieforschung through the Forschungsgesellschaft Stahlverformung e.V. (FSV) Hagen. The National Science Foundation (USA) supported the project by covering the travel expenditures of Vice-Chairman Prof. K. J. Weinmann.

The Volumes I/1 and I/2 "*Forming*" of the second edition of the "C.I.R.P. Dictionary of Production Engineering" were produced by the Scientific Technical Committee "Dictionary (D)" based on a resolution of the C.I.R.P. Council. The effort was carried out in close cooperation with the Forschungsgesellschaft Stahlverformung, Hagen, Germany, encouraged by Dipl.-Ing. G. Peddinghaus.

Compilation of Terms:

Prof. T. Altan (USA), Dipl.-Ing. N. Dicks (Germany), Prof. E. Doege (Germany), Prof. E. v Finckenstein (Germany), Dipl.-Ing. M. Hoppe (Germany), Prof. R. Kopp (Germany), Prof. K. Lange (Germany), Prof. D. Schmoeckel (Germany), Prof. K. J. Weinmann (USA), Dr. H. Wiegels (Germany).

Composition of the Working Group within the framework of STC "D":

Dr. C. Bédrin (France), Prof. A. Bramley (United Kingdom), Dr. E. Felder (France), Prof. J.-C. Gélin (France), Prof. K. Lange, Chairman, Dr. P Paulsen (Germany), Prof. K. J. Weinmann, Vice-Chairman.

Additional Contributors:

Dipl.-Ing. R. Janotta (Germany), Dipl.-Ing. P. A. Jippa (Germany), Dr. M. Knoerr (USA), B. de Lamberterie (France), B. Petit (France), Dr. W. Pieper (Germany), P. Rahier (France), D. Raoult (France), L. Roesch (France), Dipl.-Ing. J. D. Saniter (Germany/United Kingdom), R. F. Vinall (Germany/United Kingdom), Prof. R. D. Weill (Israel), J. Wendenbaum (France).

Coordination in Germany:

Dr. H. Meyer - Nolkemper

Arrangement/Editing:

Dr. E Paulsen

The terms from DIN-Standards are reproduced by permission of DIN Deutsches Institut für Normung e.V. The definitive version for the implementation of this standard is the edition bearing the most recent date of issue, obtainable from Beuth Verlag GmbH, Burggrafenstraße 6, D-10787 Berlin.

The volumes [illegible] of the second edition of the "[illegible] Dictionary" [illegible] produced by the [illegible] Dictionary [illegible] based on [illegible] was carried out in close cooperation with the Forschungsgesellschaft [illegible] Hessen [illegible] by Dipl.-Ing. [illegible]

Compilation of Terms

[illegible] (USA), [illegible] (Germany), Prof. [illegible] (Germany), Prof. [illegible] (USA), [illegible] (Germany)

Compilation of the Working Group within the Framework of STC "D"

[illegible] (United Kingdom), [illegible] (Germany), [illegible]

Additional Contributors

[illegible] (Germany), [illegible] (United Kingdom), Prof. [illegible] (Russia)

Coordination in Germany

[illegible]

[illegible]

[illegible]

The [illegible] by permission of [illegible] Deutschland [illegible] The [illegible] for the [illegible] of the standard [illegible] obtainable from Beuth Verlag GmbH, Burggrafenstraße 6, 10787 Berlin.

Introduction

Le Collège International pour l'Etude Scientifique des Techniques de Production Mécanique (C.I.R.P.), ayant son siège à Paris, a publié un Dictionnaire des Techniques de Production Mécanique trilingue (français, anglais, allemand) au cours des années 1962 à 1984, comprenant les volumes suivants:

Vol. 1 Forgeage et Estampage
Vol. 2 Travail par Abrasion – Rugosité des Surfaces
Vol. 3 Travail des Métaux en Feuilles
Vol. 4 Notions de Base de l'Usinage
Vol. 5 Filage et Refoulement à Froid
Vol. 6 Rabotage, Mortaisage, Brochage, Tournage
Vol. 7 Percage, Alésage, Forage, Lamage, Alésage à l'Alésoir, Filetage
Vol. 8 Fraisage, Sciage, Taillage
Vol. 9 Usinage par Enlèvement Electrochimique, Electroérosif, Electronique, Photonique (Laser) et Chimique

Etant donné que pour un même concept, il peut exister différentes désignations dans certaines langues, ou éventuellement dans certains pays utilisant ces langues, on a introduit dans le dictionnaire des définitions en abondance, et si nécessaire, des croquis explicatifs (ceci à la différence de la plupart des autres dictionnaires disponibles). De cette façon, l'objectif du C.I.R.P. d'offrir des traductions univoques dans les trois langues de base a pu être réalisé. Il est à noter que pour le volume 1, le dictionnaire avait été élargi aux langues nordiques (danois, norvégien, suédois et finlandais), Vol. 1N, et aux langues romanes (italien, espagnol, portugais), Vol. 1R. Les volumes 1 à 9 ont aussi été étendus, plus récemment, à la langue chinoise.

Le développement actuel des techniques de production mécanique, accompagné d'une globalisation rapide, de l'introduction massive des techniques informatiques et des techniques de gestion, a pour conséquence une multiplication significative du nombre des concepts, éventuellement assortie de modifications dans l'acception de certains termes. Le C.I.R.P. prend en compte ce développement en initiant une deuxième édition de son dictionnaire, dans les trois langues anglaise, allemande et française. La nouvelle édition est caractérisée par une nette augmentation du nombre des termes et par une nouvelle disposition très systématique. Des définitions sont données pour la quasi totalité des termes; en revanche, le nombre des illustrations a pu être réduit.

Les volumes I/1 et I/2 consacrés au formage contiennent environ 3400 concepts classés suivant les chapitres ci-après:

1. Termes Généraux des Techniques de Formage des Métaux
2. Forgeage à Chaud et Matriçage
3. Forgeage à Froid et à Tiède
4. Travail des Métaux en Feuilles et Emboutissage
5. Laminage
6. Etirage et Tréfilage
7. Filage

Les subdivisions ultérieures dans ces 7 parties sont partout les mêmes et correspondent aux notions suivantes: concepts fondamentaux relatifs aux pièces; technologies et tribologie; matériaux de la pièce avec leurs propriétés et leurs traitements thermiques; outils et leurs matériaux, élaboration, propriétés; machines-outils et leur automatisation, commande, accessoires; chauffage et installations de chauffage; pièces avec leurs propriétés, assurance qualité; considérations générales concernant la production; applications des calculateurs.

Le volume I/1 contient les parties 1 à 4, le volume I/2, les parties 5 à 7.

Les volumes I/1 et I/2 ‹Techniques de Formage› du dictionnaire ont été élaborés entre les années 1989 et 1997 par le Comité Scientifique et Technique ‹Dictionnaire› du C.I.R.P. sous la présidence du Professeur em. Dr.-Ing., Dr. h.c. K. Lange. Il a été financé dans le cadre des projects SI 218 et S 312 de la Stiftung Industrieforschung par l'intermédiaire de la Forschungsgesellschaft Stahlverformung e.V. (FSV) Hagen, ainsi que par des subventions de la National Science Foundation (USA) concernant les frais de déplacement du Vice Président Prof. K. J. Weinmann.

Les volumes I/1 et I/2 ‹Formage› de la seconde édition du Dictionnaire C.I.R.P. des Techniques de Production Mécanique ont été préparé par le Comité Scientifique et Technique ‹Dictionnaire› (D) sur décision du Conseil du C.I.R.P., en relation étroite avec la Forschungsgesellschaft Stahlverformung, Hagen, Allemagne, suite à une initiative de Mr. le Dipl.-Ing. G. Peddinghaus.

Préparation des termes techniques:
Prof. T. Altan (USA), Dipl.-Ing. N. Dicks (Allemagne), Prof. E. Doege (Allemagne), Prof. E. v. Finckenstein (Allemagne), Dipl.-Ing. M. Hoppe (Allemagne), Prof. R. Kopp (Allemagne), Prof. K. Lange (Allemagne), Prof. D. Schmoeckel (Allemagne), Prof. K. J. Weinmann (USA), Dr. H. Wiegels (Allemagne).

Composition du Groupe de Travail dans le cadre du STC ‹D›:
Dr. C. Bédrin (France), Prof. A. Bramley (Grande Bretagne), Dr. E. Felder (France), Prof. J.-C. Gélin (France), Prof. K. Lange, Chairman, Dr. P Paulsen (Allemagne), Prof. K. J. Weinmann, Vice-Chairman.

Autres collaborateurs:
Dipl.-Ing. R. Janotta (Allemagne), Dipl.-Ing. P. A. Jippa (Allemagne), Dr. M. Knoerr (USA), B. de Lamberterie (France), B. Petit (France), Dr. W. Pieper (Allemagne), R. Rahier (France), D. Raoult (France), L. Roesch (France), Dipl.-Ing. J. D. Saniter (Allemagne/Grande Bretagne), R. F. Vinall (Allemagne/Grande Bretagne), Prof. R. D. Weill (Israel), J. Wendenbaum (France).

Coordination en Allemagne:
Dr. H. Meyer-Nolkemper

Edition-Rédaction:
Dr. E Paulsen

Les concepts provenant des Normes DIN sont reproduits avec l'autorisation du DIN, Institut Allemand pour la Normalisation, e.V. L'utilisation des termes normalisés doit tenir compte de la dernière version portant la date de parution la plus récente, qui est disponible chez Beuth Verlag GmbH, Burggrafenstrasse 6, 10787 Berlin.

In diesem Wörterbuch verwendete Abkürzungen:

Am	Amerikanisch	m	männlich
De	Deutsch	f	weiblich
En	Englisch	n	sächlich
Fr	Französisch	pl.	Mehrzahl
		S.	Seite
		s.	siehe
		vb	Zeitwort
		*)	zu vermeiden

Abbreviations used in this dictionary:

Am	American	f	feminine
De	German	m	masculine
En	English	n	neuter
Fr	French	pl.	plural
		S.	page
		s.	see
		vb	verb
		*)	to be avoided

Abréviations employées dans ce vocabulaire:

Am	Américan	f	féminin
De	Allemand	m	masculin
En	Anglais	n	neutre
Fr	Français	pl.	pluriel
		S.	page
		s.	voir
		vb	verbe
		*)	à éviter

Inhaltsverzeichnis

V Walzen

0 Grundbegriffe des Walzens
1 Verfahren und Tribologie des Walzens
2 Werkstoffe und ihre Eigenschaften. Wärmebehandlung
3 Walzwerkzeuge
4 Werkzeugmaschinen zum Walzen
5 Wärmen und Wärmeinrichtungen für das Walzen
6 Walzerzeugnisse und ihre Eigenschaften
7 Betriebsfragen (Walzen)
8 –
9 Sonstiges

VI Durchziehen (Ziehen)

0 Grundbegriffe des Durchziehens
1 Verfahren und Tribologie des Durchziehens
2 Ziehwerkstoffe und ihre Eigenschaften. Wärmebehandlung
3 Ziehwerkzeuge
4 Werkzeugmaschinen zum Durchziehen
5 Wärmen und Wärmeinrichtungen für das Durchziehen
6 Ziehteile und ihre Eigenschaften
7 Betriebsfragen (Durchziehen)
8 –
9 Sonstiges

VII Strangpressen

0 Grundbegriffe des Strangpressens
1 Verfahren und Tribologie des Strangpressens
2 Werkstoffe für das Strangpressen. Wärmebehandlung
3 Werkzeuge zum Strangpressen
4 Werkzeugmaschinen für das Strangpressen
5 Wärmen und Wärmeinrichtungen für das Strangpressen
6 Strangpreßerzeugnisse und ihre Eigenschaften
7 Betriebsfragen (Strangpressen)
8 –
9 Sonstiges

Contents

V Rolling

0 Basic terms of rolling
1 Forming techniques and tribology of rolling
2 Workpiece materials and properties. Heat treatment
3 Tools and dies for rolling
4 Machine tools for rolling
5 Heating and heating equipment for rolling
6 Rolled components and properties
7 Operational aspects of rolling
8 Computer applications
9 Miscellaneous

VI Drawing

0 Basic terms of drawing
1 Forming techniques and tribology of drawing
2 Materials and properties
3 Tools and dies for drawing
4 Machine tools for drawing
5 Heating and heating equipment for drawing
6 Drawn components and properties
7 Operational aspects of drawing
8 –
9 Miscellaneous

VII Extrusion

0 Basic terms of extrusion
1 Forming techniques and tribology of extrusion
2 Materials for extrusion
3 Tools and dies for extrusion
4 Machine tools for extrusion
5 Heating and heating equipment for extrusion
6 Extruded components and properties
7 Operational aspects of extrusion
8 –
9 Miscellaneous

Contenu

V Laminage

0 Termes généraux du laminage
1 Technique de formage et tribologie en laminage
2 Nature et propriétés des matériaux destinés au laminage. Traitement thermique
3 Outils pour laminage
4 Machines-outils pour laminage
5 Conditions de chauffage et équipments thermiques pur le laminage
6 Nature et propriétés de produits laminés
7 Aspects techniques du laminage
8 Applications de l'informatique
9 Questions diverses

VI Etirage et tréfilage

0 Termes généraux de l'étirage et du tréfilage
1 Techniques de formage et tribologie dans l'étirage et le tréfilage
2 Nature et propriétés des matériaux destinés à l'étirage et au tréfilage. Traitement thermique
3 Outils pour l'étirage et le tréfilage
4 Machines-outils pour l'étirage et le tréfilage
5 Conditions de chauffage et équipments thermiques pour l'étirage et le tréfilage
6 Nature et propriétés de produits étirés et tréfilés
7 Aspects technique de l'étirage et du tréfilage
8 –
9 Questions diverses

VII Filage

0 Termes généraux du filage
1 Techniques de formage et tribologie en filage
2 Nature et propriétés des matériaux destinés au filage. Traitement thermique
3 Outils pour le filage
4 Machines-outils pour le filage
5 Conditions de chauffage et équipments thermiques pour le filage
6 Nature et propriétés de produits filés
7 Aspects techniques du filage

8 –
9 Questions diverses

Index Alphabétique

Bibliographie

V

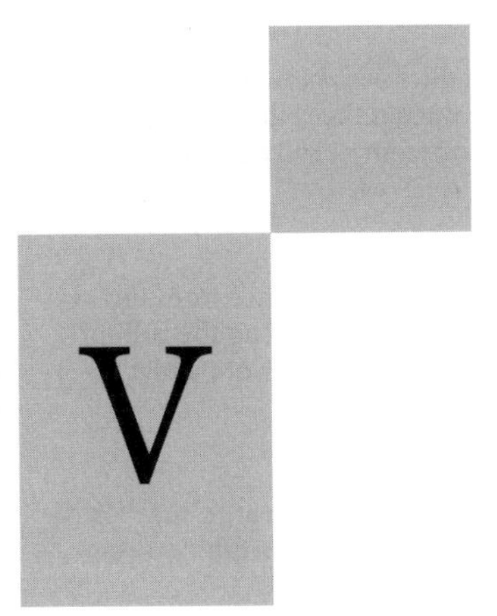

Walzen

Rolling

Laminage

5.0.1 **Bandüberhöhung (f)**
Dickenunterschied zwischen Mitte und Rand beim Walzen von Blechen und Bändern infolge → Walzendurchbiegung, Einbettung und Walzenverschleiß

strip crown
Difference in thickness between the middle and the edge during the rolling of sheets and strips resulting from → roll deflection, embedding and roll wear

5.0.2 **Drehmoment (n)**
Produkt aus Kraft und ihrem Abstand von der Drehachse. Beim Walzprozeß besteht das Gesamtdrehmoment aus mehreren Teildrehmomenten

torque
Product of force times distance from the axis of rotation. Total torque during the rolling process consists of a number of partial torques

5.0.3 **Breitgrad (m)**
Auf die Ausgangsbreite bezogene Breite des → Walzgutes nach dem → Stich. → Stauchgrad, Streckgrad

spread factor
Width of the → rolling stock after the → pass in relationship to its initial width. → upsetting factor, stretching rate

5.0.4 **Auslauflinie (f)**
Linie, an der das → Walzgut die → Arbeitswalze letztmals berührt bzw. auslaufseitige Begrenzungslinie der → gedrückten Fläche

exit line
Line on which the → rolling stock last contacted the → work roll or the boundary line of the → compressed area on the exit side

5.0.5 **Einlauflinie (f)**
Linie, an der das → Walzgut die → Arbeitswalze erstmals berührt bzw. einlaufseitige Begrenzungslinie der → gedrückten Fläche

entry line
Line on which the → rolling stock first contacts the → work roll or the boundary line of the → compressed area on the entry side

5.0.6 **Breitung (f)**
Vergrößerung der Walzgutbreite beim → Walzen, ausgedrückt durch den → Breitgrad → Streckung

spread
Enlargement of the rolling stock width during → rolling, expressed by the → spread factor → stretching

5.0.7 **Breitungsgleichung (f)**
Gleichung, mit der die → Breitung beim → (Warm-) Walzen in Abhängigkeit der sie beeinflussenden Walzparameter berechnet werden kann. Die genaue Berechnung der Breitung ist für das Aufstellen optimaler → Stichpläne wichtig, jedoch deshalb schwierig, weil die Zahl der Einflußgrößen auf das Breitungsverhalten groß und ihre Wirkung oft nur qualitativ bekannt ist

spread equation
Equation with which the → spread during (hot) rolling can be calculated in relationship to the influencing rolling parameter. Accurate calculation of spread is important for the drawing up of optimal → pass schedules but is, however, difficult because of the numerous parameters influencing the spread behaviour, the effects of which are often only qualitatively known

5.0.8 **Abplattung (f)**
Elastische Deformation der → Walze im Bereich des → Walzspalts; → Einbettung [1]. Die A. der Walze führt bei großen → Umformwiderständen zu einer beträchtlichen Vergrößerung der → gedrückten Länge

flattening
Elastic deformation of the → roll in the → roll gap area; → embedding [1]. With high resistances to shaping, roll flattening leads to considerable enlargement of the → compressed length

bombé (m) de bande
Différence d'épaisseur entre le centre et la rive durant le laminage de toles ou bandes résultant de → déflection des cylindres, encastrement et usure

couple (m)
Produit de la force par le bras de levier. Le couple total durant le processus de laminage résulte de la somme des couples partiels

coefficient (m) d'élargissement
La largeur du → produit laminé après la → passe, rapportée à sa largeur initiale. → facteur d'écrasement, taux d'étirage

ligne (f) de sortie
Ligne sur laquelle le → produit laminé est en fin de contact avec le → cylindre de travail ou la ligne frontière de la → zone de compression côté sortie

ligne (f) d'entrée
Ligne sur laquelle le → produit laminé est en début de contact avec le → cylindre de travail ou la ligne frontière de la → zone de compression côté entrée

élargissement (m)
Etalement de la largeur du produit durant le → laminage qui s'exprime par le → coefficient d'élargissement → étirage

équation (f) d'élargissement
Equation avec laquelle on peut calculer l' → élargissement durant le laminage en fonction de différents paramètres. Un calcul précis d'élargissement est important pour la définition du → schéma de laminage optimal. Ce calcul est cependant délicat du fait du grand nombre de paramètres influents, dont l'effet de certains est difficile à quantifier

aplatissement (m)
Déformation du → cylindre dans → l'entrefer; → encastrement [1]. Avec de grandes résistances à la déformation, l'aplatissement du cylindre conduit à une augmentation considérable de la → longueur en compression

5.0.9 **Auslaufquerschnitt (m)**
Querschnitt des → Walzgutes an der → Auslauflinie

exiting cross-section
Cross-section of the → rolling stock on the → exit line

5.0.10 **Einbettung (f)**
Elastische Veränderung der → Walzenballenkontur im Bereich des Auslaufquerschnittes; → Abplattung. Die → Walzendurchbiegung ist in der E. nicht enthalten

embedding
Elastic change of the → roll barrel contour in the area of the exiting cross-section; → flattening. Embedding does not include the → roll deflection

5.0.11 **Dickenabnahme (f)**
Differenz zwischen Einlauf- und Auslaufdicke (-höhe) des Walzgutes bei einem → Stich

thickness reduction
Height reduction. Difference between entry and exit thicknesses (heights) of the rolling stock during one → pass

5.0.12 **Bezogene Querschnittsabnahme (f)**
Bezogene Stichabnahme. Auf den Ausgangsquerschnitt bezogene → Querschnittsabnahme (ggf. in %)

specific cross-section reduction
Specific pass reduction. → Cross-section reduction with reference to the entry cross-section (if necessary, in %)

5.0.13 **Banddicke (f)**
Dicke eines → Bandes, gemessen in der Bandmitte

strip thickness
Thickness of a → strip, measured in the centre of the strip

5.0.14 **Bezogene Dickenabnahme (f)**
Auf die Ausgangsdicke (-höhe) des Walzgutes bezogene → Dickenabnahme (ggf. in %)

specific thickness reduction
→ Thickness reduction in relationship to the initial thickness (height) of the rolling stock (if necessary, in %)

5.0.15 **Anstelldiagramm (n)**
→ Walzkraft-Banddicken-Schaubild

screwdown diagram
→ Rolling force - strip thickness diagram

5.0.16 **Drehmoment-Zeit Diagramm (n)**
M/t-Diagramm. Graphische Darstellung der Drehmomente in Abhängigkeit von der Walzzeit als Grundlage zum Berechnen der Belastung des Gerüsthauptantriebs [1]

torque-time diagram
Graphical representation of the torques in relationship to the rolling time as a basis for calculation of the load on the main stand drive [1]

5.0.17 **Arbeitender Walzendurchmesser (m)**
Durchmesser, der am Profil arbeitet, in Berechnungen eingeht und für → irreguläre Kalibrierungen mit Hilfe der → “Methode der größten Breite“ ermittelt werden kann [1]

effective roll diameter
Diameter that acts on the section, goes into calculations and can be determined for → irregular roll pass designs by means of the → “maximum width method“ [1]

5.0.18 **Arbeitspunkt (m)**
Schnittpunkt der → Gerüstkennlinie mit der → Walzgutkennlinie im → Walzkraft-Banddicken-Schaubild

working point
Intersection of the → characteristic curve of the roll stand with the → characteristic curve of the rolling stock in the → rolling force - strip thickness diagram

section (f) de sortie
Section du → produit sur la → ligne de sortie

encastrement (m)
Déformation élastique du → contour du cylindre dans la zone de sortie de l'emprise → aplatissement. L'encastrement n'inclut pas la → flexion du cylindre

réduction (f) d'épaisseur
Réduction de hauteur. Différence entre l'épaisseur (hauteur) d'entrée et de sortie du produit durant le laminage d'une → passe

réduction (f) spécifique de section
Réduction spécifique par passe. → Réduction de section rapportée à la section d'entrée (si nécessaire en %)

épaisseur (f) de bande
Épaisseur d'une → bande, mesurée au centre de celle-ci

réduction (f) spécifique d'épaisseur
→ Réduction d'épaisseur rapportée à l'épaisseur (hauteur) initiale du produit laminé (si nécessaire en %)

diagramme (m) de vis
diagramme (m) de SIMS
→ Diagramme Force de laminage - épaisseur du produit

diagramme (m) Couple - temps
Représentation graphique des couples en liaison avec le temps de laminage, comme base de calcul de la charge d'un moteur de cage [1]

diamètre (m) effectif de cylindre
Diamètre qui agit sur le profil, utilisé dans les calculs de passes de laminage pour cylindres de formes irrégulières au moyen de la→ “méthode de largeur maximale“ [1]

point (m) de fonctionnement
Intersection de la → courbe caractéristique de la cage de laminoir avec la → courbe caractéristique du comportement du produit dans le → diagramme force - épaisseur

5.0.19 **Bandkantenanschärfung (f)**
Kantenanschärfung. Verminderung der Banddicke im Bereich der Bandkanten infolge der elastischen → Einbettung des Bandes in die Walze

strip edge drop
Edge drop. Reduction of strip thickness in the area of the strip edges resulting from the elastic → embedding of the strip in the roll

5.0.20 **Gerüstkennlinie (f)**
Verlauf der → Gerüstaufederung über der → Walzkraft; → Gerüstauffederung, Gerüstmodul. Die G. wird gemeinsam mit der → Walzgutkennlinie im → Walzkraft-Banddicken-Schaubild dargestellt

mill stand characteristic curve
Curve of the → stand spring over the → rolling force; → stand spring, stand module. The stand characteristic curve is represented in the → rolling force - strip thickness diagram together with the → rolling stock characteristic curve

5.0.21 **Gedrückte Fläche (f)**
Kontaktfläche zwischen Walze und Walzgut bzw. Projektion der Kontaktfläche zwischen Walze und Walzgut auf die Walzebene; → Gedrückte Länge

compressed area
Contact area between roll and rolling stock or projection of the contact area on the rolling plane; → compressed length l

5.0.22 **Methode der größten Breite (f)**
Rechnerisches Verfahren zur angenäherten Ermittlung der Breitung, der Walzkraft und anderer technologischer Parameter beim → Profillängswalzen

maximum width method
Mathematical process for approximate determination of the spread, the rolling force and other technological parameters during → longitudinal profile rolling

5.0.23 **Gedrückte Länge (f)**
Länge des → Walzspaltes in Walzrichtung

compressed length
Length of the → roll gap in the rolling direction

5.0.24 **Höhenabnahme (f)**
Differenz zwischen Einlauf- und Auslaufdicke (-höhe) des → Walzgutes bei einem → Stich; → Dickenabnahme

height reduction
Difference between entry and exit thickness (height) of the → rolling stock during a → pass; → thickness reduction

amincissement (m) de rive de bande
Amincissement de rive. Réduction de l'épaisseur dans la zone des rives de bande résultant de → l'encastrement de la bande dans le cylindre (déformation élastique)

courbe (f) caractéristique d'une cage de laminoir
Courbe de l'écartement en fonction de la → force de laminage → cédage de cage, module de cage. La courbe caractéristique est représentée dans le → diagramme force - épaisseur, avec la courbe caractéristique du produit

surface (f) de contact
Zone de contact entre cylindre et produit laminé ou projection de cette zone sur le plan de laminage; → longueur en compression

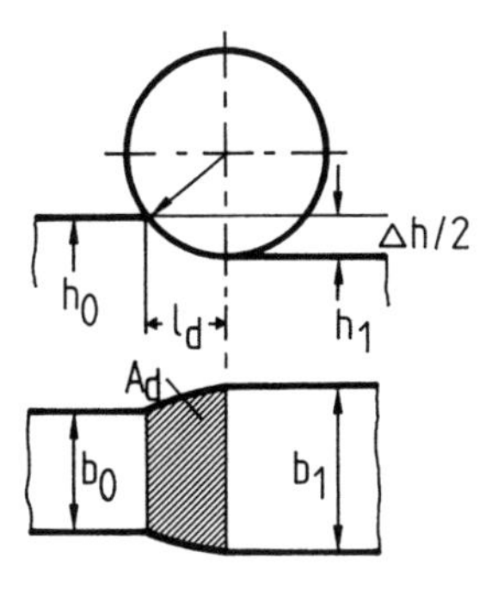

méthode (f) de la largeur maximale
Modélisation pour déterminer de façon approchée l'élargissement, la force de laminage et d'autres paramètres technologiques lors du → laminage longitudinal de profilé

longueur (f) en compression
Longueur de l'arc de contact

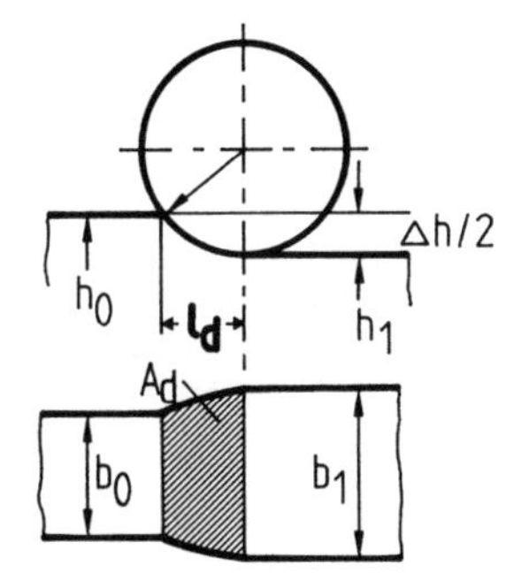

réduction (f) de hauteur
Différence entre l'épaisseur (hauteur) d'entrée et de sortie → du produit lors d'une → passe de laminage → réduction d'épaisseur

5.0.25 **Kontaktzone (f)**
→ Gedrückte Fläche

contact zone
→ compressed area

5.0.26 **Gerüstauffederung (f)**
Veränderung der → Walzenöffnung durch elastische Deformationen aller im Kraftfluß liegenden Bauteile des → Walzgerüstes

mill stand spring
Change in the → roll opening through elastic deformations of all components of the → mill stand lying within the force flow

5.0.27 **Gerüstmodul (m)**
Federsteifigkeit des Walzgerüstes in MN/mm Walzkraft, bei der das Walzgerüst um 1 mm elastisch auffedert

mill stand modulus
Resilience of the mill stand in MN/mm of roll separating force, with which the stand elastically springs by 1 mm

5.0.28 **Kaltwalzgrad (m)**
→ Bezogene Gesamtdickenabnahme beim Kaltwalzen in bezug auf den warmgewalzten oder geglühten Ausgangszustand als Maß für den erreichten Härtegrad

cold rolling factor
→ total thickness reduction during cold rolling in relationship to the initial hot rolled or annealed condition as a measure of the achieved degree of hardness

5.0.29 **Gage-Meter-Gleichung (f)**
Mathematische Beziehung zwischen Walzgutauslaufhöhe, → Walzenöffnung, Walzkraft und Gerüstmodul

gauge - meter equation
Mathematical relationship between exiting height of the rolling stock, → roll opening, rolling force and stand modulus

5.0.30 **Kaliberfüllung (f)**
Verhältnis zwischen tatsächlich sich ausbildender und kalibrierter (theoretischer) Profilquerschnittsfläche beim → Profil-Längswalzen

groove filling
Relationship between the actual and theoretical cross-sectional area of a profile during → longitudinal profile rolling

5.0.31 **Flächenabnahme (f)**
Nicht mehr üblicher Begriff für → Querschnittsabnahme

area reduction
No longer a usual term for → cross-section reduction

5.0.32 **Neutrale Linie (adj, f)**
Gedachte waagerechte Linie im → Kaliber, die empirisch (z.B. durch den Schwerpunkt des Kalibers laufend) festgelegt wird und maßgebend für die Lage des Kalibers zur → Walzlinie ist [1]

neutral line
Imaginary horizontal line in the → groove which is empirically determined (e.g. running through the centre of gravity of the groove) and is decisive for the position of the groove in relationship to the → rolling line [1]

5.0.33 **M/t-Diagramm (n)**
→ Drehmoment/Zeit-Diagramm

t/t diagram
→ torque/time diagram

5.0.34 **Stauchgrad (m)**
Auf die Ausgangsdicke bezogene Dicke des Walzgutes nach dem → Stich; → Breitgrad, Streckgrad

upsetting factor
Thickness of the rolling stock after the → pass in relationship to the initial thickness; → width factor, stretching factor

zone (f) de contact
→ surface de contact

cédage (m) de cage
Changement de → l'écartement des cylindres par déformation élastique de toutes les composantes → d'une cage due à l'effort de laminage

module (m) de cédage de cage
Rigidité de la cage en MN/mm. Lorsqu'une cage subit un écartement élastique de 1 mm sous une force de 1 MN, son module est de 1 MN/mm

taux (m) de laminage à froid
→ Réduction totale d'épaisseur au laminage à froid rapportée à l'épaisseur d'entrée du produit laminé à chaud ou recuit, utilisée pour évaluer l'écrouissage

équation (f) de l'épaisseur de sortie
Relation mathématique qui donne l'épaisseur du produit laminé en fonction de → l'écartement à vide des cylindres, → la force de laminage, et le module de cédage

remplissage (m) de cannelure
Relation entre la section de calibrage (théorique) et la section obtenue réellement lors du → laminage longitudinal de profilés

réduction (f) de surface
Terme qui n'est plus utilisé par la → réduction de section

ligne (f) neutre
Ligne horizontale fictive dans la → cannelure qui est déterminée empiriquement (ex : ligne passant par le centre de gravité de la cannelure) utilisée pour positionner la cannelure par rapport à la → ligne de passe [1]

diagramme (m) c/t
→ Diagramme Couple/temps

taux (m) d'écrasement
Epaisseur de sortie du produit rapportée à l'épaisseur d'entrée; → Taux d'élargissement ou d'allongement

5.0.35 **Stichabnahme (f)**
→ Querschnittsabnahme

pass reduction
→ cross-section reduction

5.0.36 **Querschnittsabnahme (f)**
Differenz zwischen Einlauf- und Auslaufquerschnitt bei einem Umformschritt (z.B. Stich beim Walzen, Zug beim Ziehen)

cross-section reduction
Difference between entering and exiting cross-section with one shaping stage (e.g. pass during rolling, draw during drawing)

5.0.37 **Querfluß (m)**
Theoretisch quantitativ erfaßbare Stoffmenge, die im Walzspalt beim Warmwalzen von Profilen mit → irregulärer Kalibrierung vom stark reduzierten zum schwach reduzierten Profilteil fließt [1]

transverse flow
Theoretical quantitatively detectable amount of material which in the roll gap flows from the heavily reduced to the lightly reduced part of the section during the hot rolling of sections with an → irregular roll pass design [1]

5.0.38 **Walzgutkennlinie (f)**
Abhängigkeit der Walzgutauslaufdicke von der Walzkraft, ausgehend von der Einlaufdicke. Die W. wird gemeinsam mit der → Gerüstkennlinie im → Walzkraft-Banddicken-Schaubild dargestellt

rolling stock characteristic curve
Relationship of the thickness of the exiting rolling stock to the rolling force, based upon the entry thickness. The curve is represented in the → rolling force - strip thickness diagram together with the → roll stand characteristic curve

5.0.39 **Streckgrad (m)**
Auf die Ausgangslänge bezogene Länge des Walzgutes nach dem → Stich; → Breitgrad, Stauchgrad

stretching rate
Length of the rolling stock after the → pass in relation to the initial length; → width factor, upsetting factor

5.0.40 **Walzwinkel (m)**
Winkel zwischen den beiden Radiusvektoren zum Ein- und Auslaufpunkt an der Walze

rolling angle
Angle between the two radius vectors at the entry and exit points on the roll

5.0.41 **Walztemperatur (f)**
Temperatur des → Walzgutes beim Eintritt in den → Walzspalt

rolling temperature
Temperature of the → rolling stock when entering the → roll gap

5.0.42 **Walzspaltöffnung (f)**
→ Walzenöffnung

roll gap opening
→ roll opening

5.0.43 **Walzspaltgeometrie (f)**
Form und Abmessungen des → Walzspaltes

roll gap geometry
Shape and dimensions of the → roll gap

5.0.44 **Walzspalteintritt (m)**
→ Einlauflinie

roll gap entry
→ entry line

réduction (f) par passe
→ Réduction de section

réduction (f) de section
Différence entre section d'entrée et de sortie obtenue par une mise en forme donnée (ex : passe de laminage, d'étirage)

flux (m) transverse
Quantité de matière calculable qui s'écoule latéralement dans l'emprise lors du laminage à chaud de profilés dans les → cannelures de forme irrégulière, l'écoulement se faisant des zones à fort taux de réduction vers les zones à faible taux de réduction [1]

courbe (f) caractéristique (de déformation) du produit
Relation fournissant la valeur de la force de laminage nécessaire pour obtenir une épaisseur de sortie du produit. Cette courbe est représentée conjointement avec la → courbe caractéristique du cédage de la cage dans le → diagramme Force - épaisseur

taux (m) d'allongement (ou d'étirage)
Longueur du produit laminé après une → passe rapportée à la longueur initiale; → taux d'élargissement, d'écrasement

angle (m) d'attaque
Angle formé par les deux rayons du cylindre correspondant respectivement aux points d'entrée et de sortie d'emprise

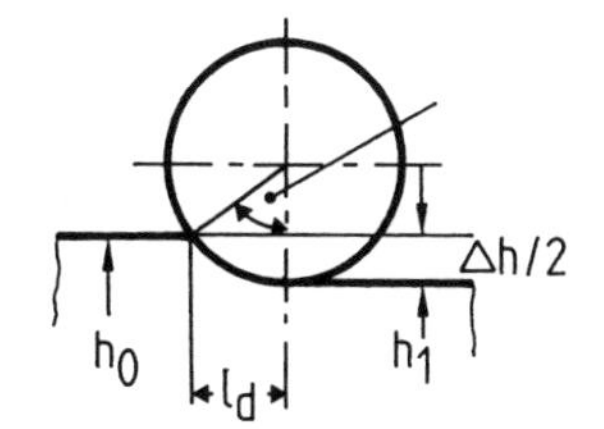

température (f) de laminage
Température du produit laminé à l'entrée de la → passe

entrefer (m) cylindre
→ écartement des cylindres

géométrie (f) de l'entrefer cylindre
Forme et dimensions de → l'emprise cylindre

côté (m) engagement de l'emprise
→ ligne d'entrée

5.0.45	**Walzspaltaustritt (m)** → Auslauflinie	**roll gap exit** → exit line
5.0.46	**Walzgeschwindigkeit (f)** Geschwindigkeit, mit der das → Walzgut aus dem → Walzspalt austritt	**rolling speed** Speed at which the → rolling stock leaves the → roll gap
5.0.47	**Walzlinie (f)** Berührungslinie der beiden ideellen Walzendurchmesser, die normalerweise mit der → neutralen Linie des Kalibers zusammenfällt [1]	**rolling line** Contact line of the two ideal roll diameters which normally coincides with the → neutral line of the groove [1]
5.0.48	**Walzenöffnung (f)** Kleinster Abstand der → Arbeitswalzen im → Walzspalt	**roll opening** Smallest distance between the → work rolls
5.0.49	**Walzkraft-Banddicken-Schaubild (n)** Anstelldiagramm. Gemeinsame Darstellung der → Gerüstkennlinie und der → Walzgutkennlinie in einem Diagramm	**rolling force - strip thickness - diagram** Screwdown diagram. Joint representation of the → roll stand characteristic curve and the → rolling stock characteristic curve in one diagram
5.0.50	**Umformwiderstand (m) beim Walzen** Auf die → gedrückte Fläche bezogene → Walzkraft	**resistance to forming during rolling** → rolling force in relationship to the → compressed area
5.0.51	**Streckung (f)** Verlängerung des Walzgutes beim → Walzen, ausgedrückt durch den → Streckgrad. → Breitung	**stretching** Extension of the rolling stock during → rolling, expressed by the → stretching factor. → spread
5.0.52	**Überfüllung (f)** Begriff für eine → Kaliberfüllung über 1	**over-filling** Term of a → groove filling in excess of 1
5.0.53	**Walzspalt (m)** Bereich zwischen den Walzen, in dem das Walzgut während des Walzvorgangs umgeformt wird	**roll gap** Area between the rolls in which the rolling stock is shaped during the rolling operation

côté (m) sortie de l'emprise
→ ligne de sortie

vitesse (f) de laminage
Vitesse du produit en sortie → d'emprise

ligne (f) de laminage
Ligne de contact du pourtour idéal des deux cylindres, qui coïncide normalement avec la → ligne neutre de la cannelure [1]

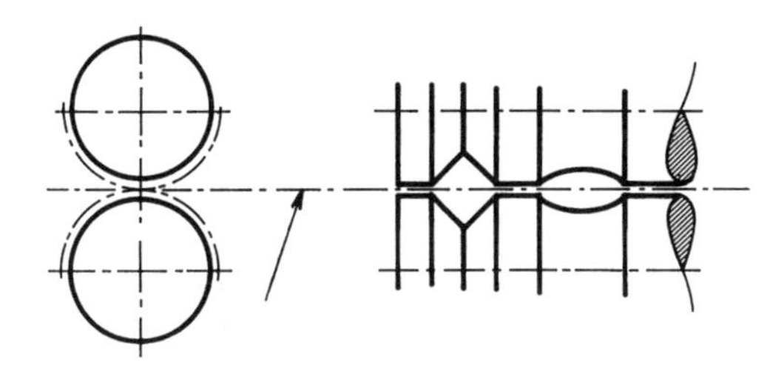

écartement (m) des cylindres
La plus petite distance entre les → cylindres de travail dans l'emprise

diagramme (m) force de laminage - épaisseur produit
Diagramme de vis. Représentation conjointe de la → courbe de cédage de la cage et de la → courbe caractéristique du produit laminé

résistance (f) à la déformation au laminage
→ force de laminage rapportée à la → surface de contact

allongement (m)
Élongation du produit laminé durant le laminage, qui s'exprime par le → taux d'allongement. → élargissement

surremplissage (m)
Terme qui correspond à un taux de → remplissage de cannelure supérieur à 1

emprise (f) cylindre
Zone entre cylindres dans laquelle le produit est déformé durant le laminage

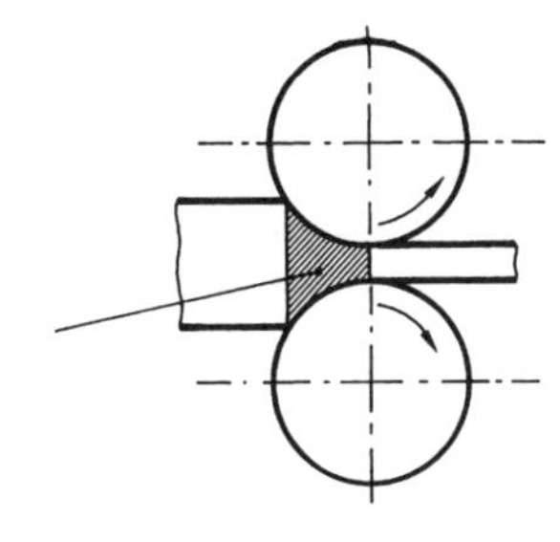

5.0.54 **Walzkraft (f)**
Auf die Arbeitswalzen wirkende Kraft bei der Umformung des Walzguts [1]

rolling force
Force acting on the work rolls during shaping of the rolling stock [1]

5.0.55 **Überhöhung (f)**
→ Bandüberhöhung

crown
→ strip crown

5.0.56 **Walzendurchbiegung (f)**
Elastische Biegelinie der Walzenachse aufgrund der Walzenbelastung

roll deflection
Elastic deflection of the roll axis due to roll loading

5.0.57 **Gerüste (n, pl) mit schräg liegenden Walzen**
Sonderausführung von Walzgerüsten

mill stands with diagonal rolls
Special design of mill stands

5.0.58 **Unterfüllung (f)**
Begriff für eine → Kaliberfüllung unter 1

under-filling
Term for a → groove less than 1

5.1.1 **Ablängen (n)**
Zerteilen eines Erzeugnisses in Abschnitte bestimmter Länge

cutting to length
Division of a product into specific lengths

5.1.2 **Emulsionsschmierung (f)**
Schmiervorgang, bei dem eine → Emulsion (meist Öl- Wasser-Emulsion) zur Reibungs- und Verschleißminderung und zur Kühlung eingesetzt wird [1]

emulsion lubrication
Lubricating process in which an → emulsion (mostly an oil-water emulsion) is used for the reduction of friction and wear as well as for cooling [1]

5.1.3 **Arbeitswalzenrückbiegung (f)**
Methode zur Kompensation der durch die → Walzkraft hervorgerufenen → Walzendurchbiegung. → Balligkeit, Stützwalzen(rück)biegung, Wellen

work roll counter-bending
Method for compensating the roll deflection caused by the → rolling force. → crown, backup roll (counter) bending, shafts

5.1.4 **Emulsion (f)**
Zweiphasenstoffgemisch, bei dem die eine Phase, die dispergierte Phase, in feiner Verteilung in der anderen Phase, dem Dispergierungsmittel, vorliegt [1]

emulsion
2-phase material mixture in which the one phase, the dispersal phase, is finely distributed in the other phase, the dispersing agent [1]

5.1.5 **Falschrund-Oval-Kalibrierung (f)**
Modifikation der → Rund-Oval-Kalibrierung mit besseren Führungseigenschaften [1]

bastard round-oval pass design
Modification of the → round-oval pass design with better guide properties [1]

5.1.6 **Aufwärmfehler (m)**
Fehler im Walzgut oder in Schmiedestücken, die durch unsachgemäßes Anwärmen, Nachwärmen oder Abkühlen entstehen [1]

heating defect
Defect in rolling stock or forgings caused by improper heating, reheating or cooling [1]

force (f) de laminage
Force de séparation des cylindres durant le laminage du produit [1]

bombé (m)
→ bombé de bande

flexion (f) du cylindre
Déformation élastique de l'axe du cylindre sous l'effet de la force de laminage

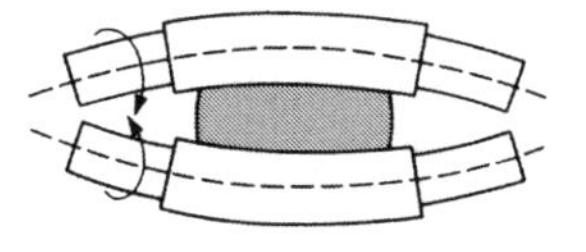

cages (f, pl) à cylindres croisés
Conception spéciale de cages

sous-remplissage (m)
Terme désignant un remplissage des cannelures inférieur à 1

coupe (f) à longueur
Couper à longueurs spécifiques

lubrification (f) par émulsion
Procédé de lubrification dans lequel une → émulsion (en général émulsion d'huile dans l'eau) est utilisée pour réduire le frottement et l'usure et également pour refroidir [1]

contreflexion (f) des cylindres de travail
Moyen pour compenser la flexion des cylindres provoquée par la force de laminage. → bombé, flexion (contreflexion) des cylindres d'appui, allonges

émulsion (f)
Mélange de deux liquides dans lequel une des phases est finement dispersée dans l'autre [1]

calibrage (m) faux rond-ovale
Modification du calibrage d'une passe rond-ovale avec un meilleur guidage [1]

défaut (m) de réchauffage
Défaut dans un produit laminé ou forgé dû à un mauvais chauffage, réchauffage ou refroidissement [1]

5.1.7 **Antriebsregelung (f)**
Regelung der Antriebsgrößen Drehzahl, Drehmoment, Ankerstrom und der davon abgeleiteten Größen in modernen → Walzstraßen [1]

drive control
Control of the drive parameters rpm, torque, armature current and the resulting additional parameters in modern → rolling mills [1]

5.1.8 **Fertigstich (m)**
Letzter → Stich einer Kaliberfolge im → Fertigkaliber, der als maßgebender Stich der Walzung formgenaues Walzgut mit engen Toleranzen gewährleisten muß [1]

finishing pass
Last → pass of a groove series in the → finishing groove which, as the decisive pass in the rolling, must ensure an accurately shaped product with close tolerances [1]

5.1.9 **Anstich (m)**
Anstechen (n)
Einbringen des → Walzgutes in den → Walzspalt

initial pass
Introduction of the → rolling stock into the → roll gap

5.1.10 **Bandverzinken (n)**
Feuerverzinken oder elektrolytisches Verzinken von → Band

strip galvanizing
Hot dip or electrolytic galvanizing of → strip

5.1.11 **direkter Druck (m)**
Umformung durch Walzen mit Druckrichtung senkrecht zur Walzenachse; (→ indirekter Druck) [1]

direct pressure
Shaping by rolls with pressure vertical to the roll axis; (→ indirect pressure) [1]

5.1.12 **Doppel-T-Kalibrierung (f)**
Begriff für → H- oder I-Kalibrierung [10]

double-T pass design
Term for → H or I pass design [10]

5.1.13 **Doppeln (n)**
Längsfalten von → Feinblech; → Blechdoppler

doubling
Longitudinal folding of → sheet; → sheet doubler

5.1.14 **Diagonalkalibrierung (f)**
Kalibrierungsverfahren vor allem für → I-Profile und Schienen, bei dem die Kaliberöffnung schräg in der Walze liegt [1]

diagonal pass design
Roll pass method primarily for I-beams and rails, in which the groove opening lies at an angle in the roll [1]

5.1.15 **Blockstraßenkalibrierung (f)**
→ Kastenkalibrierung

blooming train pass design
→ Box pass design

5.1.16 **Breitenmeßverfahren (n)**
Meßverfahren zur Überwachung der Breite beim Walzen von → Blech und Band

width measuring process
Measuring process for monitoring the width during the rolling of → sheet and strip

régulation (f) des moteurs
Régulation des paramètres des moteurs (vitesse de rotation, couple, courant d'induit) et des grandeurs qui en sont dérivées dans les laminoirs modernes [1]

passe (f) de finition
Passe dans un laminage en cannelures, dans laquelle la → cannelure finale doit assurer un profil du produit de forme précise avec des tolérances serrées [1]

engagement (m)
pointage (m)
Introduction du → produit à laminer dans → l'emprise

galvanisation (f) de bande
Galvanisation à chaud ou électrozinguage de → bande

pression (f) directe
Mise en forme par laminage avec la pression appliquée perpendiculairement à l'axe des cylindres; (→ pression indirecte) [1]

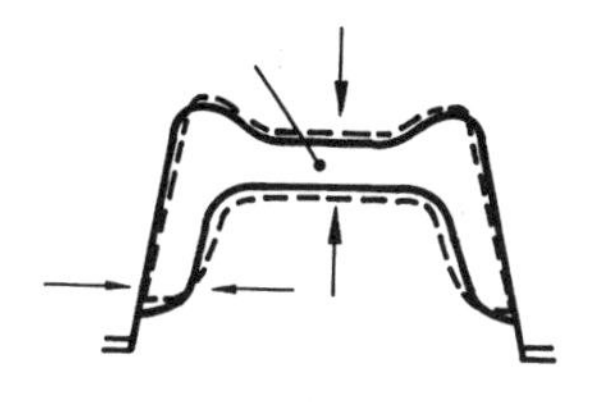

calibrage (m) en double T
Terme utilisé pour les passes en H ou en I [10]

doublage (m)
Pliage longitudinal d'une feuille; → doubleuse de feuille

calibrage (m) en passe diagonale
Méthode de calibrage utilisée principalement pour les rails et les poutrelles en I, dans laquelle l'ouverture des cannelures fait un angle avec les cylindres [1]

schéma (m) (de laminage, calibrage) d'un train à blooms
→ Calibrage Box pass

procédé (m) de mesure de largeur
Procédé de mesure pour contrôler la largeur pendant le laminage d'une → bande ou d'une feuille

5.1.17 **Breitflachstahlkalibrierung (f)**
Kalibrierungssystem im Bandwalzwerk mit → Flach- und Stauchstichen, oder Kalibrierungssystem in geschlossenen → Kalibern

wide flat steel pass design
Roll path system in strip mills with → flat and edging passes, or pass system in closed → grooves

5.1.18 **Beschneiden (n)**
Beschneiden der Kanten von → Band oder Blech, um eine definierte Breite einzustellen und die gewölbten Naturwalzkanten zu begradigen

trimming
Trimming of the edges of → strip or sheet in order to obtain a defined width and to straighten the as-rolled cambered edges

5.1.19 **Egalisieren (n, vb) von Warmband**
→ Kaltnachwalzen

hot strip levelling
→ skin-pass rolling

5.1.20 **Edelstahlkalibrierung (f)**
Sonderkalibrierung, die die Besonderheiten des Umformverhaltens der → Edelstähle berücksichtigt, um einwandfreie Erzeugnisse zu gewährleisten [1]

special steel pass design
Special pass design that allows for characteristic features in the shaping behaviour of special steels in order to ensure satisfactory products [1]

5.1.21 **Banddickenregelung (f)**
Regelung der Banddicke über die Bandlänge

strip thickness control
Control of the strip thickness over its complete length

5.1.22 **Durchziehbedingung beim Walzen (f)**
Bedingung für die → Walzspaltgeometrie, bei der das Walzgut aufgrund der vorhandenen Reibung durch den → Walzspalt bewegt wird; → Greifbedingung

pass-through condition during rolling
Condition for the → roll gap geometry with which the rolling stock is moved through the → roll gap as a result of the friction; → bite condition

5.1.23 **Drallen (n, vb)**
Verdrehen des aus einem → Gerüst ausgelaufenen Walzstabs für den → Anstich im folgenden Gerüst [1]

turnover
Rotation of the bar emerging from one → roll stand for → entry into the next stand [1]

5.1.24 **Bandstahlkalibrierung (f)**
Nicht mehr üblicher Begriff für → Breitflachstahlkalibrierung [10]

strip pass design
German term no longer in use for → wide flat steel roll pass design

5.1.25 **Bremszug (m)**
→ Bandzug

back pull
→ strip tension

5.1.26 **Finish (n)**
Begriff für Oberflächenbeschaffenheit, Fertigbearbeitung, besonders bei Blech und Band [2]

finish
Term for surface property, finishing, especially with sheet and strip [2]

5.1.27 **Dünnbrammengießen (n)**
→ Vorbandgießen

thin slab casting
→ near net strip

schéma (m) de laminage de larges bandes d'acier
Schéma de succession des passes au train à bandes avec des → passes à plat, edgers, ou laminage en → cannelures fermées

cisaillage (m) de rives
Cisaillage des rives de bande ou de feuille pour réaliser une largeur spécifiée ou pour éliminer le bombé naturel des rives

planage (m) de bande à chaud
→ skin-pass

schéma (m) de calibrage d'aciers spéciaux
Calibrage spécial qui prend en compte les caractéristiques de déformation particulières des aciers spéciaux en vue de l'obtention de produits satisfaisants [1]

régulation (f) de l'épaisseur de bande
Régulation de l'épaisseur de bande sur toute sa longueur

condition (f) d'engagement au laminage
Condition sur la géométrie de l'→ emprise pour que le produit soit entraîné dans l'emprise par le frottement; → limite d'engagement

torsion (f)
Rotation d'une barre sortant d'une → cage en vue de son engagement dans la cage suivante [1]

schéma (m) de laminage-calibrage d'une bande d'acier
Expression allemande qui n'est plus utilisée pour designer schémas de laminage de larges bandes d'acier

retenue (f)
contre-traction (f)
→ traction (dans la bande)

fini (m) de surface
Terme pour la qualité de surface, le finissage, en particulier pour les bandes et les feuilles [2]

coulée (f) de brames minces
→ coulée proche des dimensions finales

5.1.28	**Abcoilen (n, vb)** Abwickeln von → Coils	**decoiling** Paying-off of → coils
5.1.29	**Drehzahlmeßverfahren (n)** Meßverfahren zum Erfassen der Drehzahl oder davon abgeleiteter Größen, wie Geschwindigkeit, Beschleunigung, Drehzahlverhältnis oder Schlupf, an sich bewegenden Teilen von Umformeinrichtungen oder des Umformguts [1]	**rpm measuring process** Measuring process for detection of the rpm or parameters derived from it, such as speed, acceleration, rpm ratio or slip of moving parts of shaping facilities or of the shaped material [1]
5.1.30	**Blockflämmen (n)** → Flämmen	**ingot scarfing** → flame scarfing
5.1.31	**Coil coating (n)** Beschichten von Band mit Kunststoff als Korrosionsschutz und zu dekorativen Zwekken [3]	**coil coating** Coating of strip with plastic for protection against corrosion and for decorative purposes [3]
5.1.32	**Dressieren (n)** Nicht mehr üblicher Begriff für → Kaltnachwalzen [2]	**dressing** No longer the usual term for → skin-pass rolling [2]
5.1.33	**Besäumen (n, vb)** → Beschneiden	**edge trimming** → clipping
5.1.34	**Diagonalstich (m)** Leicht schräges Anwalzen der → Bramme (über die Diagonale) beim → Walzen von → Grobblech, um den Stoß beim Anwalzen zu mindern	**diagonal pass** Slight skew-rolling of the → slab (over the diagonal) during the → rolling of → plate in order to reduce the initial impact at start of rolling
5.1.35	**Bandzug (m)** Vor und hinter dem → Walzspalt auf das → Band einwirkende Zugkräfte beim Walzen von Band. Der von der Auflaufhaspel auf das auslaufende Band ausgeübte B. wird auch als Haspelzug, der vor dem Walzgerüst entgegen der Walzrichtung auf das Band einwirkende B. auch als Bremszug bezeichnet	**strip tension** Tension forces acting on the → strip ahead of and behind the → roll gap during rolling. Tension exerted by the coiler on the exiting strip is also known as coiling tension, that is acting on the strip ahead of the roll stand and against the rolling direction; coiling tension also known as braking tension
5.1.36	**Bastardround-Kalibrierung (f)** → Rund-Oval-Kalibrierung	**bastard round pass design** → round - oval pass design
5.1.37	**Drehmomentmeßverfahren (n)** Meßverfahren zum Überwachen der Belastung mechanischer Antriebsteile von Walzwerks- und Schmiedemaschinen, wobei entweder die elastische Verdrehung der Verbindungswellen oder die elektrischen Kennwerte der Antriebsmaschinen als Abbildungsgrößen genutzt werden [1]	**torque measuring process** Measuring process for monitoring the load on mechanical drive components in rolling mills and forging machines, whereby either the elastic twist of the connecting shafts or the electrical parameters of the driving machines are used as the imaging amplitudes [1]

débobinage (m)
Déroulage de → coils

procédé (m) de mesure des vitesses de rotation
Procédé de mesure de nombre de tours/minute ou des paramètres associés, comme la vitesse, l'accélération, le rapport de vitesses, le glissement de pièces en mouvement sur les installations de mise en forme ou du produit mis en forme [1]

écriquage (m) des lingots
→ écriquage à la flamme

prélaquage (m)
Revêtement organique des bandes pour la protection antirouille et pour des buts esthétiques [3]

dressage (m) par laminage à froid
Ce n'est plus le terme utilisé pour → skin-pass [2]

découper (vb) les bords
→ cisaillage

passe (f) en diagonale
Introduction légèrement en biais des → brames (en diagonale) dans les laminoirs à → tôle forte en vue de réduire le choc à l'engagement dans la cage

traction (f) dans la bande
Force de traction qui s'exerce sur la → bande à l'amont et à l'aval d'une → cage pendant le laminage. La traction exercée par la bobineuse sur la bande est aussi appelée tension de bobinage, celle exercée sur la bande en amont de la cage, dans le sens opposé au laminage, est aussi appelée traction de retenue

calibrage (m) faux rond-ovale
→ calibrage rond-ovale

procédé (m) de mesure de couple
Procédé de mesure permettant de suivre le niveau de sollicitation des organes mécaniques d'entraînement d'une cage ou d'une machine de forgeage, soit par l'intermédiaire de la torsion élastique des allonges, soit par des grandeurs représentatives indirectes comme les paramètres électriques des moteurs [1]

5.1.38 **Drahtkalibrierung (f)**
Kaliberfolge für das Walzen von Draht im Anschluß an eine → Streckkaliberreihe [1]

rod pass design
Pass sequence for the rolling of rod following a → roughing pass sequence [1]

5.1.39 **Flach-Querwalzen (n)**
→ Querwalzen, bei dem die in Berührung mit dem Walzgut stehenden Walzenflächen Kreiszylinder- oder Kegelmäntel sind [DIN 8583]

flat transverse rolling
→ transverse rolling, in which the roll surfaces in contact with the rolling stock consist of a regular cylinder or cone [DIN 8583]

5.1.40 **Flach-Schrägwalzen (n)**
→ Schrägwalzen, bei dem die in Berührung mit dem Walzgut stehenden Walzenflächen Kreiszylinder- oder Kegelmäntel sind [DIN 8583]

flat cross-rolling
→ cross-rolling, in which the roll surfaces in contact with the rolling stock consist of a regular cylinder or cone [DIN 8583]

5.1.41 **Mannesmann-Schrägwalz-Verfahren (n)**
Mannesmann-Verfahren. → Schrägwalzen zum Lochen

Mannesmann cross-rolling process
Mannesmann process. → cross-rolling for piercing

5.1.42 **Längszug (m)**
→ Zug beim Walzen, Bandzug

longitudinal tension
→ tension during rolling, strip tension

5.1.43 **Flach-Längswalzen (n)**
→ Längswalzen, bei dem die in Berührung mit dem Walzgut stehenden Walzenflächen Kreiszylinder- oder Kegelmäntel sind [DIN 8583]

flat longitudinal rolling
→ longitudinal rolling, in which the roll surfaces in contact with the rolling stock consist of regular cylinders or cones [DIN 8583]

5.1.44 **Flämmen (n)**
Entfernung von Oberflächenfehlern an warmem oder kaltem → Walzgut durch Abschmelzen [24]

flame scarfing
Removal of surface defects on hot or cold → rolling stock through melting-off [24]

5.1.45 **Flämmputzen (n)**
→ Flämmen, Putzen

flame cleaning
→ flame scarfing, dressing

5.1.46 **Mehraderwalzen (n)**
Walzen in offenen oder kontinuierlichen Vor- und Zwischenstraßen von mehreren → Walzadern zugleich [1]

multi-strand rolling
Simultaneous rolling of several → strands in open or continuous roughing and intermediate trains [1]

5.1.47 **Flachstabkalibrierung (f)**
Flachstahlkalibrierung (f)
Kalibrierung entweder in → geschlossenen Kalibern oder auf zylindrischen Walzen in Verbindung mit → Stauchkalibern bzw. Kalibrierung, die nach diesen Grundsystemen kombiniert ist

flat bar pass design
Roll pass either in → closed grooves or on cylindrical rolls in conjunction with → edging passes or a pass design combining these basic systems

calibrage (m) de fil-machine
Schéma de laminage du fil-machine, après une → séquence de dégrossissage [1]

laminage (m) oblique de produits plats
→ laminage transversal, dans lequel les surfaces des cylindres en contact avec le produit enveloppent des cylindres de section circulaire ou des cônes [DIN 8583]

laminage (m) de produit plat avec croisement de cylindres
→ Laminage avec cylindres croisés, dans lequel les surfaces de cylindres en contact avec le produit sont cylindriques ou coniques [DIN 8583]

procédé (m) Mannesmann de laminage avec croisement de cylindres
Procédé Mannesmann. → laminage oblique pour le perçage de tubes

traction (f) longitudinale
→ traction durant le laminage, traction dans la bande

laminage (m) à plat dans le sens long
→ Laminage sens long, dans lequel les surfaces de cylindres en contact avec le produit sont cylindriques ou coniques [DIN 8583]

écriquage (m) à la flamme
Réparation de défauts de surface sur des produits laminés à chaud ou à froid par brûlage [24]

nettoyage (m) à la flamme
→ écriquage, nettoyage à la flamme

laminage (m) multi-veines
Laminage simultané de plusieurs → veines avec des trains dégrossisseurs et intermédiaires, couplés ou séparés [1]

schéma (m) de laminage de plats
Laminage soit en → cannelures fermées, soit avec des cylindres plats associés à des passes edgers ou encore en combinant ces deux systèmes de base

5.1.48 **Flachstich (m)**
Walzen eines rechteckigen Querschnitts(teiles), wobei die kleinere Querschnittsabmessung vermindert wird. → Stauchstich

flat pass
Rolling of a rectangular cross-section (part), whereby the smaller cross-section dimension is reduced. → edging pass

5.1.49 **Fließscheide (f)**
Zone (Linie) ohne Relativgeschwindigkeit in der Kontaktfläche zwischen Werkzeug und Werkstück. Beim Walzen trennt die Fließscheide die → Voreilzone von der → Nacheilzone

neutral point
Zone (line) in the contact area between tool and work-piece where the relative speed is zero. During rolling the neutral point separates the → forward slip zone from the → backward slip zone

5.1.50 **Längswalzen (n)**
→ Walzen, bei dem das Walzgut senkrecht zu den Walzenachsen ohne Drehung durch den Walzspalt bewegt wird [DIN 8583]. → Flach-L., Profil-L.

longitudinal rolling
→ rolling, in which the rolling stock is moved through the roll gap square to the roll axes without rotation [DIN 8583]. → flat longitudinal rolling, section longitudinal rolling

5.1.51 **Längsteilen (n)**
→ Längsschneiden

slitting
→ longitudinal cutting

5.1.52 **Formstahlkalibrierung (f)**
Kalibrierungen für → Große, I-, U- und H-Profile, die als → irreguläre Kalibrierungen zu den schwierigsten Kalibrierungen der Warmwalztechnik zählen

steel section pass design
Pass designs for → large, I, U and H sections which, as → irregular pass designs, are one of the most difficult hot rolling pass designs

5.1.53 **Flachwalzen (n)**
→ Flach-Längswalzen [DIN 8583]

flat rolling
→ flat longitudinal rolling [DIN 8583]

5.1.54 **Friemeln (n, vb)**
Nicht mehr üblicher deutscher Begriff für das → Richten von Rundstäben und Rohren durch schrägstehende Walzen [24]

rotary straightening
No longer the usual German term for the → straightening of round bars and tubes by skewed rolls [24]

5.1.55 **Mittenwellen (f, pl)**
Planheitsfehler beim Walzen von relativ dünnem Blech und Band infolge größerer Streckung des Mittenbereiches gegenüber den Randbereichen; → Wellen, Walzfehler

centre buckles
Flatness defects that occur during the rolling of relatively thin sheet and strip as a result of the elongation in the centre zone being greater than that in the edge zones; → buckles, rolling defects

passe (f) de laminage à plat
Phase de laminage d'une section ou pièce rectangulaire, dans laquelle la plus petite dimension de la section est réduite. → passe de compression

point (m) neutre
Zone (ligne), dans la surface de contact entre l'outil et la pièce, pour laquelle la vitesse relative est nulle. En laminage le point neutre sépare la → zone de glissement amont de la → zone de glissement aval

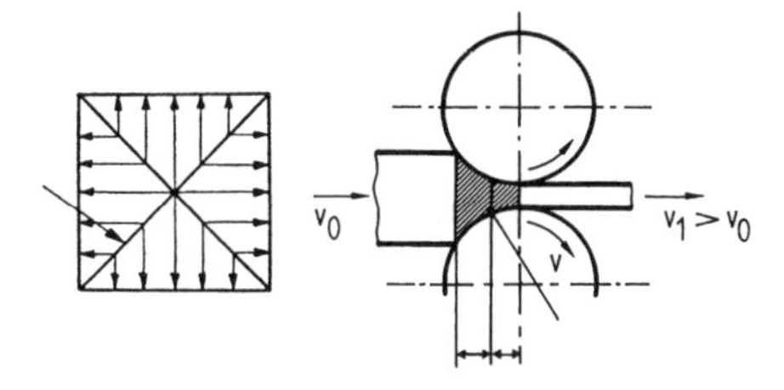

laminage (m) longitudinal
→ Laminage dans lequel le produit est passé sans rotation à travers l'emprise, perpendiculairement aux axes de cylindres [DIN 8583]. → laminage longitudinal de plats, laminage longitudinal de profilés

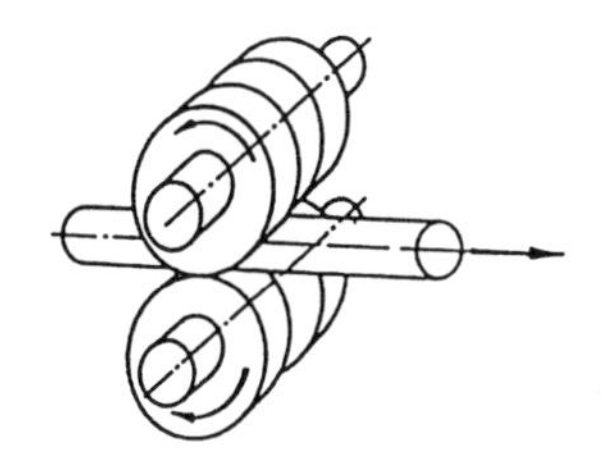

refendage (m)
→ coupe longitudinale

schéma (m) de calibrage de profilés
Schémas de calibrage pour → gros profilés, I, U, H qui font appel à des → formes irrégulières de cannelures, les plus difficiles de la technique de laminage à chaud

laminage (m) de plats
→ laminage longitudinal de plats [DIN 8583]

dressage (m) rotatif
Terme allemand qui n'est plus utilisé pour le → dressage de barres et de tubes par cylindres inclinés [24]

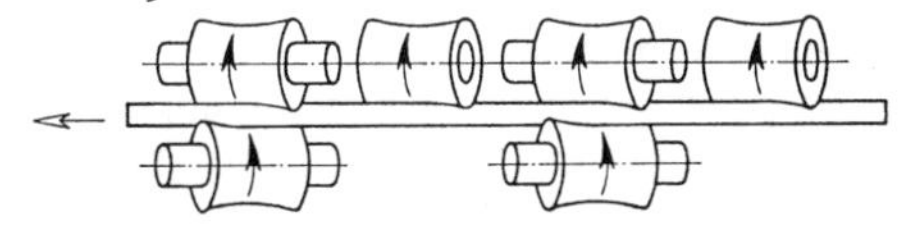

centres (m) longs
Défauts de planéité produits lors du laminage de bandes ou feuilles relativement minces, résultant d'un allongement plus grand en axe que sur les rives; → ondulations, défauts de laminage

5.1.56 **Kaltwalzen (n)**
Walzen ohne vorausgehende Erwärmung. Vornehmlich bei → Blech und Band angewendet, um geringe Banddicken und eine besondere Oberflächenbeschaffenheit zu erzielen und/oder die mechanischen und technologischen Eigenschaften zu beeinflussen [2]

cold rolling
Rolling without prior heating. Primarily used for → sheet and strip in order to achieve smaller strip thicknesses and a particular surface property and/or for influencing the mechanical and technological properties [2]

5.1.57 **Kaltumformen (n)**
Umformen ohne vorausgehendes Erwärmen des Werkstückes; → Kaltwalzen, Kaltziehen [DIN 8582]

cold forming
Forming without prior heating of the workpiece; → cold rolling, cold drawing [DIN 8582]

5.1.58 **Kastenkalibrierung (f)**
→ Kaliberfolge in nahezu rechteckigen, kastenähnlichen → offenen Kalibern, die vor allem für das Umformen von → Blöcken zu → Halbzeug und in der Regel nur für Querschnitte über 100 x 100 mm angewendet wird [1]

box pass design
→ roll pass series in almost square, box-like → open grooves which is primarily used for the shaping of → ingots to → semi-finished products, as a rule only for cross-sections larger than 100 x 100 mm [1]

5.1.59 **Gesenkwalzen (n)**
Walzen von rotationssymmetrischen Werkstücken zwischen einem rotierenden Unterwerkzeug und einem ebenfalls rotierenden Oberwerkzeug, das während des Walzvorgangs eine axiale Vorschub-Bewegung gegen das Unterwerkzeug ausführt

die rolling
Rolling of axisymmetric workpieces between an upper and a lower tool, both of which are rotating. During the process the upper tool performs an axial feed motion relative to the lower tool

5.1.60 **Längsschneiden (n)**
Längsteilen, Spalten, Trennen von → Band oder Blech in Streifen mit definierter Breite

slitting
Longitudinal cutting, slitting of → strip or sheet into strips of defined width

5.1.61 **Irreguläre Kalibrierung (f)**
→ Kalibrierung von → Stichen mit ungleichen → bezogenen Dickenabnahmen in den einzelnen Querschnittsteilen. → reguläre Kalibrierung

irregular pass design
→ roll pass design incorporating → passes with unequal → thickness reductions in the individual parts of the cross-section. → regular pass design

5.1.62 **Kaliberreihe (f)**
Kaliberfolge, Folge der in den aufeinanderfolgenden → Stichen in einer → Walzstraße realisierten Kaliber

pass series
Roll pass sequence. Series of → passes realized in a → rolling mill

laminage (m) à froid
Laminage sans chauffage préalable. Utilisé en premier lieu pour les → bandes et les feuilles pour obtenir des épaisseurs fines, des aspects de surface et/ou pour modifier les propriétés mécaniques et technologiques [2]

mise en forme (f) à froid
Mise en forme sans réchauffage préalable du produit; → laminage à froid, étirage à froid [DIN 8582]

calibrage (m) Box Pass
→ schéma de laminage en cannelures ouvertes de forme presque carrée comme une boîte, utilisé principalement pour la transformation de → lingots en → demi-produits et applicable seulement aux sections supérieures à 100 x 100 mm [1]

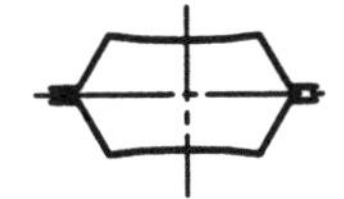

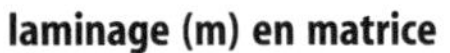

laminage (m) en matrice
Laminage de pièces axisymétriques entre un outil supérieur et un outil inférieur, aminés tous deux d'un mouvement de rotation. Durant l'opération, l'outil supérieur effectue un mouvement d'avance axial par rapport à l'outil inférieur

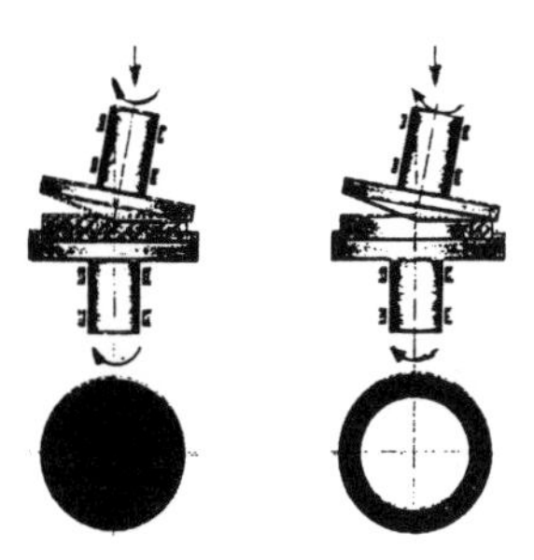

refendage (m)
Découpe longitudinale, refendage de → bande ou de feuille en feuillards de largeur spécifiée

calibrage (m) de profils irréguliers
→ Schéma de laminage comprenant des passes avec des → réductions d'épaisseur inégales dans les différentes parties de la section. → calibrage uniforme

séquence (f) de calibrage
Succession des passes de laminage. Ensembles des → passes effectuées sur un → laminoir

5.1.63 **Gewindewalzen (n)**
→ Querwalzen

thread rolling
→ transverse rolling

5.1.64 **Kaliberfolge (f)**
→ Kaliberreihe

pass sequence
→ pass series

5.1.65 **Kaltstich (m)**
Nicht mehr üblicher Begriff für ein leichtes → Kaltnachwalzen [2]

cold pass
No longer the usual term for light → skin-pass rolling [2]

5.1.66 **Kunststoffbeschichten (n)**
Herstellen von Werkstoffverbunden insbesondere mit → Band und Rohr als Grundwerkstoff, meist zum Oberflächenschutz [1]

plastic coating
Production of material composites, particularly with → strip and tube as the basic material, mostly for surface protection [1]

5.1.67 **Kaltprofilieren (n)**
→ Walzprofilieren

cold shaping
→ cold-roll forming

5.1.68 **Kraftmeßverfahren (n)**
Kraftmessung; → Walzkraftmessung

force measurement process
Force measurement; → rolling force measurement

5.1.69 **Kaliberwalzen (n)**
→ Profil-Längswalzen

groove rolling
→ section rolling

5.1.70 **Kalibrieren (n)**
Festlegung der Umformstufen, die beim Walzen erforderlich sind, um vom Ausgangs- zum Fertigerzeugnis zu gelangen

roll pass design
Establishment of the shaping stages necessary during rolling in order to achieve the finished product

5.1.71 **Gießwalzen (n)**
Gießen von flüssigem Metall zwischen gekühlte Walzen, wobei der erstarrte Bereich im → Walzspalt infolge der sich drehenden Walzen umgeformt wird. G. dient zum Herstellen von → Band oder Draht

cast rolling
Casting of liquid metal between cooled rolls, whereby the solidified area in the → roll gap is formed as a result of the rotating rolls. Cast rolling is used for the production of → strip or rod

5.1.72 **Kalibrierung (f)**
Konstruktion der aufeinanderfolgenden Kaliber einer Walztechnologie, ausgehend vom Ausgangs- oder vom Fertigerzeugnis im → Warmmaß

roll drafting
Design of a sequence of passes of a rolling technology, starting from the initial or the finished product in the → hot size

roulage (m) de filets
→ laminage transversal

DIN 8583/2

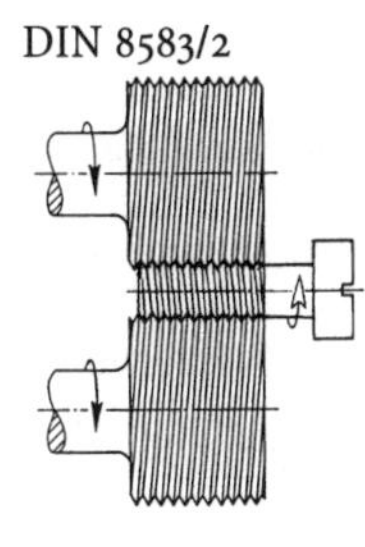

schéma (m) de calibrage
→ séquence de calibrage

passe (f) à froid
Terme utilisé autrefois pour → skin-pass, passe d'écrouissage [2]

revêtement (m) organique
Production de matériaux composites, en particulier avec une bande ou un tube comme matériau support, essentiellement pour la protection de la surface [1]

profilage (m) à froid
→ laminage de profilage

procédé (m) de mesure d'effort
Mesure de force; → mesure de la force de laminage

laminage (m) en cannelures
→ laminage de profilés

calibrage (m)
Définition des stades de déformation nécessaires au laminage pour passer du produit d'entrée au produit fini

coulée-laminage (f)
Procédé de coulée d'acier liquide entre cylindres refroidis, au cours duquel la partie solidifiée du produit est mise en forme plastiquement dans l'emprise des cylindres en rotation. Ce procédé est utilisé pour la production de → bande ou de fil

tracé (m) des cannelures
Conception de la succession des passes d'une technologie de laminage faite à partir des dimensions du produit chaud à l'entrée ou à la sortie

5.1.73 **Kaltnachwalzen (n)**
Dressieren (n)
→ Kaltwalzen von dünnem Blech und Band mit einer → bezogenen Dickenabnahme meist unter 3 %, um eine bestimmte Oberflächenbeschaffenheit zu erzielen und um die technologischen Eigenschaften (Umformbarkeit, Planheit) zu verbessern [2]. Durch K. wird die Neigung einiger Stahlsorten zur Bildung von → Fließfiguren für eine bestimmte Zeit aufgehoben

skin-passing
temper rolling
→ cold rolling of thin sheet and strip with a → specific thickness reduction of mostly less than 3 % in order to achieve a specific surface property and to improve the technological properties (shapability, flatness) [2]. Skin-passing removes the tendency of some types of steel towards the formation of → flow marks for a certain time

5.1.74 **Haspeln (n)**
Bezeichnung für das Auf- und Abwickeln von Draht oder Band auf einer besonderen maschinellen Einrichtung, der → Haspel

coiling
Term for the winding-on and paying-off of rod or strip on a particular type of machine, the → coiler

5.1.75 **Glattwalzen (n)**
→ Schrägwalzen von Vollkörpern (z.B. Stäben) oder Hohlkörpern (z.B. Rohren) im Durchlaufverfahren, um die Oberflächenbeschaffenheit und Maßgenauigkeit zu verbessern [DIN 8583]

roll-smoothing
→ cross-rolling of solid materials (e.g. bars) or hollow materials (e.g. tubes) as a continuous process in order to improve the surface property and dimensional accuracy [DIN 8583]

5.1.76 **Kaltwalzen von Rohren (n)**
Verfahren des Kaltwalzens von Rohren in → kontinuierlichen Walzstraßen mit Innenwerkzeug, wobei Außen-, Innendurchmesser und Wanddicke verringert werden [1]

cold rolling of tubes
Process for the cold rolling of tubes in → continuous rolling mills with an internal tool, whereby the external and internal diameters and wall thickness are reduced [1]

5.1.77 **Kantenanschärfung (f)**
→ Bandkantenanschärfung

edge drop
→ strip edge drop

5.1.78 **Kaltpilgern (n)**
Durchmesser- und Wanddickenreduktion von → Rohr zwischen Walzen mit über dem Walzenumfang veränderlichem Kaliber über einen kegeligen → Dorn

cold pilgering
Reduction of diameter and wall thickness of a → tube over a conical → mandrel between rolls with a groove whose profile changes over the roll circumferance

5.1.79 **Glühfehler (m)**
Fehler im Erzeugnis, der durch Glühen nach dem Umformprozeß entsteht [1]

annealing defect
Defect in the product occurring through annealing after the shaping process

skin-passe (m)
→ laminage à froid de tôles minces ou de bandes avec un taux de réduction le plus souvent inférieur à 3 % dans le but d'atteindre un état de surface spécifique et d'améliorer les propriétés technologiques (planéité) [2]. Le laminage en skin-pass permet d'éviter la formation de bandes de Piobert-Lüders lors de la mise en forme de certains aciers (vermiculures)

bobinage (m)
Terme désignant les opérations d'enroulement ou de déroulement de fil ou de bande sur une installation spécifique: la → bobineuse

laminage (m) de lissage
→ laminage oblique de pièces pleines (barres) ou creuses (tubes) dans un procédé continu pour en améliorer l'état de surface et la précision dimensionnelle [DIN 8583]

DIN 8583/2

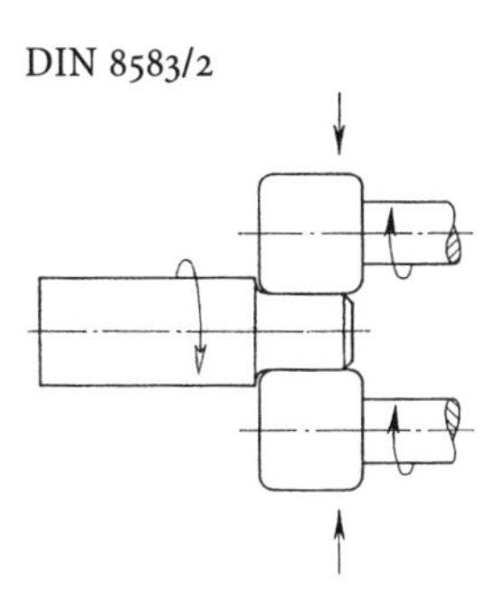

laminage (m) à froid de tubes
Procédé de laminage à froid de tubes dans un laminoir continu avec un outil interne, grâce auquel les diamètres interne et externe ainsi que la paroi du tube sont réduits [1]

amincissement (m) de rives
chute (f) de rives
→ cisaillage des rives d'une bande

laminage (m) à froid à pas de pélerin
Réduction de diamètre et d'épaisseur de paroi d'un tube sur un → mandrin conique et entre cylindres dont le calibre évolue le long du pourtour

défaut (m) dû au recuit
Défaut sur produit apparaissant au recuit effectué après l'opération de mise en forme [1]

5.1.80 **Hazelett-Stranggießverfahren (n)**
Gießen von Metallen zwischen zwei endlos umlaufende wassergekühlte Stahlbänder zu rechteckigen Erzeugnissen mit unterschiedlicher Dicke und Breite

Hazelett continuous casting process
Casting of metals between two endlessly circulating water-cooled steel belts to form rectangular products of different thicknesses and widths

5.1.81 **Indirekter Druck (m)**
Umformung durch Walzen mit seitlicher Druckrichtung im Gegensatz zum → direkten Druck mit einer Druckrichtung senkrecht zur Walzenachse [1]

indirect pressure
Forming by rolls with the application of lateral pressure as against → direct pressure applied vertical to the roll axis [1]

5.1.82 **I-Kalibrierung (f)**
Kalibrierungssystem für I-Profile mit wechselnder Kaliberöffnung am Flansch von Stich zu Stich

I-pass design
Roll pass system for I-sections with a flange groove opening changing from pass to pass

5.1.83 **Kontinuierliches Walzen (n)**
Walze, wobei das Walzgut die hintereinander liegenden → Walzgerüste mit verschiedenen → Kalibern in einer Richtung durchläuft. Das Walzgut wird dabei in mehreren Gerüsten gleichzeitig umgeformt [2]. → Kontinuierliche (Walz-) Straße

continuous rolling
Rolling, whereby the rolling stock passes in one direction through successive → mill stands with different → grooves. The rolling stock is thus simultaneously shaped in several stands [2]. → continuous (rolling) mill

5.1.84 **Haspelzug (m)**
→ Bandzug

coiling tension
→ strip tension

5.1.85 **Kanten (n)**
Drehen des Walzgutes um seine Längsachse um 45, 90, 135 Grad oder um einen anderen Winkel

tilting
Rotation of the rolling stock through 45, 90, 135 degrees or another angle about its longitudinal axis

5.1.86 **Greifbedingung beim Walzen (f)**
Bedingung für die → Walzspaltgeometrie, bei der das Walzgut aufgrund der vorhandenen Reibung in den → Walzspalt eingezogen (von den Walzen gegriffen) wird

bite condition during rolling
Condition for the → roll gap geometry with which the rolling stock is drawn into the → roll gap (gripped by the rolls) due to the prevailing friction

5.1.87 **Greifwinkel (m)**
→ Walzwinkel, bei dem die → Greifbedingung gerade noch erfüllt ist

bite angle
→ rolling angle at which the → bite condition is just fulfilled

5.1.88 **Halbzeugkalibrierung (f)**
Kaliberreihe zum Walzen eines quadratischen oder rechteckigen Halbzeuges

semi-product pass design
Groove sequence for rolling a square or rectangular semi-finished product

procédé (m) de coulée continue Hazelett
Coulée de métal entre deux bandes d'acier sans fin refroidies pour former des produits de section rectangulaire de différentes épaisseurs et largeurs

pression (f) indirecte
Laminage par cylindres avec application d'une contre-pression latérale par opposition à → pression directe où la pression est appliquée perpendiculairement à l'axe des cylindres [1]

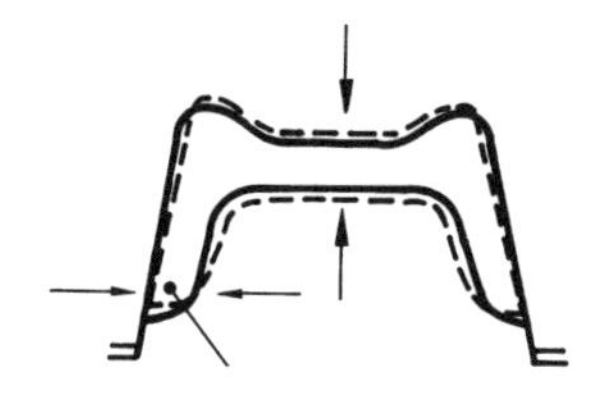

calibrage (m) en I
Système de calibrage pour les profilés I avec des dimensions de cannelures dans les zones d'ailes variables d'une passe à l'autre

laminage (m) continu
Procédé de laminage où le produit passe dans une seule direction à travers une succession de cages de différents calibres. Le produit est engagé et transformé dans différentes cages à la fois [2]. → laminoir continu/ train continu

traction (f) de bobinage
→ tension de bande au bobinage

rotation (f)
Rotation du produit laminé de 45, 90, 135 degrés ou d'un autre angle autour de son axe longitudinal

condition (f) d'engagement au laminage
Condition sur la → géométrie de l'emprise pour que le produit soit entraîné dans → l'emprise par le frottement

angle (m) limite d'attaque
→ Angle de contact entre cylindre et produit pour lequel la → condition d'engagement est juste vérifiée

schéma (m) de laminage d'un demi-produit
Succession de cannelures permettant de laminer un demi-produit de section carrée ou rectangulaire

5.1.89 **Stich (m)**
Ein Durchlauf des → Walzgutes durch den Walzspalt

pass
Passage of the → rolling stock through the roll gap

5.1.90 **Nacheilung (f)**
Rückstau (m)
Begriff für die Relativbewegung zwischen Walzgut und Walzenoberfläche; → Voreilung

backward slip
Term for the relative movement between rolling stock and roll surface; → forward slip

5.1.91 **Stauchstich (m)**
Walzen eines rechteckigen Querschnitts(teiles), wobei die größere Querschnittsabmessung vermindert wird; → Flachstich

edging pass
Rolling of a rectangular cross-section (part), whereby the larger dimension of the cross-section is reduced; → flat pass

5.1.92 **Nacheilzone (f)**
Rückstauzone (f)
Bereich der → gedrückten Fläche zwischen → Einlauflinie und → Fließscheide, in dem sich das Walzgut langsamer bewegt als die Walzenoberfläche

backward slip zone
→ compressed area between → entry line and → neutral point in which the rolling stock moves slower than the roll surface

5.1.93 **Nachwalzen (n)**
→ Kaltnachwalzen

temper rolling
→ skin-passing

5.1.94 **Schmierung (f)**
→ Kühl- und Schmieranlage

lubrication
→ cooling and lubricating facility

5.1.95 **Raute-Quadrat-Kalibrierung (f)**
→ Streckkaliberreihe mit aufeinanderfolgenden Rauten- und Quadratkalibern für das Walzen quadratischer → Stäbe aus quadratischem → Halbzeug

diamond-square pass design
→ series of roughing passes with successive diamond and square grooves for the rolling of square → bars from a square → semiproduct

5.1.96 **Schopfen (n, vb)**
Begriff für das Abschneiden der schrottwertigen → Abfallenden im Walz- oder Schmiedebetrieb [2]

cropping
Term for the cutting off of scrap → waste ends in rolling or forging [2]

5.1.97 **Reguläre Kalibrierung (f)**
→ Kalibrierung von Stichen mit gleichen oder nahezu gleichen bezogenen Dickenabnahmen in den einzelnen Querschnittsteilen. → Irreguläre Kalibrierung

regular pass design
→ pass design with the same or almost the same specific thickness reductions in the individual parts of the cross-section. → irregular pass design

passe (f)
Passage d'un → produit à laminer dans l'emprise du laminoir

glissement (m) arrière
Terme décrivant le mouvement relatif entre le produit à laminer et la surface des cylindres. → glissement avant

passe (f) de réduction de largeur
Passe de laminage d'un produit de section rectangulaire au cours de laquelle on réduit la plus grande dimension de la section (largeur); → passe à plat

zone (f) de glissement arrière
→ Zone de compression dans l'emprise située entre le → point d'entrée et le point neutre pour laquelle la vitesse du produit laminé est inférieure à celle de la surface du cylindre

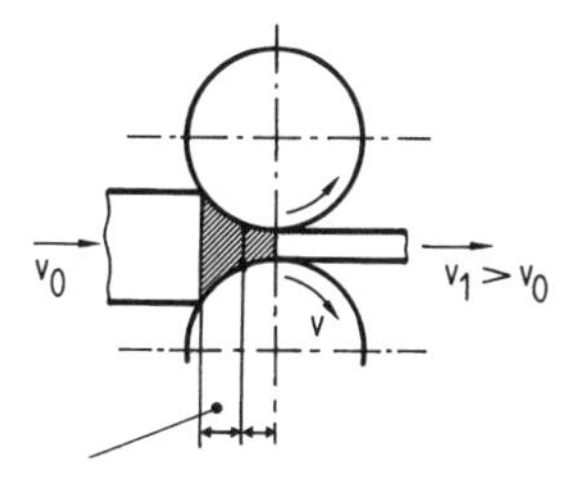

laminage (m) sur skin-pass
→ laminage à froid de skin-pass

lubrification (f)
→ installation de refroidissement et de lubrification en laminage

calibrage (m) carré - losange
→ Séries de passes dégrossisseuses par calibres ayant successivement la forme de losanges et de carrés pour la transformation de → demi-produits de section carrée en → barres carrées

éboutage (m)
Terme désignant l'opération de chutage des → extrémités rebutées après laminage ou forgeage [2]

calibrage (m) régulier
→ Schéma de calibrage assurant la même ou sensiblement la même réduction spécifique d'épaisseur pour toutes les parties d'une section de produit. → calibrage irrégulier

5.1.98 **Schmiedewalzen (n)**
Reckwalzen (n)
Walzen von Zwischenformen oder Fertigerzeugnissen zwischen Walzen, deren Profil sich in Umfangsrichtung stetig oder sprunghaft ändert [DIN 8583, Bl. 2]

roll forging
stretch rolling
Rolling of intermediate shapes or finished products between rolls with a cyclical pass design

5.1.99 **Schlinge beim Walzen (f)**
Wellenförmiger Walzgutverlauf zwischen zwei Walzgerüsten, in denen das → Walzgut gleichzeitig gewalzt wird, als Folge der dem Volumenstrom nicht genau angepaßten Walzendrehzahlen

looping during rolling
Wave-shaped passage of the rolling stock between two mill stands in which the → rolling stock is simultaneously being rolled, as a consequence of the roll rpm's not being accurately matched to the volumetric flow

5.1.100 **Schlichtstich (m)**
Vorletzter → Stich einer → Kaliberreihe , der das in das Fertigkaliber einlaufende Profil formt und daher möglichst genau gewalzt wird, um fehlerfreie und eng tolerierte Fertigprofile zu gewährleisten

prefinishing pass
Next-to-last → pass in a → groove series which shapes the profile entering the finishing groove and is thus rolled as accurately as possible in order to ensure defect-free finished profiles with close tolerances

5.1.101 **Schlag beim Walzen (m)**
Schlagendes Geräusch beim Austritt des Walzgutendes aus dem → Walzspalt

impact during rolling
Percussive noise during exit of the rolling stock from the → roll gap

5.1.102 **Profilieren (n, vb)**
(Kalt-)Umformverfahren zur Herstellung von (profilierten) → Langerzeugnissen aus → Flacherzeugnissen; → Walzprofilieren

shaping
(Cold) forming process for production of (shaped) → long products from → flat products; → roll shaping

laminage (m) sur laminoir à forger
laminage (m) à section variable, forgeage (m) entre cylindres
Allongement par laminage d'ébauches ou de produits finis entre des cylindres à calibrage périodique

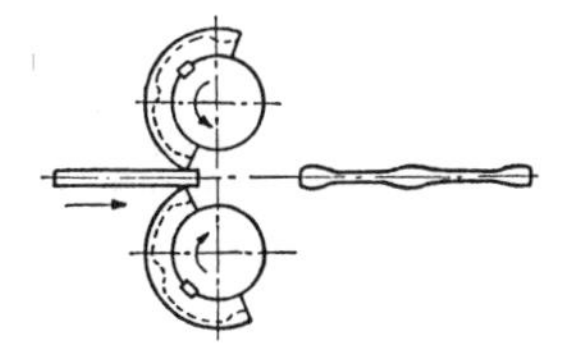

formation (f) de boucles pendant le laminage
Formation de vagues lors du laminage d'un produit entre deux cages (en tandem). C'est la conséquence d'un mauvais ajustement des vitesses de laminage des deux cages aux différences de débits

passe (f) de préfinissage
Avant dernière → passe d'un → schéma de calibrage qui donne la forme voulue au profilé avant son engagement dans la cannelure de finition et qui doit donc assurer un laminage précis permettant d'obtenir des produits finis sans défaut et respectant des tolérances serrées

choc (m) au laminage
Choc bruyant de l'extrémité du produit laminé qui sort de → l'emprise

profilage (m)
Procédé de formage (à froid) pour la fabrication de → produits longs (profilés) à partir de → produits plats; → formage par galets

5.1.103 **Schrägwalzen (vb)**
→ Walzen, bei dem das Walzgut um die eigene Achse gedreht wird, wobei eine Axialbewegung des Werkstückes durch die Schrägstellung der Walzen zustande kommt [DIN 8583]

cross-rolling
→ rolling, in which the rolling stock rotates around its own axis, whereby its axial movement is derived from the inclination of the rolls [DIN 8583]

5.1.104 **Spalten (n, vb)**
→ Längsschneiden von → Band und Blech

slitting
→ longitudinal cutting of → strip and sheet

5.1.105 **Schrägwalzen (n) zum Lochen**
Schrägwalzen eines Rundkörpers zwischen zwei Walzen, deren Achsen zueinander schräg stehen, über einen feststehend im Walzspalt angeordneten Stopfen, wobei sich im Inneren des Walzgutes ein Hohlraum bildet, der durch den Stopfen seine endgültige Form erhält [DIN 8583]. Das S. ist mit tonnenförmigen, kegelförmigen oder scheibenförmigen Walzen möglich

cross-rolling for piercing
Cross-rolling of round material between two rolls, the axes of which are inclined to each other, over a plug fixed in the roll gap, whereby a hollow cavity forms in the rolling stock, which achieves its final shape through the plug [DIN 8583]. Cross-rolling is possible with barrel-shaped, conical or disc-shaped rolls

5.1.106 **Profil-Längswalzen (n)**
Kaliberwalzen. → Längswalzen, bei dem die in Berührung mit dem Walzgut stehenden Walzenflächen eine vom Kreiszylinder oder Kegelmantel abweichende Form haben, die im allgemeinen in Umfangsrichtung gleich bleibt [DIN 8583]

longitudinal rolling of sections
Groove rolling → longitudinal rolling in which the shape of the roll surfaces in contact with the rolling stock differs from that of a regular cylinder or cone and generally remains the same around the periphery [DIN 8583]

5.1.107 **Rundkalibrierung (f)**
→ Kaliberreihe nach dem System Vorquadrat - Schlichtoval - Rund zum Walzen von Rundstäben

round pass design
→ pass sequence in accordance with the system initial square - leading oval - round for the rolling of round rods

laminage (m) sur cage oblique
→ Laminage au cours duquel le produit est en rotation autour de son axe et se déplace dans le sens axial en raison de l'inclinaison des cylindres [DIN 8583]

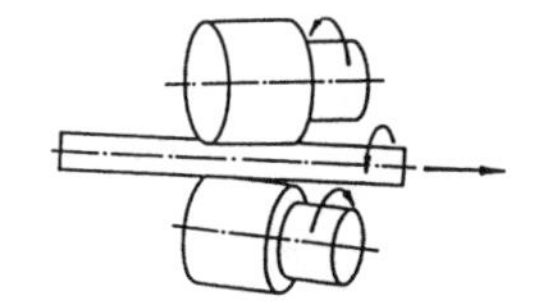

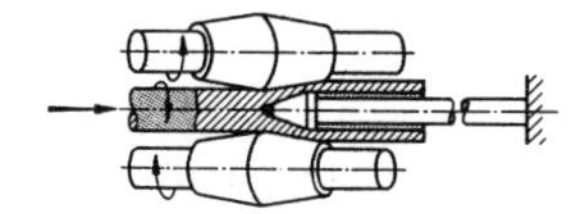

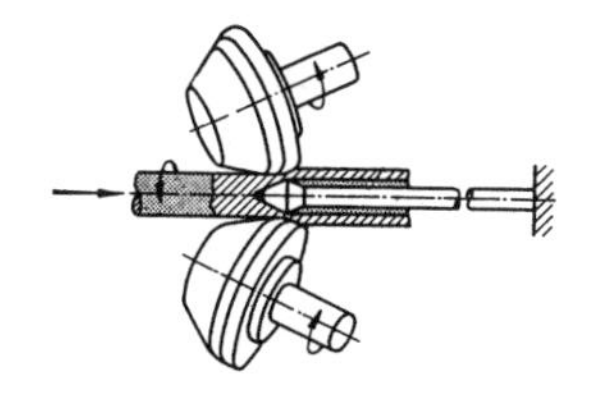

cisaillage (m)
refendage (m)
→ découpe dans le sens longitudinal d'une bande ou d'une feuille

laminage (m) sur cage-perceuse oblique
Laminer un produit rond entre deux cylindres dont les axes sont inclinés, sur un mandrin fixe disposé dans l'emprise, ce qui permet de former une cavité au centre du produit, dont la forme définitive est donnée par le mandrin [DIN 8583]. Le laminage-perçage est possible avec des cylindres en forme de tonneau, de cône ou de disque

laminage (m) en long des profilés
Laminer en cannelures. → laminage longitudinal pour lequel la surface des cylindres en contact avec le produit n'a la forme ni d'un cylindre de révolution, ni d'un cône, mais dont la génératrice garde en général le même profil sur tout le pourtour [DIN 8583]

calibrage (m) pour ronds
→ Schéma de laminage d'un produit basé sur la séquence carré-ovale-rond pour obtenir, en final, une barre ronde

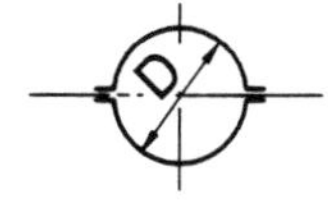

5.1.108 **Profil-Querwalzen (n)**
→ Querwalzen, bei dem die in Berührung mit dem Walzgut stehenden Walzenflächen eine vom Kreiszylinder oder Kegelmantel abweichende Form haben, die im allgemeinen in Umfangsrichtung gleich bleibt [DIN 8583]

transverse rolling of profiles
→ transverse rolling, in which the shape of the roll surfaces in contact with the rolling stock differs from that of a regular cylinder or cone and generally remains the same around the periphery [DIN 8583]

5.1.109 **Pilgern (n)**
Walzverfahren zur Herstellung von nahtlosen Rohren, bei dem die Walzrichtung und der Vorschub einander entgegengesetzt sind [2]. Die vor- und zurückgehende Arbeitsweise erinnert an den sogenannten „Pilgerschritt“. Durch das Vor- und Zurückgehen wird immer nur ein Teil des Rohres ausgewalzt

pilgering
Rolling process for the production of seamless tubes, in which the rolling direction and the advancement are opposed to each other [2]. The forwards and backwards mode of operation (rocking) is reminiscent of the so-called “Pilgrim step“. The forwards and backwards motion results in the fact that always only one part of the tube is rolled out

5.1.110 **Pilgerschlag (m)**
Einmaliger Durchlauf der → Luppe durch das Walzenpaar eines → Warm- oder Kaltpilgerwalzwerks [1]

pilger stroke
Single pass of the tube blank through the rolls in a → hot or cold pilger mill [1]

5.1.111 **Profil-Schrägwalzen (n)**
→ Schrägwalzen, bei dem die in Berührung mit dem Walzgut stehenden Walzenflächen eine vom Kreiszylinder oder Kegelmantel abweichende Form haben, die im allgemeinen in Umfangsrichtung gleich bleibt [DIN 8583]

cross-rolling of profiles
→ cross-rolling, in which the shape of the roll surfaces in contact with the rolling stock differs from that of a regular cylinder or cone and generally remains the same around the periphery [DIN 8583]

5.1.112 **Pilgerschrittverfahren (n)**
→ Pilgern

pilgrim step process
→ pilgering

5.1.113 **Rückstau (m)**
→ Nacheilung, Voreilung, Fließscheide

backward slip
→ backward slip, forward slip, neutral point

5.1.114 **Schulterkalibrierung (f)**
→ Schulter

shoulder pass design
→ shoulder

5.1.115 **Sonderprofilkalibrierung (f)**
Kalibrierungsverfahren für die große Zahl der vielgestaltigen warm zu walzenden → Sonderprofile [1]

special section pass design
Pass design for the large number of many hot rolled → special sections [1]

laminage (m) des profilés sur cages obliques
→ Laminer des profilés avec mise en forme transversale grâce à des cylindres dont la surface en contact avec le produit n'est ni un cylindre de révolution, ni un cône, mais dont la génératrice garde en général la même forme sur tout le pourtour [DIN 8583]

laminage (m) à pas de pélerin
Procédé de laminage pour la fabrication de tube sans soudure pour lequel la direction de laminage et l'avancement sont opposés [2]. Le mode de fonctionnement par avancement et recul fait penser au "pas de pélerin". Dans le mouvement d'avancée et de recul, une partie seulement du tube est laminée

pas (m) de pélerin
Passage élémentaire de l'ébauche de tube dans une paire de cylindres d'un laminoir à chaud ou à froid à pas de pélerin [1]

laminage (m) des profilés avec cylindres obliques
→ Laminage avec mise en forme transversale au moyen de cylindres dont la surface en contact avec le produit n'est ni un cylindre de révolution, ni un cône, mais dont la génératrice garde en général la même forme le long du pourtour [DIN 8583]

procédé (m) de laminage à pas de pélerin
→ laminage à pas de pélerin

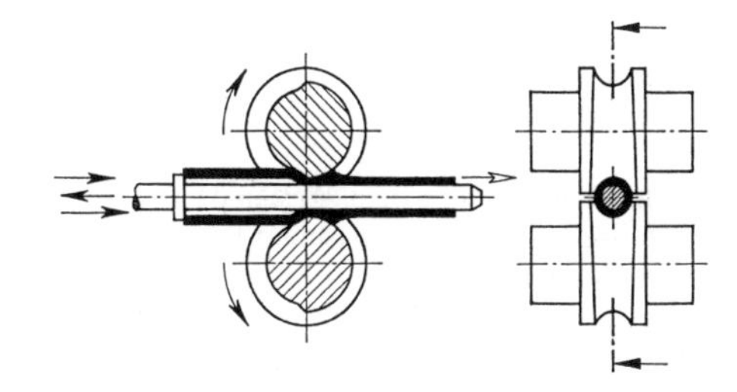

refoulement (m)
→ glissement avant, glissement arrière, point neutre

calibrage (m) à épaulements
→ épaulement

schéma (m) de laminage pour profilés spéciaux
Conception des cannelures pour la grande diversité de → profilés spéciaux laminés à chaud [1]

5.1.116 **Planheitsregelung (f)**
Gezielte Beeinflussung der Walzspaltform während des Walzens von relativ dünnem Blech und Band zum Vermeiden von → Planheitsfehlern

flatness control
Objective influencing of the roll gap shape during the rolling of relatively thin sheet and strip in order to avoid → flatness defects

5.1.117 **Oberdruck (m)**
Maß, um das der → arbeitende Walzendurchmesser der Oberwalze in mittleren und leichten Walzwerken größer ist als der der Unterwalze (5 bis 20 mm) [1]. Infolge der durch O. größeren Oberwalzengeschwindigkeit wird das Walzgut auf die → Abstreifer gedrückt

over-draught (En)
over-draft (Am)
Amount by which the → effective diameter of the top roll is larger than that of the bottom roll (5 to 20 mm) in medium and light section mills [1]. As a result of the faster top roll speed the rolling stock is pressed onto the → stripper

5.1.118 **Richten (n, vb)**
Kaltumformverfahren (Biegeumformen) bei Blech, Stab, Draht und Rohr, bei dem durch Wechselbiegen in Richtmaschinen mit zum Auslauf abklingender Wechselbiegung die vorgeschriebene Geradheitsabweichung der Erzeugnisse erzielt wird [2]

straightening
levelling
Cold working process (bending) for sheet, bar, rod and tube in which the specified variation of the straightness of the product is achieved through alternating bending in the straightening machine, such bending decreasing to the required value at the exit from the machine [2]

5.1.119 **Programmsteuerung (f) von Walzstraßen**
Automatisierungssystem, bei dem entweder nach einem festen Zeitplan oder in Abhängigkeit der Prozeßbedingungen ein fest vorgegebener → Stichplan realisiert wird

programmed control of rolling mills
Automation system in which a specified → pass schedule is realized either in accordance with a fixed time schedule or in relationship to the process conditions

5.1.120 **Reversierbetrieb (m)**
→ Umkehrstraße

reversing duty
→ reversing mill

5.1.121 **Schlingenberechnung beim Walzen (f)**
Verfahren zur mathematischen Erfassung der sich zwischen den Gerüsten in → offenen oder kontinuierlichen Walzstraßen bildenden → Schlingen [1]

loop calculation during rolling
Process for the mathematical determination of the → loops that form between the stands in → open or continuous rolling mills [1]

5.1.122 **Querteilen (n)**
→ Querschneiden

transverse cutting
→ cross-cutting

5.1.123 **Properzi-Verfahren (n)**
→ Gießwalzen von → Draht, wobei der in eine Radkokille gegossene Strang unmittelbar in kontinuierlich (→ kontinuierliches Walzen) angeordneten → Dreiwalzengerüsten zu einem Draht ausgewalzt wird

Properzi process
→ cast-rolling of → rod, whereby the strand cast in a wheel mould is immediately rolled to a rod in continuously arranged (→ continuous rolling) → three-high stands

régulation (f) de planéité
Evolution pilotée de la géométrie de l'emprise lors du laminage de feuilles ou bandes relativement minces dans le but d'éviter les défauts de planéité

Laminage (m) asymetrique vers le bus
Quantité dont le diamètre du cylindre de travail supérieur des laminoirs moyens en ligne est supérieur à celui du cylindre inférieur (5 à 20 mm) [1]. Par suite de cette différence, la vitesse périphérique du cylindre supérieur est plus élevée et le produit laminé prend une courbure vers le bas

planage (m)
dressage (m)
→ procédé de formage à froid (flexion) pour tôles, barres, fils et tubes consistant en une succession de pliages alternés dans la planeuse/dresseuse, dont l'amplitude décroît vers la sortie de la machine, de sorte que le degré de planéité ou de rectitude prescrit est atteint [2]

conduite (f) automatique
Système automatique permettant la réalisation d'un → schéma de laminage fixé, selon un programme défini de manière fixe en fonction du temps ou calculé à partir des paramètres de processus

marche (f) réversible
→ laminoir réversible

calcul (m) de la hauteur de boucle pendant le laminage
Procédé permettant le calcul des boucles du produit se formant entre deux cages → sur des trains à cages séparés ou continus [1]

découpage (m) en travers
→ cisailler transversalement

procédé (m) Properzi
→ Processus de coulée/laminage de barres dans lequel le produit est solidifié dans une lingotière mobile (roue) puis est directement laminé sous forme de fil dans des cages très groupées en train continu (→ laminage continu)

5.1.124 **Optimale Walzaderteilung (f)**
Aufteilung der nach dem Walzprozeß anfallenden unterschiedlich langen → Walzadern ohne oder nur mit minimalem Restendenverlust [1]

optimal division of rolling stock
Division of the different lengths of → rolled strands without or with minimal loss of residual ends [1]

5.1.125 **Prozeßsteuerung von Walzstraßen (f)**
Führung des Walzprozesses durch ein übergeordnetes Automatisierungssystem, das i.a. in Form eines oder mehrerer Prozeßrechner realisiert wird

process control of rolling mills
Control of the rolling process through a higher level automation system, realized in the form of one or more process computers

5.1.126 **Stabfolgezeit (f)**
Zeit, nach der ein → Stab beim Walzen dem vorangegangenen folgt und in die Walzstraße bzw. in ein Aggregat derselben eintritt [1]

bar sequence time
Time after which a → bar follows the preceding one during rolling and enters into the rolling mill or another related unit [1]

5.1.127 **Pulverwalzen (n)**
Herstellen dünner Bänder aus legierten oder nichtlegierten Pulvern durch Walzverdichten des Pulvers, Sintern und Kaltwalzen

powder rolling
Production of thin strips from alloyed or unalloyed powder through roll compaction of the powder itself, sintering and cold rolling

5.1.128 **Querschneiden (n)**
Querteilen. Trennen von → Band oder Blech in Stücke (→ Tafel) mit definierter Länge

cross-cutting
Cutting of → strip or sheet into pieces (→ panel) of defined length

5.1.129 **Putzen (n, vb)**
Sammelbegriff für alle Arbeiten an gegossenen, gewalzten und geschmiedeten Erzeugnissen zum Entfernen von Oberflächenfehlern (Risse, Poren, Grate etc.) durch Schleifen, → Flämmen, Meißeln etc.

dressing
Global term for all work on cast, rolled and forged products for the removal of surface defects (cracks, pinholes, flash etc.) through grinding, → flame scarfing, chipping etc.

5.1.130 **Rillenschienenkalibrierung (f)**
Kalibrierung für Schienen mit Rillen im Schienenkopf (z.B. für Straßenbahnschienen) nach dem Prinzip der Schienenkalibrierung, wobei in den letzten Stichen die Rille eingearbeitet wird [1]

grooved rail pass design
Pass design for rails with grooves in the head (e.g. for tramway rails) according to the rail pass design principle, whereby the groove is produced during the last passes [1]

5.1.131 **Schlupf beim kontinuierlichen Walzen (m)**
Gleiten des Walzgutes im Kaliber, wenn beim → kontinuierlichen Walzen mit Zug zwischen den Gerüsten gearbeitet wird [1]

slip during continuous rolling
Slipping of the rolling stock in the groove when there is tension between the stands during → continuous rolling [1]

équilibrage (m) des veines de laminage
Gestion optimisée des différences de longueur des veines en fin de procédé de laminage, prenant ou non en compte la minimisation des chutes d'extrémité [1]

conduite (f) de procédé sur trains de laminoirs
Contrôle du procédé de laminage par un système d'automatisation de niveau supérieur constitué d'un ou de plusieurs ordinateurs de processus

cadence (f) de laminage de barres
Temps qui s'écoule entre le laminage de deux → barres consécutives et qui correspond à l'engagement de la seconde barre soit dans le train, soit dans un outil du train [1]

frittage-laminage (m)
Production de bandes minces à partir de poudres alliées ou non par compaction en laminage, frittage et laminage à froid

découpage (m) en feuilles
Découper des → bandes ou des feuilles en pièces (→ panneaux) de longueurs définies

réparation (f) de surface
Terme générique pour tous travaux sur produits coulés, laminés ou forgés consistant à éliminer les défauts de surface (criques, porosités, bavures ...) par meulage, → scarfing, au burin, etc

calibrage (m) de laminage pour rails à gorges
Calibrage pour des rails dont le champignon possède une gorge (par exemple rails de tramway), conçu comme un calibrage pour rails, mais avec réalisation de la gorge par les dernières cannelures [1]

glissement (m) pendant le laminage continu
Glissement du produit dans la cannelure quand il est en tension entre deux cages lors du → laminage continu [1]

5.1.132 **Schmetterlingskalibrierung (f)**
Kalibrierungsverfahren für Winkel- und U-Profile, nach dem die Kaliber schmetterlingsförmig aufgebogen sind und die Stiche daher mit hohem → direktem Druck beaufschlagt werden, so daß gegenüber sonstigen Kalibrierungsmethoden weniger Stiche erforderlich sind [1]

butterfly pass design
Pass design for angles and channels, according to which the groove is bent up in the shape of a butterfly and the passes thus subjected to a high → direct pressure so that fewer passes are required than with other pass designs [1]

5.1.133 **Sprung (m)**
→ Walzensprung

spring
→ roll spring

5.1.134 **Planheitsfehler (m, pl)**
→ Mittenwellen, Randwellen

flatness defects
→ centre buckles, edge buckles

5.1.135 **Querwalzen (n)**
→ Walzen, bei dem das Walzgut ohne Bewegung in Achsrichtung um die eigene Achse gedreht wird [DIN 8583]. Durch Q. werden Werkstücke wie Schrauben (Gewinde), Kugeln, Bolzen, Achsen, Rippenrohre u.a. aus Rundstäben im kalten oder warmen Zustand hergestellt

transverse rolling
→ rolling, in which the rolling stock is revolved around its own axis without axial movement [DIN 8583]. The process is used for the production of items such as screws (screw threads), spheres, bolts, axles, finned tubes etc., from round bars in the cold or hot state

5.1.136 **Rund-Oval-Kalibrierung (f)**
→ Streckkaliberreihe mit aufeinanderfolgenden Rund- und Ovalkalibern in kontinuierlichen → Stabstahl- und Drahtstraßen

round-oval pass design
→ roughing series of passes with successive round and oval grooves in continuous → steel bar and wire rod mills

5.1.137 **Quadratkalibrierung (f)**
→ Kaliberreihe zum Warmwalzen von quadratischen → Stäben nach dem allgemeinen System Vorquadratkaliber - Schlichtrautenkaliber - Quadratkaliber [1]

square pass design
→ series of passes for the hot rolling of square → bars in accordance with the system square roughing pass - leading diamond pass - square pass [1]

calibrage (m) en "Papillon"
Calibrage pour les cornières et les profilés U avec des cannelures recourbées en forme d'ailes de papillon, ce qui entraîne des → pressions directes de laminage très élevées, mais qui permet de réduire le nombre de passes par rapport à d'autres méthodes de calibrage [1]

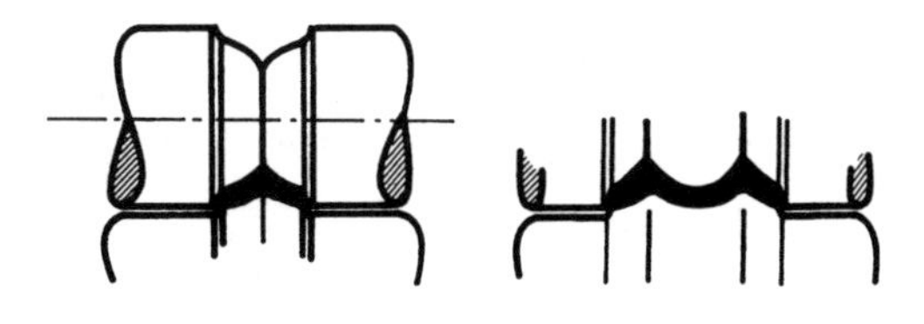

cédage (m)
→ flexion du cylindre

défauts (m, pl) de planéité
→ bords longs, centres longs

laminage (m) transversal
→ laminage au cours duquel le produit ne se déplace pas dans le sens axial mais est tourné autour de son axe [DIN 8583]. Ce procédé permet de fabriquer à chaud ou à froid des pièces comme les vis (filetage), les billes, les axes, les tubes cannelés, etc., à partir de barres

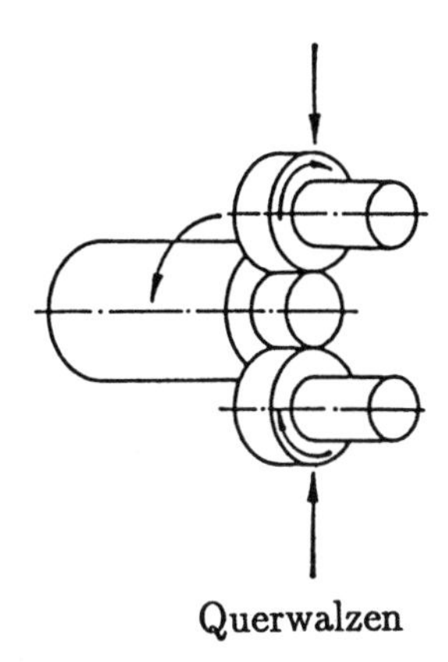
Querwalzen

calibrage (m) rond-ovale
Schéma de calibrage bâtard pour la fabrication de ronds. → succession de passes de laminage dans des cannelures alternativement rondes et ovales lors du laminage sur → trains continus à barres ou à fils

calibrage (m) carré - losange
→ Succession de passes de laminage à chaud pour → barres carrées basée sur le principe d'un dégrossissage en cannelure carrée, suivi d'une alternance de passes en cannelures losanges et carrées [1]

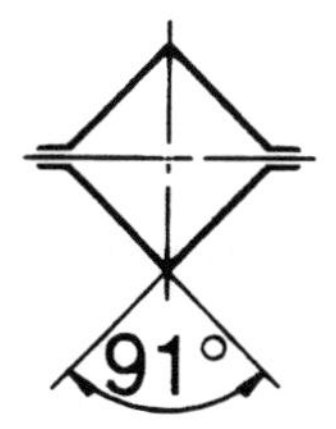

5.1.138 **Rautenkalibrierung (f)**
→ Streckkaliberreihe, bestehend aus aufeinanderfolgenden Rautenkalibern [1]

diamond pass design
→ roughing series of passes, consisting of successive diamond passes [1]

5.1.139 **Quadrat-Oval-Kalibrierung (f)**
Vorwalzkaliberreihe, bestehend aus abwechselnd aufeinander folgenden Quadrat- und Ovalkalibern mit großer Querschnittsabnahme [1]

square-oval pass design
Pre-leader series of passes, consisting of alternating successive square and oval passes with a large cross-section reduction [1]

5.1.140 **Skinpass (m)**
Begriff für ein leichtes → Kaltnachwalzen von warmgewalzten Flacherzeugnissen [2]. Auch beim Kaltnachziehen von Draht spricht man von Skinpass

skin-passing
Term for a light → cold rolling of hot-rolled flat products [2]. Cold re-drawing of rod is also referred to as skin-passing

5.1.141 **Randwellen (f, pl)**
Planheitsfehler beim Walzen von reltiv dünnem Blech und Band infolge größerer Streckung der Randbereiche gegenüber dem Mittenbereich; → Wellen, Walzfehler

edge buckles
Flatness defects in the rolling of relatively thin sheet and strip as a consequence of more elongation at the edges than in the middle; → buckles, rolling defects

5.1.142 **Stranggießverfahren nach Hazelett (n)**
→ Hazelett-Stranggießverfahren

continuous casting process according to Hazelett
→ Hazelett continuous casting process

5.1.143 **Strippen (n, vb)**
Abziehen der → Kokille vom erstarrten Block; → Blockabstreifer

stripping
Withdrawing of the → mould from the solidified ingot; → ingot stripper

5.1.144 **Stützwalzen(rück)biegung (f)**
Methode zur Kompensation der → Walzendurchbiegung; → Balligkeit, Arbeitswalzen(rück)biegung, Wellen

backup roll (counter-) bending
Method for the compensation of → roll deflection; → crown, work roll (counter-) bending, buckles

5.1.145 **Strangguß (m)**
Kontinuierliches Gießverfahren im Anschluß an das Erschmelzen des Metalls, welches das Blockgußverfahren ökonomisch ablöst und je nach der Abmessung der Stränge auch das Block- oder Brammenwalzwerk ersetzt [1]

strand casting
con-casting (Am)
Continuous casting process following melting of the metal that economically takes over from the ingot casting process and, according to the size of the strands, also replaces the blooming or slabbing mill [1]

calibrage (m) losange
→ succession de passes de dégrossissage en cannelures de forme losange [1]

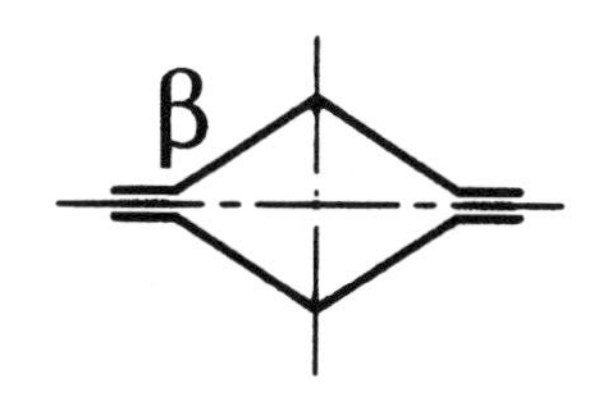

calibrage (m) carré - ovale
Succession de passes de dégrossissage dans des cannelures alternativement carrées et ovales et caractérisées par de forts taux de réduction de section [1]

skin-pass (m)
Terme désignant une passe d'écrouissage à faible taux de réduction sur des produits plats laminés à chaud ou à froid [2]. Ce terme est parfois aussi utilisé dans le cas d'une passe de retréfilage

ondulations (f, pl) de rives
bords (m, pl) longs
Défauts de planéité formés lors du laminage de tôles ou bandes relativement minces et dus à un allongement des rives supérieur à celui du centre; → plis ou ondulations, défauts de laminage

procédé (m) Hazelett de coulée continue
→ procédé Hazelett de coulée continue

strippage (m)
Démoulage des lingots solidifiés par enlèvement de la lingotière; → strippeur de lingots

(contre-) flexion (f) des cylindres d'appui
Méthode de compensation de la flexion des cylindres; → bombé, (contre-) flexion des cylindres de travail, plis

coulée (f) continue
Procédé de coulée en continu suivant immédiatement l'élaboration du métal liquide. Procédé se substituant de manière économique à la coulée en lingots. Suivant la forme des produits coulés, ce procédé remplace également le blooming et le slabbing [1]

5.1.146 **Streckkaliberreihe (f)**
→ Kalibrierung nach den Entwürfen der → Quadrat-Oval-, der Rauten-, der Raute-Quadrat- und der Rund-OvalKalibrierung, mit der quadratisches → Halbzeug in wenigen Stichen auf kleinere Querschnitte gewalzt wird

roughing pass sequence
→ pass design in accordance with the → square-oval, diamond, diamond-square and round-oval designs, with which square → semi-finished products are rolled down to smaller cross-sections in a few passes

5.1.147 **Stichzahl (f)**
Anzahl der Durchgänge des Walzgutes durch ein Walzenpaar bzw. durch die → Kaliber des Walzenpaares [2]. In einer → kontinuierlichen Straße entspricht die Stichzahl der Anzahl der hintereinander angeordneten → Walzgerüste

number of passes
Number of passages of the rolling stock through a pair of rolls or through the → grooves of a pair of rolls [2]. In a → continuous mill the number of passes corresponds with the number of successively arranged → roll stands

5.1.148 **Thermomechanische Behandlung (TMB) (f)**
Verbindung von Umformvorgängen mit Wärmebehandlungen, um bestimmte Werkstoffeigenschaften zu erzielen [2, 3]. Zu solchen Behandlungen zählen das normalisierende Umformen und das thermomechanische Umformen [Stahl-Eisen-Werkstoffblatt 082, 1989]

thermomechanical treatment
Combination of shaping processes with heat treatments in order to achieve specific material properties [2,3]. Such treatments include normalizing shaping and thermomechanical shaping (Stahleisen Material Specification 082,1989)

5.1.149 **Walzaderteilung (f)**
Aufteilen der → Walzader in Lieferlängen; → optimale Walzaderteilung

stock dividing
Division of the → rolling stock into sales lengths; → optimal stock division

5.1.150 **U-Kalibrierung (f)**
Kalibrierungsverfahren für → U-Profile

U-pass design
Pass design method for → U-sections

5.1.151 **Warmwalzen (n)**
→ Walzen, nachdem dem Walzgut Wärme zugeführt wurde

hot rolling
→ rolling after the rolling stock has been heated

5.1.152 **Walzkraftmessung (f)**
Meßverfahren zum Überwachen von → Walzgerüsten hinsichtlich ihrer Belastung, wobei entweder die elastische Dehnung des → Walzenständers oder eine in den Kraftfluß eingebaute Kraftmeßdose genutzt werden [1]

rolling force measurement
Measuring process for the monitoring of → mill stands with regard to their loading, using either the elastic elongation of the → roll housing or a load transducer installed in the force flow [1]

5.1.153 **Warmpilgern (n)**
→ Walzen von Rohr auf einem → Warmpilgerwalzwerk

hot pilgering
→ rolling of tube on a → hot pilger mill

calibrage (m) de dégrossissage
→ Définition des profils de cannelures pour les passes successives d'un train dégrossisseur. La section du produit est réduite en un nombre limité de passes avec des séquences carré - ovale, losange, losange - carré ou rond - ovale

nombre (m) de passes
Nombre de passages du produit dans une paire de cylindres ou une cannelure d'une paire de cylindres [2]. Dans un → train continu, le nombre de passes est égal au nombre de cages de la ligne de laminage

traitement (m) thermomécanique (TTM)
Conduite d'un procédé de mise en forme associant déformation et traitement thermique et destiné à conférer au produit des propriétés déterminées [2,3]. Parmi ces traitements, figurent le laminage normalisant et le laminage thermomécanique [Stahl-Eisen-Werkstoffblatt 082,1989]

séparation (f) des produits à l'intérieur d'une veine
Réalisation dans → la veine des produits de longueurs commerciales; → chargement optimal d'une veine

calibrage (m) U
Méthode de calibrage pour le laminage des → poutrelles U

laminage (m) à chaud
→ laminage après réchauffage du produit

mesure (f) de la force de laminage
Procédés de mesure des forces destinés à surveiller le niveau des efforts supportés par les → cages de laminoirs et basés sur l'utilisation soit de la déformation élastique de la → cage, soit de capteurs de force disposés suivant les lignes de force [1]

laminage (m) à chaud à pas de pélerin
→ laminer des tubes sur un → laminoir à pas de pélerin

5.1.154 **Umführen (n)**
Umwalzen (n)
Walzen mit → Umführungen oder Umlenken des → Walzgutes von Hand von einem Gerüst in das nebenstehende → offener Walzstraßen, wobei sich eine → Schlinge zwischen den Gerüsten bildet [1]

looping
Rolling with → loops or manual deflection of the → rolling stock from one stand into the next one in → open rolling mills whereby a → loop forms between the stands [1]

5.1.155 **Walzziehen (n)**
Durchziehen eines Werkstückes durch eine Öffnung, die von zwei oder mehreren Walzen gebildet wird [DIN 8584]

roll drawing
Drawing of a workpiece through an opening formed by two or more rolls [DIN 8584]

5.1.156 **Vorband-Gießen (n)**
Gießen eines ca. 50 mm dicken Bandes in einer stationären Kokille und direkt anschließendes Warmwalzen in einer → Fertigstraße mit nur vier → Vierwalzengerüsten [3]

near net shape strip casting
Casting of an approx. 50 mm thick slab in a stationary mould, directly followed by hot rolling in a → finishing train with only four → four-high roll stands [3]

5.1.157 **Walzziehbiegen (n)**
→ Walzbiegen von Blechstreifen oder Band zu Profilen durch Ziehen durch ein aus mehreren Formwalzen bestehendes Werkzeug

roll drawing and bending
→ roll bending of skelps or strip to profiles by drawing through a tool consisting of several shaping rolls

5.1.158 **Walzwerksfehler (m)**
→ Walzfehler

rolling mill defect
→ rolling defect

5.1.159 **Walzverfahren (n, pl)**
→ Walzen

rolling process
→ rolling

5.1.160 **Voreilung (f)**
Begriff für die Relativbewegung zwischen Walzgut und Walzenoberfläche; → Nacheilung

forward slip
Term for the relative movement between rolling stock and roll surface; → backward slip

bouclage (m)
Laminer en guidant manuellement le produit d'une cage à la suivante soit par déviation, soit par formation d'une boucle. Se pratique sur trains discontinus sur lesquels des → boucles se forment entre cages [1]

laminage-étirage (m)
Etirage d'une pièce à travers une ouverture constituée par deux cylindres ou davantage [DIN 8584]

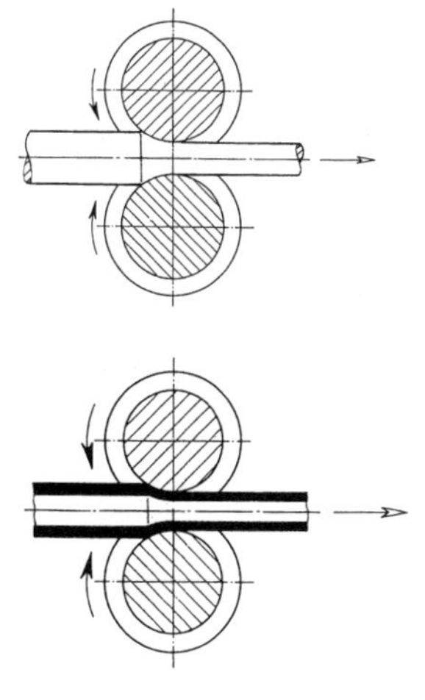

coulée (f) d'ébauches de bande
Coulée dans une lingotière fixe d'une bande d'environ 50 mm d'épaisseur, apte à être laminée directement sur un → train finisseur ne comportant que quatre → cages quarto [3]

étirage-profilage (m)
→ Pliage par laminage de bandes de tôle ou de feuillards en vue de l'obtention d'un produit profilé; → étirage à travers un outillage constitué de plusieurs cylindres ou galets de forme adaptée

défauts (m, pl) liés aux laminoirs
→ défauts de laminage

procédés (m, pl) de laminage
→ laminage

glissement (m) avant
Notion de déplacement relatif entre produit laminé et cylindres ; → glissement arrière

5.1.161 **Voreilzone (f)**
Bereich der → gedrückten Fläche zwischen → Fließscheide und Auslauflinie, in dem sich das Walzgut schneller bewegt als die Walzenoberfläche

forward slip zone
→ compressed area between → neutral point and exit line, in which the rolling stock moves faster than the roll surface

5.1.162 **Walzstich (m)**
→ Stich

roll pass
→ pass

5.1.163 **Walzrunden (n)**
→ Walzbiegen von ebenen Blechen zu zylindrischen oder kegeligen Werkstücken, wobei die Walzenachsen senkrecht oder geneigt zur Biegeebene stehen [DIN 8586]

roll rounding
→ roll bending of flat sheets to cylindrical or conical workpieces, whereby the roll axes are vertical or inclined to the bending plane [DIN 8586]

5.1.164 **Walzprogramm (n)**
Zusammenstellung gewalzter Erzeugnisse oder eines Walzplanes [1]

rolling programme
Grouping together of rolled products or of a rolling schedule [1]

5.1.165 **Walzfehler (m)**
Beim Walzprozeß auftretende Fehler im Walzgut [1,3]. Zu den W. zählen: - Formfehler durch mangelhafte Halbzeugwalzung - Oberflächenfehler (→ Überwalzungen oder eingewalzter Zunder) - → Planheitsfehler - Querschnittsmängel beim Kaliberwalzen (→ Über- oder Unterfüllung) - Säbelkanten bei Band - Güteminderung durch ungünstige Walztemperatur

rolling defect
Defect occurring in the rolling stock in the rolling process [1, 3]. These include: shape defect through insufficient rolling of the semi-finished product - surface defect (→ backfins or rolled-in scale) - → flatness defect - insufficient cross-section during groove rolling (→ under or over filling) - cambered strip edges - quality reduction through unfavourable rolling temperature

5.1.166 **Walzprägen (n)**
Eindrücken eines mit Zeichen versehenen Werkzeuges (Prägewalze) in die Oberfläche eines Werkstückes [DIN 8583]

roll stamping
Pressing of a tool incorporating a symbol (stamping roll) into the surface of a workpiece [DIN 8583]

zone (f) de glissement en avant
→ zone de l'emprise comprise entre la → ligne neutre et la sortie d'emprise et dans laquelle la vitesse du produit est supérieure à la vitesse périphérique des cylindres

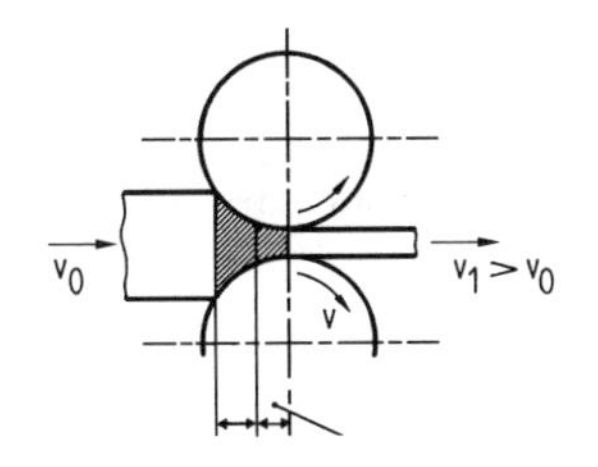

passe (f) de laminage
→ passe

profilage (m) en rond
→ formage de pièces cylindriques ou sphériques par pliage de tôles plates au moyen de laminages dans des directions perpendiculaires ou inclinées par rapport au plan de pliage [DIN 8586]

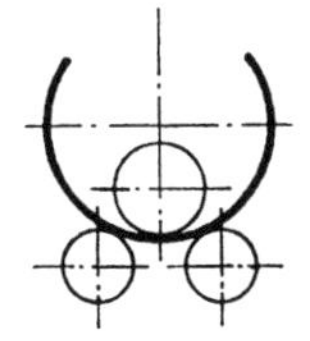

programme (m) de laminage
Ensemble de produits laminés successivement sur un outil de laminage ou ensemble des passes constituant un schéma de laminage [1]

défauts (m, pl) de laminage
Défauts se formant sur le produit lors de l'opération de laminage [1, 3]. Parmi les défauts, on peut citer des défauts de forme dus à un laminage d'ébauche défectueux, des défauts de surface, des → repliures, des incrustations de calamine, des → défauts de planéité, des défauts de forme de section pour les produits laminés en cannelures, défauts de → sur- ou sousremplissage, des amincissements de rive pour les bandes, la réduction de qualité par suite d'une température de laminage défavorable

marquage (m)
Impression d'un motif en relief à la surface d'un produit par laminage avec un outil texturé [DIN 8583]

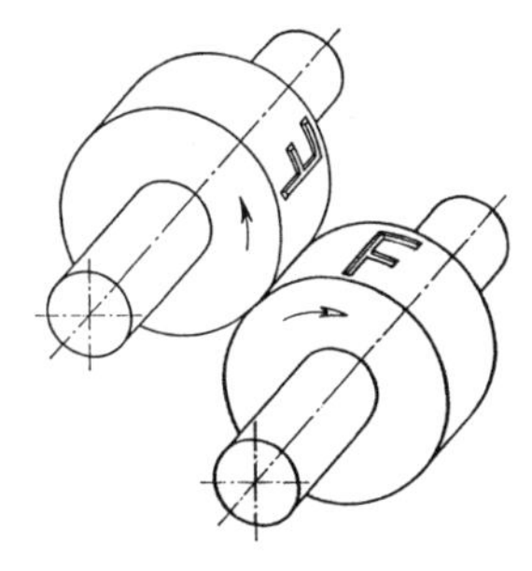

5.1.167 **Walzensprung (m)**
Sprung (m), Spiel (n)
Bezeichung für die Vergrößerung der → Walzenöffnung beim → Anstich des → Walzgutes durch Spiel und elastische Deformation des → Walzgerüstes

roll spring
spring, play
Term for the enlargement of the → roll opening during passage of the → rolling stock through play and elastic deformation of the → mill stand

5.1.168 **Überwalzung (f)**
→ Walzfehler infolge → Gratbildung, zu starker → Breitung, unrichtiger Lage der Walzen zueinander oder fehlerhafter → Kalibrierung

back fin
→ rolling defect resulting from the → formation of fins, excessive → spreading, incorrect mutual positioning of the rolls or faulty → pass design

5.1.169 **Vorstich (m)**
1) → Stich aus einer Kaliberreihe der → Halbzeugkalibrierung

2) Begriff für den „vorausgehenden Stich" [1]

roughing pass
1) → pass from a groove sequence in the → semi-finished product pass design

2) Term for the "preceding pass" [1]

5.1.170 **TMB (f)**
Deutsche Abkürzung für → thermomechanische Behandlung

TMB
German abbreviation for → thermomechanical treatment

5.1.171 **Warmeinsatz (m)**
Einsatz von → Blöcken oder Brammen in → Tieföfen im noch gießwarmen Zustand zwecks Verringerung der Anwärmzeit und -energie vor dem Walzen

hot charging
Charging of → ingots or slabs into → soaking pits in the hot cast condition for the purpose of reducing re-heating time and -energy before rolling

5.1.172 **Unterdruck (m)**
Maß, um welches der → arbeitende Walzendurchmesser der Unterwalze in schweren Walzwerken größer ist als der der Oberwalze (10 bis 30 mm) [1]. Infolge der durch U. größeren Unterwalzengeschwindigkeit wird das Walzgut leicht nach oben angehoben, um den → Rollgang vor Stößen zu schützen

underdraught (En)
underdraft (Am)
Amount by which the → working roll diameter of the bottom roll is greater than that of the top roll (10 to 30 mm) in heavy rolling mills [1]. The resultant higher speed of the bottom roll lifts the rolling stock slightly upwards in order to protect the → roller table against impacts

5.1.173 **Walzsicken (n)**
→ Walzprofilieren zum Herstellen von Sicken [DIN 8586]

roll beading
→ roll shaping for the production of beads [DIN 8586]

cédage (m)
effet (m) resort, jeu (m)
Terme désignant l'augmentation de → l'écartement des cylindres lors du laminage par suite des jeux et de la déformation élastique de la → cage

repliure (f)
→ défaut de laminage résultant de la présence d'une → bavure ou d'un → élargissement excessif, ou d'une position relative incorrecte des cylindres ou d'un → calibrage défectueux

passe (f) de dégrossissage
1) → Passe d'une séquence de calibrage d'ébauche

2) Désignation de la "passe → précédente" [1]

TMB
Abréviation allemande pour traitement thermomécanique (TTM)

enfournement (m) à chaud
Enfournement de → lingots ou de brames encore chauds dans des → fours de réchauffage, en vue de réduire la durée et l'énergie nécessaires pour le réchauffage avant laminage

Laminage (m) asymetrique vers le haut
Différence de diamètre entre le cylindre de travail supérieur et le cylindre inférieur des gros laminoirs (10 à 30 mm) [1]. Il en résulte une vitesse périphérique plus élevée du cylindre inférieur qui provoque une légère courbure du produit vers le haut, ce qui protège la → table à rouleaux contre des chocs éventuels

nervurage (m)
→ Réalisation de nervures par profilage entre rouleaux [DIN 8586]

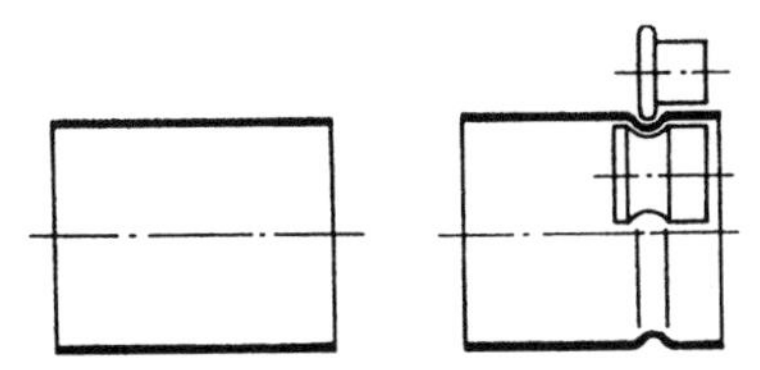

5.1.174 **Walzen (n, vb)**
Stetiges oder schrittweises Druckumformen mit einem oder mehreren sich drehenden Werkzeugen (Walzen), ohne oder mit Zusatzwerkzeugen (z.B. Stopfen oder Dorne, Stangen, Führungswerkzeuge) [DIN 8583]. Man unterscheidet → Längs-, Quer- und Schrägwalzen sowie → Kaltwalzen und Warmwalzen

rolling
Constant or stagewise shaping under pressure with one or more rotating tools (rolls) without or with additional tools (e.g. plugs or mandrels, rods, guides) [DIN 8583]. One differs between → longitudinal, transverse and cross-rolling as well as between → cold rolling and hot rolling

5.1.175 **Walzprofilieren (n)**
Biegen von Blechstreifen, Band oder Ringen zu geraden oder ringförmig gebogenen Profilen zwischen angetriebenen Biegewalzen, deren Achsen in der Biegeebene liegen [DIN 8586]

shape rolling
Bending of sheet strips, sheet or rings to straight or circular bent shapes between driven bending rolls, the axes of which lie in the bending plane [DIN 8586]

5.1.176 **TMT (n)**
Englische Abkürzung für → thermomechanische Behandlung (thermomechanical treatment)

TMT
English abbreviation for → thermomechanical treatment

5.1.177 **Vorblocken (n)**
Nicht mehr üblicher (deutscher) Begriff für das Walzen von → Blöcken zu quadratischem oder rechteckigem → Halbzeug

blooming
German term no longer used for the rolling of → ingots to a square or rectangular → semi-product

5.1.178 **Walzplattieren (n)**
Fügen durch gemeinsames Auswalzen der zu vereinigenden Metalle bei einer für das W. geeigneten Temperatur; → plattiertes Blech und Band

roll cladding
Joining through jointly rolling of the metals to be joined at a suitable temperature; → clad sheet and strip

5.1.179 **Walzbördeln (n)**
→ Walzprofilieren zum Randhochstellen [DIN 8586]

roll flanging
→ roll shaping for flanging [DIN 8586]

5.1.180 **Walzbiegen (n)**
Biegen, bei dem das Biegemoment durch Walzen aufgebracht wird [DIN 8586]

roll bending
Bending, where the bending moment is applied through rolling [DIN 8586]

5.1.181 **Stichplan (m)**
Festlegung der Umformstufen, die beim Walzen erforderlich sind, um vom Ausgangs- zum Fertigerzeugnis zu gelangen

pass schedule
Establishment of the shaping stages required during rolling in order to proceed from the initial to the finished product

laminage (m)
Procédé continu ou discontinu de mise en forme par compression avec des outils en rotation (cylindres) associés ou non avec d'autres outils (mandrins, poinçons, tiges, guides) [DIN 8583]. On distingue le → laminage en long, en travers ou en oblique ainsi que le → laminage à chaud et le laminage à froid

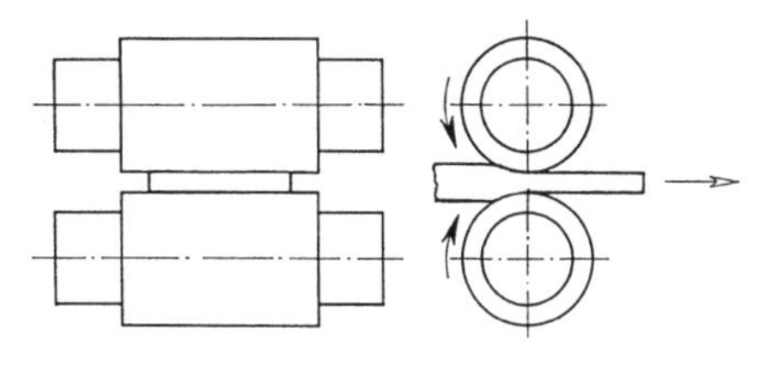

profilage (m)
Pliage de feuillards, de bandes ou de couronnes entre des galets motorisés dont l'axe est parallèle au plan de pliage, de manière à obtenir des profilés droits ou enroulés [DIN 8586]

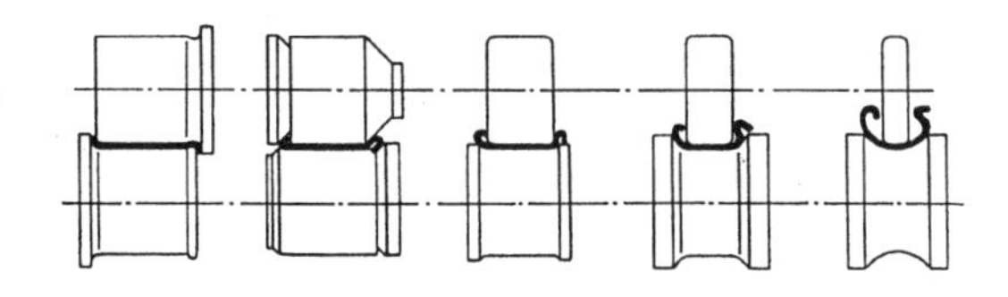

TMT (m)
Abréviation anglaise pour → traitement thermomécanique (thermomechanical treatment)

ébauchage (m) au blooming
Opération de laminage qui transforme les → lingots en → demi-produits de section carrée ou rectangulaire

plaquage (m) par laminage
Assemblage par colaminage à température convenable des métaux à associer → tôles ou bandes plaquées

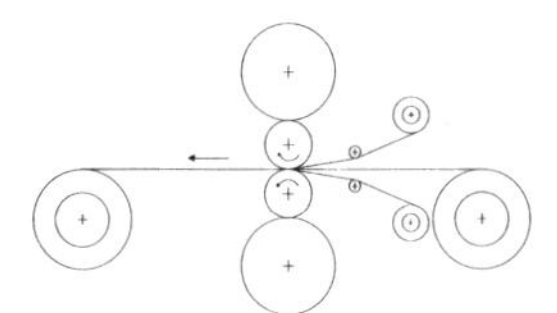

bordage (m) par laminage
→ profilage par galets destiné à relever les bords [DIN 8586]

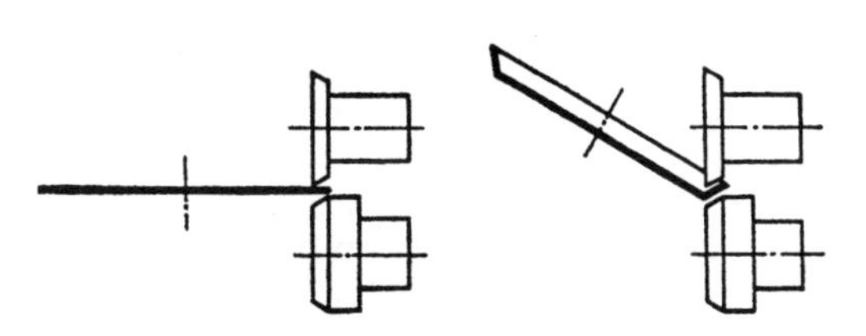

pliage (m) par rouleaux
Pliage par laminage

sequence (f) de passes
Détermination des étapes de déformation qui sont nécessaires au laminage pour passer du produit de départ au produit fini

5.1.182 **Vorwalzkalibrierung (f)**
Nicht mehr üblicher Begriff für → Halbzeugkalibrierung

roughing pass design
No longer the usual (German) term for → semi-product pass design

5.1.183 **Vorwalzen (n)**
Begriff für das Walzen in → Vorgerüsten

roughing
Term for rolling in → roughing stands

5.1.184 **Wellen (f, pl)**
Planheitsfehler beim Walzen von relativ dünnem Blech und Band infolge ungleichmäßiger bezogener → Dickenabnahme über der Breite; → Walzfehler

buckles
Flatness defects during the rolling of relatively thin sheet and strip as a result of non-uniform specific → thickness reduction over the width; → rolling defects

5.1.185 **Zug beim Walzen (m)**
Walzen in einer → kontinuierlichen Walzstraße, in der durch gezielte Drehzahlabstufung zwischen den → Gerüsten (oder durch entsprechenden Haspelantrieb) im → Walzgut eine Zugspannung aufgebaut wird; → Bandzug [1]

tension during rolling
Rolling in a → continuous rolling mill in which a tensile stress is built up in the → rolling stock through objective graduation of the rpm between the → stands (or through a corresponding coiler drive); → strip tension [1]

5.1.186 **Winkelkalibrierung (f)**
Kalibrierung für gleichschenklige und ungleichschenklige → Winkelprofile [1]

angle pass design
Pass design for equal and unequal → angle sections [1]

5.1.187 **Z-Profilkalibrierung (f)**
Kalibrierung für → Z-Profile in Anlehnung an die → Schmetterlingskalibrierung [1]

Z-section pass design
Pass design for → Z-sections with reference to the → butterfly pass design [1]

5.2.1 **Edelstahl (m)**
Stahl, bei dem für die Erschmelzung, Zusammensetzung, Wärmebehandlung und Prüfung besondere Bedingungen gelten [1]. Unter E. versteht man Stähle, die neben einem hohen Reinheitsgrad, großer Gleichmäßigkeit, weitgehender Freiheit von nichtmetallischen Einschlüssen und guter Oberflächenbeschaffenheit besondere Eignung für den jeweiligen Verwendungszweck aufweisen

special steel
Steel in which special conditions apply for the melting, composition, heat treatment and testing [1]. The term is understood to mean steels that, in addition to a high degree of cleanliness, great uniformity, extensive freedom from non-metallic inclusions and a good surface property, are suitable for the relevant application

5.2.2 **Blockseigerung (f)**
→ Seigerung

ingot segregation
→ segregation

5.2.3 **Lüderslinie (f)**
Lüdersband; → Fließfiguren

Lüders line
Lüders band; → flow marks

calibrage (m) d'ébauche
Terme allemand utilisé parfois pour désigner la calibrage au laminoir à demi-produits

dégrossissage (m)
Terme désignant le laminage dans les → cages du train dégrossisseur

ondulations (f, pl)
→ Défaut de laminage pouvant se produire dans des tôles et bandes relativement minces lorsque la → réduction relative d'épaisseur n´est pas homogène dans la largeur du produit

tractions (f, pl) au laminage
Efforts de traction s'exerçant sur une bande laminée sur un train continu du fait des rapports étagés des vitesses de rotation des cages adjacentes ou du fait de l'effort exercé par les bobineuses; → tension de bande [1]

calibrage (m) pour le laminage de cornières
Calibrage permettant d'obtenir des cornières à ailes égales ou inégales [1]

calibrage (m) pour profilés Z
Calibrage permettant d'obtenir des profilés dont la section a la forme d'un Z et se rattachant au → calibrage en ailes de papillon [1]

aciers (m, pl) spéciaux
Aciers qui doivent remplir des conditions particulières pour l'élaboration, la composition chimique, le traitement thermique et les essais de contrôle [1]. Les aciers spéciaux sont aptes à des applications déterminées, grâce à une pureté élevée, une grande régularité, l'absence d'inclusions nonmétalliques et un bon état de surface

ségrégation (f) de lingot
→ ségrégation

ligne (f) de Lüders
Bandes de Lüders; - vermiculures

5.2.4 **Lunker (m)**
Hohlraum, der beim Erstarren von Schmelzen durch Volumenschwund entsteht; → Blockfehler [2]. Lunker treten als Außen- oder als Innenlunker auf. Je nach ihrer Größe unterscheidet man Mikro-, Makro-, Fadenlunker und → Kindsköpfe

shrinkage cavity
Cavity that occurs through volumetric contraction during solidification; → ingot defect [2]. Shrinkage cavities occur both externally and internally. According to their size differentiation is made between micro, macro, filiform shrinkage cavities and → children's heads

5.2.5 **Fließfiguren (f, pl)**
Bei der → Blechumformung auftretende, unerwünschte Adern und Linien auf der zugspannungsbeanspruchten Oberfläche bei Stählen mit ausgeprägter Streckgrenze , → Kaltnachwalzen

flow marks
Undesirable veins and lines that occur on the tensile-stressed surface of steels with a pronounced yield strength during → sheet metal forming; → skin-passing

5.2.6 **Seigerung (f)**
Durch Entmischungsvorgänge bewirkte Unterschiede im Gehalt an Elementen in bestimmten Bereichen [2]. Sind diese Bereiche klein, und zwar in der Größenordnung der Gefügebestandteile (z.B. Korn, Kristallit), so spricht man von Kristallseigerung, sind die Bereiche groß, und zwar in der Größenordnung eines Blockquerschnittes, so spricht man von Blockseigerung

segregation
Difference in the content of elements in specific regions brought about by separation processes [2]. If these regions are small, i.e. in the magnitude of the microstructure components (e.g. grain, crystallite) one speaks of microsegregation, if the regions are large, i.e. in the magnitude of an ingot cross-section, one then speaks of macrosegregation

5.2.7 **Textur (f)**
Bevorzugte Orientierung der Kristallite in Bezug auf die Richtung der größten Formänderung

texture
Preferred orientation of the crystallite in relationship to the direction of the largest change in shape

5.2.8 **Walztextur (f)**
→ Textur als Folge des Walzprozesses

rolling texture
→ texture as a result of the rolling process

5.2.9 **walzhart (adj)**
Begriff für den Zustand eines Erzeugnisses nach dem Walzen ohne Wärmebehandlung [2]

as-rolled
Term for the condition of a product after rolling, without heat treatment [2]

5.2.10 **Walzhaut (f)**
Üblicher Begriff für die beim Warmwalzen von Stahl bzw. Metallen auf der Oberfläche entstehende → Zunderschicht [2]

rolling skin
Usual term for the → scale layer that occurs on the surface when hot rolling steel and metals [2]

5.2.11 **Walzzunder (m)**
→ Zunder, der sich beim Aufwärmen und → Warmwalzen auf der Oberfläche des → Walzgutes bildet

rolling scale
→ scale that forms on the surface of the → rolling stock during heating or → hot rolling

retassure (f)
Cavité se formant lors de la solidification du fait de la contraction de volume. → Défaut de lingot [2] pouvant se former à la surface ou à l'intérieur du produit. Suivant la taille et la forme de la cavité on distingue les macro ou les microretassures, les porositées en canaux, les → têtes d'enfants

vermiculures (f, pl)
Lignes ou veines indésirables se développant sur des surfaces sollicitées en traction lors de l'emboutissage d'aciers présentant un palier d'écoulement; → skin-pass

ségrégation (f)
Différences de concentration en certains éléments dans des zones déterminées, en relation avec la différence de solubilité de ces éléments à l'état liquide et à l'état solide [2]. Lorsque ces zones sont petites, à l'échelle des constituants microstructuraux (grain, cristallite), on parle de microségrégation. Lorsque ces zones sont étendues, par exemple à l'échelle de la section d'un lingot, on parle de macroségrégation

texture (f)
Orientation préférentielle des cristallites par rapport à la direction de la plus grande déformation

texture (f) de laminage
→ texture produite par les procédés de laminage

brut (adj) de laminage
Terme désignant l'état d'un produit après laminage et n'ayant pas subi de traitement thermique [2]

peau (f) de laminage
Terme habituel désignant la → couche de calamine qui se forme à la surface de l'acier ou d'autres métaux lors du laminage à chaud [2]

calamine (f) de laminage
→ calamine qui se forme à la surface des produits lors du réchauffage et du → laminage à chaud

5.2.12 **Zunder (m)**
Bei hohen Temperaturen auf Metalloberflächen entstehende, vorwiegend oxidische Korrosionsprodukte [2]

scale
Predominantly oxidic corrosion product that occurs on metal surfaces at high temperatures [2]

5.3.1 **Anzug (m)**
→ Kaliberanzug

draft
→ groove taper

5.3.2 **Balligkeit (f), thermische-**
Auf Wärmedehnung und ungleichmäßige Temperatur des → Walzenballens beruhende → Balligkeit, die während des Walzprozesses entsteht und sich in Abhängigkeit der Walzparameter verändert; → Zonenkühlung

crown, thermal-
→ crown caused by non-uniform temperature of the → roll barrel, that occurs during the rolling process and changes in accordance with the rolling parameter; → zone cooling

5.3.3 **Dorn (m)**
Innenwerkzeug bei der Herstellung nahtloser Rohre durch → Walzen oder Ziehen. Eine Stange (→ Stopfenstange), die gegen ein Widerlager abgestützt ist, trägt den D.. Im Vergleich zum → Stopfen sind D. in der Regel die längeren Werkzeuge, ohne daß eine Abgrenzung gegeben ist

mandrel
Internal tool used in the production of seamless tubes by → rolling or drawing. The mandrel is mounted on a rod (→ plug rod) that is supported against the stop. By comparison with → plugs, mandrels are as a rule the longer tools, although there is no defined boundary

5.3.4 **Balligkeit (f)**
Bombierung (f)
Begriff für die konvexe Kontur an einer quasi zylindrischen oder quasi kegeligen → Walze, die die Durchbiegung und den Verschleiß der → Arbeitswalzen kompensieren soll; → Walzenschliff

crown
camber
Term for the convex contour of a quasi-cylindrical or quasi- conical → roll which compensates the deflection and wear on the → work roll; → roll contour

5.3.5 **Ballenlänge (f)**
Länge des → Walzenballens

barrel length
Length of the → roll barrel

5.3.6 **Arbeitswalzen (f, pl)**
Begriff für die Walzen in einem → Walzgerüst, die die Umformung des Walzgutes unmittelbar durchführen [2]. Dünne Arbeitswalzen (z.B. beim Kaltbandwalzen) werden, um ein Durchbiegen zu verhindern, durch → Stützwalzen abgestützt. → Walzwerkswalzen

work rolls
Term for the rolls in a → mill stand that directly carry out the shaping of the rolling stock [2]. In order to prevent deflection, slim work rolls (e.g. in cold strip rolling) are supported by → backup rolls → rolling mill rolls

5.3.7 **Ballen (m)**
→ Walzenballen

barrel
→ roll barrel

5.3.8 **Blindes Kaliber (n)**
→ Kaliber, das beim Walzen nicht zur Umformung benutzt wird

blind pass
→ roll pass that is not used for shaping during rolling

5.3.9 **Fertigkaliber (n)**
Letztes Kaliber in einer → Kaliberreihe, das dem Walzgut die endgültige Form gibt [2]

finishing pass
Last pass in a → pass sequence that imparts the final shape to the rolling stock [2]

calamine (f)
Produit de corrosion, essentiellement des oxydes, qui se forment à haute température à la surface des métaux [2]

dépouille (f)
→ dépouille de la cannelure

bombé (m) thermique
→ bombé causé par la déformation thermique du cylindre durant le laminage, qui change en fonction des paramètres de laminage ; → refroidissement par zone

mandrin (m)
Bouchon-outil interne utilisé pour la production de tubes sans soudure par laminage ou étirage. Le mandrin est monté sur un manchon (→ tige de mandrin). Par rapport aux → bouchons de laminage, les mandrins sont des outils plus longs, bien qu'il n'y ait pas de frontière précise

bombé (m)
Terme pour désigner le contour convexe des cylindres s'écartant peu d'une forme cylindrique ou conique et destiné à compenser la déflexion et l'usure des → cylindres de travail

longueur (f) de bombé
Longueur de → table des cylindres

cylindres (m, pl) de travail
Terme pour les cylindres dans → une cage qui produisent directement le formage du produit laminé [2]. Pour éviter la flexion, les petits cylindres de travail (ex : en laminage à froid) sont supportés par des → cylindres de soutien. → cylindres de cages de laminoirs

table (f)
→ table de cylindre

calibre (m) de passe à vide
→ calibre qui n'est pas utilisé pour déformer le produit laminé

passe (f) finisseuse
Dernière passe dans une séquence qui donne la forme finale du produit laminé [2]

5.3.10 **Geschlossenes Kaliber (n)**
Kaliber oder Kaliberteile, die im Gegensatz zum offenen Kaliber von den Walzen vollkommen umschlossenen werden [1]

closed groove
Groove or part of a groove that, contrary to the open groove, is completely enclosed by the rolls

5.3.11 **Kaliber (n)**
Einschnitte in den Arbeitswalzen, die dem Walzgut das gewünschte Profil eines bestimmten → Stichs geben

groove
Recess in the work roll that gives the rolling stock the required profile from a specific → pass

5.3.12 **Lochungsteil (m)**
Bereich der Walzen des → Schrägwalzwerks, in dem das Vollmaterial innen aufreißt. → Schrägwalzen zum Lochen

piercing part
Area in a → cross-rolling mill in which the solid material is pierced to form a hollow → cross-rolling for piercing

5.3.13 **Kreisbogenovalkaliber (n)**
Aus Kreisbögen zusammengesetzte, ovale Kaliberkontur für → Streckkaliberreihen

circular arc oval groove
Oval groove contour made up from circular arcs for → roughing pass sequence

5.3.14 **Kaliberanzug (m)**
Notwendige seitliche Neigung der → Kaliber von meist 0,5 bis 35 %, die das Lösen des Walzgutes aus dem Kaliber unterstützt

groove taper
Lateral inclination of the → groove of mostly 0.5 to 35 % that is necessary to assist release of the rolling stock

5.3.15 **Markierungswalze (f)**
Profilwalze mit eingeschnittenen Markierungen (Werkstoffart u.a.), die während des Walzprozesses laufend in das → Walzgut (→ Schienen, Profile) eigewalzt werden [24]

marking roll
Profile roll with indented markings (material type etc.) that are continuously rolled into the → rolling stock (→ rails, sections) during the rolling process [24]

5.3.16 **Kaliberring (m)**
Einzelner Ring einer → Walzringwalze

grooving ring
Individual ring of a → roll ring roll

5.3.17 **Kaliberwalze (f)**
→ Profilwalze

grooved roll
→ shaped roll

cannelure (f) fermée
Cannelure, ou partie de cannelure qui est complètement fermée par les cylindres, par opposition à une cannelure ouverte [1]

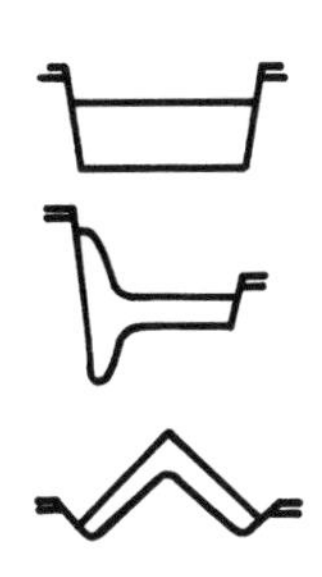

cannelure (f)
Encoche usinée dans le cylindre de travail qui donne au produit laminé le profil requis pour une → passe spécifique

zone (f) perçante
Zone dans un → laminoir à cylindres croisés dans laquelle le produit est percé pour former un creux. → laminage croisé pour perçage

cannelure (f) ovale à arcs circulaires
Cannelure ovale faite d'arcs de cercle pour les → séquences dégrossisseuses

dépouille (f) de cannelure
Inclinaison latérale de la → cannelure de 0,5 à 35 % qui est nécessaire pour dégager le produit laminé

cylindre (m) de marquage
Cylindre à cannelures creusé d'inscriptions (nature du matériau etc) qui, durant le laminage, s'impriment régulièrement sur le → produit laminé (→ rails, profilés)

anneau (m) de cannelure
Anneau d'un cylindre de → laminage circulaire

cylindre (m) cannelé
→ cylindre profilé

5.3.18 **Offenes Kaliber (n)**
→ geschlossenes Kaliber

open groove
→ closed groove

5.3.19 **Pilgerwalze (f)**
Werkzeug zum → Pilgern. P. haben ein über den Walzenumfang immer kleiner werdendes Kaliber, bis im letzten Querschnitt des Kalibers der Durchmesser des Fertigrohres erreicht wird

pilger roll
Tool for → pilgering. Pilger rolls have a groove that becomes ever smaller around the periphery until its last cross-section achieves the diameter of the finished tube

5.3.20 **Stauchkaliber (n)**
Kaliber innerhalb einer Flachstahlkalibrierung, mit dem die ausgebauchten Seitenflächen begradigt und die Produktbreite eingestellt wird

edging pass
Pass within a flat steel pass design, with which the bulged-out lateral areas are corrected and the product width adjusted

5.3.21 **Spaltstich (m)**
Begriff für die ersten Stiche einer → Kaliberreihe zum Walzen von → Schienen

slitting pass
Term for the first of a → pass sequence for the rolling of → rails

5.3.22 **Schneidkaliber (n)**
Erstes → Kaliber bei I-, H-, U- und Schienenkalibrierungen, in dem in einem rechteckigen Anstichquerschnitt Flansche und Stege vorgeformt werden

knife pass
First → pass in I, H, U and rail passes in which flange and web are preshaped into a rectangular initial pass cross-section

5.3.23 **Schulter (f)**
Besonders geformter Absatz an kegeligen → Walzen in → Schrägwalzwerken, um spezielle Effekte (z.B. gute Streckwirkung beim Walzen von Rohren) zu erzielen

shoulder
Specially formed step on otherwise conical → rolls in → cross-rolling mills in order to achieve special effects during rolling (e.g. good elongation effect in tube rolling)

5.3.24 **Schwedenoval (n)**
Vom → Kreisbogenoval abweichende, nahezu rechteckige Kaliberform, die besonders bei großen Querschnitten in → Streckkaliberreihen angewendet wird

Swedish oval
An almost rectangular groove shape that differs from the → circular arc oval and is particularly used with large cross-sections in → roughing pass sequences

5.3.25 **Walzendrehmaschine (f)**
Drehmaschine zum spanenden Bearbeiten der → Walzen vom Guß- oder Schmiederohling bis zur kalibrierten Walze [1]

roll lathe
Lathe for chip-machining of → rolls from the cast or forged blank to the grooved roll [1]

cannelure (f) ouverte
→ cannelure fermée

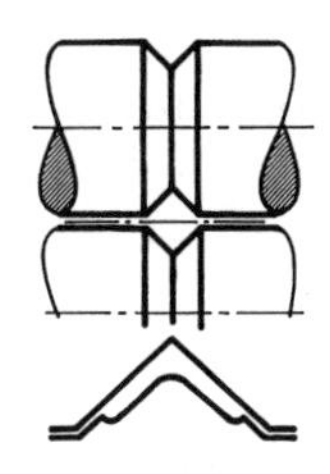

cylindre (m) de laminoir à pas de pélerin
Outil pour → laminage à pas de pélerin. La dimension de la cannelure de ces cylindres décroît le long de la périphérie du cylindre jusqu'à atteindre le diamètre du tube fini

passe (f) refouleuse
En laminage de produit plat, passe dans laquelle on redresse la forme bombée des petites faces et on ajuste la largeur

passe (f) refendeuse
Expression pour la première passe de laminage d'un → rail

passe (f) couteau
Premiere → passe en laminage de profilés I, H, U, ou de rails dans lesquels les ailes et l'âme sont préformées

épaule (f)
Décrochement réalisé spécialement dans la forme du profil d'un → cylindre par ailleurs conique, dans le but d'obtenir des effets particuliers lors du laminage (par exemple un bon effet d'étirage lors du laminage de tubes)

ovale (m) suédois
Une cannelure presque rectangulaire qui diffère de → l'ovale à arc circulaire et qui est particulièrement utilisée pour → l'ébauchage de grosses sections

tour (m) à cylindres
Tour pour l'usinage par enlèvement de copeaux d'ébauches de → cylindres en fonte ou en acier en vue d'obtenir un cylindre cannelé [1]

5.3.26 **Walzenschliff (m)**
Maß, um das der Halbmesser des Walzenballens in der Ballenmitte von dem am Ballenrand abweicht; → Balligkeit [1]

roll camber
Amount by which the radius of the roll barrel in the middle varies from that at the end; → crown [1]

5.3.27 **Walze (f)**
Werkzeug in Warm- oder Kaltwalzwerken, bestehend aus dem → Walzenballen und den → Walzenzapfen [2]. Als Werkstoff für die Walze wird meist Stahl, geschmiedet oder gegossen (Hartguß und Sphäroguß), verwendet

roll
Tool in hot or cold rolling mills, consisting of the → roll barrel and the → roll necks [2]. Roll material is mostly steel, forged or cast (chilled iron, spheroidal graphite)

5.3.28 **Warmprofil (n)**
Nach den Kaltabmessungen des Profils ermittelte Warmabmessungen (→ Wärmedehnung), die als → Kaliber in die Walze eingeschnitten werden [1]

hot shape
Hot dimensions determined in accordance with the cold dimensions of the profile (→ thermal expansion), that are cut into the roll as → grooves

5.3.29 **Walzenballen (m)**
Teil der → Walze zwischen den Walzenzapfen

roll barrel
That part of the → roll between the roll necks

5.3.30 **Warmrisse (m, pl)**
Netzartige Risse, die auf den Arbeitsflächen von Warmarbeitswerkzeugen (Walzen) durch Zusammenwirken der rasch aufeinanderfolgenden Erwärmung und Abkühlung unter mechanischer Beanspruchung entstehen

hot cracks
Network-type cracks that occur on the working surfaces of hot working tools (rolls) through the effect of a rapid sequence of heating and cooling under mechanical load

5.3.31 **Walzwerkswalzen (f)**
→ Arbeitswalzen, Stützwalzen

rolling mill rolls
→ work rolls, backup rolls

5.3.32 **Walzenschleifmaschine (f)**
Schleifmaschine zum Bearbeiten von Walzen [1]

roll grinding machine
Machine for grinding rolls [1]

5.3.33 **Walzenverschleiß (m)**
Abnutzung der → Walzenballen oder Kaliberoberfläche durch mechanische und thermische Beanspruchung, vor allem durch Reibung beim → Walzen [1]

roll wear
Wear of the → roll barrel or groove surface through mechanical and thermal loading, above all through friction during → rolling [1]

5.3.34 **Walzenauftragschweißen (n)**
Verfahren, um die durch → Walzenverschleiß und Walzennachbearbeitung im Laufe der Zeit abgetragene Oberflächenschicht des → Walzenballens zu erneuern

roll deposit welding
Process for renewal of the surface layer of the → roll barrel that through time has been removed through → roll wear and redressing

bombé (m) de rectification
Différence de rayon du cylindre entre le milieu de table et les extrémités → bombé [1]

cylindre (m)
Outil de laminage à chaud et à froid constitué du fût de cylindre et des → tourillons [2]. Les cylindres sont le plus souvent en acier forgé ou moulé ou en fonte dure ou à graphite sphéroïdal

forme (f) à chaud
Dimensions à chaud d'un produit, déduites de ses dimensions à froid (→ dilatation thermique) et servant à tailler les → cannelures dans les cylindres [1]

table (f) des cylindres
Partie du cylindre entre les extrémités de celui-ci

fissures (f, pl) à chaud
Réseau de fissures qui apparaît à la surface des outillages travaillant à chaud (cylindres) sous l'effet de cycles rapides de chauffage et de refroidissement avec superposition d'une sollicitation mécanique

cylindres (m, pl) de laminoirs
→ cylindre de travail, de soutien

rectifieuse (f) à cylindres
Machine pour rectifier les cylindres [1]

usure (f) de cylindre
Usure de la → table ou cannelure du cylindre du fait de la sollicitation thermomécanique et surtout du frottement outil/produit → en laminage [1]

rechargement (m) des cylindres par soudage
Procédé pour reconstituer la couche externe de la → table du cylindre qui a été otée par → usures et rectifications successives

5.3.35 **Stopfen (m)**
Innenwerkzeug bei der Herstellung nahtloser Rohre auf → Stopfenwalzwerken oder beim → Kaltziehen von Rohren; → Dorn [1]

plug
Internal tool used in the production of seamless tubes in → plug mills or in the → cold drawing of tubes; → mandrel [1]

5.3.36 **Warmmaß (n)**
→ Warmprofil

hot dimension
→ hot shape

5.3.37 **Walzringwalze (f)**
Walze, deren Kaliber aus → Kaliberringen gebildet werden, die auf einem Grundkörper befestigt sind [1]

roll ring roll
Roll, the groove of which is formed by → groove rings mounted on a parent body [1]

5.3.38 **Walzenwerkstoff (m)**
Stähle und Gußeisensorten, die für den jeweiligen Verwendungszweck der Walzen besonders geeignet sind [1]

roll material
Steels and types of cast iron that are especially suitable for the relevant use of the rolls [1]

5.3.39 **Walzenkontur (f)**
→ Balligkeit, Walzenschliff

roll contour
→ crown, roll camber

5.3.40 **Stopfenstange (f)**
Dornstange (f)
Stange, die beim Walzen oder Ziehen nahtloser Rohre den → Stopfen als Innenwerkzeug im → Walzspalt oder Ziehwerkzeug hält [1]

plug bar
Bar that during rolling or drawing of seamless tubes holds the → plug as the internal tool in the → roll gap or drawing tool [1]

5.3.41 **Walzenzapfen (m)**
Verjüngte, zylindrische oder kegelige Enden der → Walzen zur Lagerung derselben

roll neck
Reduced, cylindrical or tapered ends of the → rolls which sit in the roll bearings

5.3.42 **Stützwalzen (f, pl)**
Walzen, die in einem → Vier-, Mehr- oder Vielwalzengerüst die Arbeitswalzen abstützen, um eine Durchbiegung derselben beim Walzvorgang zu vermindern [2]

backup rolls
Rolls which back up the work rolls in a → four-high, multiple or cluster roll stand in order to reduce deflection of said work rolls during rolling [2]

5.3.43 **Walzenbeanspruchung (f)**
Komplexer Beanspruchungszustand der Walzen im Walzbetrieb [1]

roll stress
A complex stress condition occurring in the rolls during rolling [1]

5.3.44 **Walzenlager (n)**
→ Walzenzapfenlager

roll bearing
→ roll neck bearing

5.3.45 **Zwischenwalze (f)**
→ Vielwalzengerüst

intermediate roll
→ cluster roll stand

bouchon (m)
manchon (m)
Outil interne utilisé pour la production de tubes sans soudure en → laminoir perceur → étirage à froid des tubes → mandrin [1]

dimension (f) à chaud
→ forme à chaud

cylindre (m) circulaire à bagues de laminage
Cylindre dont les cannelures sont obtenues par montage d'anneaux sur une pièce de base [1]

matériau (m) de cylindre
Nuances d'acier et fontes spécialement adaptées pour les différents types de cylindres de laminoirs [1]

contour (m) du cylindre
→ bombé du cylindre, bombé de rectification

barre (f) de manchon
Tige qui maintient le mandrin sur lequel sont laminés ou étirés les tubes sans soudure. Le → mandrin constitue l'outil interne lors du passage du produit dans l'emprise de laminage ou le dispositif d'étirage [1]

extrémité (f) de cylindres
tourillon (m)
Partie conique ou cylindrique à l'extrémité des → cylindres sur laquelle sont montés les roulements

cylindres (m, pl) de soutien
Cylindres qui soutiennent les cylindres de travail dans une → cage quarto, sexto, multi-cylindres et qui permettent de réduire la flexion des cylindres de travail lors du laminage [2]

contrainte (f) sur cylindre
Etat de contraintes complexe apparaissant dans les cylindres lors du laminage [1]

roulement (m) de laminoirs
→ roulement de tourillons

cylindre (m) intermédiaire
→ laminoir multi-cylindres

5.4.1 **Adjustage (f)**
→ Zurichterei

finishing shop
→ finishing shop

5.4.2 **Austrager (m)**
Maschine, die das Wärmgut vom Ofenherd abhebt und auf den Abfuhrrollgang legt [24]

discharger
Machine that lifts the hot stock from the furnace hearth and deposits it on the discharge roller table [24]

5.4.3 **Bandwalzwerk (n)**
Warm- oder Kaltwalzwerk, das ausschließlich → Band herstellt und entsprechend spezialisiert angelegt ist

strip rolling mill
Hot or cold rolling mill that exclusively produces → strip and is specially laid out accordingly

5.4.4 **Biegewalzen für Rohrschweißanlagen (f, pl)**
→ Rohrschweißanlagen, Profilieren, Walzprofilieren

bending rolls for tube welding plants
→ tube welding plants, shaping, roll shaping

5.4.5 **Binde-Einrichtung (f)**
Einrichtung zum Umreifen von aufgewickelten → Drahtringen oder Bandrollen [24]

strapping equipment
Equipment for the binding of → rod coils or strapping of strip coils [24]

5.4.6 **Blechschere (f)**
→ Kaltschere zum Quer- und Längsteilen von → Blech [24]

sheet shear
→ cold shear for cross-cutting and slitting of → sheet [24]

5.4.7 **Bandnachwalzstraße (Breitband-) (f)**
→ Walzstraße zum → Kaltnachwalzen von kaltgewalzten (Breit-)Bandrollen [24]

strip skin-pass mill (wide strip)
→ rolling mill for → skin-pass rolling of cold-rolled strips [24]

5.4.8 **Blechdoppler (m)**
Vorrichtung zum → Doppeln (Längsfalten) von → Feinblech. In der gefalteten Form wird das „Paket“ nach Wiedererwärmung weiter gewalzt

sheet doubler
Device for → doubling (longitudinal folding) of → sheet. The “packet“ is again rolled after re-heating

5.4.9 **Blechwalzwerk (n)**
→ Walzwerk zum → Walzen von → Blech

plate rolling mill
→ rolling mill for the → rolling of → plate

5.4.10 **Blechwender (m)**
Einrichtung zum Wenden von Blechen zur Oberflächenprüfung [24]

plate tilter
Equipment for turning plates over for surface inspection [24]

5.4.11 **Bandschere (f)**
→ Kaltschere zum → Querschneiden (Querteilen) von → Band [24]

strip shear
→ cold shear for → cross-cutting of → strip [24]

atelier (m) de finissage
→ parachèvement

défourneuse (f)
Machine qui soulève le produit chaud du four et le dépose sur la table de défournement [24]

laminoir (m) de bandes minces
Laminoir à chaud ou à froid qui produit des → bandes minces et dont la conception est faite en conséquence

rouleaux (m, pl) cambreurs pour installation de soudage de tube
→ soudeuse de tube, formage, formage par rouleaux

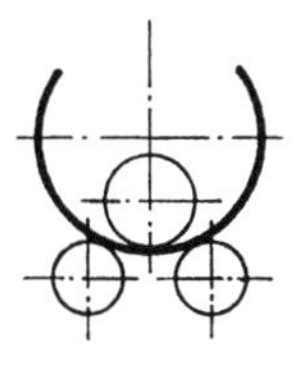

machine (f) à ligaturer
Equipement pour ligaturer les → couronnes de fils ou cercler les bobines [24]

cisaille (f) de feuille
→ Cisaille à froid pour découper ou refendre les → feuilles [24]

laminoir (m) skin pass pour bandes (larges bandes)
→ Laminoir pour → skin-passer les (larges) bandes laminées à froid [24]

doubleuse (f) de feuilles
Machine pour → doubler (pliage longitudinal) les → feuilles. Le "paquet" est ainsi relaminé après réchauffage

laminoir (m) à tôles fortes
→ Laminoir pour → tôles fortes

banc (m) de retournement des tôles
Equipement qui permet de retourner une tôle pour l'inspection de l'autre face [24]

cisaille (f) de bande
→ Cisaille à froid pour → découpe de → bande en feuilles [24]

5.4.12	**Abstreifer (m)** *Abstreifmeißel (m), Hund (m)* Einrichtung zum Ablösen des → Walzgutes von der → Walze	**stripper** *stripping chisel* Stripper guide for release of the → rolling stock from the → roll
5.4.13	**Blockabstreifer (m)** Vorrichtung zum Abstreifen (Abziehen) der → Kokille vom erstarrten → Block. Meist wird diese Arbeit mit besonderen Blockabstreifer- (Stripper-)kränen durchgeführt	**ingot stripper** Device for stripping (withdrawing) the → mould from the solidified → ingot. This work is mostly done with special stripping cranes
5.4.14	**Block-Brammen-Straße (f)** → Walzstraße zum → Warmwalzen von → Blöcken und Brammen zu → Halbzeug [24]	**blooming-slabbing mill** → rolling mill for the → hot rolling of → ingots and slabs to → semi-products [24]
5.4.15	**Blockdrehvorrichtung (f)** Maschinensystem zur Richtungsänderung beim Transport von → Blöcken auf Rollgängen, das dem Block eine bestimmte Anstichlage gibt (→ Anstich) [24]	**ingot turntable** System for direction-changing during the transport of → ingots on roller tables, that puts the ingot into a specific initial pass position (→ initial pass) [24]
5.4.16	**Blockdrücker (m)** Vorrichtung an → Stoßöfen zum Ein- und Durchstoßen des auf einem Rost oder auf dem Rollgang liegenden Wärmguts [24]	**furnace pusher** Device on → pusher furnaces for pushing in and pushing out of the hot stock laying on a grid or a roller table [24]
5.4.17	**Blockfehler (m; m, pl)** Fehler, die in → Blöcken als Ausgangsmaterial für das Walzen und Freiformschmieden auftreten und bei ihrer Herstellung entstehen; → Lunker	**ingot defects** Defects that occur in → ingots as the initial material for rolling and open die forging and develop during their manufacture; → shrinkage cavity
5.4.18	**Asselwalzwerk (n)** Dreiwalzen-Schrägwalzwerk mit besonderer → Schulterkalibrierung zum Strecken vorgelochter Hohlkörper [1]. Das A. wird als besonderes → Schulterwalzwerk mit drei um 120° versetzten Walzen gleichen Drehsinns für das Strecken bereits gelochter Hohlkörper zur Luppe verwendet	**Assel rolling mill** 3-roll cross-rolling mill with a special → shoulder pass design for the elongation of pierced hollows [1]. The Assel mill is used as a special → shoulder mill, with three rolls offset at 120° and rotating in the same direction, for the elongation of an already pierced hollow to a tube blank
5.4.19	**Anstellspindel (f)** Teil der → Walzenanstellung zum Positionieren der oberen Walze in vertikaler Richtung	**screwdown spindle** Part of the → roll screwdown for positioning the top roll in the vertical direction
5.4.20	**Blockkipper (m)** → Blockkippstuhl	**ingot tilter** → ingot tilting chair

stripeur (m)
ciseau (m) stripeur, garde (m), guide (m) stripeur
Gardes permettant de séparer la → pièce laminée du → cylindre

démouleur (m) de lingot
Appareil permettant de retirer le → moule d'un → lingot solidifié. Ce travail est fait la plupart du temps par un "pont stripeur"

blooming-slabbing (m)
→ cage de laminoir pour le → laminage à chaud de → lingots ou brames en demi-produits [24]

table (f) tournante à lingot
Système permettant de faire tourner le → lingot sur les tables à rouleaux lors de son amenée au laminoir qui l'oriente convenablement pour la → première passe [24]

pousseuse (f) de four
Appareil de → fours poussants permettant d'introduire, d'avancer et de sortir les produits chauds placés sur une grille ou une table à rouleaux [24]

défauts (m, pl) de lingot
Défauts de porosité à l'intérieur de → lingots destinés au laminage ou à la forge libre et qui se forment lors de leur fabrication; → retassure

laminoir (m) Assel
Laminoir à 3 rouleaux avec un système de calibrage à→ épaulements pour allonger le creux amorcé par perçage [1]. Le laminoir Assel à 3 rouleaux à 120° qui tournent dans la même direction est un laminoir à → épaulements particulier qui permet de passer d'un produit percé longitudinalement à une ébauche de tube

vis (f) de serrage
Partie du → système de réglage de la position des cylindres permettant le déplacement vertical du cylindre supérieur

manipulateur (m) de lingot
→ chaise pour coucher les lingots

5.4.21 **Blockkippstuhl (m)**
Einrichtung, die das vom → Tiefofen senkrecht abgestellte → Walzgut auf den Zufuhrrollgang ablegt [24]

ingot tilting chair
Device that tilts the → ingot coming from the → soaking furnace in the vertical position and deposits it on the approach roller table [24]

5.4.22 **Blockschere (f)**
→ Warmschere mit horizontal angeordneten Messern zum Schneiden von ruhenden → Blöcken [24]

ingot shear
→ hot shear with horizontal knives for cutting static → ingots [24]

5.4.23 **Bandhaspel (f)**
Maschine, die Band zu einer → Rolle mit aufeinanderliegenden Kanten aufwickelt oder eine Rolle abwickelt [24]. B. werden als Ablaufhaspel zum Abwickeln und als Auflaufhaspel zum Aufwickeln des Bandes vor und hinter dem Bandwalzwerk sowie in Beiz-, Scheren-, Glüh-, und Oberflächenveredelungsanlagen benötigt

strip coiler
Machine that winds strip to a → coil with the edges being flush with each other or pays it off from a coil [24]. Strip coilers are required as pay-off reels for unwinding and as reels for winding the strip before and after the rolling mill as well as in pickling, shearing, annealing and surface finishing plants

5.4.24 **Blockstraße (f)**
→ Walzstraße zum → Warmwalzen von → Blöcken zu → Halbzeug [24]

blooming mill
→ rolling mill for the → hot rolling of → ingots to → semi products [24]

5.4.25 **Auflaufhaspel (f)**
→ Haspel, Bandhaspel [2]

reel
→ coiler, strip coiler [2]

5.4.26 **Blockwalzwerk (n)**
→ Blockstraße, Walzwerk

blooming mill
→ blooming mill, rolling mill

5.4.27 **Ablaufhaspel (f)**
→ Haspel, Bandhaspel

pay-off reel
→ coiler, strip coiler

5.4.28 **Aufweitewalzwerk (n)**
Spezielles → Schrägwalzwerk zum Aufweiten von Rohren im walzwarmen Zustand, dessen Anwendungsbereich durch Verfahren des Rohrschweißens stark eingeschränkt ist [1]

expanding mill
Special → cross-rolling mill for expansion of tubes from the rolling heat, the application of which is very much restricted because of tube welding processes [1]

5.4.29 **Brammendrücker (m)**
→ Blockdrücker

slab pusher
→ ingot pusher

5.4.30 **Brammen-Kühlrad (n)**
Speicherrad, das → Brammen in Taschen einzeln aufnimmt und durch ein Wasserbad hindurch bewegt [24]

slab cooling wheel
A wheel in which → slabs are individually entered into pockets and moved through a water bath [24]

5.4.31 **Brammenschere (f)**
→ Blockschere [24]

slab shear
→ ingot shear [24]

chaise (f) pour coucher les lingots
Appareil qui couche le → lingot arrivant en position debout du → four "pit" et le dépose sur la table à rouleaux d'entrée [24]

cisaille (f) à lingot
→ cisaille à chaud avec couteaux horizontaux pour couper les → lingots à l'arrêt [24]

bobineuse (f)
Machine à enrouler la bande en → bobine avec les rives alignées, ou bien dérouleuse de bobine [24]. Les bobineuses sont utilisées pour dérouler ou enrouler les bobines avant ou après laminage, décapage, cisaillage, recuit et lignes de préparation de surface

blooming (m)
→ laminoir à chaud pour passer de → lingots à → blooms [24]

enrouleuse (f)
→ bobineuse [2]

blooming (m)
→ blooming

dérouleuse (f)
→ bobineuse pour bande

laminoir (m) expanseur
Laminoir → spécial pour l'expansion de tubes dans la chaude de laminage. Son utilisation est limitée à cause de l'utilisation croissante du soudage pour la fabrication des tubes [1]

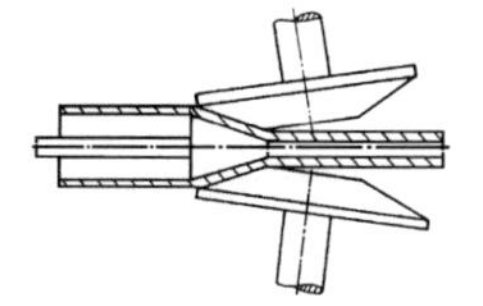

pousseuse (f) à brame
→ pousseuse à lingot

roue (f) à refroidir les brames
Une roue de stockage dans laquelle les → brames sont introduites séparément dans des poches et qui tourne en traversant un bac rempli d'eau [24]

cisaille (f) de brames
→ cisaille à lingot [24]

5.4.32 **Brammenstraße (f)**
→ Walzstraße zum → Warmwalzen von → Brammen zu → Halbzeug [24]

slabbing mill
→ rolling mill for the → hot rolling of → slabs to → semi-products [24]

5.4.33 **Anstellung (f)**
→ Walzenanstellung

screwdown
→ roll screwdown

5.4.34 **Brammenwalzwerk (n)**
→ Brammenstraße, Walzwerk

slabbing mill
→ slabbing mill, rolling mill

5.4.35 **Drahtwindungs-Kühlstrecke (f)**
Drahtwindungsleger (m)
Vorrichtung zum Ausfächern von Draht nach dem Walzvorgang zum gezielten Abkühlen und zum Beeinflussen des Gefüges

rod-ring cooling section
laying head
Device for the fanning out of rod after the rolling operation for the purpose of objective cooling and influencing the microstructure

5.4.36 **Dralleinrichtung (f)**
Einrichtung zum Verdrallen (→ Drallen) des Walzgutes zwischen den Walzgerüsten [24]

twisting device
Device for → twisting the rolling stock between the roll stands [24]

5.4.37 **Breitbandwalzwerk (n)**
→ Warmbreitbandstraße, Kaltbreitbandstraße, Walzwerk

wide strip mill
→ hot wide strip mill, cold wide strip mill, rolling mill rod mill

5.4.38 **Drahtwalzwerk (n)**
→ Drahtstraße, Walzwerk

wire rod mill
→ wire, rolling mill

5.4.39 **Fertigstraße (f)**
Teil einer → Walzstraße, auf dem das Walzgut fertig gewalzt wird; → Vorstraße, Zwischenstraße [24].(Die Begriffe Fertigstaffel und Fertigstrecke sollten nicht mehr verwendet werden)

finishing train
Part of a → rolling mill in which the rolling stock is finish rolled; → roughing train, intermediate train [24]. (The terms finishing group and finishing section should no longer be used)

5.4.40 **Fertiggerüst (n)**
Letztes → Gerüst einer → Walzstraße, das den letzten → Stich, den → Fertigstich, walzt

finishing stand
Last → stand in a → rolling mill that rolls the last → pass, the → finishing pass

5.4.41 **Feinblechstraße (f)**
→ Walzstraße zum Warmwalzen von → flachem Halbzeug zu → Feinblech [24]

sheet mill
→ rolling mill for the hot rolling of a flat semi-product to → sheet [24]

5.4.42 **Dressierwalzwerk (n)**
Nicht mehr üblicher Begriff für → Bandnachwalzstraße ([24])

dressing mill
No longer the usual terms for → strip skin-pass mill ([24])

5.4.43 **Elongator (m)**
→ Streckwalzwerk

elongator
→ stretch reducing mill

slabbing (m)
→ laminoir pour faire des → brames à partir de → lingots [24]

vis (f)
→ vis de positionnement des cylindres

slabbing (m)
→ slabbing, laminoir slabbing

convoyeur (m) de refroidissement en spires
Appareil qui met le fil en spires et étale ces spires sur un convoyeur à l'issue du processus de laminage, dans le but de réaliser un refroidissement contrôlé confèrant au fil une microstructure favorable

boîte (f) de torsion
Dispositif qui permet de (→ torsion) tourner le produit d'un quart de tour entre deux cages [24]

train (m) à larges bandes
→ trains à chaud pour bandes, train à froid pour bandes, laminoir

train (m) à fils
→ train à fils, laminoir

train (m) finisseur
Partie du laminoir ou sont faites les passes finisseuses → train dégrossisseur, train intermédiaire [24]. (Les termes "groupe finisseur" ou "section de finissage" ne devraient plus être employés)

cage (f) finisseuse
Dernière cage → d'un laminoir qui lamine → la dernière passe, → la passe finisseuse

train (m) à tôles minces
→ laminoir pour le laminage à chaud de demi-produits plats en → tôles minces [24]

laminoir (m) à dresser
Terme inusité pour le → skin pass [24]

elongateur (m)
étireur (m)
→ laminoir étireur

5.4.44 **Dreiwalzengerüst (n)**
1) → Horiziontalwalzgerüst mit drei parallel übereinander liegenden Walzen: Ober-, Mittel- und Unterwalze [24]. Die Drehrichtung der Walzen ist gleichbleibend; die Walzrichtung wechselt je nachdem, ob das Walzgut zwischen Ober- und Mittelwalze oder zwischen Mittel- und Unterwalze durchgeführt wird

2) Walzgerüst, bei dem das → Kaliber von drei Walzen gebildet wird, deren Achsen in einer Ebene liegen und ein (meist gleichseitiges) Dreieck bilden

three-high stand
1) → horizontal mill stand with three rolls lying parallel with and one on top of each other: top, middle and bottom roll [24]. Direction of rotation of the rolls is constant; the rolling direction changes according to whether the rolling stock passes between the top and middle rolls or the middle and bottom rolls.

2) Mill stand in which the → groove is formed by three rolls whose axes lie in one plane and form a triangle (mostly equilateral)

5.4.45 **Einstichwalzwerk (n)**
→ Walzwerk, in der aus gehaspeltem Rundmaterial, welches meist konduktiv erwärmt wird, kleine Walzprofile mit einem oder mit zwei Stichen gewalzt werden [1]

single groove mill
→ rolling mill in which small sections are rolled with one or two passes from coiled round material that is mostly conductively heated [1]

5.4.46 **Drehvorrichtung (f)**
Einrichtung zum Drehen des → Walzgutes vor dem Einlaufen in das → Walzgerüst [24]

turning device
Device for turning the → rolling stock before entry into the → mill stand [24]

5.4.47 **Brennschneideinrichtung (f)**
Einrichtung zum Trennen von → Blöcken, Brammen, Halbzeug und Grobblech in ruhendem Zustand [24]

flame cutting equipment
Device for cutting → ingots, slabs, semi-products and plate in the static position [24]

5.4.48 **Feinstahlstraße (f)**
→ Walzstraße zum Warmwalzen von → Halbzeug zu → Rundstäben und → Profilen mit relativ kleinen Querschnitten

merchant bar mill
→ rolling mill for the hot rolling of → semi-products to → round bars and → sections with relatively small cross-sections

5.4.49 **Bündel-Einrichtung (f)**
Einrichtung zum Zusammenfassen und Binden von → Stäben zu → Bunden [24]

bundling equipment
Equipment for assembly and tying together of → bars in → bundles [24]

5.4.50 **Diescher-Walzwerk (n)**
→ Schrägwalzwerk, mit dem in einem Durchgang zylindrische Rohre aus Vollmaterial hergestellt werden [1]

diescher mill
→ cross-rolling mill in which cylindrical tubes are produced from solid material in one pass [1]

5.4.51 **Druckspindel (f)**
Element der → Walzenanstellung, über das die Walzkraft von den Walzen auf die → Walzenständer übertragen wird [1]. D. und die zugehörigen Druckmuttern sind Hauptbestandteile der → Walzenanstellung im → Walzgerüst

adjusting screw
Element of the → roll screwdown, via which the rolling force is transmitted from the rolls to the → roll housing [1]. The adjusting screw and the associated nuts are the main component parts of the → roll screwdown in the → mill stand

cage (f) Trio

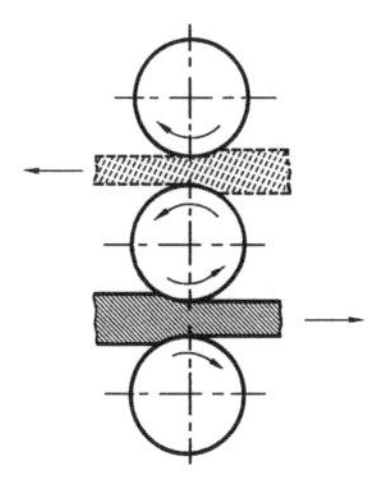

1) → cage horizontale à 3 cylindres superposés parallèles ; haut, intermédiaire, bas [24]. Ces cylindres tournent dans un sens déterminé, fixe. La direction de laminage change suivant que le produit passe entre le cylindre supérieur et le cylindre intermédiaire ou entre le cylindre intermédiaire et le cylindre inférieur

2) Cage dans laquelle → la cannelure est formée par trois cylindres d'axes coplanaires disposés en triangle (le plus souvent équilatéral)

laminoir (m) à simple cannelure
→ laminoir dans lequel de petits profilés sont laminés en une ou deux passes à partir de couronnes de produits ronds et le chauffage est réalisé par effet Joule [1]

table (f) tournante
Dispositif pour tourner le → produit laminé avant son introduction dans la → cage [24]

oxycoupage (m)
Appareil pour découper à l'arrêt les → lingots, brames, demi-produits, tôles fortes [24]

train (m) à fers marchands
→ laminoir à chaud de → demi-produits en → barres rondes et → profilés de petites sections

empaqueteuse (f)
Machine pour assembler et attacher les → barres en → paquets [24]

laminoir (m) Diescher
→ laminoir pour la production en une passe de tubes cylindriques à partir d'un demi-produit massif [1]

vis (f) de serrage
Elément → de serrage des cylindres par lequel la force de laminage est transmise au → bâti [1]. La vis de serrage et les écrous associés constituent la partie principale du serrage de → cage

5.4.52 **Feinstraße (f)**
Nicht mehr üblicher (deutscher) Begriff für eine → Walzstraße für Langerzeugnisse mit relativ kleinen Querschnitten [24]

light section mill
No longer the usual (German) term for a → rolling mill for long products with relatively small cross-sections [24]

5.4.53 **Druckmutter (f)**
→ Druckspindel

spindle nut
→ adjusting screw

5.4.54 **Doppel-Duogerüst (n)**
Nicht mehr üblicher (deutscher) Begriff für → Doppel-Zweiwalzengerüst [24]

double duo stand
No longer the usual (German) term for → double two-high mill stand [24]

5.4.55 **Einzelantrieb (in kontinuierlichen Walzstraßen) (m)**
Antriebsart, bei der jedes → Gerüst einer → kontinuierlichen Walzstraße oder eines → Reduzierwalzwerks von einem regelbaren Elektromotor angetrieben wird [1]. So kann innerhalb eines bestimmten Drehzahlbereichs jede beliebige Drehzahlreihe der aufeinanderfolgenden Gerüste eingestellt oder jede Drehzahlkorrektur in einzelnen Gerüsten vorgenommen werden. → Gruppenantrieb in kontinuierlichen Walzwerken

individual drive (in continuous rolling mills)
Drive with which each → stand in a → continuous rolling mill or a → reducing mill is driven by a controllable electric motor [1]. It is thus possible to optionally set the rpm sequence in successive stands or to correct the rpm in individual stands. → group drive in continuous rolling mills

5.4.56 **Entzunderungseinrichtung (f)**
Einrichtung zum Entfernen des Zunders und zur Oberflächenverbesserung des Walzgutes [10]

descaling equipment
Equipment for the removal of scale and for the improvement of the surface of the rolling stock [10]

5.4.57 **Duo-Gerüst (n)**
Nicht mehr üblicher (deutscher) Begriff für → Zweiwalzengerüst [24]

duo stand
No longer the usual (German) term for → two-high mill stand [24]

5.4.58 **Coilbox (f)**
Wärmeisolierter Haspel-Behälter, in dem in der aufgewickelten → Rolle ein Temperaturausgleich herbeigeführt werden soll

coilbox
Thermally insulated coiler housing for equalization of the temperature of a wound → coil

5.4.59 **Breitflanschträgerwalzwerk (n)**
→ Walzwerk zur Herstellung von H-Profilen

wide flange beam mill
→ rolling mill for the production of H-sections

5.4.60 **Einbaustück (n)**
Bestandteil des Walzgerüstes zur Aufnahme eines → Walzenlagers [24]. E. sind im Fenster des → Walzenständers horizontal und vertikal verstellbar, um die Lage der Walzen zueinander genau fixieren zu können

chock
Part of the roll stand for the mounting of the → roll bearing [24]. Chocks are horizontally and vertically adjustable in the window of the → mill housing in order to be able to accurately fix the position of the rolls relative to each other

laminoir (m) de petits profilés
Terme (allemand) inusité → pour le laminoir de produits longs de petites sections [24]

écrou (m) de serrage
→ vis de serrage

cage (f) duo double
Terme (allemand) inusité pour les → cages bicylindres doubles [24]

transmission (f) individuelle (dans les trains continus)
Entraînement de chaque → cage d'un → laminoir continu ou d'un → laminoir de réduction à froid par un moteur séparé à vitesse réglable [1]. A l'intérieur d'une certaine plage de vitesse, on peut donc régler à volonté la séquence des vitesses des cages successives ou apporter des corrections à la vitesse des cages individuelles. → entraînement groupé des trains continus

décalamineuse (f)
Equipement qui enlève la calamine du produit laminé pour améliorer l'état de surface [10]

cage (f) duo
Terme (allemand) peu utilisé pour la → cage à deux cylindres [24]

coilbox (m)
Carter isolé thermiquement renfermant la bobineuse, bien isolée thermiquement, pour égaliser la température des bobines à chaud et dont le rôle est d'homogénéiser la température de la → bobine chaude

laminoir (m) pour poutrelles à larges ailes
→ laminoir à poutrelles de section H

empoise (f)
Partie d'une cage de laminoir destinée au montage → des roulements [24]. Les empoises sont ajustables horizontalement et verticalement dans la fenêtre du → bâti ce qui permet d'ajuster avec précision la position relative des cylindres

5.4.61 **Druckwasseranlage (f)**
→ Entzunderungseinrichtung, Spritzbalken, Zunderwäscher

pressure water plant
→ descaling equipment, spray beams, scale washer

5.4.62 **Drahtwalzmaschine (f)**
→ Drahtblock

wire rod mill
→ wire rod block

5.4.63 **Drahtstraße (f)**
→ Walzstraße zum → Warmwalzen von quadratischem oder rundem → Halbzeug zu → Draht [24]

wire rod mill
→ rolling mill for the → hot rolling of a square or round → semi-product to → rod [24]

5.4.64 **Doppel-Zweiwalzengerüst (n)**
Veraltete Gerüstbauweise, die durch → Drei- und Vierwalzengerüste ersetzt wird [24]

double two-high stand
Old type of stand construction that is being replaced by → three and four-high mill stands [24]

5.4.65 **Drahthaspel (f)**
Maschine, die → Draht regellos zu → Ringen aufwickelt oder Ringe abwickelt [24]

wire rod reel
Machine that randomly winds → rod to → coils or pays-off a coil [24]

5.4.66 **Drahtblock (m)**
Mit → Zug arbeitende → Fertigstraße geringer Baumaße in kontinuierlichen → Drahtwalzwerken mit meist fliegend (einseitig) gelagerten Walzen und → Gruppenantrieb [1]

wire rod block
A → finishing train in continuous → rod rolling mills that works with → tension, occupies a small amount of space and mostly employs cantilever-mounted rolls and → group drive [1]

5.4.67 **Gruppenantrieb (m) mit Überlagerungsgetriebe (in kontinuierlichen Walzstraßen)**
→ Gruppenantrieb kontinuierlicher Walzstraßen, der eine von der Belastung unabhängige Drehzahl garantiert

group drive with superimposed gearing (in continuous rolling mills)
→ group drive in continuous rolling mills which guarantees an rpm independent of loading

5.4.68 **Gruppenantrieb (m) (in kontinuierlichen Walzstraßen)**
Gemeinsamer Antrieb für mehrere Gerüste einer → kontinuierlichen Walzstraße, der über Getriebe auf die einzelnen Gerüste übertragen wird

group drive (in continuous rolling mills)
Common drive for several stands in a → continuous rolling mill with transmission to the individual stands via gearing

5.4.69 **Grobstraße (f)**
Nicht mehr üblicher (deutscher) Begriff für → Formstahlstraße [24]

rolling train for heavy products
No longer the usual (German) term for → sectional steel mill [24]

5.4.70 **Hakenbahn (f)**
Kühleinrichtung für → Walzdraht, der zu → Ringen gehaspelt, an einer Schienenbahn hängend befördert wird [24]

hook conveyor
Cooling equipment for → wire rod → coils suspended on hooks running in an overhead monorail conveyor [24]

installation (f) d'eau à haute pression
→ décalamineuse, rampe d'arrosage, laveuse à calamine

machine (f) à laminer le fil
→ bloc à fil

train (m) à fil
→ laminoir pour le → laminage à chaud de demi-produits de → section carrée ou ronde en → fil [24]

cage (f) duo double
Vieux type de cage maintenant remplacé par les → cages trio ou quarto [24]

machine (f) de mise en couronnes
Machine qui enroule le → fil en → couronne ou déroule la couronne en fil [24]

bloc (m) à fil
Un → bloc finisseur continu et compact sur les → trains à fils qui lamine en → traction avec des galets à montage cantilever et → entraînés par une transmission groupée [1]

entraînement (m) groupé avec transmissions superposées (pour trains continus)
→ bloc de transmission dans les trains continus qui garantit une vitesse de rotation indépendante de la charge

bloc (m) de transmission (dans les trains continus)
Motorisation commune à plusieurs cages dans les → trains continus avec transmission à chaque cage par engrenage

train (m) à produits lourds (gros trains)
Terme (allemand) qui n'est plus utilisé pour les → laminoirs à gros profilés [24]

convoyeur (m) à crochets
Equipement de refroidissement de → couronnes de fils suspendues sur des crochets, mobiles sur un convoyeur monorail [24]

5.4.71 **Handflämmer (m)**
Handgeführtes Gerät zur Beseitigung von Oberflächenfehlern an → Blöcken, Brammen, Halbzeug und Blechen durch → Flämmen [24]

manual scarfer
Manually controlled device for removal of surface defects on → ingots, slabs, semi-products and plates by → flame scarfing [24]

5.4.72 **Grobblechstraße (f)**
→ Walzstraße zum Warmwalzen von Brammen zu Grobblech [24]. G. sind i.a. → Umkehrstraßen mit → Zwei-, Drei- oder Vierwalzengerüsten

plate mill
→ rolling mill for the hot rolling of slabs to plate [24]. Plate mills are inter alia → reversing mills with → two, three or four-high mill stands

5.4.73 **Haspel (f)**
Auf- oder Abwickelsystem für Walzerzeugnisse in Draht und Bandwalzwerken; → Bandhaspel, Drahthaspel

coiler
Winding or pay-off system for products in wire rod and strip rolling mills; → strip coiler, rod coiler

5.4.74 **Haspelkühlung (f)**
Kühleinrichtung für → Draht, der während des → Haspelns durch einen Luftstrom geleitet wird [24]

coiler cooling
Cooling equipment for → rod, which is passed through an air stream during → coiling [24]

5.4.75 **Halbzeugstraße (f)**
→ Walzstraße zum Walzen von Blöcken oder Brammen zu Halbzeug [24]

semi-product mill
→ rolling mill for the rolling of ingots or slabs to semi-products [24]

5.4.76 **Glättwalzwerk (n)**
Walzwerk zum Glätten der äußeren und inneren Oberfläche eines Rohres und zum Beseitigen von kleineren Wandverdickungen; → Reeler [2]. Es ähnelt einem → Schrägwalzwerk mit einem zwischen den Walzen im Rohr angeordneten Stopfen

smoothing mill
Polishing mill for smoothing the external and internal surfaces of a tube and for correction of minor thickening of the walls; → reeling machine [2]. Similar to a → cross-rolling mill with a plug positioned in the tube between the rolls

5.4.77 **Fliegende Säge (f)**
Vorwiegend in → Rohrwalzwerken eingesetzte, mit dem Walzgut mitlaufende Säge zum Querteilen

flying saw
Predominantly used in → tube mills for cross-cutting with a saw travelling with the rolling stock

5.4.78 **Halbkontinuierliche Straße (f)**
Walzstraße, bei der einige → Walzgerüste in Linie hintereinander (kontinuierlich), andere offen angeordnet sind [24]

semi-continuous mill
Rolling mill in which some → mill stands are positioned in line one after the other (continuously), the others being in an open arrangement [24]

chalumeau (m) manuel d'écriquage
Appareil manuel destiné à l'élimination de défauts de surface sur → lingots, brames, demi- produits et tôles au moyen d'une → flamme de chalumeau [24]

laminoir (m) à tôles fortes
→ Ligne de laminage transformant des brames en plaques ou tôles fortes par laminage à chaud [24]. Ce sont des → cages duo, trio ou quarto réversibles

bobineuse (f)
Système d'enroulage ou de déroulage de produits laminés sur trains à fils ou à bandes; → bobineuse de bandes → bobineuses de fil

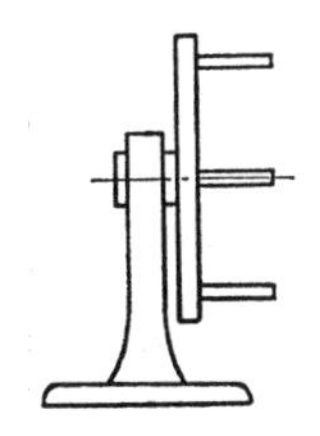

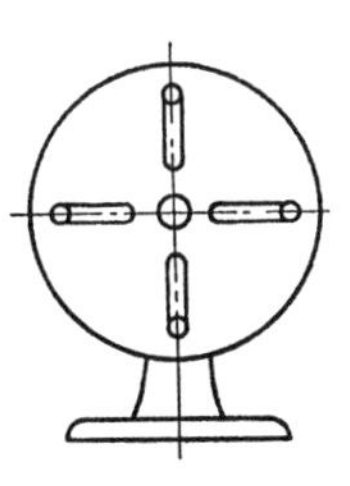

refroidissoir (m) à couronnes
Installation pour le → refroidissement, par soufflage d'air, du fil machine en cours de → bobinage [24]

train (m) à demi-produits
→ ligne de laminage destinée à la transformation de lingots ou brames en demi-produits [24]

laminoir (m) polisseur
Laminoir égalisant et polissant les surfaces internes et externes d'un tube et éliminant de petites surépaisseurs de paroi ; → laminoir finisseur [2]. Analogue à un → laminoir croisé comportant entre ses cylindres un mandrin introduit dans les tubes

scie (f) volante
Scie utilisée principalement sur → laminoirs à tubes, se déplaçant avec le produit et réalisant son tronçonnage

train (m) semi-continu
Ligne de laminage dans laquelle certaines → cages sont disposées en ligne les unes après les autres (groupe continu) et les autres sont ouvertes [24]

5.4.79	**Heißflämmaschine (f)** → Flämmaschine zum → Flämmen von warmem (heißem) → Walzgut während des Walzprozesses oder im Anschluß daran [24]	**hot scarfing machine** → scarfing machine for → scarfing of warm (hot) → rolling stock during or after the rolling process [24]
5.4.80	**Gerüst (n)** → Walzgerüst	**stand** → mill stand
5.4.81	**Hilfsausrüstungen im Walzwerk (f, pl)** Sammelbegriff für Anlagen für die Nebenoperationen im Walzwerk	**ancillary rolling mill equipment** Collective term for plants for ancillary operations in the rolling mill
5.4.82	**Fliegende Schere (f)** Begriff für → Pendelschere, Rotationsschere, Reißschere, Schwingschere und Kreismesserschere als Trennsystem zum → Querteilen von Walzgut, das sich in Bewegung befindet [24]	**flying shear** Term for → pendulum shear, rotary shear, snap shear, oscillating shear and circular knife shear as a system for the → cross-cutting of moving rolling stock [24]
5.4.83	**Hochumformanlage (f)** Umformanlage für Langerzeugnisse mit einfachen Vollquerschnitten oder für Rohre, bei der in einem Durchlauf wesentlich höhere → Streckgrade erzielt werden als mit klassischen Längswalzverfahren	**high reduction plant** Reduction plant for long products with simple solid cross-sections or for tubes in which considerably higher → stretching rates are achieved in one pass than those with classical longitudinal rolling processes
5.4.84	**Gelenkspindel (f)** Kupplungselement zum Übertragen des Drehmoments auf die Walze	**articulated joint spindle** Coupling element for transmission of torque to the roll
5.4.85	**Flämmaschine (f)** Voll- oder halbautomatisch arbeitende Maschine zum vollständigen → Flämmen einer oder mehrerer Walzgutflächen an → Brammen, Blöcken und Halbzeug [24]. → Heiß- und Kaltflämmaschinen	**scarfing machine** Fully or semi-automatic machine for the complete → scarfing of one or more rolling stock surfaces on → slabs, ingots and semi-products [24]. → hot and cold scarfing machines
5.4.86	**Horizontal(walz)gerüst (n)** → Walzgerüst mit horizontalen, parallel übereinanderliegenden Walzen [24]; → Walzenanordnung im Gerüst, Vertikalgerüst	**horizontal (mill) stand** → mill stand with parallel horizontal rolls arranged one above the other [24]; → roll arrangement in the stand, vertical stand
5.4.87	**Gerüstbauart (f)** → Walzenanordnung im Gerüst	**stand construction** → roll arrangement in the stand

machine (f) de scarfing à chaud
→ Machine à → chalumeau conditionnant la → surface des → produits chauds pendant ou après le laminage [24]

cage (f)
→ cage de laminoir

ateliers (m, pl) périphériques d'une ligne de laminage
Terme générique correspondant aux installations réalisant les opérations annexes au laminage

cisaille (f) volante
Autre désignation pour → cisaille pendulaire, cisaille rotative, tenaille, → cisaille oscillante et cisaille à couteaux tranchants périphériques, considérés comme des systèmes pour → fractionner un produit en défilement [24]

installation (f) à forte déformation
Installation pour la déformation de produits longs à section droite de formes simples ou de tubes, qui permet d'atteindre en un seul passage des → taux d'allongement sensiblement plus élevés qu'avec les procédés classiques de laminage en long

allonge (f) articulée
Elément de couplage assurant la transmission du couple de rotation au cylindre

machine (f) à écriquer
Machine automatique ou semi-automatique pour → l'écriquage complet d'une ou de plusieurs faces de produits destinés au laminage, comme des → brames, lingots et demi-produits [24]. → machines d'écriquage à chaud ou à froid

cage (f) (de laminoir) horizontale
→ Cage comportant des cylindres horizontaux disposés parallèlement les uns au-dessus des autres [24]; → disposition des cylindres dans la cage, cage verticale

conception (f) de cage
→ disposition des cylindres d'une cage

5.4.88 **Formstahlstraße (f)**
Walzstraße zum Warmwalzen von → Halbzeug zu → großen I- , U- und H-Profilen, Gleisoberbauerzeugnissen oder Spundwandererzeugnissen [24]

section mill
Rolling mill for the hot rolling of → semi-products to → large I, U, and H sections, railway track or sheet piling products [24]

5.4.89 **Hund (m)**
→ Abstreifer

stripper guide
→ stripper

5.4.90 **Hebetisch (m)**
→ Wipptisch

lifting table
→ tilting table

5.4.91 **HV-Anordnung (f)**
→ Kontinuierliche Walzstraße, in der abwechselnd → Horizontal- und Vertikalgerüste zur Vermeidung des → Drallens angeordnet sind

hV-arrangement
→ continuous rolling mill in which → horizontal and vertical stands are arranged alternately in order to avoid → twist

5.4.92 **Garrettstraße (f)**
Walzwerksanordnung mit offenen Strängen für Feinstahl- und Drahtstraßen mit hoher Endwalzgeschwindigkeit [1]

Garrett rolling mill
Rolling mill arrangement with open strands for merchant bar and wire with high speed [1]

5.4.93 **Führungen in Rohrwalzwerken (f, pl)**
→ Lineal

guides in tube mills
→ side guard

5.4.94 **Führungseinrichtung (f)**
Mechanische Einrichtung an und zwischen Walzgerüsten, die das Walzgut beim Ein- und Auslaufen sowie beim → Umführen sicher führt [24]

guiding equipment
Mechanical devices on and between mill stands which safely guide the rolling stock during entry and exit as well as during → looping [24]

5.4.95 **Fünfwalzengerüst (n)**
→ Horizontalwalzgerüst mit drei parallelen Arbeitswalzen (Ober-, Mittel- und Unterwalze), ähnlich dem Dreiwalzengerüst. Ober- und Unterwalze sind durch je eine Stützwalze abgestützt [24]

five-high stand
→ horizontal mill stand with three parallel work rolls (top, bottom and middle rolls), similar to the three-high stand. The top and bottom rolls each operate with a backup roll [24]

train (m) à profilés
Ligne de laminage réalisant le laminage à chaud de → demi-produits en gros profilés I, U ou H, de matériel de voies ferroviaires ou de palplanches [24]

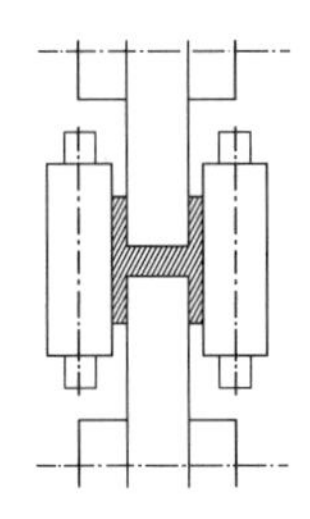

stripeur (m)
→ système stripeur

table (f) élévatrice
→ table de retournement

disposition (f) HV
→ train continu de laminage comportant en alternance des → cages horizontales et verticales ce qui permet d'éviter la → torsion du produit

train (m) Garrett
Disposition d'un atelier de laminage à veines discontinues pour le laminage d'aciers fins ou de fil-machine avec des vitesses de fin de laminage élevées [1]

guides (m, pl) dans les laminoirs à tubes
→ guides latéraux

equipement (m) de guidage
Systèmes mécaniques sur et entre les cages de laminage, qui guident de façon sûre le produit lors de l'engagement, → de la sortie de cage et du bouclage [24]

cage (f) quinto
→ cage de laminage horizontale avec trois cylindres de travail parallèles (supérieur, intermédiaire, inférieur) comme dans une cage trio, mais dont les cylindres supérieur et inférieur sont chacun maintenus par un cylindre de soutien [24]

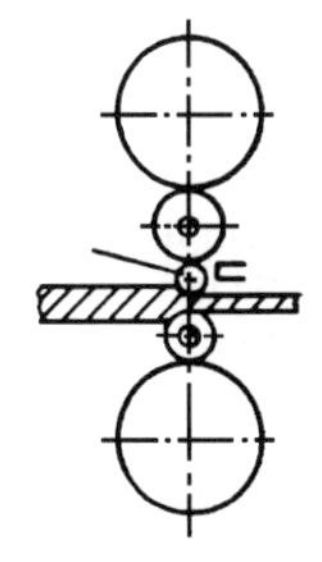

5.4.96 **Führungsrinne (f)**
Rinne, in der das → Walzgut vor, zwischen oder hinter → Walzgerüsten geführt wird [24]

guide channel
Channel in which the → rolling stock is guided before, between or after → mill stands [24]

5.4.97 **Gestaffelte Straße (f)**
→ Walzstraße, bei der mehrere → Walzgerüste nebeneinander versetzt angeordnet sind [24]. Die Gerüste können einzeln oder in Gruppen angetrieben sein

staggered mill
→ rolling mill in which a number of → mill stands are offset side by side [24]. The stands can be driven individually or in groups

5.4.98 **Intensivumformanlage (f)**
→ Hochumformanlage

intensive reduction plant
→ high reduction plant

5.4.99 **Ketten-Kühlbett (n)**
→ Kühlbett aus weitmaschigen Gußrosten, über die das → Walzgut (→ Grobblech) mit abhebbaren Ketten befördert wird [24]

chain drag (skid) cooling bed
→ cooling bed consisting of cast wide-mesh grids, over which the → rolling stock (→ plate) is conveyed by raisable chains [24]

5.4.100 **MKW-Gerüst (n)**
→ Mehrwalzen-Kaltwalz-Gerüst

–
→ multi-roll cold rolling stand

5.4.101 **Kettenförderer (m)**
Trag- und Schleppketten zum Fördern von → Walzgut [24]

chain conveyor
Carrying and drag chains for the conveyance of → rolling stock [24]

5.4.102 **Mehrwalzen-Kaltwalz-Gerüst (MKW) (n)**
Weiterentwickeltes → Vierwalzengerüst mit relativ kleinen, auch seitlich abgestützten → Arbeitswalzen, welches eine Anwendung großer Bandzüge erlaubt, ohne daß die Arbeitswalzen seitlich ausweichen

multi-roll cold rolling stand
Further developed → four-high stand with relatively small and laterally supported → work rolls, which enables the application of higher strip tensions without lateral yielding of the work rolls

5.4.103 **Mittelstraße (f)**
Im Sprachgebrauch üblicher Begriff für eine → Formstahl- und Stabstahlstraße mit 400 bis 600 mm Walzendurchmesser [24]

medium section mill
Usual term for a → section and bar mill with 400 to 600 mm diameter rolls [24]

5.4.104 **Kanter (m)**
Einrichtung zum → Kanten von → Walzgut vor dem Einlauf in das → Walzgerüst [24]. Es gibt Haken-, Zangen-, Friemel-, Trommel- und Hebelkanter

tilter
Tilting device for → turning the → rolling stock before it enters the → mill stand [24]. Devices include hook, tong, rotary, drum and lever tilters

canal (m) de guidage
Système qui permet de guider le → produit laminé avant, entre et après les → cages de laminage [24]

train (m) échelonné
→ train de laminage dans lequel plusieurs → cages sont disposées côte à côte avec un certain décalage [24]. Les cages peuvent être entraînées individuellement ou en groupes

installation (f) de formage intense
Installation permettant des taux de déformation élevés

refroidissoir (m) à chaînes
→ Refroidissoir constitué d'une grille en fonte à larges mailles sur lequel le → produit (→ tôle forte) progresse grâce à des chaînes qui se soulèvent [24]

cage (f) MKW
Abréviation allemande pour → cage multicylindres de laminage à froid

convoyeur (m) à chaîne
Moyen de transport des → produits laminés utilisant des chaînes portantes et entraînantes [24]

cage (f) multicylindres de laminage à froid
Cage dérivée du → quarto, mais comportant des → cylindres de travail relativement petits et maintenus latéralement, ce qui rend possible le laminage avec des fortes tractions sur la bande sans risque de déplacement latéral des cylindres de travail

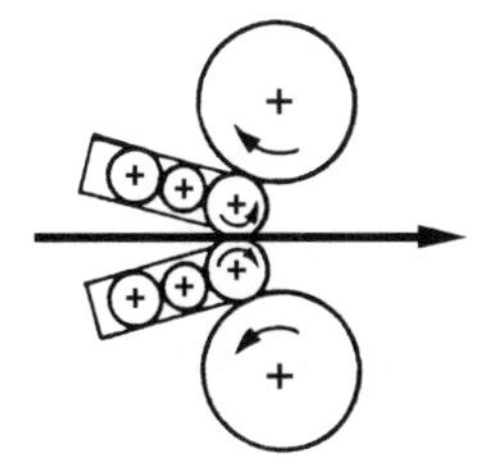

train (m) moyen à profilés
En langage courant, un → train à profilés ou à barres dont les cylindres ont des diamètres de 400 à 600 mm [24]

retourneur (m)
Dispositif permettant de → "faire quartier" au → produit avant son engagement dans une → cage de laminage [24]. Il existe des retourneurs à crochet, à pince, à rotation, à tambour et à levier

5.4.105 **Lauthsches Trio (n)**
→ Dreiwalzengerüst, bei dem der Durchmesser der Mittelwalze geringer als der der gleich dicken Ober- und Unterwalze ist [2]. Die Mittelwalze ist eine Schleppwalze, d.h. sie wird nicht angetrieben

Lauth's trio
→ three-high mill stand in which the diameter of the middle roll is smaller than that of the top and bottom rolls, which have the same diameter [2]. The middle roll is an idler roll, i.e. it is not driven

5.4.106 **Lineal (in Rohrwalzwerken) (n)**
Werkzeug, das bei der Herstellung → nahtloser Rohre z.B. im → Schräg- oder → Glättwalzwerk das Walzgut seitlich abstützt

side guard (in tube mills)
Tool that laterally supports the rolling stock during the production of → seamless tubes, e.g. in → cross-rolling or → smoothing mills

5.4.107 **Kammwalzengerüst (n)**
Getriebe ohne Drehzahlveränderung zum Erzielen gegenläufiger Drehrichtung der → Arbeitswalzen [24]

pinion stand
Gearing without variation in the rpm for achieving the opposed direction of rotation of the → work rolls [24]

5.4.108 **Kammwalzen-Antrieb (m)**
→ Walzenantrieb, bei dem das vom Walzmotor aufgebrachte Drehmoment über ein → Kammwalzengerüst auf die → Walzen verzweigt wird [24]

pinion drive
→ roll drive in which the torque from the roll motor is transmitted to the rolls via a → pinion stand [24]

5.4.109 **Kuppelspindel (f)**
Kupplungselemente zur Übertragung des Drehmoments vom → Kammwalzengerüst auf die Walzen und zur Verbindung mehrerer parallel angeordneter Walzgerüste

coupling spindle
Coupling element for tansmission of the torque from the → pinion stand to the rolls and connection of several roll stands arranged in parallel

5.4.110 **Kaltpilgerwalzwerk (n)**
Anlage zum → Kaltpilgern von → Rohr [10]

cold pilger mill
Plant for the → cold pilgering of → tubes [10]

5.4.111 **Mittelstahlwalzstraße (f)**
Im Sprachgebrauch üblicher Begriff für eine → Formstahlstraße mit 400 bis 600 mm Walzendurchmesser in offener oder kontinuierlicher Anordnung zur Herstellung mittelgroßer Profile [24]

medium section mill
Usual term for a → section mill with 400 to 600 mm roll diameters in an open or continuous arrangement for the production of medium size sections [24]

trio (m) Lauth
→ cage trio dans laquelle le cylindre intermédiaire a un diamètre plus petit que celui des cylindres inférieur et supérieur qui eux sont de même dimension [2]. Le cylindre intermédiaire est un cylindre fou, c'est-à-dire qu'il n'est pas entraîné

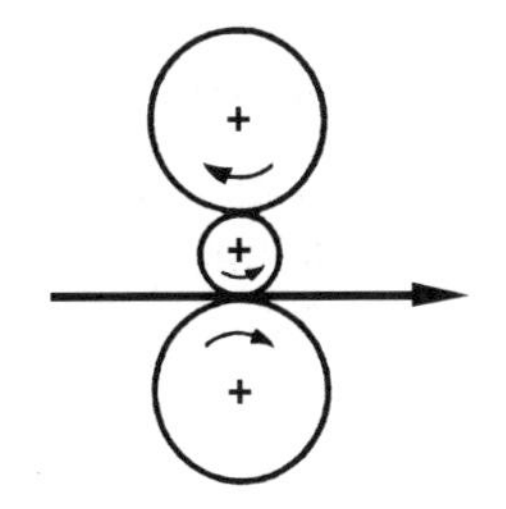

guide (m) latéral (sur trains à tubes)
Outillage qui maintien latéralement le produit lors de la fabrication de → tubes sans soudure, par exemple sur → laminoirs obliques de laminoirs lisseurs

cage (m) à pignons
Engrenage ne modifiant pas la vitesse de rotation et permettant de faire tourner en sens opposé les → cylindres de travail [24]

entraînement (m) par pignons
→ Système d'entraînement des cylindres au moyen duquel le couple de rotation du moteur est transmis à ces cylindres grâce à une → cage à pignons [24]

joint (m) universel
Elément de couplage chargé de transmettre le couple de rotation de la → cage à pignons aux cylindres et de réaliser la liaison entre plusieurs cages de laminage disposées parallèlement

laminoir (m) à froid à pas de pélerin
Installation permettant le → laminage à froid à pas de pélerin de → tubes [10]

train (m) moyen à profilés
En langage courant, un train à profilés continu ou à cages ouvertes ayant des cylindres de 400 à 600 mm de diamètre et produisant des profilés de dimension moyenne [24]

5.4.112 **Kreismesserschere (f)**
→ Kaltschere mit kreisförmigen Messern mit gegenläufiger Drehrichtung zum → Beschneiden (Besäumen) der Längskanten und/oder zum ein- oder mehrfachen → Längsteilen von → Blech und Band [24]

circular knife shear
Circular knife trimming shear → cold shear with circular knives rotating in opposite directions for → clipping (trimming) or longitudinal edging and/or for multiple → slitting of → sheet and strip [24]

5.4.113 **Maßwalzwerk (n)**
Begriff für mehrere hintereinander liegende → Walzgerüste, deren Walzen versetzt (60° oder 90°) angeordnet sind, um dem durchlaufenden, nahtlosen Rohr eine möglichst hohe Maßgenauigkeit und Rundheit zu geben [2]

sizing mill
Term for several successive → mill stands, in which the rolls are offset (60° or 90°) in order to provide seamless steel tubes with maximum dimensional accuracy and roundness [2]

5.4.114 **Kalt(breit)bandstraße (f)**
→ Walzstraße zum → Kaltwalzen von vorgewalztem (Breit-) Band in → Rollen (Coils) zu → Kaltbreitband [24]

cold (wide) strip mill
→ rolling mill for the → cold rolling of → hot (wide) strip to → cold wide strip [24]

5.4.115 **Kaltsäge (f)**
→ Säge zum Quertrennen von kalten → Profilen und Halbzeug im ruhenden Zustand [24]

cold saw
→ saw for the cross-cutting of stationary cold → sections and semi-products [24]

5.4.116 **Kaltflämmaschine (f)**
→ Flämmaschine zum → Flämmen von kaltem → Walzgut vor der Weiterverarbeitung [24]

cold scarfing machine
→ scarfing machine for → hot scarfing of cold → rolling stock before further processing [24]

5.4.117 **Kaltschere (f)**
→ Schere zum Schneiden des → Walzgutes im kalten Zustand [24]

cold shear
→ shear for cutting the → rolling stock in the cold state [24]

5.4.118 **Knüppelstraße (f)**
Knüppelwalzwerk (n)
Nicht mehr üblicher Begriff für → Walzstraße zum Warmwalzen von Blöcken zu quadratischem oder rechteckigem → Halbzeug [24]

billet mill
billet rolling mill
No longer the usual (German) term for a → rolling mill for the hot rolling of ingots to square or rectangular → semi-products [24]

5.4.119 **Kegellochapparat nach Stiefel (m)**
→ Schrägwalzwerk zum Lochen von Rundmaterial mit umformtechnisch vorteilhaften großen Walzendurchmessern, wobei dünnwandige → Luppen hergestellt werden [1]

cone-type piercing mill (Stiefel)
→ cross-rolling mill for the piercing of round material with technically advantageous large roll diameters, whereby thin-walled → tube blanks are produced [1]

cisaille (f) circulaire à couteaux
Cisaille de dérivage à couteaux circulaires → cisaille à froid comportant des couteaux circulaires tournant en sens opposé pour le → découpage (dérivage) ou la mise à largeur ou le → refendage multiple de → feuilles ou de bandes [24]

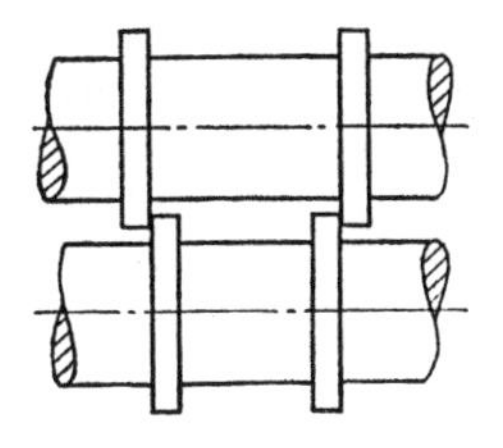

laminoir (m) calibreur
Terme désignant plusieurs → cages de laminage disposées l'une derrière l'autre et dont les cylindres sont décalés angulairement (60° ou 90°) dans le but de conférer aux tubes sans soudure qui y passent une grande précision dimensionnelle et circularité [2]

train (m) continu à froid pour (larges) bandes
→ Train pour la transformation par → laminage à froid de → bobines de (larges) bandes issues du laminage à chaud en → larges bandes à froid [24]

scie (f) à froid
→ scie pour le sectionnement transversal de → profilés ou de demi-produits refroidis et à l'arrêt [24]

machine (f) d'écriquage à froid
→ machine à écriquer utilisée pour → le conditionnement de surface de → produits froids avant leur transformation ultérieure [24]

cisaille (f) à froid
→ cisaille pour la découpe des → produits à l'état refroidi [24]

train (m) à billettes
laminoir (m) à billettes
Train pour le → laminage à chaud de lingots en blooms, en → demi-produits de section carrée ou rectangulaire [24]

laminoir-perceur (m) Stiefel
→ Laminoir à cylindres croisés pour le perçage de ronds, utilisant des cylindres de gros diamètre, favorables du point de vue de la technique de déformation, et permettant de sortir des → ébauches tubulaires à paroi mince [1]

5.4.120 **Knüppel-Kühlbad (n)**
Fördereinrichtung zur Abkühlung von quadratischem und rechteckigem Halbzeug in einem Wasserbad [24]

billet cooling bath
Conveying equipment for the cooling of square or rectangular semi-products in a water bath

5.4.121 **Kammerofen (m)**
→ Ofen, in dem das → Walzgut in einzelnen Stücken waagerecht eingebracht und liegend erwärmt wird [24]

chamber furnace
→ furnace in which the → rolling stock is introduced horizontally in single pieces, it being heated in this position [24]

5.4.122 **Lösewalzwerk (n)**
→ Schrägwalzwerk, das ähnlich dem → Glättwalzwerk das Rohr aufweitet und von Stangen abwalzt, die vom → Warmpilgerwalzwerk, von der → Stoßbank oder vom → Kaltziehen der Rohre über Stange fest im Rohr sitzen; → Reeler [1]

detaching mill
→ cross-rolling mill that expands the tube in a similar way as the → smoothing rolling mill and rolls it off mandrels which are held in the tube from the → hot pilger mill, from the → push bench or from → cold drawing over a mandrel; → reeling machine [1]

5.4.123 **Kontinuierliches Rohrwalzwerk (n)**
Rohrwalzwerk mit kontinuierlich (→ kontinuierliche Walzung) hintereinander angeordneten und wechselweise gegeneinander versetzten Duo-Walzgerüsten, die die Luppe gleichzeitig über eine Stange ausstrecken [1]

continuous tube mill
Tube mill with continuous (→ continuous rolling) two-high mill stands arranged successively and alternately offset against each other which simultaneously stretch (elongate) the tube blank over a mandrel [1]

5.4.124 **Kontinuierliche (Walz-) Straße (f)**
Vollkontinuierliche Straße (f)
Walzstraße, bei der Vor-, Zwischen- und Fertiggerüste in Linie hintereinander oder versetzt angeordnet sind und vom Walzgut in einer oder mehreren Adern kontinuierlich durchlaufen werden, wobei das Walzgut in mehreren Gerüsten gleichzeitig umgeformt wird [24]

continuous (rolling) mill
fully continuous mill
Rolling mill in which the roughing, intermediate and finishing stands are either in line or offset against each other with the rolling stock passing through them in one or several strands, the rolling stock being simultaneously shaped in several stands [24]

5.4.125 **Knüppelschere (f)**
→ Blockschere [24]

billet shear
→ ingot shear [24]

5.4.126 **Kühl- und Schmieranlage (f)**
Einrichtung zum Schutz der → Walzen vor übermäßiger Erwärmung und Verschleiß [24]

cooling and lubricating facility
Equipment for protection of the → rolls against excessive heating and wear [24]

5.4.127 **Kaltfeinblechstraße (f)**
→ Walzstraße zum Kaltnachwalzen von → Feinblech [24]

cold sheet mill
→ rolling mill for cold finishing of → sheet [24]

5.4.128 **Lochwalzwerk (n)**
→ Schrägwalzen zum Lochen

piercing mill
→ cross-rolling for piercing

5.4.129 **Kalibrierwalzwerk (n)**
→ Maßwalzwerk

calibrating mill
→ sizing mill

refroidissoir (m) à billettes
Système d'acheminement de demi-produits de section carrée ou rectangulaire dans un bac à eau [24]

four (m) dormant
→ four dans lequel les → pièces sont introduites une à une en position horizontale et sont réchauffées dans cette position [24]

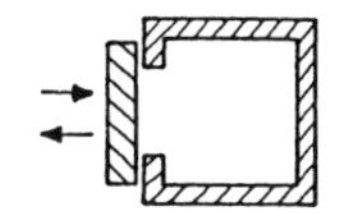

laminoir-extracteur (m)
→ laminoir oblique qui, comme le laminoir-lisseur, produit une expansion du tube, ce qui permet d'extraire les manchons restés dans le tube depuis le → laminoir à pas de pélerin, → le banc d'extrusion ou le → banc d'étirage à froid sur mandrins [1]

laminoir (m) continu à tubes
Laminoir à tubes constitué de cages duo disposées en train continu, alternativement décalées les unes par rapport aux autres (→ laminage continu) et qui allongent simultanément l'ébauche de tube sur un mandrin [1]

train (m) (de laminage) continu
train (m) totalement continu
Ligne de laminage dans laquelle les cages dégrossisseuses, intermédiaires et finisseuses sont disposées les unes derrière les autres en ligne ou avec décalage. Le produit passe dans ces cages en une ou plusieurs veines et est engagé simultanément dans plusieurs cages qui le déforment [24]

cisaille (f) à billettes
→ cisaille à lingots [24]

système (m) de refroidissement et de lubrification
Système de protection des → cylindres contre un échauffement et une usure excessifs [24]

train (m) à froid pour tôles de fines épaisseurs
→ train de relaminage à froid de → tôles minces [24]

laminoir-perceur (m)
→ laminage oblique de perçage

laminoir-calibreur (m)
→ laminoir-calibreur

5.4.130 **Kühlbett (n)**
Abkühleinrichtung für die Erzeugnisse in Warmwalzwerken [24]

cooling bed
Cooling facility for products in hot rolling mills [24]

5.4.131 **Kaltwalzstraße (f)**
→ Walzstraße, auf der Walzgut gewalzt wird, ohne daß ihm vorher Wärme zugeführt wird [24]

cold rolling mill
→ rolling mill in which the rolling stock is rolled without prior heating [24]

5.4.132 **Kaltwalzwerk (n)**
→ Kaltwalzstraße

cold rolling mill
→ cold rolling mill

5.4.133 **Steckelwalzwerk (n)**
→ Vierwalzen-Umkehrstraße zum → Warmwalzen von → Band [2]. Die → Haspeln vor und hinter dem Gerüst sind in Wärmöfen (Wickelöfen) untergebracht, um Wärmeverluste des Bandes beim Walzen zu vermeiden

Steckel mill
→ four-high reversing mill for → hot rolling of strip [2]. The → coilers ahead of and after the stand are housed in holding furnaces in order to avoid heat losses from the strip during rolling

5.4.134 **Quarto-Gerüst (n)**
→ Vierwalzengerüst

quarto stand
→ four-high stand

5.4.135 **Sendzimir-Planetenwalzwerk (n)**
→ Planetenwalzgerüst

Sendzimir planetary mill
→ planetary mill stand

5.4.136 **Senkrechtgerüst (n)**
→ Vertikalgerüst, Walzenanordnung im Gerüst

vertical stand
→ vertical stand, roll arrangement in the stand

5.4.137 **Slitting-Anlage (f)**
Anlage zum → Längsschneiden (Längsteilen) von → Band [3]. Zur S. gehören Ab- und Aufwickelhaspel, Scheren und Richtanlagen sowie Sortier- und Verpackungsanlagen

slitting plant
Plant for → longitudinal cutting (slitting) of → strip [3]. Slitting plants include pay-off reels and coilers, shears and levellers as well as sorting and packaging plants

5.4.138 **Sendzimir-Kaltwalzwerk (n)**
Walzwerk zum Walzen von dünnen Bändern und Folien bis zu 2 m Breite; → Vielwalzengerüst [1]. Die nach Sendzimir benannte Zwölf- oder Zwanzigwalzenanordnung erlaubt kleinste Arbeitswalzendurchmesser (10 bis 100 mm)

Sendzimir cold mill
Rolling mill for the rolling of thin strips and foils up to 2 m wide; → cluster mill [1]. The twelve or twenty roll arrangement named after Sendzimir enables the use of the smallest work roll diameter (10 to 100 mm)

refroidissoir (m)
Installation de refroidissement des produits dans un atelier de laminage à chaud [24]

train (m) de laminage à froid
→ train de laminage sur lequel le produit est laminé sans avoir été réchauffé au préalable [24]

laminoir (m) à froid
→ train de laminage à froid

laminoir (m) Steckel
→ Laminoir quarto réversible pour → le laminage à chaud de bandes [2]. Les → bobineuses situées à l'avant et à l'arrière de la cage sont placées dans des fours de maintien afin d'éviter les pertes de chaleur de la bande en cours de laminage

cage (f) quarto
→ cage comportant quatre cylindres

laminoir (m) planétaire Sendzimir
→ cage de laminoir planétaire

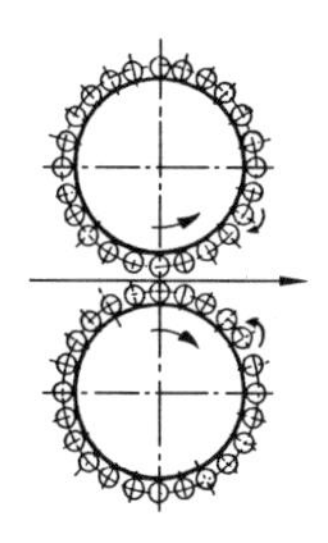

cage (f) verticale
→ cage verticale, disposition des cylindres dans la cage

ligne (f) de refendage
Installation pour → le découpage de → bandes dans le sens de la longueur [3]. Une ligne de refendage comprend une dérouleuse, une enrouleuse, des cisailles, des planeuses ainsi que des stations de tri et d'empaquetage

laminoir (m) à froid Sendzimir
Laminoir pour bandes minces et feuilles fines pouvant avoir jusqu'à 2m de large ; → laminoir multicylindres [1]. La disposition à douze ou vingt cylindres qui porte le nom de Sendzimir permet l'utilisation des plus petits cylindres de travail (10 à 100 mm de diamètre)

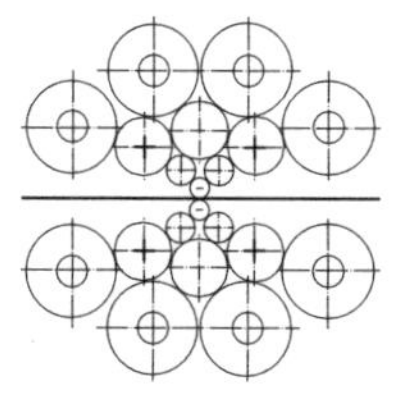

5.4.139 **Seitenführung (f)**
Feste oder anstellbare Wange zur seitlichen Führung des → Walzgutes auf dem → Rollgang [24]

side guide
Fixed or adjustable cheek for the lateral guidance of the → rolling stock on the roller table [24]

5.4.140 **Profilstraße (f)**
→ Formstahlstraße

section mill
→ section mill

5.4.141 **Reduzierwalzwerk (n)**
→ Kontinuierliche Walzstraße zur Weiterverarbeitung nahtloser und geschweißter Rohre, das ohne Innenwerkzeug arbeitet und den Außendurchmesser der nachgewärmten Rohre reduziert oder mit Zug zwischen den Gerüsten als → Streckreduzierwalzwerk außerdem die Wanddicke verringert [1]

reducing mill
→ continuous rolling mill for the further processing of seamless and welded tubes, which works without an internal tool and reduces the external diameter of the re-heated tube or, with tension between the stands, additionally reduces the wall thickness as a → stretch reducing mill [1]

5.4.142 **Reeler (m)**
1) Zwei-Walzen-Schrägwalzgerüst als vorletztes Gerüst in → Stopfenwalzwerken zum Glätten und Egalisieren der Rohrwand; → Glättwalzwerk

2) Zwei-Walzen-Schrägwalzgerüst hinter → Stoßbänken zum Lösen des Rohres von der Stange; → Lösewalzwerk

reeling machine
1) Two-roll diagonal stand as the penultimate stand in a → plug mill for the smoothing and equalization of the tube wall; → smoothing mill

2) Two-roll diagonal mill stand behind → push benches for detachment of the tube from the plug; → detaching mill

5.4.143 **Sohlplatte (f)**
Mit dem Fundament fest verbundene Platte, die das → Walzgerüst trägt [1]

sole plate
Plate fixed to the foundation which carries the → mill stand [1]

5.4.144 **Sonderprofilwalzwerk (n)**
Zumeist → offene Walzstraße für → Sonderprofile in kleinen Losgrößen

special sections mill
In most cases an → open mill for → small batches of → special sections

5.4.145 **Platinenstraße (f)**
→ Walzstraße zum Warmwalzen von Brammen zu → flachem Halbzeug [24]

sheet bar mill
→ rolling mill for the hot rolling of slabs to → flat semi-products [24]

5.4.146 **Polierwalzwerk (n)**
→ Glättwalzwerk

polishing mill
→ smoothing mill

5.4.147 **Reversiergerüst (n)**
→ Umkehrstraße

reversing stand
→ reversing mill

5.4.148 **Spritzbalken (m)**
Spritzrohr (n)
Ortsfestes oder anstellbares Rohr mit Druckwasser-Spritzdüsen [24]. Das auf die Walzgutoberfläche auftreffende Druckwasser bricht den → Zunder und spült ihn weg

spray bar
spray tube
Fixed or adjustable tube with pressure water spray nozzles [24]. The pressure water impinging on the rolling stock surface removes the → mill scale and flushes it away

guides (m, pl) latéraux
Joues fixes ou réglables permettant le guidage latéral du → produit sur les lignes à rouleaux [24]

train (m) à profilés
→ train de laminage de profilés

train (m) réducteur
→ Train de laminage continu de tubes sans soudure ou soudés, sans outil intérieur permettant de réduire le diamètre extérieur du tube réchauffé ou par traction entre les cages, de réduire l'épaisseur des parois du tube lorsqu'il s'agit d'un → train réducteur avec traction [1]

machine (f) à égaliser
1) Cage à deux cylindres croisés - avant-dernière cage dans un → laminoir à mandrin qui a pour rôle d'améliorer l'aspect de surface ou d'égaliser la paroi du tube → train égalisateur

2) Train à cages avec 2 cylindres croisés dernière → un banc d'extrusion pour détacher le tube du poinçon; → train extracteur

plaque (f) intermédiaire
Plaque liée au génie civil qui porte la → cage de laminoir

train (m) pour laminage de profilés spéciaux
Dans la plupart des cas → train ouvert pour le laminage de → petits lots de → profilés spéciaux

train (m) à barres plates
→ train de laminage pour le laminage à chaud de brames en → demi-produits plats [24]

laminoir (m) polisseur
→ laminoir égalisateur

cage (f) réversible
→ laminoir réversible

rampe (f) de décalaminage
tube (m) d'arrosage
Tube fixe ou ajustable avec des buses utilisant de l'eau sous pression [24]. L'eau sous pression brise la → calamine et l'évacue de la surface (supérieure) du produit

5.4.149 **Sechswalzengerüst (n)**
→ Vielwalzengerüst

six-high stand
→ multi-roll stand

5.4.150 **Platzer-Planetenwalzwerk (n)**
→ Planetenwalzgerüst

platzer planetary mill
→ planetary mill stand

5.4.151 **Schwingwalzwerk (n)**
→ Hochumformanlage, die zur Herstellung quadratischer → Stäbe aus → quadratischem Halbzeug in einem Durchgang dient und paarweise mit vier zwangsgesteuerten, backenartigen Umformwerkzeugen nach dem Abwälzprinzip arbeitet [1]

rock and roll mill
→ high reduction plant which serves for the production of square → bars from → square semi-products in one pass and operates in pairs with four automatically controlled jaw-type shaping tools in accordance with the rolling down principle [1]

5.4.152 **Ringwalzwerk (n)**
Walzwerk zur Herstellung ringförmiger Erzeugnisse aus gestauchten, gelochten und teilweise aufgeweiteten Rohlingen [1]

ring mill
Rolling mill for the production of ring-shaped products from upset, pierced and partially expanded blanks [1]

5.4.153 **Schwingschere (f)**
→ Kaltschere mit kreisförmigen Messern zum → Beschneiden (Besäumen) der Längskanten und/oder zum ein- oder mehrfachen → Längsschneiden

oscillating shear
→ cold shear with circular knives for → clipping (trimming) of the longitudinal edges and/or for single or multiple → slitting

5.4.154 **Schwedenwalzwerk (n)**
Walzwerk zum Auswalzen gelochter Rohlinge zu nahtlosen Rohren über Stopfen

Swedish plug mill
Rolling mill for the rolling out of pierced blanks to seamless tubes over plugs

5.4.155 **Roeckner-Walzwerk (n)**
→ Trommelwalzwerk

Roeckner mill
→ drum mill

cage (f) sexto
→ cage multi-cylindres

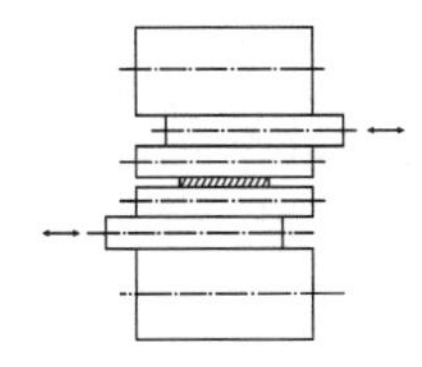

cage (f) planétaire Platzer
→ cage planétaire

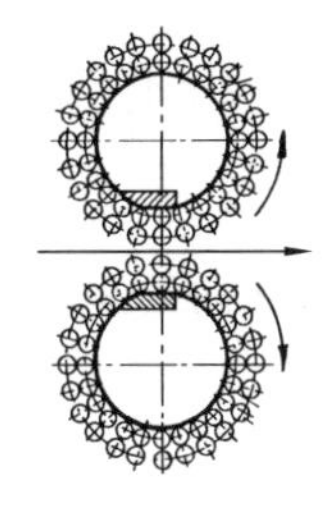

laminoir (m) oscillant
→ Train à forte réduction servant à la production en une passe de → barres carrées à partir d'un → demi produit carré qui fonctionne avec quatre outils de forme, de types mâchoires, travaillant par paires et automatiquement contrôlés par des vérins [1]

laminoir (m) circulaire
Laminoir pour la fabrication de produits en forme de couronne à partir d'ébauches comprimées, percées et partiellemnt expansées [1]

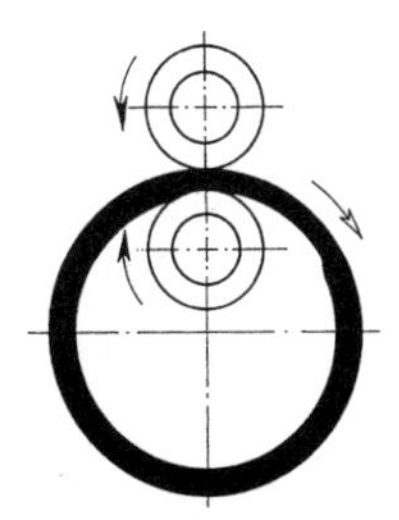

cisaille (f) oscillante
→ cisaille à froid avec des couteaux de forme circulaire pour → couper (cisailler) les rives (dérivage) et/ou → pour refendage simple ou multiple

train (m) à mandrin de type suédois
Train pour le laminage de tubes sans soudure sur mandrin à partir de pièces (ébauches) percées

train (m) Roeckner
→ train tambour

5.4.156 **Reißschere (f)**
→ Warmschere, die bei Störungen das Walzgut zwischen den Gerüsten festhält und zum Abreißen bringt [24]. Für → Walzdraht und Stäbe

snap shear
→ hot shear which, with interruptions, holds the rolling stock between the stands and cuts it through [24]. For → wire rod and bars

5.4.157 **Schulterwalzwerk (n)**
→ Schrägwalzwerk mit zwei oder drei Walzen, die mit einer → Schulter versehen sind, zum Strecken vorgelochter Hohlkörper; → Asselwalzwerk

shoulder mill
→ diagonal rolling mill with two or three rolls which are provided with a → shoulder for the stretching of pierced hollows; → Assel mill

5.4.158 **Spritzwasser-Durchlauf (m)**
Mit Sprüheinrichtungen bestücktes Kühlrohr für → Walzdraht [24]

spray water tube
Tube fitted with spray units for the cooling of → wire rod [24]

5.4.159 **Schrotthacker (m)**
Hackeinrichtung zum Unterteilen von Schrottstreifen in kurze Längen [24]

scrap chopper
Chopping device for cutting of strips of scrap into short lengths [24]

5.4.160 **Scheibenapparat nach Stiefel (m)**
→ Schrägwalzwerk zum Lochen von Rundmaterial mit umformtechnisch günstiger Walzengestalt, wobei relativ dünnwandige Luppen bei allerdings hoher Werkstoffbeanspruchung hergestellt werden

Stiefel pushing device
→ diagonal rolling mill for piercing round material with favourable shaping features, whereby relatively thin-walled tube blanks are produced, nevertheless, with higher material stress

5.4.161 **Schrottschere (f)**
Rotationsschere zum Unterteilen (Häckseln) von laufendem → Walzgut in transportfähige Schrottstücke [24]

scrap shear
Rotary shear for cutting (chopping) moving → rolling stock into transportable pieces of scrap [24]

5.4.162 **Scheibenrollen-Kühlbett (n)**
→ Kühlbett, über das das Walzgut (→ Grobblech) auf großen, drehbaren, reihenweise versetzt angeordneten Scheiben befördert wird [24]

disc roller cooling bed
→ cooling bed over which the rolling stock (→ plate) is conveyed on offset lines of large, rotatable discs [24]

5.4.163 **Rohrwalzwerk (n)**
Walzwerk zur Herstellung nahtloser Rohre nach verschiedenen Verfahren, z.B. → Schrägwalzen, Pilgern, etc.

tube mill
Rolling mill for the production of seamless tubes by various processes, e.g. → cross-rolling, pilgering, etc.

5.4.164 **Schere (f)**
Einrichtung, die durch Bewegung von Messern → Walzgut schneidet [24]

shear
Device which cuts → rolling stock by the movement of knives [24]

5.4.165 **Rolleneinführung (f)**
→ Führungseinrichtung

roller guide
→ guiding equipment

cisaille (f) au vol
→ cisaille à chaud, qui lors d'incidents, saisit le produit entre les cages et le maintient de manière à en provoquer la rupture [24], dans le cas de → barres et fil-machine

laminoir (m) à épaulements
→ Laminoir oblique à deux ou trois cylindres comportant un → épaulement et réalisant l'allongement d'un corps creux obtenu par perçage; → laminoir Assel

boîte (f) à eau
Tube avec orifices → pour le refroidissement du → fil-machine [24]

déchiqueteuse (f)
Dispositif de déchiquetage permettant de débiter un tronçon rebuté en courtes longueurs [24]

machine (f) à disques de Stiefel
→ laminoir à disques croisés pour percer des ronds, possédant une configuration favorable à ce type de mise en forme et qui permet de fabriquer des ébauches à parois relativement minces avec, il est vrai, une forte sollicitation du matériau

cisaille-morceleuse (f)
Cisaille pendulaire pour couper le → produit en mouvement en pièces/rebuts transportables [24]

refroidissoir (m) à disques
→ refroidissoir sur lequel la pièce (→ tôle forte) est déplacée sur des disques rotatifs alignés, les disques de lignes voisines étout eux-mêmes décalés les uns par rapport aux autres [24]

tuberie (f)
Atelier de laminage pour la production de tubes sans soudure par différents procédés, par exemple → laminage à cylindres croisés, laminage sur mandrin, etc.

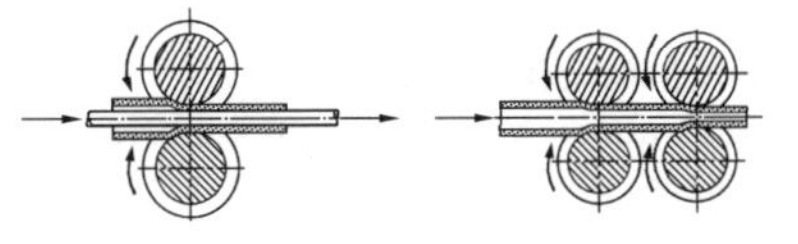

cisaille (f)
Dispositif, qui coupe le → produit par le mouvement de couteaux [24]

boîte (f) à galets
→ dispositif de guidage

5.4.166 **Paket (n)**
→ Blechdoppler

pack
→ sheet doubler

5.4.167 **Rollgang (m)**
Rollenbahnen zum Befördern von → Walzgut mit Einzel- oder Gruppenantrieb [24]

roller table
Roller tracks for the conveyance of → rolling stock with individual or group drives [24]

5.4.168 **Schienenstraße (f)**
Nicht mehr üblicher Begriff für → Formstahlstraße ([24])

rail mill
No longer the usual (German) term for → section mill [24]

5.4.169 **Rotationsschere (f)**
→ Warmschere für sich bewegendes → Walzgut, deren Ober- und Untermesser gegenläufige Drehrichtung haben [24]; für quadratisches und rechteckiges → Halbzeug, Walzdraht, Band und Stäbe

rotary shear
→ hot shear for moving → rolling stock, the top and bottom knives of which rotate in opposite directions [24]. For square, rectangular → semi-products, wire rod, strip and bars

5.4.170 **Schrägrollen-Kühlbett (n)**
→ Kühlbett, das aus schräg zur Laufrichtung des Walzgutes (→ Stäbe und leichte Profile) angeordneten Rollen besteht [24]

diagonal roller cooling bed
→ cooling bed consisting of rollers that are set diagonal to the direction of travel of the rolling stock (→ bars and light sections) [24]

5.4.171 **Planetenwalzgerüst (n)**
Walzgerüst mit zwei horizontalen parallenen (umlaufenden oder stillstehenden) Stützkörpern. Um jeden Stützkörper läuft, in einem Käfig gefaßt, eine Vielzahl wesentlich dünnerer → Arbeitswalzen [24]. P. sind → Hochumformanlagen für → Flacherzeugnisse

planetary mill stand
Rolling stand with two horizontally parallel (rotating or stationary) support bodies. Numerous considerably slimmer → work rolls are contained in a cage and rotate around each support body [24]. Planetary mill stands are → high reduction plants for → flat products

5.4.172 **Stabstahlstraße (f)**
→ Walzstraße zum Warmwalzen von → Blöcken oder → Halbzeug zu → Stäben, Walzdraht, Profilen oder Gleisoberbauerzeugnissen [24]

light section mill
→ rolling mill for the hot rolling of → ingots or → semi-products to → bars, wire rod, sections or railway track products [24]

5.4.173 **Planetenschrägwalzwerk (n)**
→ Schrägwalzwerk mit drei ggf. kalibrierten Kegelwalzen, die um das → Walzgut rotieren, so daß das Walzgut ohne Drehbewegung aus dem Walzspalt austritt. P. sind → Hochumformanlagen zur Herstellung von Rundstäben und Rohr

planetary cross rolling mill
→ cross-rolling mill with three, if need be grooved, conical rolls which rotate around the → rolling stock so that it emerges from the roll gap without rotating. These are → high reduction plants for the production of round bars and tubes

paquet (m)
→ doubleur de tôle

train (m) de rouleaux
Train de rouleaux pour le déplacement des → pièces laminées avec un ou plusieurs moteurs [24]

train (m) à rails
Terme (allemand) abandonné au profit de → train à profilés [24]

cisaille (f) rotative
→ cisaille à chaud pour → produit en mouvement dont les couteaux supérieur et inférieur se rapprochent en tournant en sens opposé [24]. Pour → demi-produits de section carrée ou rectangulaire, fil-machine, bandes et barres

refroidissoir (m) à rouleaux à axes inclinés
→ refroidissoir composé de rouleaux dont les axes sont inclinés par rapport au sens de défilement du produit (→ barres et petits profilés) [24]

cage (f) de laminoir planétaire
Cage de laminoir avec deux supports horizontaux (rotatifs ou fixes). Sur chaque support est monté un ensemble constitué de nombreux rouleaux de faible diamètre disposés dans une cage tournant autour du support [24]. Les cages planétaires sont des → cages pour une forte réduction des → produits plats

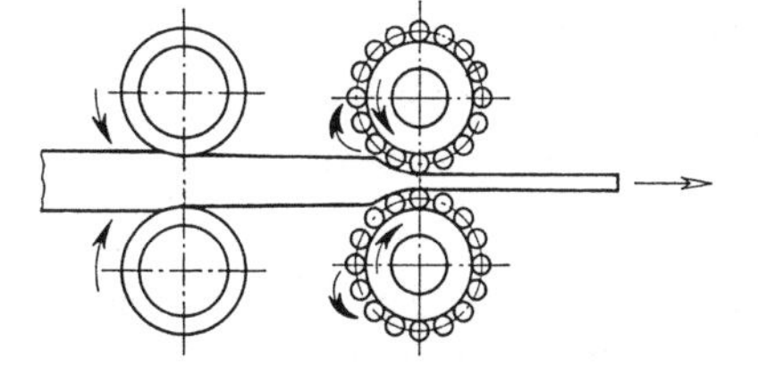

train (m) à petits profilés
→ train de laminoir pour le laminage à chaud de → lingots ou de → demi-produits en barres, fils, profilés ou matériel de voie [24]

train (m) planétaire à cylindres croisés
→ train à cylindres croisés avec trois, si nécessaire avec cannelure, galets coniques qui tournent autour du → produit laminé de telle façon qu'il sorte de l'emprise sans tourner. Ce sont des → trains à forte réduction pour la production de ronds et de tubes

5.4.174 **Schlepper (m)**
Einrichtung zum Quertransport des Walzgutes in die zum Walzen erforderliche Lage [24]

skid transfer
Device for cross-transport of the rolling stock into the position required for rolling [24]

5.4.175 **Schrägwalzwerk (n)**
Mannesmann-Schrägwalzwerk (n)
→ Rohrwalzwerk mit 2 Walzen, die mit gekreuzten Achsen im gleichen Drehsinn laufen, zum Lochen oder zum Strecken und Aufweiten von Rundquerschnitten zu Luppen, die anschließend zu normalwandigem Rohr weiterverarbeitet werden [1]

cross-rolling mill
Mannesmann cross-rolling mill
→ tube mill with 2 rolls that with crossed axes rotate in the same direction for the piercing or stretching and expanding of round cross-sections to tube blanks, which are subsequently further processed to tubes [1]

5.4.176 **Schlepperkühlbett (n)**
→ Kühlbett, über das das → Walzgut (→ Halbzeug und schwere Profile) mit Seil- oder Kettenschleppzügen einzeln befördert wird [24]

drag cooling bed
→ cooling bed over which the → rolling stock (→ semi-products and heavy sections) is individually conveyed with rope or chain skid transfers [24]

5.4.177 **Säge (f)**
Einrichtung zum Trennen des ruhenden → Walzgutes mittels Kreissägeblatt [24]

saw
Device for cutting the stationary → rolling stock by means of a circular saw blade [24]

5.4.178 **Schleppwalze (f)**
Begriff für die in einem → Walzgerüst nicht angetriebene Walze, z.B. die Mittelwalze in einem → Lauthschen Trio-Gerüst [2]

idling roll
Term for a roll in a → mill stand that is not driven, e.g. the middle roll in a → Lauth three-high stand [2]

5.4.179 **Rohrschweißanlage (f)**
Anlage zur Herstellung geschweißter Rohre aus → Bandstahl nach unterschiedlichen Schweißverfahren [1]

tube welding plant
Plant for the production of welded tube from → steel strip by various welding processes [1]

5.4.180 **Offene Walzstraße (f)**
→ Offene Straße

open rolling mill
→ open mill

5.4.181 **Morgoil-Lager (n)**
Walzenzapfengleitlager mit besonderen Eigenschaften für Walzen mit kegeligen Zapfen

morgoil bearing
Plain roll-neck bearing with special properties for rolls with tapered necks

5.4.182 **Offene Straße (f)**
→ Walzstraße, bei der mehrere → Walzgerüste nebeneinander in einer Achse angeordnet sind [24]. Alle Gerüste können von einer Seite angetrieben werden

open mill
→ rolling mill in which a number of → mill stands are arranged next to each other in one axis [24]. All stands can be driven from one side

ripeurs (m, pl)
Dispositif permettant le déplacement du produit laminé perpendiculairement au sens de laminage pour le présenter dans la position voulue pour le laminage [24]

laminoir (m) à tube
laminoir (m) à tube type Mannesmann
Laminoir à tube avec deux galets, qui ont un axe incliné par rapport au produit, et qui tournent dans la même direction pour le perçage, l'allongement (étirage), l'expansion de barres rondes en ébauches de tubes qui sont ensuite transformées en tubes [1]

refroidissoir (m) à ripeurs
→ refroidissoir sur lequel le → produit laminé (→ demi-produits et profilés lourds) est déplacé unitairement avec des ripeurs à câble ou à chaînes [24]

scie (f)
Dispositif pour couper un → produit laminé à l'arrêt à l'aide d'une lame de scie circulaire [24]

cylindre (m) fou
Terme pour un cylindre dans une → cage qui n'est pas motorisé par exemple dans une → cage trio Lauth [2]

installation (f) de soudage de tube
Installation pour la production de tubes soudés à partir de → tôles par différents procédés de soudage [1]

laminoir (m) en ligne
→ train à cages séparées, en ligne

palier (m) Morgoil
Palier de tourillon de cylindre avec propriétés particulières pour cylindres à tourillons coniques

laminoir (m) "en ligne"
→ laminoir dont les → cages séparées sont disposées les unes à côté des autres suivant un axe [24]. Toutes les cages peuvent être motorisées d'un seul côté

5.4.183 **Rückholwalzen (f, pl)**
Walzenpaar im → Stopfenwalzwerk, das die → Luppe nach dem Stich wieder an die Anstichseite des → Gerüstes transportiert

stripper rolls
Pair of rolls in the → plug mill that, after the pass, transport the → tube blank back to the entry side of the → mill stand

5.4.184 **Ofenmaschine (f)**
Einrichtung zum Beschicken und Leeren der → Walzwerksöfen [24]

furnace machine
Equipment for charging and emptying → rolling mill furnaces [24]

5.4.185 **Pendelschere (f)**
→ Warmschere, bei der Ober- und Untermesser pendelnd geführt sind und während des Schnittvorganges vom sich bewegenden → Walzgut mitgenommen werden [24]. Für Blöcke, quadratisches und rechteckiges → Halbzeug

pendulum shear
→ hot shear in which the top and bottom knives move in a pendulum fashion and during the cutting operation travels with the moving → rolling stock [24]. For ingots, square and rectangular → semi-products

5.4.186 **Schlingenbildner (m)**
Schlingenheber in → kontinuierlichen Walzstraßen zur Bildung und Regelung einer Walzgutschlinge zwischen zwei Walzgerüsten (bei → Stäben, Walzdraht und Band) [24]

looper
Loop-lifting equipment in → continuous rolling mills for the formation and control of a rolling stock loop between two mill stands (with → bars, wire rod and strip) [24]

5.4.187 **Sammel-Einrichtung (f)**
Einrichtung zum Sammeln des Walzgutes (Sammelmulden für → Stäbe, Sammeldorne für → Drahtringe) [24]

collecting equipment
Equipment for collecting the rolling stock (collecting cradles for → bars, collecting mandrels for → rod coils) [24]

5.4.188 **Rollschnittschere (f)**
→ Kaltschere zum → Beschneiden (Besäumen) der Längskanten und/oder zum → Längsschneiden von → Blech und Band [24]

rolling cut shear
→ cold shear for → cutting (trimming) of the longitudinal edges and/or for the → slitting of → sheet and strip [24]

5.4.189 **Schrottabschieber (m)**
Einrichtung an Scheren und Sägen zum Abschieben der Schrottstücke [24]

scrap pusher
Equipment on shears and saws for the removal of scrap pieces [24]

5.4.190 **Stabschere (f)**
Kaltschere zum Querschneiden von → Profilen [24]

bar shear
Cold shear for the cross-cutting of → sections [24]

5.4.191 **Stauchgerüst (n)**
Walzgerüst (meist mit vertikalen Walzen) zur Erzeugung ebener Seitenflächen oder genauer Breite beim Walzen von → Blöcken, Brammen, oder Flacherzeugnissen; → Stauchstich

edging stand (edger)
Mill stand (mostly with vertical rolls) for the production of flat side surfaces or a correct width during the rolling of → ingots, slabs or flat products; → edging pass

cylindres (m, pl) stripeurs
Paire de cylindres dans un → laminoir à tubes qui ramène → l'ébauche, après exécution d'une passe, du côté engagement de la → cage

enfourneuse-défourneuse (f)
Dispositif pour charger ou vider → les fours du laminoir [24]

scie (f) pendulaire
→ scie à chaud dont les couteaux inférieur et supérieur se déplacent de façon pendulaire, et qui suivent le → produit en mouvement pendant le sciage [24]. Pour lingots et → demi-produits carrés ou rectangulaires

boucleuse (f)
Equipement créant et régulant une boucle dans le → laminage continu entre deux cages (pour → barres, fils et bandes) [24]

garett, puits (m)
Equipement pour bobiner les produits garetts → barres, puits → fils [24]

cisaille (f) roulante
→ cisaille à froid pour → couper les bords (dérivage) et/ou pour découper dans le sens de la longueur des → tôles et bandes [24]

pousseurs (m, pl) de rebuts
Equipement des scies et cisailles permettant d'évacuer les rebuts [24]

scie (f) pour barres
Scie à froid pour la coupe transversale de → profilés [24]

cage (f) edger
Cage de laminoir (en général avec laminage vertical) pour obtenir des côtés droits ou la bonne largeur pour le laminage des → blooms, brames ou de produits plats; → passe edger

5.4.192 **Schlingengrube (f)**
Einrichtung in Kaltwalzwerken zur Aufnahme vertikaler Schlingen (für → Bandstahl und Breitband) [24]

looping pit
Facility in cold rolling mills for the acceptance of vertical loops (for → steel strip and wide strip) [24]

5.4.193 **Schlingenkanal (m)**
Geneigte Bahn hinter Walzgerüsten → offener Straßen zur Aufnahme von Walzgutschlingen [24]

sloping loop channel
Inclined channel behind mill stands in → open mills for the acceptance of rolling stock loops [24]

5.4.194 **Schlingenturm (m)**
→ Schlingengrube (f)

looping tower
→ looping pit

5.4.195 **Schlingenwerfer (m)**
Einrichtung zum Ausfächern von gewalztem → Band [24]

loop thrower
Equipment for the fanning out of rolled → strip [24]

5.4.196 **Staffel (f)**
Nicht mehr üblicher Begriff für eine Gruppe von Walzgerüsten innerhalb einer → Walzstraße [24]

group
No longer the usual (German) term for a group of mill stands within a → rolling mill [24]

5.4.197 **Stapeleinrichtung (f)**
Einrichtung zum Stapeln von → Walzgut für die Lagerung oder für den Transport [24]

stacking equipment
Equipment for the stacking of → rolling stock for storing or transport [24]

5.4.198 **Rechen-Kühlbett (n)**
→ Kühlbett, das aus jeweils abwechselnd feststehend und beweglich angeordneten, rechenförmig ausgebildeten Auflagen besteht [24]. Durch Anheben und Vorfahren der beweglichen Auflagen wird das → Walzgut schrittweise über die feststehenden Auflagen befördert

rake-type cooling bed
→ cooling bed consisting of alternately fixed and movable rake-shape rests [24]. The → rolling stock is stepwise conveyed over the fixed rests through the raising and advancement of the movable rests

5.4.199 **Radreifenwalzwerk (n)**
Walzwerk zur Herstellung von Radreifen (Laufkränzen) für Schienenfahrzeuge

wheel tyre rolling mill
Rolling mill for the production of wheel tyres (wheel treads) for rail vehicles

5.4.200 **Radscheibenwalzwerk (n)**
Walzwerk, das auf Schmiedepressen gestauchte und gelochte Rohteile zu Vollrädern auswalzt [1]

wheel disc rolling mill
Rolling mill in which blanks upset and pierced on forging presses are rolled down to one-piece wheels [1]

5.4.201 **Vorgerüst (n)**
Einzelne oder in Gruppen angeordnete Walzgerüste in → Vorstraßen

roughing stand
Individual or group of mill stands in → roughing mills

puits (m) de bouclage
Dispositif du laminoir à froid pour résorber une boucle verticale (pour → feuillards et bandes) [24]

canal (m) de doubleuse
Canal incliné derrière une cage en laminage en ligne pour la création de la boucle [24]

tour (m) de doubleuse
→ puits de doubleuse

tête (f) de mise en boucles
Dispositif pour le déploiement en bandes des → tôles laminées [24]

groupe (m)
Terme (allemand) qui n'est plus utilisé pour un groupe de cages dans un train [24]

empileur (m)
Dispositif pour l'empilage de → produits laminés en vue du stockage ou du transport [24]

refroidissoir-rateau (m)
→ refroidisseur constitué de longerons en forme de rateau, alternativement fixes et mobiles [24]. Le soulèvement et l'avancée des longerons mobiles permet de faire passer le → produit au-dessus des longerons fixes et de le faire avancer pas à pas

laminoir (m) à jantes (circulaire)
Laminoir pour la fabrication de jantes (bandes de roulement) pour les véhicules ferroviaires

laminoir (m) de roues (laminoir circulaire)
Laminoir pour la fabrication de roues monoblocs à partir de lopins forgés et débouchés [1]

cage (f) dégrossisseuse
Cage ou groupe de cages du → train dégrossisseur

5.4.202 **Vorgespanntes Walzgerüst (n)**
Spezielles Walzgerüst, in dem durch Vorspannen des Ständers Druckspannungen erzeugt werden, die die während des Stichs auftretenden Zugspannungen ganz oder teilweise aufheben [1]

pre-stressed mill stand
Special mill stand in which compressive stresses are generated through pre-tensioning of the housing, which completely or partially offset the tensile stresses occurring during rolling [1]

5.4.203 **Vierwalzengerüst (n)**
→ Horizontal(walz)gerüst, dessen zwei parallele → Arbeitswalzen durch je eine → Stützwalze größeren Durchmessers abgestützt sind [24]. V. werden eingesetzt beim Warm- und Kaltwalzen von → Blech und Band sowie beim Kaltwalzen von → Folien

four-high stand
→ horizontal (mill) stand in which the two parallel → work rolls are each supported by a larger diameter → backup roll [24]. Such stands are used in the hot and cold rolling of → sheet and strip as well as in the cold rolling of → foils

5.4.204 **Verschiebelineal (n)**
Einrichtung in → Block- und Brammenstraßen zum Verschieben des Walzgutes quer zur Walzrichtung mit parallelen Seitenführungen [24]

slide bar
Equipment in → blooming and slabbing mills for pushing the rolling stock transverse to the direction of rolling with parallel side guards [24]

5.4.205 **Vorstoß (m)**
Anschlag zum Anhalten des → Walzgutes an einer bestimmten Stelle der → Fördereinrichtung [24]

stop
Facility for stopping the → rolling stock at a specific place on the → conveying equipment [24]

5.4.206 **Vorstraße (f)**
Teil einer Walzstraße, auf dem Blöcke, Brammen oder Halbzeuge → Vorstiche erhalten, bevor sie einem nachfolgenden Straßenteil zugeführt werden; → Fertigstraße, Zwischenstraße [24]. Die Begriffe Vorstaffel, Vorstrecke sollen nicht mehr verwendet werden [24]

roughing train
Part of a rolling mill in which ingots, slabs or semi-products → receive → roughing passes before passing to a following part of the mill; → finishing train, intermediate train [24]

5.4.207 **Verpackungs-Einrichtung (f)**
Maschinelle Einrichtung zum versandfertigen Umwickeln des bereits gebündelten, gebundenen oder gehaspelten → Walzgutes mit Verpackungsmaterial [24]

packaging equipment
Mechanical equipment for the strapping of already bundled or coiled → rolling stock with packaging material in preparation for despatch [24]

5.4.208 **Vollkontinuierliche (Walz-)Straße (f)**
→ Kontinuierliche (Walz-)Straße

fully continuous (rolling) mill
→ continuous (rolling) mill

5.4.209 **Waagerechtgerüst (n)**
→ Horizontal(walz)gerüst; Walzenanordnung im Gerüst

horizontal stand
→ horizontal (mill) stand; roll arrangement in the stand

5.4.210 **Vierwalzenvorgerüst (n)**
→ Universalgerüst

four-high roughing stand
→ universal stand

cage (f) avec préserrage des cylindres
Cage spéciale avec des contraintes de compression obtenues par un préserrage des emprises qui compensent totalement ou partiellement le cédage lors du laminage [1]

laminoir (m) à quatre cylindres
→ cage horizontale, dont 2 → cylindres de travail sont supportés par des cylindres de plus gros diamètre → de soutien. Les quartos sont utilisés pour le laminage à froid ou à chaud → de tôles

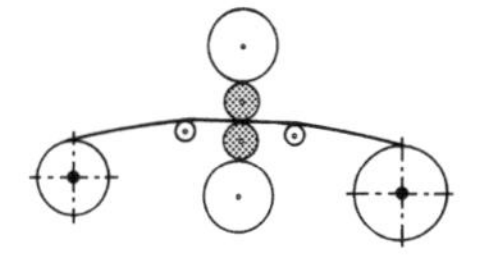

guides (m, pl) de ripage
Dispositif dans le → laminage de blooms ou brames pour déplacer ce produit perpendiculairement à la ligne de laminage à l'aide de guides à faces parallèles [24]

butoir (m)
Dispositif pour arrêter le → produit laminé à une place prédéfinie sur une → ligne à rouleaux [24]

train (m) dégrossisseur
Partie d'un train, dans lequel les lingots, brames ou demi-produits subissent des → passes de dégrossissage, avant d'être acheminés vers la partie aval du train → train finisseur, train intermédiaire [24]

machine (f) d'emballage
Dispositif mécanique pour l'emballage, avec différents matériaux, du → produit préalablement mis en paquets, ligaturé ou bobiné [24]

train (m) de (laminage) totalement continu
→ train continu

cage (f) horizontale
→ cage horizontale de laminage ; arrangement des cylindres dans la cage

cage (f) dégrossisseuse universelle
→ cage universelle

5.4.211 **Vielwalzengerüst (n)**
Vielrollengerüst (n)
→ Horizontalwalzgerüst, in dem die beiden dünnen → Arbeitswalzen durch je zwei Zwischenwalzen (Sechswalzengerüst), diese wiederum durch je drei → Stützwalzen (Zwölfwalzengerüst) und diese evtl. durch je vier weitere Stützwalzen (Zwanzigwalzengerüst) zur Vermeidung einer Durchbiegung abgestützt sind [2]. Auf diese Weise entsteht eine sehr stabile allseitige Abstützung, die hohe Walzkräfte ermöglicht. (→ Sendzimir-Kaltwalzgerüst)

cluster mill
multi-roll stand
→ horizontal mill stand in which both the slim → work rolls are each supported by two intermediate rolls (six- roll stand), these in turn being supported by three → backup rolls (twelve-roll stand) and these possibly again each being supported by four more backup rolls (twenty-roll stand) for the avoidance of deflection of the work rolls [2]. This results in very stable all-round support that enables the use of high rolling forces. (→ Sendzimir cold mill stand)

5.4.212 **Vertikal(walz)gerüst (n)**
→ Walzgerüst mit vertikal parallel nebeneinander liegenden Walzen [24]. → Walzenanordnung im Gerüst, Horizontal(walz)gerüst

vertical (mill) stand
→ mill stand with rolls vertically parallel with each other [24]. → roll arrangement in the stand, horizontal (mill) stand

5.4.213 **Walzarmatur (f)**
→ Führungseinrichtung

mill guide
→ guiding equipment

5.4.214 **Verschieber (m)**
→ Verschiebelineal

side guard
→ slide bar

5.4.215 **Walzblock (m)**
Offener oder geschlossener Rahmen mit mehreren versetzt zueinander geneigten Walzgerüsten oder Walzensätzen für drallfreies → Walzen; → Drallen [24]

rolling block
Open or closed housing with a number of mill stands or roll sets vertically inclined to each other for twist-free → rolling; → twisting [24]

5.4.216 **Streckreduzierwalzwerk (n)**
→ Reduzierwalzwerk zur Herstellung von dünnwandigen Rohren, in dem durch gezielte Drehzahlabstufung zwischen den Gerüsten im Walzgut eine Zugspannung aufgebaut und damit die Rohrwanddicke reduziert werden kann [2]

stretch-reducing rolling mill
→ reducing mill for the production of thin-wall tubes, in which a tension stress is built up in the rolling stock through objective graduation of the rpm between the stands, thus enabling reduction of the tube wall thickness [2]

5.4.217 **Türkenkopf (m)**
Kalibriergerüst zum Umformen von rundem Rohr zu Vierkantrohr [3]

turks head
Calibrating stand for shaping round tube to square tube [3]

5.4.218 **Twin-Drive (m)**
→ Zwillingsantrieb

twin drive
→ twin drive

laminoir (m) Cluster
cage (f) multi-cylindres
→ cage de laminoir horizontale dans laquelle chaque cylindre de travail est supporté par deux cylindres intermédiaires (cage six cylindres), ces derniers pouvant être supportés par trois → cylindres de soutien (cage douze cylindres), puis encore par quatre cylindres de soutien supplémentaires (cage vingt cylindres), pour limiter la flexion des cylindres de travail [2]; avec ce système on obtient un montage stable et soutenu de tous côtés qui permet de travailler avec des forces de laminage élevées (→ cage de laminage à froid de type Sendzimir)

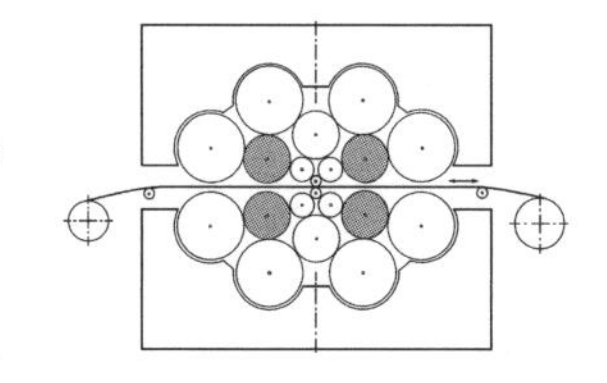

cage (f) (de laminage) verticale
→ cage de laminage avec des cylindres verticaux parallèles l'un à l'autre [24]. → disposition des cylindres dans la cage, cage (de laminage) verticale

ossature (f)
montants (m, pl) de guidage
→ équipement de guidage

guide (m) ripeur
→ règle de ripage

bloc (m) de laminage
Cadre ouvert ou fermé comprenant un certain nombre de cages de laminage ou des jeux de cylindres inclinés dans le plan vertical les uns par rapport aux autres pour le laminage sans torsion; → laminage → torsion [24]

laminoir (m) réducteur-étireur
→ laminoir de réduction pour la production de tubes à parois minces, dans lequel une traction est imposée dans la pièce de métal par un échelonnement convenable des vitesses entre les cages successives ; ceci permet la réduction de l'épaisseur du tube [2]

calibre (m) en tête de turc
Cage calibreuse pour transformer un tube rond en tube de section carrée [3]

entraînement (m) double
→ entraînement double

5.4.219 **Wasserrollgang (m)**
Rollgang, auf dem → Band während des Laufs mit Wasser aus Düsen von oben und unten gekühlt wird [24]

water roller table
Roller table on which during its passage the → strip is cooled with water from nozzles positioned above and below the conveyor [24]

5.4.220 **Wasserbad-Durchlauf (m)**
Mit Wasser gefülltes Kühlrohr für → Walzdraht, durch das der Draht geführt wird

water bath stream
Water-filled cooling tube for → wire rod, through which the rod is guided

5.4.221 **Warmwalzwerk (n)**
→ Warmwalzstraße, Walzwerk

hot rolling mill
→ hot rolling mill, rolling mill

5.4.222 **Walzenanordnung im Gerüst (f)**
Je nach der Aufgabe eines Walzgerüstes im technologischen Prozeß sind die Walzen verschiedenartig angeordnet. Folgende Gerüstbauarten werden unterschieden: 1) Gerüste mit waagerechten Walzen (Horizontal(walz)-gerüste), 2) Gerüste mit senkrechten Walzen (Vertikal(walz)-gerüste), 3) Gerüste mit waagerechten und senkrechten Walzen (→ Universalgerüste)

roll arrangement in the stand
The rolls are differently arranged in accordance with the function of the mill stand in the technological process. The following types of stands are applicable: 1) stands with horizontal rolls (horizontal (mill) stands), 2) stands with vertical rolls (vertical (mill) stands), 3) stands with horizontal and vertical rolls (→ universal stands)

5.4.223 **Walzenanstellung (f)**
Vorrichtung im → Walzgerüst zur Bewegung der → Walzen in senkrechter oder waagerechter Richtung und zum Festhalten der Walzen in der für den Walzvorgang gewünschten Stellung [1]. Man unterscheidet W. zur Veränderung des Abstandes der Walzenachsen und solche zur Verschiebung der Walzen in axialer Richtung

roll adjustment
Device in the → mill stand for movement of the → rolls in a vertical or horizontal direction and for holding the rolls in the position required for the rolling operation [1]. One differs between adjustment for changing the distance between the roll axes (screwdown) and for shifting the rolls in an axial direction (horizontal shifting)

5.4.224 **Walzgerüst (n)**
Wichtigster Teil einer → Walzstraße mit folgenden Elementen: - → Walzenständer, in denen die → Einbaustücke mit den → Walzenlagern geführt werden - → Walzwerkswalzen als aktive Werkzeuge - → Walzenanstellung zur Veränderung der Walzenlage [24]. → Zweiwalzengerüst, Dreiwalzengerüst, Vierwalzengerüst, Vielwalzengerüst, Walzenanordnung im Gerüst

mill stand
The most important part of a → rolling mill, having the following elements: - → roll housings in which the → chocks with the → roll bearings are guided - → rolling mill rolls as the active tools - → roll adjustment for changing the roll position [24]. → two-high stand, three-high stand, four-high stand, cluster mill, roll arrangement in the stand

5.4.225 **Warmwalzstraße (f)**
→ Walzstraße, auf der Walzgut gewalzt wird, nachdem ihm Wärme zugeführt wurde [24]

hot rolling mill
→ rolling mill in which rolling stock is rolled after it has been heated [24]

5.4.226 **Weiche (f)**
Einrichtung zum Ablenken des Walzgutes in unterschiedliche Richtungen [24]

switch
Equipment for deflecting the rolling stock in different directions [24]

table (f) d'arrosage
Table de transfert sur laquelle, lors de son passage, la → bande est refroidie avec de l'eau à partir de buses positionnées au-dessus et en-dessous du convoyeur [24]

boîte (f) à eau
Tube de refroidissement rempli d'eau pour → fil-machine, et que traverse le fil guidé

laminoir (m) à chaud
→ train de laminage à chaud, laminoir

disposition (f) des cylindres dans la cage
Les cylindres peuvent être arrangés différemment suivant la fonction de la cage de laminoir dans le procédé technologique. Les types suivants de cage sont utilisés : 1) cages avec cylindres horizontaux (cages horizontales), 2) cages avec cylindres verticaux (cages verticales), 3) cages avec cylindres horizontaux et verticaux (→ cages universelles)

ajustement/calage (m) des cylindres
Système dans la → cage de laminoir permettant le mouvement des → cylindres en sens vertical ou horizontal et permettant de maintenir les cylindres dans la position voulue pour l'opération de laminage [1]. On distingue le système qui permet de faire varier l'entr'axe des cylindres et celui qui permet le déplacement latéral des cylindres dans une direction axiale

cage (f) de laminoir
La partie la plus importante d'un → laminoir, constituée des éléments suivants : - → montants de cage dans lesquels les → empoises et les → paliers de cylindres sont guidés - → cylindres de laminoir en tant qu'outils actifs - → système de réglage des cylindres pour modifier leur position [24]. → cage duo, cage trio, cage quarto, cage cluster, disposition des cylindres en cage

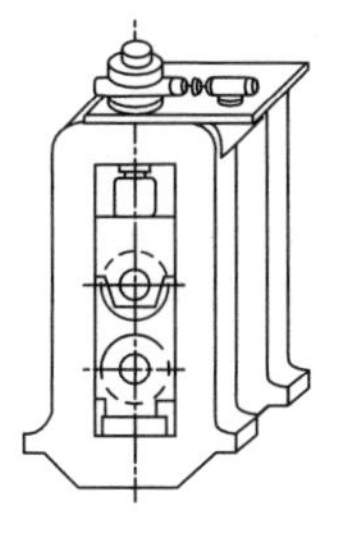

train (m) de laminage à chaud
→ laminoir dans lequel le produit est laminé après avoir été réchauffé [24]

aiguillage (m)
Dispositif permettant de diriger le produit dans différentes directions [24]

5.4.227 **Warmsäge (f)**
→ Säge zum Quertrennen von warmen → Profilen und → Halbzeug in ruhendem Zustand [24]

hot saw
→ saw for cross-cutting stationary hot → sections and → semi- products [24]

5.4.228 **Trennschleifeinrichtung (f)**
Einrichtung zum Trennen von → Halbzeug, Stäben und Profilen aus → Edelstahl [24]

abrasive cut-off equipment
Equipment for cutting → special steel → semi products, bars and sections [24]

5.4.229 **Warmpilgerwalzwerk (n)**
Walzwerk zur Herstellung nahtloser Rohre zwischen Walzen mit über den Walzenumfang veränderlichen Kalibern, wobei die Walzen die Rohrwand absatzweise über eine Stange ausstrecken und die → Luppe schrittweise bearbeitet wird [1]

hot pilger mill
Rolling mill for the production of seamless tube between rolls, the grooves in which vary around the roll circumference, whereby the rolls stepwise stretch the tube wall over a plug and the → tube blank is worked step by step [1]

5.4.230 **Vielrollen-Walzgerüst (n)**
→ Vielwalzengerüst

multi-roll mill stand
→ Cluster mill

5.4.231 **Walzenkühleinrichtung (f)**
Rohrsystem mit Einrichungen zum Versprühen von Kühlstoffen (Wasser, Luft, Öl) zur Kühlung der Walzenoberflächen, des Walzeninneren oder der → Walzenzapfen [24]

roll cooling equipment
Piping system with facilities for the spraying of coolants (water, air, oil) for the cooling of the roll surfaces, insides or the → roll necks [24]

5.4.232 **Walzgutführungen (f, pl)**
Einrichtungen, die das bewegte → Walzgut führen und in die gewünschte Richtung leiten [24]

rolling stock guides
Equipment that guides the moving → rolling stock and leads it in the required direction [24]

5.4.233 **Streckwalzwerk (n)**
→ Schrägwalzwerk, das nicht wie üblich zum Lochen von Rundmaterial, sondern zum Strecken bereits gelochter Hohlkörper eingesetzt wird [1]

stretch-reducing mill
→ cross-rolling mill that is not, as usually the case, used for the piercing of round material but for stretching the already pierced hollows [1]

5.4.234 **Streckmaschine (f)**
Richtmaschine, in der das Richtgut an beiden Enden eingespannt und über die Streckgrenze hinaus gestreckt wird [24]. Man unterscheidet Profil-Streckmaschinen und Blechstreckmaschinen

stretching machine
Straightening machine in which the material is clamped at both ends and stretched beyond the yield point [24]. One differs between section and sheet stretching machines

5.4.235 **Warmbett (n)**
→ Kühlbett

hot bed
→ cooling bed

scie (f) à chaud
→ scie pour coupe transversale à chaud de → profilés et → demi-produits à l'arrêt

tronçonneuse (f)
Equipement pour le découpage transversal à la meule de → demi-produits, barres et profilés en → aciers spéciaux [24]

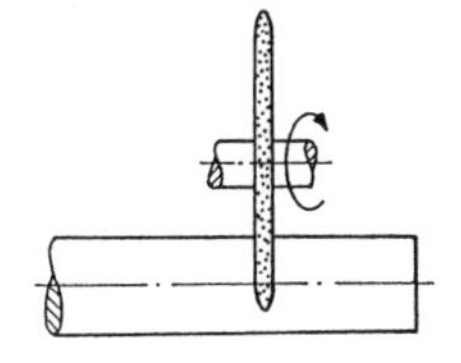

laminoir (m) à chaud à pas de pélerin
Laminage entre cylindres profilés de tubes sans soudure au cours duquel les cylindres réduisent par étapes l'épaisseur de paroi par étirage sur un mandrin et le → produit avance pas à pas [1]

laminoir (m) multi-cylindres
→ laminoir Cluster

système (m) de refroidissement des cylindres
Système de conduites permettant l'émission de liquides de refroidissement (eau, air, huile) pour le refroidissement des surfaces de cylindres, de leur volume et de leurs → tourillons [24]

guides (m, pl) pour les produits laminés
Equipement permettant le guidage en mouvement du → produit laminé et le maintenant dans la direction souhaitée [24]

laminoir-étireur (m)
→ laminoir à cylindres obliques, non utilisé comme dans le cas général pour le perçage de pièces métalliques telles que des ronds, mais pour étirer les creux déjà percés [1]

machine (f) de dressage par traction
Machine de dressage dans laquelle le produit à dresser est fixé aux deux extrémités et soumis à un effort de traction dépassant la limite d'élasticité [24]. On distingue des machines à dresser les profilés et des machines à planer les tôles

table (f) d'étendage à chaud
→ table de refroidissement

5.4.236 **Walzgutschweißmaschine (f)**
Halb- oder vollautomatische Einrichtung zum Aneinanderschweißen von Walzgut (→ Band, Halbzeug) in Längsrichtung zur kontinuierlichen Weiterverarbeitung [24]

rolling stock welding machine
Semi or fully automatic equipment for the welding together of the rolling stock (→ strip, semi-product) in a longitudinal direction for continuous further processing [24]

5.4.237 **Walzenschmiereinrichtung (f)**
Rohrsystem mit Einrichtungen zum Versprühen von Schmierstoffen zur Schmierung und Kühlung der → Walzenballen und Kaliber [24]

roll lubrication equipment
Piping system with equipment for the spraying of lubricants for the lubrication and cooling of the → roll barrels and grooves [24]

5.4.238 **Universalgerüst (n)**
→ Walzgerüst mit einem horizontalen und einem oder zwei vertikalen Walzenpaaren, deren Achsen in einer oder mehreren Ebenen liegen [24]. Anwendung in → Brammen- und Formstahlstraßen

universal stand
→ mill stand with one horizontal and one or two pairs of vertical rolls, the axes of which lay in one or more planes [24]. Used in → slabbing and section mills

5.4.239 **Walzenständer (m)**
Rahmenförmige Hauptelemente des → Walzgerüsts, in denen die → Einbaustücke mit den → Walzen geführt werden [24]

roll housing
Frame-shaped main element of a → mill stand which carries the → chocks and the → rolls

5.4.240 **Umkehrstraße (f)**
Ein- oder zweigerüstige Walzstraße, bei der das Walzgut in mindestens einem Walzgerüst mehrere Stiche erhält. Nach jedem dieser Stiche wird die Walzrichtung geändert (Reversierbetrieb) [24]

reversing train
Rolling train with one or two stands in which the rolling stock is subjected to several passes in at least one of the stands. The rolling direction is changed after each of these passes (reversing operation) [24]

5.4.241 **Walzenwechselvorrichtung (f)**
Vorrichtung zum Ein- und Ausbau der Walzen bei Umstellung auf ein anderes Profil oder um verschlissene Walzen auszutauschen

roll changing equipment
Equipment for installation and removal of the rolls when changing over to another profile or for the exchange of worn rolls

5.4.242 **Stiefelstraße (f)**
Rohrwalzstraße mit den Hauptaggregaten → Ofen, Schrägwalzwerk, Stopfenwalzwerk, Glättwalzwerk, Maßwalzwerk sowie einem Nachwärmofen mit anschließendem → Reduzierwalzwerk [1]

Stiefel mill
Tube rolling mill, the main elements of which include → furnace, cross-rolling mill, plug mill, smoothing mill, sizing mill as well as a re-heating furnace followed by a → reducing mill [1]

soudeuse (f)
Equipement automatique ou semi-automatique pour le soudage bout à bout de produits (→ bandes, demi-produits) en vue de leur transformation ultérieure sur lignes continues [24]

système (m) de lubrification des cylindres
Système de conduites avec un équipement d'émission de lubrifiant pour la lubrification et le refroidissement de la → table des cylindres et des cannelures [24]

cage (f) universelle
→ Cage de laminoir avec une paire de cylindres horizontaux et une ou deux paires de cylindres verticaux, leurs axes pouvant être orientés dans un ou plusieurs plans [24]. Cage utilisée sur le → slabbing et train à profilés

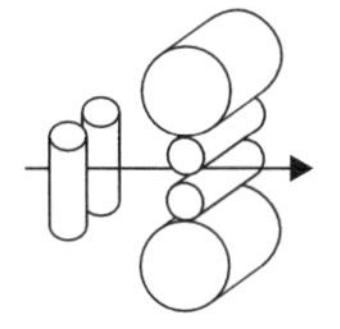

montants (m, pl) de cage
bâti (m) de cage
Elément principal en forme de cadre mécanosoudé d'une → cage de laminoir dans lequel sont montées les → empoises et les → cylindres [24]

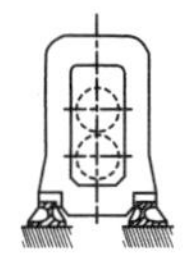

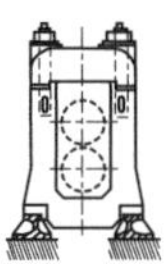

train (m) réversible
Train de laminoir comprenant une ou deux cages dans lesquelles le produit est laminé en plusieurs passes dans au moins une des cages. La direction de laminage est alternée pour chacune de ces passes (marche réversible) [24]

système (m) de changement de cylindres
Equipement pour la mise en place ou l'enlèvement des cylindres pour, par exemple, changer de profil cylindre ou remplacer un cylindre usé

laminoir (m) perceur Stiefel
Laminoir à tubes, dont les principaux éléments sont constitués par → un four, un laminoir croisé, un laminoir à mandrin, un laminoir-lisseur, un lamineur-calibreur, ainsi qu'un four de réchauffage précédant un → laminoir-réducteur [1]

5.4.243 **Walzwerk (n)**
Gesamtheit der Einrichtungen, die zur Herstellung von Walzerzeugnissen eines bestimmten Walzprogrammes durch Warm- oder Kaltumformung mittels → Walzen benötigt werden [24]. Zum W. zählen Ofenbereich, → Walzstraße und Zurichterei

rolling mill
All the equipment required for the manufacture of rolled products in a specific rolling programme through hot or cold shaping by means of → rolls [24]. The rolling mill includes the furnace area, → rolling mill itself and finishing shop

5.4.244 **Strecke (f)**
Nicht mehr üblicher (deutscher) Begriff für eine Gruppe von Walzgerüsten innerhalb einer → Walzstraße [24]

section
No longer the usual (German) term for a group of mill stands within a → rolling train [24]

5.4.245 **Treiber (m)**
Treibrollen (Andrückrollen) die das → Walzgut weiterbefördern oder anhalten [24]

pinch roll unit
Pinch rolls (snubber rolls) that transport or stop the → rolling stock [24]

5.4.246 **Umführung (f)**
Einrichtung, die das Walzgut nach Austritt aus einem Kaliber um 180° umlenkt und dem folgenden Kaliber des gleichen Walzgerüstes (beim → Dreiwalzengerüst) oder dem nächsten Walzgerüst zuführt [24]

repeater
looper
Equipment that, after it leaves one groove, deflects the rolling stock through 180° and passes it back to the next groove in the same mill stand (with a → three-high stand) or to the next stand [24]

5.4.247 **Unterflurschere (f)**
→ Warmschere mit vertikal angeordneten Messern zum Schneiden von ruhendem → Halbzeug [24]. Die U. befindet sich unter der Rollgangoberkante und wird zum Schnitt angehoben

retractable shear
→ hot shear with vertical knives for the cutting of stationary → semi-products [24]. The shear is located below the top edge of the roller table and is raised for cutting

5.4.248 **Straße (f)**
→ Walzstraße

train
→ rolling train

5.4.249 **Warmbreitbandstraße (f)**
→ Walzstraße zum Warmwalzen von → Brammen zu → Warmbreitband [24]

hot wide strip mill
→ rolling mill for the hot rolling of → slabs to → hot wide strip [24]

5.4.250 **Walzstraße (f)**
Einrichtungen zum Umformen des → Walzgutes einschließlich der damit in direktem Zusammenhang stehenden Arbeitsvorgänge wie z.B. Fördern, Heben, Wenden, Führen, Drehen, Warmschneiden [24]

rolling mill
Equipment for shaping the → rolling stock, including the directly associated working operations, e.g. conveying, lifting, turning, guiding, rotating, hot cutting [24]

5.4.251 **Warmbandstraße (f)**
→ Walzstraße zum Warmwalzen von → Brammen und → flachem → Halbzeug zu → Bandstahl [24]

hot strip mill
→ rolling mill for the hot rolling of → slabs and → flat → semi-products to → strip [24]

laminoir (m)
Ensemble des équipements nécessaires à la production de produits laminés, avec un programme de laminage spécifique avec mise en forme à chaud ou à froid au moyen de → cylindres [24]. Le laminoir comprend la zone des fours → le laminoir lui-même et les zones de parachèvement

section (f)
N'est plus le terme usuel (allemand) pour un groupe de cages dans → un train laminoir [24]

rouleaux (m, pl) pinceurs
Rouleaux pinceurs qui acheminent ou stoppent le produit [24]

inverseur (m)
Equipement permettant de faire une rotation de 180 ° au produit en sortie d'emprise, pour le relancer en sens inverse dans la cannelure suivante de la même cage (→ trio) ou de la cage suivante [24]

cisaille (f) rétractable
→ cisaille à chaud munie de couteaux disposés verticalement pour le cisaillage de → demi- produits à l'arrêt [24]. La cisaille est située en-dessous du niveau supérieur de la table à rouleaux et se soulève pour la coupe

train (m)
→ train de laminage

train (m) à chaud à larges bandes
→ laminoir pour le laminage à chaud de → brames en → larges bandes [24]

train (m) de laminage
Installations destinées à la mise en forme par laminage de → produits, incluant les opérations associées telles que convoyage, soulèvement, guidage, rotation, coupe à chaud [24]

train (m) à bandes
→ laminoir pour le laminage à chaud de → brames et de → demi-produits plats en → bandes [24]

5.4.252 **Tandemstraße (f)**
Walzstraße, bei der zwei oder mehrere → Walzgerüste im Verbund arbeiten, z.B. bei → Kaltbreitbandstraßen [24]

tandem mill
Rolling mill in which two or more → mill stands operate together, e.g. in → cold wide strip mills [24]

5.4.253 **Trägerstraße (f)**
Nicht mehr üblicher Begriff für → Formstahlstraße [24]

beam mill
No longer the usual (German) term for → section mill [24]

5.4.254 **Stiefelgerüst (n)**
→ Stopfenwalzwerk, Stiefelstraße

Stiefel stand
→ plug rolling mill, Stiefel mill

5.4.255 **Walzenzapfenlager (n)**
Baugruppe eines Walzgerüstes, in dem die Zapfen der → Arbeits- oder Stützwalzen drehbeweglich gegen den Walzenständer abgestützt sind [1]

roll-neck bearing
Assembly in a mill stand in which the necks of the → work or backup rolls are supported in the roll housing [1]

5.4.256 **Warmschere (f)**
→ Schere zum Schneiden von → Walzgut im warmen Zustand i.a. quer zur Walzrichtung [24]

hot shear
→ shear for the cutting of hot → rolling stock, generally transverse to the rolling direction [24]

5.4.257 **Walzen-Richtmaschine (f)**
Maschine, in der das Richtgut zwischen zwei Reihen Richtwalzen, die einander versetzt gegenüberliegen, durchläuft [24]. Man unterscheidet Stab-Richtmaschinen und Blech-Richtmaschinen

roll straightening (levelling) machine
Machine in which the material to be straightend passes between two rows of rolls offset to each other [24]. One differentiates between bar straightening and sheet levelling machines

5.4.258 **Universalträgerwalzwerk (n)**
Nicht mehr üblicher Begriff für → Formstahlstraße für → H-Profile [24]

universal beam mill
No longer the usual (German) term for → section mill for → H-sections [24]

5.4.259 **Trommelwalzwerk (n)**
Walzwerk zur Herstellung dünnwandiger, nahtloser Hohlkörper großen Durchmessers aus gegossenem oder geschmiedetem Vormaterial, wobei die Walzen im Inneren der walzwarmen Rohlinge und an der Außenseite derselben arbeiten [1]

drum mill
Rolling mill for producing large diameter thinwalled, seamless hollows from cast or forged initial material, whereby the rolls operate the same inside and outside of the heated blanks [1]

5.4.260 **Warmbreitbandwalzwerk (n)**
Umformanlage, in der aus Brammen in kontinuierlicher oder halbkontinuierlicher Arbeitsweise → Warmbreitband hergestellt wird [1]

hot wide strip mill
Shaping plant in which → hot wide strip is continuously or semi-continuously produced from slabs [1]

5.4.261 **Trio-Gerüst (n)**
→ Dreiwalzengerüst

trio stand
→ three-high stand

laminoir (m) tandem
Laminoir dans lequel deux → cages de laminage ou plus fonctionnent ensemble avec le produit en emprise, voir → train à froid à larges bandes [24]

laminoir (m) à poutrelles
N'est plus le terme (allemand) usuel pour → train à profilés [24]

cage (f) Stiefel
→ laminoir avec mandrin, laminoir Stiefel

roulement (m) d'empoise
Élément d'une cage de laminoir où les parties amincies des → cylindres de travail ou d'appui sont positionnées dans leur logement

cisaille (f) à chaud
→ cisaille pour la coupe de → produits laminés encore chauds, en général transversalement à la direction de laminage [24]

dresseuse/planeuse (f) à rouleaux
Machine dans laquelle le matériau à planer ou à dresser passe entre deux rangées de cylindres décalées l'une par rapport à l'autre [24]; on distingue le dressage de barres et le planage de tôles ou de feuilles

laminoir (m) universel à poutrelles
N'est plus le terme (allemand) usuel pour → train à profilés → poutrelles H [24]

laminoir-tambour (m)
Laminoir pour la fabrication de pièces creuses sans soudure à parois minces et gros diamètre à partir d'ébauches moulées ou forgées; des cylindres travaillent l'ébauche réchauffée à la fois par l'intérieur et l'extérieur [1]

laminoir (m) à chaud pour larges bandes
Atelier de mise en forme par laminage, dans lequel les → bandes larges à chaud sont produites en continu ou en semi-continu, à partir de brames [1]

cage (f) trio
→ cage trois-cylindres

5.4.262 **Übergabe-Einrichtung (f)**
Einrichtung zur Aufnahme und Weitergabe von → Walzgut von und auf Transport- und Kühleinrichtungen [24]

transfer equipment
Equipment for acceptance and passing on of → rolling stock from and onto transport and cooling equipments [24]

5.4.263 **Stopfenwalzwerk (n)**
→ Walzwerk zur Herstellung nahtloser Rohre, in dem dickwandige Hohlkörper in Rundkalibern über einen Stopfen als Innenwerkzeug umgeformt werden [1]

plug mill
→ rolling mill for the manufacture of seamless tubes, in which thick-walled hollows are shaped in round grooves over an internally positioned plug [1]

5.4.264 **Walzenantrieb (m)**
Einrichtung zum Erzeugen oder Übertragen des für die Umformung des Walzgutes erforderlichen → Drehmomentes [24]

roll drive
Equipment for generation or transmission of the → torque required for shaping the rolling stock [24]

5.4.265 **Stoßbank (f)**
Rohrherstellanlage, in der auf einer Stange sitzende warme → Luppen mit Boden durch mehrere Rollenkaliber mit kleiner werdendem Durchmesser gestoßen werden, so daß Außendurchmesser und Wanddicke vermindert werden

push bench
Tube manufacturing plant in which the hot → tube blanks are located on a rod and pushed through a number of roll grooves, the diameters of which become smaller in order to reduce the external diameter and wall thickness

5.4.266 **Zerteilanlage (f)**
Üblicher Begriff für Anlage zum → Längs- und Querschneiden von → Band

shearing and slitting plant
Usual term for a plant for → slitting and cross-cutting of → strip

5.4.267 **Zickzackstraße (f)**
→ Offene Walzstraße, in der das Walzgut zickzackförmig die einzelnen Gerüste durchläuft und je Gerüst entweder mit einem oder mit zwei Stichen umgeformt wird [1]

staggered mill
→ open rolling mill in which the rolling stock passes through the individual stands in a "zigzag" form and is shaped in each stand with either one or two passes [1]

5.4.268 **Zunderwäscher (m)**
Gehäuse mit oberen und unteren Spritzbalken zum Entfernen von → Zunder [24]

scale washer
Housing with upper and lower spray beams for the removal of → mill scale [24]

5.4.269 **Zonenkühlung (f)**
Walzenkühlung mit über die → Walzenballenlänge unterschiedlicher Intensität zur Beeinflussung der thermischen → Balligkeit

zone cooling
Cooling of rolls with an intensity that varies over the → roll barrel length in order to influence the thermal → crown

5.4.270 **Zwölfwalzengerüst (n)**
→ Vielwalzengerüst

twelve-roll stand
→ cluster mill

table (f) de transfert
Equipement pour recevoir et transférer un → produit laminé à partir de, ou en direction de systèmes de transport et de refroidissement [24]

laminoir (m) à mandrin
→ laminoir pour la fabrication de tubes sans soudure, dans lequel l'ébauche creuse à paroi épaisse est formée entre des cannelures de profil circulaire et un mandrin jouant le rôle d'outil interne [1]

entraînement (m) des cylindres
Equipement permettant de générer ou de transmettre le → couple de laminage nécessaire pour la mise en forme du produit [24]

banc (m) d'extrusion
Installation pour la fabrication de tubes dans laquelle des → lopins positionnés sur une tige sont poussés à travers des cannelures dont le diamètre est plus petit à chaque passe, ce qui produit une diminution à la fois du diamètre extérieur et de l'épaisseur de paroi

installation (f) de cisaillage et refendage
Terme usuel pour → une installation de refendage et de cisaillage travers de → bande

train (m) à cages décalées
→ laminoir ouvert dans lequel le produit passe à travers des cages séparées suivant un cheminement en zigzag et est mis en forme dans chaque cage avec soit une, soit deux passes [1]

décalamineuse (f) hydraulique
Machine capotée munie sur le haut et sur le bas de buses d'aspersion destinées à éliminer la → calamine du produit laminé

refroidissement (m) par zone
arrosage (m) fractionné
Refroidissement des cylindres avec une intensité variant sur la → longueur de table du cylindre, afin d'influencer le → bombé thermique

cage (f) à douze cylindres
→ laminoir cluster

5.4.271 **Zurichterei (f)**
Abteilung des → Walzwerks, in der die Walzerzeugnisse gerichtet, auf Länge geschnitten, auf Fehlerfreiheit kontrolliert, signiert und für den Versand oder die Weiterverarbeitung vorbereitet werden [1]

finishing shop
Department in the → rolling mill in which the rolled products are straightened or levelled, cut to length, inspected for defects, marked and prepared for dispatch or further processing [1]

5.4.272 **Wipptisch (m)**
Einrichtung zur Übergabe des Walzgutes von einer Walzebene zur anderen bei Anstich und Auslauf an → Dreiwalzengerüsten [24]

tilting table
Equipment for transfer of the rolling stock from one level to another on entry to and exit from → three-high stands [24]

5.4.273 **Zweiwalzengerüst (n)**
Einfachste Form des → Walzgerüstes, bestehend aus Ober- und Unterwalze, die horizontal und parallel übereinander liegen (Horizontal-Zweiwalzengerüst) [24]. Die Umformung erfolgt zwischen den beiden Walzen. Wenn in beiden Richtungen gewalzt werden kann, d.h. die Drehrichtung der Walzen umkehrbar ist, spricht man vom Umkehr-Zweiwalzengerüst

two-high stand
Simplest form of → mill stand, consisting of top and bottom rolls positioned parallel to each other (horizontal two- high stand) [24]. Shaping takes place between the two rolls. When rolling can be in both directions, i.e. direction of roll rotation reversible, one speaks of a reversing two-high stand

5.4.274 **Zunderbrecher (m)**
Warmwalzgerüst mit Horizontal- oder Vertikalwalzen, die bei geringer → Stichabnahme den → Zunder aufbrechen [24]

scale breaker
Hot roll stand with horizontal or vertical rolls which break the → mill-scale with a low → pass reduction [24]

5.4.275 **Zwillingsantrieb (m)**
→ Walzenantrieb für Zweiwalzengerüste, wobei jede der beiden Walzen von einem Antriebsmotor angetrieben wird [24]

twin drive
→ roll drive for two-high stands, whereby each of the two rolls is driven by a drive motor [24]

5.4.276 **Zwischenstraße (f)**
Teil einer → Walzstraße zwischen → Vor- und Fertigstraße [24]. Die Begriffe Zwischenstaffel und Zwischenstrecke sollten nicht mehr verwendet werden

intermediate train
Part of a → rolling mill between → roughing and finishing trains [24]

5.4.277 **Wickel-Einrichtung (f)**
Einrichtung zum Auf- oder Abwickeln von → Band und Walzdraht [24]

coiling equipment
Equipment for coiling or paying-off → strip and wire rod [24]

5.4.278 **Zwanzigwalzengerüst (n)**
→ Vielwalzengerüst

twenty-roll stand
→ cluster mill

atelier (m) de finissage
Département du → laminoir dans lequel les produits laminés sont planés ou dressés, coupés à longueur, inspectés pour les défauts, marqués et préparés pour expédition ou transformation avale [1]

table (f) élévatrice
Dispositif de levage permettant d'amener le produit d'un niveau de laminage à un autre du côté engagement ou sortie d'une → cage trio [24]

cage (f) à deux cylindres
La forme la plus simple d'une → cage de laminoir, constituée de cylindres supérieur et inférieur positionnés parallèlement (cage duo horizontale) [24]. Le laminage s'effectue dans l'emprise des deux cylindres. Quand le laminage peut se faire dans les deux directions, (c'est-à-dire que les cylindres peuvent tourner dans les deux sens), on parle de cage duo réversible

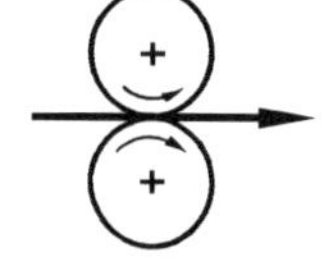

décalamineuse (f)
brise (m) oxyde
Cage de laminage à chaud avec des cylindres horizontaux ou verticaux, permettant de briser la → calamine grâce à une passe à faible → taux de réduction [24]

moteurs (m, pl) jumeaux
→ système d'entraînement pour des cages duos, où chacun des deux cylindres est motorisé séparément [24]

train (m) intermédiaire
Partie d'un → laminoir à produits longs, située entre le → train dégrossisseur et le train finisseur [24]

equipement (m) de bobinage
bobineuse (f)
Equipement pour l'enroulage ou le déroulage de → bandes ou de fil-machine [24]

cage (f) à vingt cylindres
→ cage multi-cylindres

5.5.1 **Abbrand (m)**
Verlust in Form von Oxiden (→ Zunder) an Metallen durch Verbrennungen an der Oberfläche in Wärmöfen, der durch geeignete Ofenführung gering gehalten wird [1]; (→ Ausbringen)

scaling loss
Loss in the form of oxides (→ mill scale) on metals through heating of the surface in furnaces, which can be reduced through suitable furnace operation [1]; (→ yields)

5.5.2 **Banddurchlaufofen (m)**
Ofen zum Wärmen oder Glühen von → Band, das von einer → Haspel meist in einfachen Lagen durch den Ofen läuft [2]. B. können als Waagerecht- oder Turmöfen gebaut sein

continuous strip furnace
Furnace for heating or annealing → strip that is mostly fed from a → pay-off reel and passed through the furnace in single layers [2]. Can be built as a horizontal or tower furnace

5.5.3 **Drehherdofen (m)**
Wärmofen für leichtes → Halbzeug, bei dem das Wärmgut auf dem sich kontinuierlich drehenden ringförmigen Herd durch den Ofen transportiert wird [24]

rotary hearth furnace
Furnace for heating light → semi-products, in which the hot stock is transported on the continuously rotating ring-shaped hearth [24]

5.5.4 **Durchlaufofen (m)**
→ Banddurchlaufofen

continuous furnace
→ continuous strip furnace

5.5.5 **Hauben(glüh)ofen (m)**
→ Ofen, in dem → Bandrollen und → Drahtringe auf einem Sockel gestapelt werden und eine Schutz- und eine Heiz- bzw. Kühlhaube übergestülpt wird [24]

hood-type (annealing) furnace
→ furnace in which → strip coils and → rod coils are stacked on a base and covered with a protective and heating or cooling hood [24]

5.5.6 **Herdwagenofen (m)**
Ofen mit verfahrbarem Herd zum Erwärmen von → Grobblech und warmgeformten → Stäben [24]

bogie hearth furnace
Furnace with travelling hearth for the heating of → plate and hot-formed → bars [24]

5.5.7 **Kokille (f)**
Meist gußeiserne Form zum Abgießen des flüssigen Rohstahles zu → Blöcken und → Brammen [2]

mould
Mostly a cast iron receptacle for the casting of liquid crude steel into → ingots and → slabs [2]

5.5.8 **Hubbalkenofen (m)**
Ofen, durch den → Blöcke, Brammen und Halbzeug schrittweise mit Hubbalken bewegt werden [24]

walking beam furnace
Furnace through which → ingots, slabs and semi-products are moved stepwise with lifting beams [24]

5.5.9 **Morgan-Ofen (m)**
Seitlich zu entleerender → Stoßofen, dessen Breite für die Aufnahme von Halbzeug mit mindestens 9 m Länge geeignet ist [1]

Morgan furnace
Laterally discharging → pusher furnace, the width of which is suitable for the acceptance of semi-products with a length of at least 9 m [1]

5.5.10 **Ofen (m)**
→ Walzwerksofen

furnace
→ rolling mill furnace

perte (f) par calamine
Perte sous forme d'oxyde (→ calamine) sur le métal durant le réchauffage qui peut être réduite par un contrôle approprié du four [1]; (→ mise au mille)

four (m) à bande continue
Four de réchauffage ou de recuit dans lequel le plus souvent un seul brin de → bande traverse le four à partir d'une → dérouleuse [2]. Il peut être horizontal ou vertical

four (m) à sole rotative
Four de réchauffage de → demi-produits légers dans lequel la charge est transportée en continu sur une sole rotative [24]

four (m) continu
→ four à bande continue

four (m) (de recuit) base - à cloche
→ four dans lequel → des bobines de bandes ou → couronnes de fil sont posées sur une base et sont réchauffées ou refroidies sous une cloche protectrice [24]

four (m) à chariots mobiles
Four dont la sole est équipée de rails qui permettent le passage pour réchauffage → de plaques et de grosses → barres tournées à chaud [24]

lingotière (f)
Moule le plus fréquemment en fonte pour la coulée du métal liquide → en lingots et → brames [2]

four (m) à longerons mobiles
Four dans lequel → les lingots, brames et demi-produits sont déplacés par un mouvement à pas de pélerin des longerons [24]

four (m) Morgan
Four poussant à déchargement latéral pour → des demi-produits d'une longueur d'au moins 9 m [1]

four (m)
→ four de laminoir

5.5.11 **Rollenherdofen (m)**
→ Ofen, durch den → Halbzeug, Blech und Stäbe von mechanisch angetriebenen Herdrollen befördert werden [24]

roller hearth furnace
→ furnace through which the → semi-products, sheets and bars are conveyed by mechanically driven hearth rollers [24]

5.5.12 **Schrittmacherofen (m)**
→ Hubbalkenofen

walking beam furnace
→ walking beam furnace

5.5.13 **Tiefofen (m)**
Ofen zum Wärmen von warm oder kalt angelieferten → Blöcken und Brammen [24]. Das Wärmgut wird von oben eingebracht und stehend erwärmt

pit furnace
Furnace for heating of warm or cold → ingots and slabs [24]. The heating stock is introduced from above and heated in the vertical position

5.5.14 **Verzundern (vb)**
Oxidationsvorgang bei der Warmumformung und Wärmebehandlung; → Zunder [3]

scaling
Oxidation process occurring during hot shaping and heat treatment; → mill scale [3]

5.5.15 **Stoßofen (m)**
→ Ofen, in den → Blöcke, Brammen und quadratisches oder rechteckiges → Halbzeug von der Seite oder frontal eingebracht und nach dem Durchgang ausgestoßen oder ausgezogen werden [24]

pusher furnace
→ furnace in which → ingots, slabs and square or rectangular → semi-products are introduced from the side or frontally and after passage through it are pushed out or withdrawn [24]

5.5.16 **Walzwerksofen (m)**
Einrichtung zum Erwärmen von → Walzgut für eine nachfolgende Warmumformung oder zum einfachen oder kombinierten Wärmebehandeln von Walzgut [24]

rolling mill furnace
Equipment for the heating of → rolling stock for subsequent hot shaping or for single or combined heat treatment of rolling stock [24]

5.5.17 **Topfofen (m)**
Topfglühe (f)
→ Ofen zum Wärmebehandeln von → Bandrollen und Drahtringen, die in einem verschlossenen Topf (ggf. unter Schutzgas) in den zylindrischen Ofenraum eingebracht werden [24]

pot furnace
→ furnace for the heat treatment of → strip coils and rod coils that are introduced into the cylindrical furnace chamber in a closed box (if necessary under inert gas) [24]

5.6.1 **Drahtbund (m)**
Im Sprachgebrauch üblicher Begriff für mehrere zusammengebundene → Drahtringe

rod coil
Usual term for a number of → rod rings tied together

5.6.2 **Betonrippenstahl (m)**
→ Betonstahl mit im letzten Stich aufgewalzten Rippen, damit die Stahlbewehrung besser im Beton haftet

ribbed reinforcing bars
→ reinforcing bars with ribs rolled into them in the last pass to improve reinforcement in the concrete

four (m) à rouleaux
→ four dans lequel les → demi-produits, tôles ou ébauches sont transportés mécaniquement sur des rouleaux [24]

four (m) à longerons mobiles
→ four à longerons mobiles

four (m) Pit
Four de réchauffage de → lingots et brames froides ou chaudes [24]. La charge est introduite par le haut et chauffée en position verticale

calaminage (m)
Procédé d'oxydation qui se produit durant la mise en forme à chaud et le traitement thermique [3]; → calamine

four (m) poussant
→ four dans lequel, → les lingots, brames et → demi-produits de section carrée ou rectangulaire, sont introduits d'un côté ou frontalement et sont poussés progressivement vers la sortie du four [24]

four (m) de laminoir
Equipement pour le réchauffage de → produits avant leur laminage ou pour le traitement thermique simple ou combiné de produits laminés [24]

four (m) marmite
→ Four de recuit pour le traitement thermique des → bobines de tôle ou de couronnes de fil, placées dans des boîtes fermées, éventuellement sous atmosphère protectrice, et introduites dans la chambre cylindrique du four [24]

botte (f) de fil
Terme utilisé couramment pour désigner un ensemble de → couronnes de fil attachées avec un lien

produits (m, pl) crénelés ou nervurés pour béton armé
→ ronds à haute adhérence pour le renfort du béton armé (crénelage lors de la dernière passe de laminage)

5.6.3 **Betonformstahl (m)**
→ Betonstahl mit verbesserter Verbundwirkung

reinforcing shapes
→ reinforcing bars with improved composite effect

5.6.4 **Drahtring (m)**
Drahtbund (n), Drahtcoil (n)
Zu einem Ring regellos aufgewickelter → Draht; (übliche Lieferform)

wire (or rod) coil
reel
→ rod irregularly wound into a coil

5.6.5 **Dopplung (f)**
Durch Auswalzen von → Lunkern oder großflächigen nichtmetallischen Einschlüssen entstandener Fehler in Walzprodukten [2]

lamination
lap
Defect in rolled products caused by the rolling out of → cavities or large areas of nonmetallic inclusions

5.6.6 **Breitflanschträger (m)**
Nicht mehr üblicher Begriff für → H-Profil [10]

wide flange beam
No longer the usual (German) term for → H-section [10]

5.6.7 **Brandrißmarken (f, pl)**
Durch Risse in der Oberfläche der → Arbeitswalzen beim Warmwalzprozeß verursachte Erhöhungen auf dem Walzgut, die zu → Walzgutfehlern führen können [3]

heat check marks
Raised areas on the rolling stock caused by cracks in the surface of the → work rolls during the hot rolling process, which can lead to → rolling stock defects [3]

5.6.8 **Breitflachstahl (m)**
Warmgewalztes Flacherzeugnis mit einer Breite zwischen 150 und 1250 mm und einer Dicke über 4 mm, das in nicht aufgehaspelter Form ausgeliefert wird [10]. An die Scharfkantigkeit von B. werden besondere Anforderungen gestellt [Euronorm 91], weshalb er auf allen vier Flächen oder in → geschlossenen Kalibern gewalzt wird

wide flat steel
Hot rolled flat product with a width between 150 and 1250 mm and a thickness greater than 4 mm that is not supplied in a coiled form [10]. Special requirements are placed on the sharpness of the edges of the product [Euronorm 91], so that it is rolled on all four surfaces or in → closed grooves

5.6.9 **Doppel-T-Profil (n), (-Träger) (m)**
Nicht mehr üblicher Begriff für → H-Profil oder I-Profil [10]

double T-section, (beam)
No longer the usual (German) term for → H-section or I-section [10]

5.6.10 **Bewehrungsstahl (m)**
→ Betonstahl

reinforcing steel
→ reinforcing bars

barres (f, pl) profilées pour béton armé
→ profils améliorant l'effet de renforcement dans le composite que constitue le béton armé

couronne (f) de fil
→ fil enroulé en spires non rangées (forme de livraison habituelle du fil machine)

dédoublure (f)
Défaut des produits laminés formé par laminage à partir de → porosités ou d'amas inclusionnaires [2]

poutrelle (f) à larges ailes
Ancienne désignation (allemande) des → poutrelles H [10]

empreintes (f, pl) de criques thermiques
Zones en relief à la surface des produits laminés provenant du contact lors du laminage à chaud entre le produit et des fissures dans les → cylindres de travail et pouvant être à l'origine de → défauts sur le produit laminé [3]

large plat (m)
Produit plat de largeur comprise entre 150 et 1250 mm et dont l'épaisseur est en général supérieure à 4 mm, toujours livré à plat (c'est-à-dire non enroulé) [10], et faisant l'objet de spécifications particulières concernant les arêtes qui doivent être vives [Euronorm 91] : le large-plat est laminé à chaud sur les quatre faces ou en → cannelures fermées

profilé (m) en double T (poutrelle)
Ancienne désignation (allemande) pour les → poutrelles H ou I [10]

aciers (m, pl) pour armatures
→ ronds à béton

5.6.11 **Betonstahl (m)**
→ Langerzeugnis mit kreisförmigem oder nahezu kreisförmigem, gelegentlich auch quadratischem oder ovalem Querschnitt, das zur Bewehrung von Beton (Stahlbeton) geeignet ist [10]. Die Haftfestigkeit im Beton wird durch rechtwinklig oder schräg zur Stabachse verlaufende Rippen oder durch Nocken erhöht

reinforcing bars
→ long products with a circular or nearly circular and sometimes square or oval cross-section that are suitable for reinforcing of concrete (reinforced concrete) [10]. Bonding in the concrete is increased by ribs running square or at an oblique angle to the bar axis or by lugs

5.6.12 **Bedachungsblech (n)**
Verzinktes → Wellblech für Dächer und Fassaden

roofing sheet
Galvanized → corrugated sheet for roofs and facades

5.6.13 **Blankstahl (m)**
blanker Stahl (m)
→ Langerzeugnis, das gegenüber dem warmgeformten Zustand durch Entzunderung und (spanlose) Kaltumformung oder durch spanende Bearbeitung eine verhältnismäßig glatte, blanke Oberfläche und eine wesentlich höhere Maßgenauigkeit erhalten hat [10]

bright bar (En)
cold finished bar stock (Am)
→ long product that, contrary to the hot shaped condition, has received a comparably bright surface through descaling and chipless cold forming or chip removing machining [10]

5.6.14 **Blechblasen (f, pl)**
Durch → Lunker, Gasblasen oder Einschlüsse hervorgerufene Hohlräume unter der Blechoberfläche, die erst beim → Beizen sichtbar werden und beim Tiefziehen zu → Ausschuß führen können;→ Walzgutfehler [3]

sheet blisters
Hollow spaces under the sheet surface caused by → cavities, gas bubbles or inclusions which only become visible during → pickling and can lead to → scrap during deep drawing; → rolling stock defect [3]

5.6.15 **Draht (m)**
Warmgewalztes oder kaltgezogenes → Langerzeugnis mit beliebiger (meist runder) Querschnittsform, das zu → Ringen regellos aufgehaspelt, bei dünnem kaltgezogenem Draht auch auf Spulen aufgewickelt, geliefert wird; → Walzdraht, → gezogener Draht [10]. Draht kann auch durch → Strangpressen, Gießwalzen oder Stranggießen erzeugt werden. (→ Properzi-Verfahren)

wire
Hot rolled or cold drawn → long product with an optional (mostly round) cross-section that is irregularly wound into → coils, thin cold drawn wire also being supplied on spools; → wire rod, → drawn wire [10]. Wire can also be produced by → extrusion, castrolling or continuous casting (→ Properzi process)

5.6.16 **Breitband (n)**
Warm- oder kaltgewalztes → Band mit einer Breite ab 600 mm [10]; → Warmbreitband, Kaltbreitband

sheet
Hot or cold rolled → strip in excess of 600 mm wide [10]. → hot wide strip, cold wide strip

aciers (m, pl) pour béton armé
Produits longs à section circulaire ou pratiquement circulaire, parfois aussi à section carrée ou ovale, destinés à renforcer le béton [10]. L'adhérence de ces produits avec le béton est augmentée par la présence de nervures orientées perpendiculairement à l'axe des barres ou de manière oblique ou par des crans

tôle (f) pour toiture et bardage
Tôle galvanisée et → ondulée destinée à la couverture des bâtiments et l'équipement des façades

barre (f) brillante
produit (m) blanc (clair)
→ produit long qui se distingue de l'état brut de laminage par une surface relativement lisse et brillante obtenue par décalaminage et formage à froid ou par usinage, et dont la précision dimensionnelle est sensiblement améliorée [10]

boursoufflures (f, pl)
cloques (f, pl)
Cavités (cloques) se formant près de la surface des tôles à partir de → trous, de bulles de gaz ou d'inclusions, ne devenant visibles qu'au → décapage et pouvant conduire au → rebut de pièces lors de l'emboutissage; → défaut de produit laminé [3]

fil (m)
→ Produit long laminé à chaud ou écroui à froid (tréfilage) à section droite pleine constante sur toute sa longueur, et de forme quelconque (généralement circulaire). Le fil est livré en → couronnes à spires non rangées ou, dans le cas du fil tréfilé fin, en bobines; → Fil machine, → fil tréfilé [10]. Un fil peut aussi être fabriqué par → extrusion, moulage, laminage ou coulée continue (→ Procédé Properzi)

large bande (f)
→ Produit plat laminé à chaud ou à froid dont la largeur est supérieure ou égale à 600 mm et qui est enroulé de façon à former une bobine [10]

5.6.17 **Blech (n)**
Zur Gruppe der → Flacherzeugnisse zählendes warm oder kaltgewalztes → Fertigerzeugnis mit einer nicht festgelegten Ausführung der Kanten und einer Mindestbreite von 600 mm [10]. Blech kann durch Zerteilen von Band entstehen und wird nach der Dicke in → Grobblech (ab 3 mm) und → Feinblech (unter 3 mmm) eingeteilt

sheet
Hot or cold rolled → finished product within the → flat products group with an unspecified form of the edges and a minimum width of 600 mm [10]. Sheet can originate through the cutting of strip and is classified according to thickness into → plate (above 3 mm) and sheet (under 3 mm)

5.6.18 **Bandrolle (f)**
→ Rolle

strip coil
→ coil

5.6.19 **Bandstahl**
Warmgewalztes → Band mit einer Breite unter 600 mm [10]

strip steel
Hot rolled → strip with a width of less than 600 mm [10]

5.6.20 **Dreikantstahl (m)**
Nicht mehr üblicher Begriff für → Dreikantstab [10]

triangular steel
No longer the usual (German) term for → triangular bar [10]

5.6.21 **Blechtafel (f)**
→ Tafel

sheet panel
→ panel

5.6.22 **Coil (n)**
Englischer Begriff für → Rolle, der üblichen Lieferform von → Band

coil
Term for → roll, the usual form of supply of → strip

5.6.23 **Dünnbramme (f)**
Nicht mehr üblicher Begriff für → Vorband [3]

thin slab
No longer the usual (German) term for → transfer bar [3]

5.6.24 **Bandprofil (n), relatives-**
Auf die → Banddicke bezogenes → Bandprofil

strip profile, relative-
→ strip profile relative to the → strip thickness

5.6.25 **Bund (n)**
Begriff für zusammengebundene Erzeugnisse z.B. → Stäbe oder Draht. Der Begriff „Bund“ für aufgewickeltes Band ist nicht mehr zulässig, da hierfür der Begriff „Rolle“ verwendet wird ([10])

bundle
Term for strapped together products, e.g. → bars or wire

5.6.26 **Blaublech (n)**
Kaltgewalztes → Feinblech aus Stahl mit einer fest haftenden Oxidschicht, die während einer speziellen Wärmebehandlung entsteht [3]

blued sheet
Cold rolled → sheet steel with a firmly adhering oxide layer that originates during a special heat treatment [3]

tôle (f)
→ Produit plat fini, laminé à chaud ou à froid avec un état des rives non spécifié et une largeur minimale de 600 mm [10]. Une tôle peut être obtenue directement par laminage ou par cisaillage d'une large bande. Suivant leur épaisseur on distingue les tôles fortes (épaisseur supérieure ou égale à 3 mm) et les tôles minces (épaisseur inférieure à 3 mm)

bobine (f) de tôle
→ bobine ou coil

feuillard (m) à chaud
Bande laminée à chaud dont la largeur est inférieure à 600 mm [10]

triangles (m, pl)
Ancienne désignation (allemande) des barres triangulaires [10]

tôle (f) en feuille
→ panneau

bobine (f)
coil (m)
Utilisation fréquente de terme anglais (coil) pour désigner la → bobine, forme de livraison usuelle des → bandes

brame (f) mince
N'est plus utilisé (en allemand) pour désigner l'ébauche au train à bandes [3]

profil (m) de bande, relatif-
→ profil de bande rapporté à → l'épaisseur du produit

botte (f)
Terme désignant des produits attachés ensemble, par exemple → barres ou couronnes de fil. Terme impropre dans le cas des produits plats enroulés pour lesquels on parle de bobine ([10])

tôle (f) bleue
→ Tôle mince laminée à froid recouverte d'une couche d'oxyde très adhérente, formée lors d'un traitement thermique spécial [3]

5.6.27 **Bandprofil (n), absolutes-**
Differenz der Banddicken, gemessen in der Bandmitte und in einem festgelegten Abstand (z.B. 40 mm) von der → Bandkante

strip profile, absolute-
Difference between the thickness measured in the middle of the strip and at a specific distance (e.g. 40 mm) from the edge

5.6.28 **Bandenden (n, pl)**
In Bandwalzwerken beim Vorbereiten oder Fertigschneiden des Bandes anfallende Enden

strip ends
Ends occurring in strip mills during preparation or finish cutting of the strip

5.6.29 **Dessiniertes Blech (n)**
→ Blech, das durch Pressen oder Walzen ein Prägemuster (Dessin) erhält, das dekorativ wirkt und formsteif und griffig macht [2]

patterned sheet
→ sheet that through pressing or rolling, obtains an imprinted pattern that has a decorative effect and makes it dimensionally stable and easy to handle [2]

5.6.30 **Block (m)**
Gegossenes metallisches, festes → Roherzeugnis mit quadratischem oder rechteckigem Querschnitt (Breite < 2 x Dicke) oder mit einer anderen Querschnittsform [10]. Blöcke und → Brammen sind Ausgangsprodukte für nachfolgende Umformverfahren (Walzen, Schmieden) zu → Halbzeug oder zu → Flach- und Langerzeugnissen

ingot
Cast solid metallic → crude product with square or rectangular cross-section (width < 2 x thickness) or with a different shape of cross-section [10]. Ingots and → slabs are initial products for subsequent shaping processes (rolling, forging) to → semi-products or to flat and long products

5.6.31 **Eisenbahnoberbaustoff (m)**
Nicht mehr üblicher Begriff für → Gleisoberbauerzeugnis [10]

railway permanent way material
No longer the usual (german) term for → rail track products [10]

5.6.32 **Buckelblech (n)**
→ geripptes Blech

buckled plate
→ ribbed plate

5.6.33 **Elektroblech (-band) (n)**
Dynamoblech (n), Transformatorenblech (n)
Siliziertes Stahlblech (-band) mit bestimmten magnetischen und elektrischen Eigenschaften [10]. E. werden für elektrische Maschinen und Transformatoren verwendet

electric sheet (strip)
dynamo sheet, transformer sheet
Silica steel sheet (strip) with certain magnetic and electrical properties [10]. Material used for electrical machines and transformers

5.6.34 **Ausschuß (m)**
Begriff für Erzeugnisse, die nicht zu verwerten sind (Vollausschuß) oder infolge von Fehlern dem ursprünglich vorgesehenen Verwendungszweck nicht entsprechen (Teilausschuß) [2]. Vollausschuß ist → Schrott, Teilausschuß noch für eine andere Verwendung geeignet

rejects
Term for products that cannot be utilized (complete rejection) or, as a result of defects, are not in accordance with the originally assigned use (partial rejection) [2]. Complete rejection is → scrap, partial rejection, still suitable for another use

profil (m) de bande, absolu-
Différence d'épaisseur entre le centre de la bande et une zone située à une distance spécifiée de → la rive (par exemple 40 mm)

extrémités (f, pl) de bande
Extrémités formées lors du laminage au train à bandes ou lors du cisaillage de la bande

tôle (f) à relief
→ tôle présentant des rainures ou des larmes (motif ou dessin) imprimées par pression ou par laminage et lui conférant un aspect décoratif, une grande rigidité et une facilité de préhension [2]

lingot (m)
Produit brut de solidification obtenu par coulée d'un métal liquide dans un moule de section carrée ou rectangulaire (largeur 2 x épaisseur) ou d'autres formes [10]. Les lingots et les → brames sont les produits de départ pour la transformation à chaud ultérieure (laminage, forgeage) en demi-produits ou produits plats et produits longs

matériel (m) de voies ferrées
Produits laminés à chaud pour → équipement permanent des voies ferrées [10]

tôle (f) à bossages
→ tôle nervurée

tôle (f) (bande) électrique
Tôle (bande) pour circuits magnétiques de dynamos ou de transformateurs en acier au silicium possédant des propriétés magnétiques et électriques définies [10]. Produit utilisé pour les machines électriques et les transformateurs

rebuts (m, pl)
Terme désignant des produits impropres à l'utilisation (rebut total) ou, du fait de l'existence de défauts, impropres à l'utilisation prévue initialement (rebut partiel ou déclassement) [2]. Rebut total veut dire → mise à la ferraille. Le rebut partiel signifie que le produit peut convenir pour autre utilisation (réaffectation)

5.6.35	**Einwalzung (f)** In die Walzgutoberfläche eingedrückte nichtmetallische Stoffe (Zunder, Schmutz etc.); → Walzgutfehler [3]	**rolled-in** Non-metallic materials imprinted in the rolling stock surface (scale, dirt, etc.); → rolling stock defect [3]
5.6.36	**Bandbund (n)** *Bandring (m)* Nicht mehr üblicher Begriff für → Rolle [10]	**strip coil** No longer the usual (German) term for → coil [10]
5.6.37	**Band (n)** *Blechband (n)* Zur Gruppe der → Flacherzeugnisse zählendes warm oder kalt gewalztes → Fertigerzeugnis. Es wird nach dem Walzen zu einer → Rolle (Coil) aufgewickelt [10]. Band kann auch durch → Gießwalzen oder Bandgießen erzeugt werden	**strip** Hot or cold rolled → finished product included in the → flat products group. After rolling it is wound into a → coil [10]. Strip can also be produced through → cast-rolling or strip casting
5.6.38	**Blech und Band mit organischer Beschichtung (n)** Kunststoffplattiertes Blech und Band mit ein- oder beidseitig aufgebrachter Kunststoffbeschichtung [10]	**organically coated sheet and strip** Plastic-coated sheet and strip. Sheet (strip) with a plastic coating on one or both sides [10]
5.6.39	**Blockguß (m)** Abgießen des flüssigen Metalles in → Kokillen zu → Blöcken	**ingot casting** Casting of the liquid metal in → moulds to form → ingots
5.6.40	**Bramme (f)** Gegossenes metallisches, festes → Roherzeugnis mit etwa rechteckigem Querschnitt, dessen Breite mindestens doppelt so groß ist wie seine Dicke; → Block [10]	**slab** Cast solid metallic → crude product with an approximately rectangular cross-section, the width of which is at least twice as large as its thickness; → ingot [10]
5.6.41	**Ader (f)** → Walzader	**strand** → rolled strand
5.6.42	**Endenverlust beim Walzen (m)** → Abfallende, Schopfen	**end loss during rolling** → scrap end, cropping
5.6.43	**Entkohltes Feinblech (n)** Kaltgewalztes → Feinblech, dem während des Glühprozeses in einer speziellen Gasatmosphäre der Kohlenstoff bis auf wenige tausendstel Prozent entzogen wurde [3]. E. eignet sich besonders gut zum Emaillieren	**decarburized sheet** Cold rolled → sheet from which, during annealing in a special atmosphere, the carbon has been extracted down to a few thousandths of a percent [3]. The material is particularly good for enamelling
5.6.44	**Belagblech (n)** Nicht mehr üblicher Begriff für → geripptes Blech [10]	**flooring plate** No longer the usual (German) term for → ribbed plate [10]

incrustations (f, pl)
Produits non métalliques incrustés dans la peau du produit laminé (calamine, crasses, etc); → défaut de produit laminé [3]

bobine (f) de bande
Terme (allemand) qui n'est plus utilisé pour → bobine ou coil [10]

tôle (f) en bande
feuillard (m)
→ Produit fini laminé à chaud ou à froid, appartenant au groupe des → produits plats. Après laminage il est enroulé sous forme de → bobine (coil) [10]. Une bande peut aussi être fabriquée par → moulage-laminage ou coulée directe

tôle (f) et bande à revêtement organique
Tôle et bande revêtues de matière organique sur une ou deux faces [10]

coulée (f) en lingots
Coulée du métal liquide dans des → lingotières (moules) pour obtenir des → lingots

brame (f)
Produit métallique solide, → brut de coulée, ayant une section à peu près rectangulaire, dont la largeur est au moins égale à deux fois l'épaisseur; → lingot [10]

veine (f)
→ veine de laminage

chutes (f, pl) d'extrémité au laminage
→ extrémités coupées, riblons

tôle (f) mince décarburée
→ Tôle mince laminée à froid dans laquelle la teneur en carbone a été réduite à quelques millièmes de pourcent lors d'un recuit sous atmosphère spéciale [3]. Elle est particulièrement apte à l'émaillage

tôle (f) de dallage
Terme (allemand) qui n'est plus utilisé pour → tôle nervurée [10]

5.6.45 **Europa-Träger (m)**
Nicht mehr üblicher Begriff für → I-Profil mit mittelbreiten, parallelen Flanschen

octagonal bar
No longer the usual (German) term for → I-section with medium width parallel flanges

5.6.46 **Achtkantstab (m)**
→ Vollprofil mit achteckigem Querschnitt; Benennung nach Schlüsselweite [3]

octagon bar
Solid section with octagonal cross-section; designation by distance across flats [3]

5.6.47 **Falzblech (n)**
Unbeschichtetes oder beschichtetes → Blech oder Band, das sich ohne Biegerisse falzen läßt [3]. Die Anforderungen an die Beschichtung sind sehr hoch

sheet with good bending properties
Uncoated or coated → sheet or strip that can be folded without cracking [3]. There are very exacting demands on the coating

5.6.48 **Feinblech (n)**
Warm- oder kaltgewalztes → Blech unter 3 mm Dicke [10]

sheet
Hot or cold rolled → plate under 3 mm thick [10]

5.6.49 **Dreikantstab (m)**
→ Vollprofil, dessen Querschnitt ein gleichseitiges Dreieck ist [3]. Stäbe mit nicht gleichseitigem Dreiecksquerschnitt gelten als → Spezialstäbe

triangular bar
→ solid section, the cross-section of which is an equilateral triangle [3]. Bars that are not equilateral are designated as → special bars

5.6.50 **Abschnitt (m)**
Bei → Halbzeug aus Sicherheitsgründen abgetrenntes Endstück minderer Qualtität [2]

offcut
Lower quality end piece cut off a → semi-product for reasons of safety [2]

5.6.51 **Abgangsquerschnitt (m)**
Querschnitt, mit dem das → Walzgut die → Walzstraße, vornehmlich die → Block-Brammen-Straße, verläßt

exit cross-section
Cross-section with which the → rolling stock leaves the → rolling mill, predominantly the → ingot slabbing mill

5.6.52 **Abfallende (n)**
Allgemeiner Begriff für das bei gewalzten oder geschmiedeten Erzeugnissen (Bleche, Profile, Rohre etc.) anfallende schrottwertige Ende, welches abgeschnitten wird; → Schopfen [2]. Bei → Flacherzeugnissen werden A. auch → Walzzungen genannt

scrap end
General term for the reclaimable scrap ends occurring on and cut off from rolled or forged products (sheets, sections, tubes, etc.); → cropping [2]. With flat products, scrap ends are also known as → rolling tongues

5.6.53 **Fischschwanz (m)**
Begriff für die einem Fischschwanz ähnelnde Endenausbildung beim Walzen von Flachererzeugnissen. Der F. ist eine Folge des → Hundeknochens

fishtail
Term for the fishtail formation of the ends during the rolling of flat products. The fishtail is a result of the → dog bone

poutrelle (f) Europa
Désignation (allemande) qui n'est plus utilisée pour → poutrelle I à ailes moyennes parallèles

barre (f) octogonale (octogone)
→Barre pleine profilée dont la section est octogonale; désignation au moyen de la distance entre faces opposées [3]

tôle (f) pour sertissage
→ Tôle ou bande, revêtue ou non, qui peut être repliée sans risque de fissuration [3]. Les exigences pour le revêtement sont particulièrement sévères

tôle (f) mince (fine)
→ Tôle laminée à chaud ou à froid dont l'épaisseur est inférieure à 3 mm [10]

barre (f) triangulaire
→ Barre pleine profilée dont la section est un triangle équilatéral [3]. Les barres dont les côtés de la section triangulaire ne sont pas égaux rentrent dans la catégorie des → barres spéciales

chute (f)
Zone d'extrémité des → demi-produits, de qualité inférieure, coupé pour des raisons de sécurité [2]

section (f) de sortie
Section du → produit lorsqu'il sort du → laminoir, principalement du laminoir dégrossisseur à → lingots ou brames

chutes (f, pl)
Terme général pour les extrémités de produits laminés ou forgées (tôles, profilés, tubes, etc) chutées et recyclées comme ferrailles; → riblons [2]. Dans le cas de produits plats on parle aussi de → langues de laminage

queue (f) de poisson
Terme décrivant la forme en queue de poisson que peut avoir l'extrémité des produits plats laminés. Cette forme résulte d'une section en forme → d'os de chien

5.6.54 **Fensterprofil (n)**
Warmgewalztes Spezialprofil für die Herstellung kittloser Glasdächer und Fenster [3]

casement section
Hot rolled special section for the manufacture of patent glazed roofs and windows [3]

5.6.55 **Fertigerzeugnis (n), gewalztes-**
Walzerzeugnis, dessen Formgebung im Hüttenwerk beendet ist [10]. Sein Querschnitt ist über die Länge gleichbleibend

finish rolled product
Rolled product, the shaping of which has finished in the steelworks [10]. Its cross-section remains uniform over the length

5.6.56 **Fixlänge (f)**
Nicht mehr üblicher Begriff für → Festlänge und Genaulänge [3]

fixed length
No longer the usual (German) term for → accurate length [3]

5.6.57 **Feinstahl (m)**
Nicht mehr üblicher Begriff für → Langerzeugnis mit relativ kleinem Querschnitt [10]

merchant bar
No longer the usual (German) term for → long product with a relatively small cross-section [10]

5.6.58 **Feinstblech (-band) (n)**
Kaltgewalztes → Verpackungsblech (-band) mit einer Dicke unter 0,5 mm in Form von → Tafeln oder → Rollen [10]

extra lattens
Cold rolled → packing sheet (strip) with a thickness less than 0,5 mm, supplied as → sheets or → coils [10]

5.6.59 **Festlänge (f)**
Bestimmte Länge bei → Stäben, Profilen und Rohren mit einer relativ großen Toleranz [3]. Siehe auch: Genaulänge

fixed length
Specific length with → bars, sections and tubes with a relatively large tolerance [3]. See also: accurate length

5.6.60 **Fertigungslos (n)**
→ Los

production batch
→ batch

5.6.61 **Fester Rohstahl (m)**
Erzeugnisse, die durch Gießen von flüssigem Stahl in eine Form entstehen [10]. Nach der Querschnittsform wird F. unterteilt in → Blöcke und Brammen

solid crude steel
Products which occur through the casting of liquid steel in a mould [10]. According to the cross-sectional shape the material is divided into → ingots and slabs

5.6.62 **Hochfrequenzblech (n)**
→ Elektroblech mit speziellen Eigenschaften und einer Dicke von 0.02 bis 0,2 mm [3]

high frequency sheet
→ electric sheet with special properties and a thickness between 0,02 and 0,2 mm [3]

5.6.63 **Grat (m)**
Längsrippe am Walzgut, die sich infolge → Überfüllung des Kalibers zwischen den Walzen bildet und beim Weiterwalzen die Ursache für → Walzfehler ist [1]

fin
Longitudinal rib on the rolling stock that forms as a result of → over-filling of the grooves between the rolls and causes → rolling defects during further rolling [1]

profilé (m) pour fenêtres
Barre laminée à chaud de profil spécial permettant la réalisation sans mastic de toitures vitrées ou de fenêtres [3]

produit (m) fini laminé
Produit laminé dont la mise en forme est terminée dans l'usine sidérurgique [10]. Sa section reste constante sur toute sa longueur

longueur (f) fixe
Terme (allemand) qui n'est plus utilisé pour désigner → longueur précise [3]

laminés (m, pl) marchands
Terme (allemand) qui n'est plus utilisé pour désigner des → produits longs profilés de relativement petite section [10]

tôle (f) (bande) très fine
→ Tôle (bande) destinée à l'emballage, laminée à froid jusqu'à une épaisseur inférieure à 0,5 mm et livrée en → feuilles ou en → bobines [10]

longueur (f) définie
Longueur déterminée, fixée avec une tolérance relativement large [3], pour les → barres, profilés ou tubes. Voir aussi longueur précise

lot (m) de fabrication
→ lot

acier (m) brut à l'état solide
Produits ayant reçu une forme définie à la suite de la coulée de l'acier liquide [10]. Suivant la forme de la section droite on distingue les → lingots ou les brames

tôles (f, pl) pour applications haute fréquence
→ Tôle magnétique à propriétés spéciales et épaisseur comprise entre 0,02 et 0,2 mm [3]

bavure (f)
Cordon longitudinal sur produit laminé qui se forme lorsque le métal déborde de la cannelure des cylindres de laminage. Il est à l'origine de → défauts lors du laminage ultérieur [1]

5.6.64 **Hohlprofil (n)**
→ Geschweißtes oder nahtloses Rohr mit kreisförmigem, quadratischem oder rechteckigem Querschnitt [10]

hollow section
→ Welded or seamless tube with a circular, square or rectangular cross-section [10]

5.6.65 **Gruben(ausbau)stahl (m)**
Nicht mehr üblicher Begriff für → Grubenausbauprofil [10]

structural steel for mines
No longer the usual (German) term for → mine support section [10]

5.6.66 **Halbrundstab (m)**
Zur Gruppe der gewalzten → Vollstäbe zählender → Spezialstab mit halbkreisförmigem Querschnitt [10]

half-round bar
→ special bar with half round cross-section that comes within the rolled → solid bars group [10]

5.6.67 **Grubenausbauprofil (n)**
Zur Gruppe der warmgewalzten → Profile zählendes Langerzeugnis mit I- oder U-ähnlichem Querschnitt [10]

mine support section
Long product within the group of hot rolled → sections with an I or similar cross-section [10]

5.6.68 **Halbrundstahl (m)**
Nicht mehr üblicher Begriff für → Halbrundstab [10]

half-round steel
No longer the usual (German) term for → half-round bar [10]

5.6.69 **Hundeknochen (m)**
Begriff für die im Bereich der Seitenflächen ausgebauchte Querschnittsform von rechteckigem Walzgut nach einem → Stauchstich

dog bone
Term for the cross-sectional shape of rectangular rolling stock when the lateral areas have bulged out after an → edging pass

5.6.70 **Halbzeug (n)**
Durch Stranggießen (→ Strangguß), Druckgießen, Walzen oder Schmieden entstandenes metallisches Erzeugnis mit über die Länge gleichbleibendem Querschnitt [10]. Halbzeuge werden i.a. zu → Flach- oder Langerzeugnissen weiterverarbeitet

semi-product
Metallic product occurring through continuous casting (→ continuous strand casting), pressure die casting, rolling or forging with a cross-section that is uniform over its length [10]. Among others, semi-products are further processed to → flat or long products

5.6.71 **Kesselblech (n)**
→ Blech aus unlegiertem oder legiertem Stahl, das zum Bau von Dampfkesselanlagen, Druckbehältern, großen Druckrohrleitungen u.ä. verwendet wird [DIN 17155]

boiler plate
→ plate in unalloyed or alloyed steel used for the construction of steam boiler plants, pressure vessels, large pressure piping [DIN 17155]

5.6.72 **Große I-, U- und H-Profile (n, pl)**
Zur Gruppe der → warmgewalzten Profile zählende Erzeugnisse, deren Querschnitt an die Buchstaben I, U und H erinnert [10]. G. haben eine Höhe ab 80 mm und weitere gemeinsame Merkmale

large I, U and H sections
Products within the group of → hot rolled sections, the cross- sections of which are reminiscent of the letters I, U and H [10]. The sections have a height of above 80 mm and other mutual features

profil (m) creux
→ Tube soudé ou sans soudure ayant une section droite circulaire, carrée ou rectangulaire [10]

cadres (m, pl) de mines
Terme (allemand) qui n'est plus utilisé pour désigner les → profilés pour soutènement de mines [10]

demi-ronds (m, pl)
→ produit laminé fini, de section pleine en forme de demi-rond, appartenant au groupe des → barres spéciales [10]

profilés (m, pl) pour soutènement de mines
Produits longs appartenant au groupe des → profilés laminés à chaud et dont la section a une forme qui rappelle la lettre I ou la lettre U[10]

acier (m) demi-rond
Terme (allemand) autrefois utilisé pour → barres demi-rondes [10]

os (m) de chien
Terme décrivant la forme de la section d'un produit rectangulaire dans la zone des faces latérales après que celles-ci aient été écrasées par une passe de → réduction de largeur

demi-produit (m)
Produit métallique obtenu par coulée continue (→ coulée continue), coulée sous pression, laminage ou forgeage et dont la section est de dimension constante le long du produit [10]. Il est en général destiné à la transformation en → produits plats ou longs

tôle (f) pour chaudières
→ tôle en acier non allié ou allié destinée à la construction de chaudières à vapeur, d'appareils à pression, de grande canalisations sous pression, etc [DIN 17155]

gros profilés (m, pl) I, U et H
Produits appartenant au groupe des → profilés laminés à chaud dont la section rappelle les lettres I, U et H [10]. Les gros profilés ont une hauteur au moins égale à 80 mm et un certain nombre d'autres caractéristiques communes

5.6.73 **Kaltprofil (n)**
→ Langerzeugnis unterschiedlicher Formen mit einem über die Länge gleichbleibenden, offenen oder wieder zusammengefügten Querschnitt [10]. K. werden aus → Flacherzeugnissen in Kaltumformverfahren (z.B. → Walzprofilieren) hergestellt

cold-shaped profile
→ long products of different shapes with an open or a re-joined cross-section that remains the same over its length [10]. Such profiles are produced from → flat products in cold shaping processes, e.g. → cold roll forming

5.6.74 **Hartstahlblech (n)**
Nicht mehr üblicher Begriff für → Blech mit höherer Festigkeit (meist etwa 800 bis 1000 N/mm^2), das für stark auf Verschleiß beanspruchte Bau- und Maschinenteile verwendet wird [2]

hard steel sheet
No longer the usual (German) term for → sheet with a higher strength (mostly around 800 to 1000 N/mm^2) that is used for building and machine components subjected to heavy wear [2]

5.6.75 **Kaltgewalztes Flacherzeugnis (n)**
→ Flacherzeugnis, das i.a. eine → bezogene Querschnittsabnahme von mindestens 25 % durch → Kaltwalzen erfahren hat [10]

cold rolled flat products
→ flat products that have undergone a → relative cross-section reduction of at least 25 % through → cold rolling [10]

5.6.76 **I-Profil (n)**
I-Träger (m), I-Stahl (m)
→ Profil, dessen Querschnitt an den Buchstaben I erinnert und dessen Flanschbreite kleiner oder gleich dem 0,66-fachen der Nennhöhe und kleiner als 300 mm ist [10]

I-section
I-beam, I-steel
→ section, the cross-section of which is reminiscent of the letter I with a flange width smaller than or equal to 0.66 times the nominal height and is less than 300 mm [10]

5.6.77 **Geschweißtes Rohr (n)**
Nahtrohr. Rohr, das durch Einformen von → Flacherzeugnissen zu einem kreisförmigen Profil und anschließendes Verschweißen hergestellt wird [10]. Die Schweißnaht kann längs oder schraubenförmig verlaufen

welded tube
Tube that has been produced by shaping → flat products to a circular shape and then welded [10]. The weld seam can run longitudinal or helically

5.6.78 **Kaltgewalztes Band (n)**
→ Flacherzeugnis, das unmittelbar nach dem → Kaltwalzen, Beizen oder kontinuierlichen Glühen zu einer → Rolle aufgewickelt wird [10]

cold rolled strip
→ flat product that immediately after → cold rolling, pickling or continuous annealing is wound into a → coil [10]

5.6.79 **Kaltgebogenes Profil (n)**
→ Kaltprofil

cold bent profile
→ cold shaped profile

5.6.80 **Geripptes Blech (n)**
→ Blech, das auf einer Seite glatt, auf der anderen mit einem regelmäßigen Muster kleiner Erhebungen versehen ist, dadurch rutschsicher wird und für Bodenbeläge verwendbar ist [10]. Nach der Form der Erhebungen unterscheidet man Riffelblech, Raupenblech, Tränenblech, Warzenblech etc.

ribbed plate
→ plate that is smooth on one side and on the other side has a regular pattern of small raised areas so that it is non-slip and can be used as flooring [10]. According to the shape of the raised areas one differentiates between checkered plate, padded plate, tear plate, button plate, etc.

profilés (m, pl) formés à froid
→ Produits longs de formes diverses, obtenus par pliage à froid et dont la section droite ouverte ou à bords rejoints est constante sur toute leur longueur. Ils sont fabriqués à partir de → produits plats par formage à froid (par exemple : → profilage)

tôle (f) d'acier dur
Terme qui n'est plus employé pour désigner une → tôle à haute résistance (le plus souvent 800 à 1000 N/mm^2) qui est utilisée pour des pièces devant résister à l'usure intense en construction métallique ou mécanique [2]

produits (m, pl) plats laminés à froid
→ produits plats dont la fabrication a comporté une → réduction relative de section d'au moins 25 % par → laminage à froid [10]

profilé (m) I
poutrelle (f) I, fer (m) I
→ profilé dont la section droite rappelle la lettre I et dont la largeur est inférieure ou égale à 0,66 fois la hauteur nominale du profilé et l'inférieure à 300 mm [10]

tube (m) soudé
Tube fabriqué par formage en profil circulaire d'un → produit plat dont les rives sont ensuite soudées [10]. La soudure peut être longitudinale ou hélicoïdale

bande (f) laminée à froid
→ produit plat laminé à froid qui, après la → passe finale de laminage ou après décapage ou recuit continu, est directement enroulé de façon à former une → bobine [10]

profilé (m) plié à froid
→ profilé à froid

tôle (f) nervurée
→ tôle ayant une face lisse et possédant sur l'autre face un motif régulier légèrement en relief qui la rend non glissante et bien adaptée à la réalisation de planchers [10]. Suivant la forme des zones en relief on distingue les tôles striées, larmées, gaufrées, etc.

5.6.81	**Geprägtes Blech (n)** Warm- oder kaltgewalztes Blech bis 3 mm Dicke mit durchgeprägter Prägeform z.B. Rauten-, Waffelform [2]	**embossed sheet** Hot or cold rolled sheet up to 3 mm thick embossed with a diamond or waffel shape [2]
5.6.82	**Kranschiene (f)** Symmetrische oder unsymmetrische → Schiene mit breitem Fuß und geringer oder kleiner Steghöhe für Kranbahnen [DIN 536]	**crane rail** Symmetrical or asymmetrical → rail with a wide foot and a modest or small web height for crane runways [DIN 536]
5.6.83	**Generatorblech (n)** → Elektroblech	**generator sheet** → electric sheet
5.6.84	**Kaltbreitband (n)** → Kaltgewalztes Band mit einer Walz- und Lieferbreite ab 600 mm [10]	**cold wide strip** → cold rolled strip with a rolled or supplied width in excess of 600 mm [10]
5.6.85	**Kaltband (n)** → Kaltgewalztes Band mit einer Walzbreite unter 600 mm [10]	**cold strip** → cold rolled strip with a rolled width of less than 600 mm [10]
5.6.86	**Grobblech (n)** Warmgewalztes → Blech mit einer Dicke ab 3 mm [10]	**plate** Hot rolled → sheet with a thickness greater than 3 mm
5.6.87	**Genaulänge (f)** Bestimmte Länge bei → Stäben, Profilen und Rohren, die im Unterschied zur Festlänge mit eingeengter Toleranz einzuhalten ist	**precise length** Specific length of → bars, sections and tubes which, contrary to a fixed length, is to be maintained within a closer tolerance
5.6.88	**Kunststoffbeschichtetes Blech und Band (n)** → Blech und Band, kaltgewalzt, unverzinkt oder verzinkt, das in einer Durchlaufanlage mit Kunststoff beschichtet wird [2]. Mit abziehbarer Schutzfolie beklebtes Blech und Band zählt nicht zu dieser Produktgruppe	**plastic coated sheet and strip** → sheet and strip, cold rolled, non-galvanized or galvanized, that is coated with plastic in a throughpass plant [2]. This product group does not include sheet and strip with adhering but removable protective foil
5.6.89	**H-Profil (n)** → Profil, dessen Querschnitt an den Buchstaben H erinnert und dessen Flanschbreite größer als das 0,66-fache der Nennhöhe oder größer als 300 mm ist [10]. Man unterscheidet große H-Profile (Höhe ab 80 mm und kleine H-Profile (Höhe unter 80 mm)	**H-section** → section, the cross-section of which is reminiscent of the letter H, its flange width being larger than 0.66 times the nominal height or greater than 300 mm [10]. One differentiates between large H-sections (height over 80 mm) and small H-sections (height lesss than 80 mm)

tôle (f) gravée
Tôle laminée à chaud ou à froid de moins de 3 mm d'épaisseur dont une face présente un relief obtenu par marquage à froid, et ayant un motif de gaufres ou de losanges [2]

rail (m) pour grues
→ Rail symétrique ou dissymétrique à large semelle et âme de hauteur modérée ou petite pour chemins de roulement de grues [DIN 536]

tôle (f) pour générateur
→ tole magnétique

large bande (f) laminée à froid
→ bande laminée à froid dont la largeur de livraison est supérieure ou égale à 600 mm [10]

bande (f) laminée à froid
feuillard (m) à froi
→ bande laminée à froid dont la largeur de laminage est inférieure à 600 mm [10]

tôle (f) forte
Tôle laminée à chaud d'épaisseur supérieure ou égale à 3 mm [10]

longueur (f) précise
Longueur déterminée des → barres, profilés et tubes qui contrairement à la longueur fixe, doit être réalisée avec une tolérance réduite

tôle (f) et bande à revêtement organique
→ tôle et bande laminées à froid, dont la surface de base, nue ou métallisée (généralement recouverte de zinc) est revêtue de matière organique [2]. Les produits revêtus d'un film de protection collé et amovible ne font pas partie de cette catégorie de tôles

poutrelles (f, pl) H
→ Profilés dont la section droite rappelle la lettre H et dont la largeur des ailes est supérieure à 0,66 fois la hauteur nominale ou est supérieure ou égale à 300 mm [10]. On distingue les grosses poutrelles H (hauteur supérieure ou égale à 80 mm et les petites poutrelles H (hauteur inférieure à 80 mm)

5.6.90 **Längsgeteiltes Kaltbreitband (n)**
Kaltgewalztes → Band mit einer Walzbreite ab 600 mm und einer Lieferbreite unter 600 mm [10]

slit cold wide strip
Cold rolled → strip with a rolled width greater than 600 mm and a supplied width of less than 600 mm [10]

5.6.91 **Längsgeteiltes Warmbreitband (n)**
Warmgewalztes → Band mit einer Walzbreite ab 600 mm und einer Lieferbreite unter 600 mm [10]

slit hot wide strip
Hot rolled → strip with a rolled width greater than 600 mm and a supplied width of less than 600 mm [10]

5.6.92 **Gemustertes Blech (n)**
→ Geripptes Blech

patterned plate
→ ribbed plate

5.6.93 **Fundamentprofil (n)**
→ I- oder H-Profil, dessen Steg und Flansch gleiche Dicke haben [10]

foundation section
→ I or H section, the web and flanges of which are of the same thickness [10]

5.6.94 **Formstahl (m)**
Nicht mehr üblicher Begriff für → große I-, U- und H-Profile ([10])

structural steel
No longer the usual (German) term for → large I, U and H sections ([10])

5.6.95 **Folie (f)**
Durch → Kaltwalzen hergestelltes, sehr dünnes Band mit einer Dicke unterhalb etwa 0,1 mm. F. wird als Verpackungsmaterial, in der Elektronikindustrie, als Beschichtung von Papier und Kunststoffen etc. verwendet

foil
Very thin strip with a thickness of less than around 0.1 mm produced by → cold rolling. Foil is used as a packing material, in the electronics industry, as a coating for paper and plastics etc.

5.6.96 **Langerzeugnis (n)**
Fertigerzeugnis mit über die Länge gleichbleibendem Querschnitt, auf das die Definition des → Flacherzeugnisses nicht zutrifft [10]

long product
Finished product with a cross-section uniform over the length, for which the definition of → flat product does not apply [10]

5.6.97 **Kappenstahl (m)**
Nicht mehr üblicher Begriff für ein unsymmetrisches I-förmiges → Grubenausbauprofil [10]

–
No longer the usual (German) term for an asymmetrical I-shape → mine support section [10]

5.6.98 **Leichtprofil (n)**
Aus → Band geformtes → Kaltprofil von hoher Tragfähigkeit und niedrigem Gewicht

light section
→ cold section formed from → strip, and having a high carrying capacity and low weight

large bande (f) à froid refendue
→ Bande laminée à froid dont la largeur de laminage est supérieure ou égale à 600 mm, mais la largeur de livraison inférieure à 600 mm [10]

large bande (f) à chaud refendue
→ Bande laminée à chaud dont la largeur de laminage est supérieure ou égale à 600 mm, mais la largeur de livraison inférieure à 600 mm [10]

tôle (f) à motif
tôle (f) à relief
→ tôle nervurée

profilé (m) fondamental
→ poutrelle I ou H dont l'âme et les ailes ont même épaisseur [10]

acier (m) profilé
Terme (allemand) qui n'est plus employé pour désigner les → gros profilés I, U et H ([10])

feuille (f)
Bande très mince fabriquée par → laminage à froid et dont l'épaisseur est inférieure à environ 0,1 mm. La feuille est utilisée comme matériau d'emballage, comme matériau de l'électronique, comme matériau de revêtement du papier ou du plastique

produit (m) long
Produit fini de section droite constante sur sa longueur et qui ne satisfait pas à la définition des → produits plats [10]

cadre (m) dissymétrique
Terme (allemand) qui n'est plus utilisé pour désigner un → profilé pour soutènement de mines dont la section est un I dissymétrique [10]

profilé (m) mince
→ profilé formé à froid à partir de → bande et caractérisé par une résistance élevée à la charge et un poids réduit

5.6.99 **Karosserieblech (n)**
Glattes, porenfreies → Feinblech, das in bezug auf Tiefziehbarkeit und Oberflächenbeschaffenheit (spritzlackierbar) für den Karosseriebau geeignet ist [DIN 1623]

auto body sheet
Smooth pore-free → light gauge sheet that with regard to its deep drawability and surface property (spray paintable) is suitable for vehicle body construction [DIN 1623]

5.6.100 **Lochblech (n)**
Gewalztes Stahlblech mit oder ohne Oberflächenschutz, in dem zumeist unter Belassen eines undurchlöcherten Randes nachträglich in einem regelmäßigen Abstand Muster gestanzt sind [DIN 24041, 24042 und 24043]

perforated plate
Rolled steel plate with or without surface protection in which a regularly spaced pattern is subsequently punched, mostly with the exception of the edge regions [DIN 24041, 24042 and 24043]

5.6.101 **Flachzeug (n)**
Nicht mehr üblicher Begriff für → Flacherzeugnis [10]

flat product
No longer the usual (German) term for → flat product [10]

5.6.102 **Gleisoberbauerzeugnis (n)**
Erzeugnis, das für den Bau von Eisenbahngleisen und anderen Gleisanlagen verwendet wird [10]

railway track products
Products that are used for construction of railway tracks and other track systems [10]

5.6.103 **Flacherzeugnis (n)**
Fertigerzeugnis mit rechteckigem Querschnitt, dessen Breite wesentlich größer als seine Dicke ist [10]. Zu dieser Gruppe zählen → Breitflachstahl, Blech und Band

flat products
Finished product with rectangular cross-section, the width of which is considerably greater than its thickness [10]. This group includes → universal plate, sheet and strip

5.6.104 **Los (n)**
Menge der Teile, die ohne Unterbrechung der Produktion oder Umstellung der Anlage hergestellt wird [3]

batch
Number of parts that are manufactured without interruption of production or changing over of the plant [3]

5.6.105 **Flachstahl (m)**
Nicht mehr üblicher Begriff für → Flachstab [10]

flat steel
No longer the usual (german) term for → flat bar [10]

5.6.106 **Flachstab (m)**
Zur Gruppe der gewalzten Vollstäbe zählendes warmgewalztes Erzeugnis mit rechteckigem Querschnitt, einer Dicke ab 5 mm und einer Breite bis 150 mm [10]

flat bar
Hot rolled product within the group of rolled solid bars, which has a rectangular cross-section, is more than 5 mm thick and up to 150 mm wide [10]

5.6.107 **Luppe (f)**
Zwischenerzeugnis bei der Herstellung von nahtlosen Rohren, das die Form eines dickwandigen kurzen Hohlkörpers hat [2]

tube blank
Intermediate product in the production of seamless tubes that has the shape of thick-walled short hollow body [2]

5.6.108 **Flachprofil (n)**
Nicht mehr üblicher Begriff für → Flacherzeugnis [10]

flat section
No longer the usual (German) term for → flat product [10]

tôle (f) pour carrosserie
Tôle mince à surface lisse et non poreuse dont l'emboutissabilité et l'état de surface (paintabilité) conviennent pour la construction de carrosseries de véhicules [DIN 1623]

tôle (f) perforée
Tôle d'acier laminée possédant ou non une protection de surface et dans laquelle un réseau régulier de trous a été perforé, laissant le plus souvent les zones de rive intactes [DIN 24041, 24042, et 24043]

produit (m) plat
Ancien terme allemand pour → produit plat [10]

matériel (m) de voies ferrées
Produits destinés à la construction de voies de chemin de fer ou d'autres systèmes de rails [10]

produit (m) plat
Produit fini de section droite rectangulaire et dont la largeur est très supérieure à l'épaisseur [10]. Ce groupe comprend les → larges-plats, les tôles et les bandes

lot (m)
Ensemble de pièces qui sont fabriquées sans interruption de la production et sans modification du réglage de l'installation [3]

acier (m) plat
Terme (allemand) qui n'est plus utilisé et qui désignait les → barres plates [10]

plats (m, pl)
Produits laminés à chaud appartenant au groupe des barres de section pleine et caractérisés par une section rectangulaire, une épaisseur supérieure à 5 mm et une largeur pouvant aller jusqu'à 150 mm [10]

ébauche (f) de tube
Produit intermédiaire dans la fabrication de tube sans soudure qui a la forme d'un corps creux, court et à parois épaisses [2]

profils (m, pl) plats
Terme (allemand) qui n'est plus utilisé et qui désignait certains → produits plats [10]

5.6.109 **Flachlasche (f)**
Stahlprofil zur Verbindung von Schienenstößen [DIN 5902 und 5901]

fishplate
Steel section for the joining of rail ends [DIN 5902 and 5901]

5.6.110 **I-Breitflanschträger (m)**
Nicht mehr üblicher Begriff für → H-Profil [10]

wide flange I-beam
No longer the usual (German) term for → H-section [10]

5.6.111 **Flachhalbrundstahl (m)**
Nicht mehr üblicher Begriff für → Flachhalbrundstab [10]

half-oval steel
No longer the usual (German) term for → half-oval bar [10]

5.6.112 **IPB-Profil (n)**
Nicht mehr üblicher Begriff für → H-Profil [10]

H-section
No longer the usual (German) term for → H-section [10]

5.6.113 **Flachhalbrundstab (m)**
Zur Gruppe der → Spezialstäbe zählendes Walzerzeugnis mit kreisabschnittförmigem Querschnitt, dessen Höhe kleiner ist als die halbe Breite [10]

half-oval bar
Rolled product within the group of → special bars with a segment shape cross-section, the height of which is less than half the width [10]

5.6.114 **Mittelband (n)**
Nicht mehr üblicher Begriff für → Bandstahl [10]

medium strip
No longer the usual (German) term for → steel strip [10]

5.6.115 **Mittelblech (n)**
Nicht mehr üblicher Begriff; → Grobblech, Feinblech [10]

medium sheet
No longer a usual (German) term; → plate, sheet [10]

5.6.116 **IPE-Träger (m)**
Nicht mehr üblicher Begriff für → I-Profil mit mittelbreiten Flanschen (Europaträger) [10]

Eurobeam
No longer the usual (German) term for → I-section with medium width flanges (European section) [10]

5.6.117 **Kindskopf (m)**
→ Blockfehler in Form eines kindskopfgroßen Hohlraumes; → Lunker

–
→ ingot defect in the form of a cavity the size of a childs head; → cavity

5.6.118 **Flaches Halbzeug (n)**
→ Halbzeug mit einer Dicke über 50 mm, dessen Breite größer ist als die doppelte Dicke [10]

flat semi-product
→ semi-product thicker than 50 mm, the width of which is greater than twice the thickness [10]

5.6.119 **Kleine I-, U- und H-Profile (n, pl)**
Zur Gruppe der → warmgewalzten Profile zählende Erzeugnisse, deren Querschnitt an die Buchstaben I, U und H erinnert [10]. K. haben eine Höhe unter 80 mm und weitere gemeinsame Merkmale

small I, U and H sections
Products within the group of → hot rolled sections, the cross-sections of which are reminiscent of the letters I, U and H [10]. The products have a height of less than 80 mm and other common features

éclisse (f)
Profilé d'acier qui sert à assembler les extrémités de rails [DIN 5902 et 5901]

poutrelle (f) I à larges ailes
Terme (allemand) qui n'est plus utilisé et qui désignait les → poutrelles H [10]

acier (m) demi-rond méplat
Terme (allemand) qui n'est plus utilisé et qui désignait les → demi-ronds méplats [10]

profilé (m) H
Terme qui n'est plus utilisé et qui désignait (en allemand) les → poutrelles H [10]

demi-rond (m) méplat
Produit laminé appartenant au groupe des → barres spéciales et dont la section droite est un segment circulaire dont la hauteur est inférieure à la demi-largeur [10]

bande (f) moyenne
Terme (allemand) qui n'est plus utilisé et qui désignait certaines → bandes d'acier [10]

tôle (f) moyenne
Terme (allemand) qui n'est plus utilisé et qui correspond soit à → tôle forte, soit à tôle mince [10]

poutrelles (f, pl) I à ailes moyennes
Ancienne désignation (allemande) pour un profilé classique correspondant aux → poutrelles I à ailes moyennes [10]

tête (f) d'enfant
→ défaut des lingots correspondant à une cavité en forme de tête d'enfant; → retassure

demi-produits (m, pl) plats
→ demi-produits dont l'épaisseur est en général supérieure ou égale à 50 mm et dont le rapport largeur sur épaisseur est supérieur ou égal à 2 [10]

petits profilés (m, pl) U, I, H
Produits appartenant au groupe des → profilés laminés à chaud, leur section droite rappelle la lettre U, I ou H [10]. La hauteur est inférieure à 80 mm et ils ont d'autres caractéristiques communes

5.6.120 **Monierstahl (m)**
Nicht mehr üblicher Begriff für warmgewalzten, glatten → Betonstahl [10]

Monier steel
No longer the usual (German) term for hot rolled smooth → reinforcing bars [10]

5.6.121 **Knüppel (m)**
Nicht mehr üblicher Begriff für → Halbzeug mit quadratischem oder rechteckigem Querschnitt und bestimmten Abmessungen

billet
No longer the usual (German) term for a → semi-product with a square or rectangular cross-section and specific dimensions

5.6.122 **Schlitzrohr (n)**
Aus Bandstahl gebogenes Rohr als Ausgangsmaterial für geschweißtes Rohr

split tube
Tube bent from steel strip as an initial material for a welded tube

5.6.123 **Schiffbauprofil (n)**
Sammelbegriff für → Profile, die speziell für den Schiffbau hergestellt werden (Wulstflachstahl, Relingstahl, Lunkerstahl, geschweißte Profile etc.) [3]

shipbuilding sections
Collective term for → sections specially produced for shipbuilding (bulb flats, bulwark sections, welded sections etc.) [3]

5.6.124 **Schiene (f)**
Zur Gruppe der → Gleisoberbauerzeugnisse zählendes → Langerzeugnis für den Bau von Eisenbahn- und anderen Gleisanlagen [10]

rail
→ long product within the group of → railway track products used for construction of railway and other track systems [10]

5.6.125 **Rundstahl (m)**
Nicht mehr üblicher Begriff für → Rundstab [10]

round steel
No longer the usual (German) term for → round bar [10]

5.6.126 **Sonderprofil (n)**
Langerzeugnis in geraden Stäben mit meist kleinem Querschnitt oder von besonderer Form, das nur in begrenzten Mengen hergestellt wird [10]

special section
Long product in straight bars, with mostly a small cross-section or of a special shape that is only produced in limited quantities [10]

5.6.127 **Spaltband (n)**
Nicht mehr üblicher Begriff für → Längsgeteiltes Band [10]

slit strip
No longer the usual (German) term for → slit strip [10]

5.6.128 **Rundstab (m)**
Zur Gruppe der Vollstäbe zählendes → Langerzeugnis mit einem Durchmesser ab 8 mm, das in geraden Längen geliefert wird [10]

round bar
→ long product within the solid bars group with a diameter larger than 8 mm, that is supplied in straight lengths [10]

5.6.129 **Musterblech (n)**
Nicht mehr üblicher Begriff für → geripptes Blech [10]

patterned plate
No longer the usual (German) term for → ribbed plate [10]

acier (m) Monier
Terme qui n'est plus utilisé et qui désignait les → ronds à béton lisses laminés à chaud [10]

billette (f)
Terme (allemand) qui n'est pas normalisé et qui désigne des → demi-produits de section carrée ou rectangulaire dans une certaine gamme de dimensions

tube (m) fendu
Tube formé à partir de bande et destiné à la fabrication de tubes soudés

profilés (m, pl) navals
Terme générique désignant des → profilés fabriqués spécialement pour la construction navale (plats à bourrelet, barres, profilés soudés, etc) [3]

rail (m)
→ produit long appartenant au groupe du → matériel de voies ferrées et destiné à la construction de voies de chemins de fer et d'autres types de voies [10]

acier (m) rond
Terme (allemand) qui n'est plus utilisé et qui désignait les → ronds [10]

profilés (m, pl) spéciaux
Produits longs laminés en barres droites pleines, le plus souvent de petite section ou de forme particulière et qui sont généralement fabriqués en quantité relativement limitée [10]

bande (f) refendue
Désignation (allemande) abrégée pour → bande refendue en long [10]

ronds (m, pl)
→ produits longs appartenant au groupe des barres pleines, de section droite circulaire, de diamètre au moins égal à 8 mm et livrés en barres droites [10]

tôles (f, pl) à motifs
Terme (allemand) qui n'est plus utilisé et qui désignait les → tôles nervurées [10]

5.6.130 **Profilrohr (n)**
[Rohrprofil (n)]
Rohr in nahtloser oder geschweißter Ausführung mit profiliertem Querschnitt [3]

profile tube
Seamless or welded tube with a profiled cross-section [3]

5.6.131 **Rolle (f)**
Bandring (m), Ring (m)
Begriff für aufgewickeltes → Band (übliche Lieferform) [2]. Die Kanten des Bandes liegen regelmäßig aufeinander, so daß die Seitenflächen der Rolle eben sind

coil
coiled strip, coil stock
Term for wound (coiled) → strip (usually so supplied) [2]. The strip edges lie flush one on top of each other, so that the lateral surfaces of the coil are flat

5.6.132 **Profiliertes Blech (n)**
Aus i.a. → oberflächenveredeltem Blech hergestelltes → Wellblech oder → geripptes Blech, dessen Breite wesentlich größer ist als die Profilhöhe [10]

profiled sheet
→ corrugated sheet or → ribbed plate generally produced from surface finished sheet (plate), the width of which is considerably greater than the height of the profile [10]

5.6.133 **Rohluppe (f)**
→ Luppe

tube blank
→ tube blank

5.6.134 **Spannbetonstahl (m)**
Spannstahl (m)
→ Betonstahl

prestressed concrete steel
prestressed steel
→ reinforcing bar

5.6.135 **Schwarzblech (n)**
Warmgewalztes, nicht entzundertes Blech mit → Walzhaut [3]

black sheet
Hot rolled non-descaled sheet with → rolling skin [3]

5.6.136 **Spezialprofil (n)**
→ Sonderprofil

special section
→ special section

5.6.137 **Rohbramme (f)**
Nicht mehr üblicher Begriff für → Bramme [10]

raw slab
No longer the usual (German) term for → slab [10]

5.6.138 **Spezialstab (m)**
→ Vollstab mit besonderer Querschnittsform (Trapez-, Scheren-, Dreieckstab etc.) [10]

special bar
→ solid bar with special cross-section (trapezoidal, quadrant, triangular bar etc.) [10]

5.6.139 **Schwelle (f)**
Zur Gruppe der Gleisoberbauerzeugnisse zählendes, warmgewalztes → Profil mit U- oder Omega-ähnlicher Querschnittsform [10]

bed plate
Hot rolled → section with U or similar cross-section, coming within the group of railway track products [10]

tube (m) profilé
Tube soudé ou non soudé dont la section droite est profilée [3]

rouleau (m)
bobine (f)
Bande enroulée sur un noyau cylindrique-Terme désignant la → bande enroulée (forme de livraison habituelle) [2]. Les spires sont enroulées régulièrement les unes au-dessus des autres si bien que les faces latérales de la bobine sont plates

tôles (f, pl) profilées
→ tôles ondulées ou → nervurées obtenues parfois à partir de tôles nues et, le plus souvent revêtues, dont la section droite a une largeur nettement supérieure à la hauteur du profil [10]

ébauche (f) brute de tube
→ ébauche de tube

acier (m) pour béton précontraint
acier (m) de précontrainte
→ armatures du béton

tôle (f) noire
Tôle laminée à chaud, tôle non débarrassée de sa calamine, avec sa → peau de laminage [3]

profilés (m, pl) spéciaux
→ poutrelles spéciales

brame (f) brute
Terme (allemand) qui n'est plus utilisé et qui désignait les → brames [10]

barres (f, pl) spéciales
→ barres pleines ayant une section de forme particulière (trapèze, biseau, triangle, etc.) [10]

traverse (f)
Profilé laminé à chaud appartenant au matériel de voies ferrées et dont la section droite a la forme de la lettre U ou de la lettre grecque Ω [10]

5.6.140 **Profil (n)**
Im weiteren Sinne alle durch → Walzen, Ziehen oder Strangpressen hergestellten → Fertigerzeugnisse außerhalb der Gruppe der Flacherzeugnisse (→ Band, Blech, Breitflachstahl) [10]. Dazu zählen auch runde, quadratische, rechteckige, sechs- und achteckige einfache Querschnittsformen

section
In the widest sense all → finished products manufactured by → rolling, drawing or extrusion outside the group of flat products (→ strip, sheet, universal plate) [10]. Also includes round, square, rectangular, hexagonal and octagonal cross-sections

5.6.141 **Rippenrohr (n)**
Rohr, dessen innere oder äußere Oberfläche durch eingewalzte Rippen vergrößert ist [1]

ribbed tube
Tube, the internal or external surface of which is enlarged by rolled-in ribs [1]

5.6.142 **Pokalstahl (m)**
Zur Gruppe der Grubenausbauprofile zählendes, warmgewalztes Profil

–
Hot rolled section within the mine support sections group

5.6.143 **Sechskantstahl (m)**
Nicht mehr üblicher Begriff für → Sechskantstab [10]

hexagonal steel
No longer the usual (German) term for → hexagonal bar [10]

5.6.144 **Plattiertes Blech und Band (n)**
Zur Gruppe der → zusammengesetzten Flacherzeugnisse zählendes, mit verschleißfesten, chemisch beständigen oder hitzebeständigen Legierungen plattiertes → Blech und Band; → Walzplattieren [10]. Die Plattierung wird meist durch Aufwalzen (→ Walzplattieren) hergestellt

clad sheet and strip
One of the group of → compound flat products consisting of → sheet and strip clad with wear-resistant, chemically-resistant or heat- resistant alloys; → roll bonding cladding [10]. The cladding is mostly produced through rolling on (→ roll bonding cladding)

5.6.145 **Riffelblech (n)**
Im Sprachgebrauch verwendeter Begriff für einseitig mit rautenförmig sich kreuzenden Riffeln versehenes → geripptes Blech

checkered plate (sheet)
Term used for → ribbed plate with a diamond pattern on one side

5.6.146 **Platine (f)**
Nicht mehr üblicher Begriff für → flaches Halbzeug [10]

sheet bar
No longer the usual (German) term for → flat semi-product [10]

5.6.147 **Rechteckknüppel (m)**
Nicht mehr üblicher Begriff für rechteckiges → Halbzeug [10]

oblong billet
No longer the usual (German) term for → rectangular semi-product [10]

5.6.148 **Spundbohle (f)**
Spundprofil (n)
→ Spundwanderzeugnis

sheet pile
sheet pile section
→ sheet piling product

5.6.149 **Raupenblech (n)**
→ Geripptes Blech

padded plate
→ ribbed plate

profilés (m, pl)
Au sens large, tous les → produits finis fabriqués par → laminage, étirage ou extrusion, à l'exception des produits plats (→ bandes, tôles, larges plats) [10]. Les produits de forme de section simple, comme les ronds, les carrés, les barres rectangulaires, hexagonales ou octogonales en font également partie

tube (m) à nervures
Tube dont la surface intérieure ou extérieure est augmentée au moyen de nervures obtenues par laminage [1]

–
Profilé laminé à chaud appartenant au groupe des profilés pour soutènement de mines

fer (m) hexagonal
Terme (allemand) qui n'est plus utilisé et qui désignait les → hexagones (barres hexagonales) [10]

tôles (f, pl) ou bandes plaquées
Produits appartenant au groupe des → produits plats composites. → tôle ou bande revêtue d'acier ou d'alliage résistant par exemple à l'usure, à la corrosion chimique ou à la déformation à chaud [10]. Le placage est obtenu, le plus souvent, par laminage (→ laminage de placage)

tôles (f, pl) rainurées
Terme du langage courant désignant des → tôles rainurées sur une face au moyen de stries croisées dessinant des losanges

larget (m)
Terme (allemand) qui n'est plus utilisé et qui désignait un → demi-produit plat [10]

billette (f) rectangulaire
Terme (allemand) qui n'est plus utilisé et qui désignait un → demi-produit de section rectangulaire [10]

palplanches (f, pl)
→ produits pour rideaux de palplanches ou pieux

tôle (f) striée
→ tôle nervurée

5.6.150 **Spundwanderzeugnis (n)**
Durch Warmwalzen oder Kaltprofilieren hergestelltes Fertigerzeugnis, das aufgrund seiner Form durch seitliches Ineinander-Schieben oder mit besonderen Klammern zusammengefügt werden kann und nach dem Einrammen in den Boden Zwischenwände oder Mauern bildet [10]. S. können auch durch → Walzprofilieren hergestellt werden

sheet piling product
Finished product produced by hot rolling or cold shaping that, on account of the shape, can be joined together by sliding the sides inside each other or by special clamps and, after ramming into the ground, forms partitions or walls [10]. Sheet piling can also be produced by → cold roll shaping

5.6.151 **Quartoblech (n)**
Auf einer → Umkehrstraße mit → Quarto-Gerüsten erzeugtes → Blech [10]

quarto sheet
→ sheet produced on a → reversing mill with → four-high stands [10]

5.6.152 **Stab (m)**
In geraden Längen geliefertes → Langerzeugnis [10]

bar
→ long product supplied in straight lengths [10]

5.6.153 **Quadratknüppel (m)**
Nicht mehr üblicher Begriff für quadratisches → Halbzeug [10]

square billet
No longer the usual (German) term for a square → semi-product [10]

5.6.154 **Pilgerrohr (n)**
Nahtloses Rohr, das durch → Pilgern hergestellt ist

pilger tube
Seamless tube produced through → pilgering

5.6.155 **Quadratisches Halbzeug (n)**
→ Halbzeug mit quadratischem Querschnitt über 50 mm Seitenlänge [10]

square semi-product
→ semi-product with square cross-section with sides over 50 mm long [10]

5.6.156 **Periodisches Profil (n)**
Profil, das über seine Länge einen unterschiedlichen Querschnitt hat und längs-, quer- oder auf Schmiedewalzwerken absatzweise gewalzt wird [1]. P. werden in der Schmiedeindustrie als Vormaterial, sowie in zahlreichen Industriezweigen mit Serienproduktion, wie Kraftfahrzeug- oder Landmaschinenbau verwendet

periodic profile
Profile that has a different cross-section over its length and is stepwise rolled on longitudinal, transverse or die forging mills [1]. The profiles are used as initial material in the forging industry as well as in numerous branches of industry with series production, such as vehicle or agricultural machinery construction etc.

5.6.157 **Rundes Halbzeug (n)**
→ Halbzeug mit rundem Querschnitt, i.a. durch Stranggießen oder Schmieden hergestellt [10]

round semi-product
→ semi product with round cross-section, generally produced through continuous casting or forging [10]

5.6.158 **Stabstahl (m)**
Nicht mehr üblicher Begriff für warmgewalzte → Stäbe, Winkelprofile, T-Profile, Wulstflachstahl, Profilstäbe und Spezialprofile [10]

bar steel
No longer the usual (German) term for hot rolled → bars, angles, T-sections, bulb flats, shaped bars and special sections [10]

palplanches (f, pl)
Produits finis obtenus soit par laminage à chaud, soit par formage à froid, dont la forme est telle que, par emboîtement des joints ou au moyen d'agrafes spéciales, ils constituent, après enfoncement dans le sol, des rideaux continus ou des cloisons [10]. Les palplanches peuvent aussi être mises en forme par → profilage à froid

tôle (f) quarto
→ tôle produite sur un → laminoir réversible équipé de → cages quarto [10]

barres (f, pl)
→ produits longs livrés en barres droites [10]

billette (f) carrée
Terme (allemand) qui n'est plus utilisé et qui désignait certains → demi-produits de section carrée [10]

tube (m) à pas de pélerin
Tube sans soudure obtenu par → laminage à pas de pélerin

demi-produits (m, pl) carrés
→ demi-produits de section carrée et de côté supérieur ou égal à 50 mm [10]

profil (m) périodique
Profil dont la section varie le long du produit et qui est obtenu par laminage intermittant en sens long ou en sens travers ou par machines à forger [1]. Ces profils sont utilisés comme matériaux de départ dans l'industrie du forgeage ou dans de nombreuses branches industrielles, comme la construction automobile ou le matériel agricole

demi-produits (m, pl) ronds
→ demi-produits de section circulaire bruts de coulée continue ou bruts de forgeage [10]

acier (m) en barres
Terme (allemand) qui n'est plus utilisé et qui désignait les → barres laminées à chaud, les cornières, les tés, les plats à boudin, les barres profilées et les barres spéciales [10]

5.6.159 **Roherzeugnis (n)**
Erzeugnis, das nach dem Gießen noch keine Formgebung durch äußere mechanische Einwirkungen erhalten hat (→ Block, Bramme) [10]

raw product
Product that after casting has received no shaping through external mechanical operations (→ ingot, slab) [10]

5.6.160 **Parallelflanschträger (m)**
Nicht mehr üblicher Begriff für → I- oder H-Profil mit konstanter Flanschdicke [10]

parallel flange beam
No longer the usual (German) term for → I or H sections with a constant flange thickness [10]

5.6.161 **Rohblock (m)**
Nicht mehr üblicher Begriff für → Block [10]

raw ingot
No longer the usual (German) term for → ingot [10]

5.6.162 **Offenes Profil (n)**
→ Langerzeugnis, das keinen vollen Querschnitt aufweist; im Gegensatz hierzu → Vollprofil [3]. → U-, I-, H-, T-, Z-Profile sowie Spundwanderzeugnisse

open section
→ long product without complete cross-section; as against → solid section [3]. → U, I, H, T, Z sections as well as sheet piling products

5.6.163 **Sechskantstab (m)**
[Sechskantstahl (m)]
→ Vollprofil mit sechseckigem Querschnitt; Benennung nach Schlüsselweite [3]

hexagonal bar
→ solid section with hexagonal cross-section; designation according to distance across flats [3]

5.6.164 **Stahlbauprofil (n)**
→ Stäbe, Profile und Sonderprofile, die für den Stahlbau von besonderer Bedeutung sind [3]

structural steel section
→ bars, sections and special sections that are of particular importance for structural steel engineering [3]

5.6.165 **Restende (n)**
→ Abfallende

residual end
→ scrap end

5.6.166 **Stahlleichtprofil (n)**
→ Leichtprofil

light steel section
→ light section

5.6.167 **Sicherheitsabschnitt (m)**
→ Abfallende

safety off-cut
→ scrap end

5.6.168 **Stahlpanzerrohr (n)**
Innen und außen lackiertes Installationsrohr nach DIN 49020 [3]

metal conduit
Internally and externally painted tube for electrical wiring to DIN 49020 [3]

5.6.169 **Schmalband (n)**
Nicht mehr üblicher Begriff für → Bandstahl oder Kaltband bis 100 mm Breite [10]

narrow strip
No longer the usual (German) term for → steel strip or cold strip up to 100 mm wide [10]

produit (m) brut
Produit qui n'a subi, après coulée, aucune mise en forme au moyen d'opérations mécaniques extérieures; → lingot, brame [10]

poutrelle (f) à ailes parallèles
Terme (allemand) qui n'est plus utilisé et qui désignait les → poutrelles I et H à ailes d'épaisseur constante [10]

lingot (m) brut
Terme (allemand) qui n'est plus utilisé et qui désignait les → lingots [10]

profils (m, pl) ouverts
→ produits longs dont la section n'est pas complète, par opposition aux profils pleins. [3] → poutrelles U, I, H, profilés T ou Z, palplanches

hexagones (m, pl)
→ profil plein dont la section droite est hexagonale, désignation au moyen de la distance entre faces opposées [3]

profilés (m, pl) de construction
→ barres, profils et barres spéciales qui jouent un rôle important en construction métallique [3]

extrémité (f) chutée
→ chute d'extrémité

profilés (m, pl) d'acier minces ou allégés
→ profilés légers

chutage (m) de sécurité
→ chutage d'extrémité

gaine (f) blindée d'acier
Canalisation tubulaire peinte intérieurement et extérieurement et destinée aux installations électriques suivant DIN 49020 [3]

feuillard (m)
Terme (allemand) qui n'est plus utilisé et qui désignait les → bandes à chaud et à froid de largeur inférieure ou égale à 100 mm [10]

5.6.170 **Stahlrammpfahl (m)**
→ Spundwanderzeugnis mit tragender Funktion, das aus mehreren U-förmigen oder ähnlichen Querschnitten zusammengesetzt ist [10]

sheet pile
→ sheet piling product with a load-carrying function, that is assembled from several U-shape or similar cross-sections [10]

5.6.171 **Rohr (n)**
An beiden Enden offenes Erzeugnis mit kreisförmigem oder vieleckigem Querschnitt [10]

tube
Product open at both ends with a circular or polygonal cross-section [10]

5.6.172 **Oberflächenveredeltes Flacherzeugnis (n)**
Warm- oder kaltgewalztes → Flacherzeugnis mit dauerhafter Beschichtung organischer oder anderer Art (außer Zinn und Chrom) [10]. O. können einseitig oder zweiseitig beschichtet sein

surface finished flat product
Hot or cold rolled → flat product with a permanent organic or other type of coating (except tin and chromium) [10]. The product can be coated on one or both sides

5.6.173 **Rippenstahl (m)**
→ Betonstahl

ribbed steel
→ reinforcing bar

5.6.174 **Oberbaumaterial (n)**
Nicht mehr üblicher Begriff für → Gleisoberbauerzeugnis [10]

railway track products
No longer the usual (German) term for → railway track products [10]

5.6.175 **Rechteckiges Halbzeug (n)**
→ Halbzeug mit einem Querschnitt über 2500 mm², dessen Breite kleiner ist als die doppelte Dicke [10]

rectangualr semi-product
→ semi-product with a cross-section in excess of 2 500 mm², the width of which is less than twice the thickness [10]

5.6.176 **Profilstahl (m)**
Nicht mehr üblicher Begriff für → Profil [10]

sectional steel
No longer the usual (German) term for → section [10]

5.6.177 **Schuppen (f, pl)**
Unregelmäßige, flächige Oberflächentrennungen, die als zahlreiche freie Schalen auftreten und meist noch an einzelnen Stellen mit dem Grundwerkstoff zusammenhängen; → Walzgutfehler [3]

flakes
Irregular, flat surface segregations that occur as numerous free scabs and at some places mostly still adhere to the parent material; → rolling stock defect [3]

5.6.178 **Ring (m)**
1) Gewalztes oder geschmiedetes ringförmiges Erzeugnis

2) Lieferform von lose, in ungeordneten Lagen aufgewickeltem → Draht. Der Begriff „Ring" für aufgewickeltes → Band ist nicht mehr zulässig, da hierfür der Begriff „Rolle" verwendet wird [10]

ring (1), coil (2)
1) Rolled or forged annular shape product

2) Form of supply of → rod wound into loose, disarranged layers

pieux (m, pl) caissons
→ pieux pour fondations composés de profilés dont la section droite rappelle la lettre U ou de profilés de forme similaire [10]

tube (m)
Produit creux, ouvert aux deux extrémités, de section circulaire ou polygonale [10]

produits (m, pl) plats revêtus
→ Produits plats laminés à chaud ou à froid qui présentent un revêtement permanent organique ou autre (à l'exception de l'étain et du chrome) [10]. Les produits peuvent être revêtus sur une face ou sur deux faces

acier (m) crénelé ou nervuré
→ ronds à béton

matériel (m) de voie
Terme (allemand) qui n'est plus utilisé et qui désignait les → produits pour l'équipement des voies ferrées [10]

demi-produits (m, pl) de section rectangulaire
→ demi-produits de section supérieure ou égale à 2500 mm^2 et dont le rapport largeur sur épaisseur est inférieur à 2 [10]

acier (m) profilé
Terme (allemand) qui n'est plus utilisé et qui désignait les → profilés [10]

écailles (f, pl)
pailles (f, pl)
Décohésions superficielles irrégulières et aplaties qui ont l'aspect de nombreuses écailles et qui restent encore attachées ponctuellement au métal de base; → défaut de laminage [3]

anneau (m)(1), couronne (f)(2)
1) Produit laminé ou forgé de forme annulaire

2) Forme de livraison du → fil machine enroulé en couches de spires non compactes et non rangées. Dans le cas des bandes enroulées on parle de bobines [10]

5.6.179 **Quadratprofil (n)**
→ Vierkantstab

square bar
→ solid square cross-section [3]

5.6.180 **Normalprofil (n)**
Nicht mehr üblicher Begriff für → I- oder H-Profil, dessen Flanschdicke vom Steg nach außen leicht abnimmt [10]

standard section
No longer the usual (German) term for → I or H-sections the flange thicknesses of which slightly reduce from the web outwards [10]

5.6.181 **Nockenstahl (m)**
Nicht mehr üblicher Begriff für → Betonstahl mit verbesserter Verbundwirkung [10]

lug steel
No longer the usual (German) term for → reinforcing bar with improved reinforcing action [10]

5.6.182 **Nasenprofil (n)**
Sonderprofil zur Herstellung geschweißter Träger

ribbed flat
Special section for the production of welded beams

5.6.183 **Nahtrohr (n)**
→ Geschweißtes Rohr

seamed tube
→ welded tube

5.6.184 **Nahtloses Rohr (n)**
→ Langerzeugnis, das aus einer Luppe durch z.B. → Schrägwalzen, Pilgern oder Strangpressen nahtlos hergestellt wird [10]

seamless tube
→ long product produced without a seam from a tube blank through e.g. → cross-rolling, pilgering or extrusion [10]

5.6.185 **T-Stahl (m)**
T-Träger (m)
Nicht mehr üblicher Begriff für → T-Profil [10]

T-steel
T-beam
No longer the usual (German) terms for → T-section [10]

5.6.186 **U-Stahl (m)**
U-Träger (m)
Nicht mehr üblicher Begriff für → U-Profil [10]

U-steel
U-beam
No longer the usual (German) terms for → U-section [10]

5.6.187 **Vorband (n)**
In einer stationären Kokille gegossenes, ca. 50 mm dickes Erzeugnis, welches direkt in einer → Fertigstraße warmgewalzt wird; → Vorband-Gießen

near-net strip
Approx. 50 mm thick product cast in a stationary mould and then directly hot rolled in a → finishing train; → near net strip casting

5.6.188 **Vollstab (warmgewalzt)(m)**
Zur Gruppe der warmgeformten, geraden → Stäbe zählendes Langerzeugnis mit einem vollen, über die Länge gleichbleibenden Querschnitt [10]

solid bar (hot rolled)
Straight → bars within the group of hot shaped long products with a solid cross-section that remains the same over the length [10]

carrés (m, pl)
→ barres de section carrée

poutrelles (f, pl) standard (à ailes inclinées)
Poutrelles classiques. Terme (allemand) qui n'est plus utilisé et qui désignait les → poutrelles I et H dont l'épaisseur des ailes décroît légèrement de l'âme vers le bord [10]

acier (m) crénelé
Terme (allemand) qui n'est plus utilisé et qui désignait les → produits pour béton armé à haute adhérence [10]

profilés (m, pl) à nez
Profilés spéciaux utilisés pour la fabrication de poutrelles reconstituées soudées

tube (m) soudé
→ tube présentant une soudure

tube (m) sans soudure
→ produit long obtenu sans soudure à partir d'une ébauche de tube par → laminage oblique, laminage à pas de pélerin ou extrusion [10]

fer (m) en T
poutrelle (f) T
Terme (allemand) qui n'est plus utilisé et qui désignait les → tés à ailes égales [10]

fer (m) U
profilé (m) U
Terme (allemand) qui n'est plus utilisé et qui désignait les → poutrelles U [10]

brame (f) mince
Produit plat coulé dans une lingotière stationnaire sous forme d'une ébauche d'environ 50 mm d'épaisseur qui est laminée directement dans → un train finisseur; → coulée de brames minces

barres (f, pl) pleines (laminées à chaud)
Produits longs appartenant au groupe des → barres droites laminées à chaud et dont la section transversale constante affecte la forme d'un profil plein [10]

5.6.189 **Sturz (m)**
In der Praxis üblicher Begriff für ein Zwischenerzeugnis bei der Herstellung von → Blech [2]

pack
Term usually used in practice for an intermediate product in the manufacture of → sheet [2]

5.6.190 **Walzlos (n)**
→ Los

rolling batch
→ batch

5.6.191 **Walzprofil (n)**
→ Profil

rolled section
→ section

5.6.192 **Walzgut (n)**
Sammelbegriff für das zu walzende oder gewalzte Erzeugnis

rolling stock
Collective term for the product being or having been rolled

5.6.193 **Universalstahl (m)**
Nicht mehr üblicher Begriff für → Breitflachstahl [10]

universal plate
No longer the usual (German) term for → wide flat steel [10]

5.6.194 **Walzwerkserzeugnis (n)**
Aus einem Walzprozeß entstandenes Erzeugnis, das entweder einer weiteren umformenden oder spanenden Bearbeitung unterzogen oder als Fertigerzeugnis ausgeliefert wird

rolling mill product
Product arising from a rolling process, that is either subjected to further shaping or chip machining or supplied as a finished product

5.6.195 **Transformatorenblech (n)**
→ Elektroblech

transformer sheet
→ electric sheet

5.6.196 **Streckenausbaustahl (m)**
→ Grubenausbauprofil

mine support steel
→ structural steel for mines

5.6.197 **Vollprofil (n)**
→ Profil mit vollem Querschnitt [3]; z.B. → Rund-, Vierkant-, Sechskant-, Achtkant-, und Flachstäbe sowie Draht und Betonstahl

solid section
Solid cross-sections [3]. → round, square, hexagonal, octagonal and flat bars as well as rod and reinforcing steel

5.6.198 **Vorblock (m)**
Nicht mehr üblicher Begriff für quadratisches oder rechteckiges Halbzeug [10]

cogged ingot
bloom
No longer the usual (German) terms for a square or rectangular semi-product [10]

5.6.199 **Tränenblech (n)**
→ Geripptes Blech, dem spitz auslaufende, ellipsenförmige Erhebungen (sogenannte Tränen) aufgewalzt sind

bulb plate
tear plate
→ ribbed plate on which are rolled raised shapes in the form of ellipses tapering to a point (so-called tears)

5.6.200 **Walztoleranz (f)**
Begriff für zulässige Maßabweichungen bei Walzerzeugnissen

rolling tolerance
Term for the allowable dimensional variations on rolled products

ébauche (f)
Terme couramment utilisé pour désigner le produit intermédiaire obtenu lors du laminage des → tôles [2]

lot (m) de laminage
→ lot

profilé (m) laminé
→ profilé

produit (m) laminé
Terme générique s'appliquant aux produits en cours de laminage ou laminés

plat (m) universel
Terme (allemand) qui n'est plus utilisé et qui désignait les → larges plats [10]

produit (m) laminé
Produit obtenu par un procédé de laminage et qui est soit destiné à une transformation ultérieure par déformation ou usinage, soit livré comme produit fini

tôles (f, pl) pour transformateurs
→ tôles magnétiques (électriques)

aciers (m, pl) pour soutènement de mines
→ profilés pour soutènement de mines

profils (m, pl) pleins
→ barres dont la section transversale est un profil plein [3]. → ronds, carrés, hexagones, octogones, plats, mais aussi fil-machine et produits pour béton armé

bloom (m)
Terme (allemand) qui n'est plus normalisé et qui désignait les demi-produits de section carrée ou rectangulaire [10]

tôle (f) à larmes
→ tôle nervurée présentant un relief de zones allongées ellipsoïdales se terminant en pointe et imprimées par laminage (larmes)

tolérance (f) de laminage
Terme qui désigne les variations de dimensions admissibles pour un produit laminé

5.6.201 **Verzinntes Blech oder Band (n)**
→ Verpackungsblech, (-band) aus unlegiertem weichen Stahl mit einer Dicke ab 0,5 mm, das auf beiden Seiten mit Zinn überzogen ist [10]

tinned sheet or strip
→ packing sheet (strip) in unalloyed soft steel with a thickness above 0.5 mm that is coated with tin on both sides [10]

5.6.202 **TPS-Stahl (m)**
Warmgewalztes scharfkantiges → T-Profil mit parallelen Flanschen und Stegen [DIN 59051]

TPS steel
Hot rolled sharp edged → T-section with parallel flanges and webs [DIN 59051]

5.6.203 **Walzzunge (f)**
Unregelmäßig ausgebildete Enden von Walzerzeugnissen, die abgetrennt und verschrottet werden; → Abfallende

rolling tongue
Unevenly shaped ends of rolled products that are removed and scrapped; → scrap end

5.6.204 **Warmgewalztes Flacherzeugnis (n)**
Durch → Warmwalzen von → Halbzeug (seltener von Blöcken) hergestelltes → Flachererzeugnis [10]

hot rolled flat product
→ flat product produced by the → hot rolling of a → semi-product (less often ingots) [10]

5.6.205 **Vorbramme (f)**
Nicht mehr üblicher Begriff für rechteckiges → Halbzeug [10]

roughed slab
No longer the usual (German) term for a rectangular → semi-product [10]

5.6.206 **Vierkantstahl (m)**
Nicht mehr üblicher Begriff für → Vierkantstab [10]

square steel
No longer the usual (German) term for → square bar [10]

5.6.207 **Warmblech (n)**
Durch Zerteilen eines → Bandes erzeugtes → Blech [10]

hot sheet
→ sheet produced through the cutting of a → strip [10]

5.6.208 **T-Profil (n)**
Zur Gruppe der warmgewalzten → Profile zählendes → Langerzeugnis, dessen Querschnitt an den Buchstaben T erinnert [10]

T-section
→ long product in the group of hot rolled → sections, the cross-section of which is reminiscent of the letter T [10]

5.6.209 **Vorprofiliertes Halbzeug (n)**
→ Halbzeug mit einem Querschnitt über 2500 mm^2, welcher für die Herstellung großer → Profile vorgeformt ist [10]

preliminary shaped semi-product
→ semi-product with a cross-section of over 2500 mm^2 that is preliminarily shaped for the production of a larger section [10]

5.6.210 **Warmband (n)**
Warmgewalztes → Band

hot strip
Hot rolled → strip

tôles (f, pl) ou bandes étamées
→ tôle ou bande pour emballage en acier doux non allié d'une épaisseur supérieure ou égale à 0,50 mm, revêtue d'étain sur les deux faces [10]

acier (m) TPS
→ Poutrelle en T laminée à chaud, à angles de bord vifs et à âme et ailes parallèles [DIN 59051]

langue (f) de laminage
Extrémités irrégulières des produits laminés qui sont chutées et mises à la ferraille; → chutes d'extrémités

produits (m, pl) plats laminés à chaud
→ produits plats obtenus par → laminage à chaud de → demi-produits (plus rarement de lingots) [10]

brame (f) d'ébauche
Terme (allemand) qui n'est plus utilisé et qui désignait des demi-produits de section rectangulaire; → demi- produit [10]

fer (m) carré
Terme (allemand) qui n'est plus utilisé et qui désignait les → carrés (barres de section carrée) [10]

tôle (f) à chaud
→ tôle obtenue par découpage d'une → bande laminée à chaud [10]

profilé (m) T
poutrelle T appartenant au groupe des → profilés laminés à chaud. → Produit long dont la section droite rappelle la lettre T [10]

ébauches (f, pl) pour profilés
→ demi-produits dont la section est en général supérieure à 2500 mm^2 et prédéformée en vue de la fabrication de gros → profilés [10]

bande (f) à chaud
→ bande laminée à chaud

5.6.211 **Vorerzeugnis (Vormaterial) (n)**
Allgemeine Bezeichnung für das Einsatzmaterial (Ausgangsmaterial) [2]. Das Fertigerzeugnis des Vorbetriebes ist das V. des weiterverarbeitenden Betriebes

initial product (initial material)
General term for the charge material (starting material) [2]. The finished product from the foregoing operation is the initial material for the further processing operation

5.6.212 **Warmbreitband (n)**
Warmgewalztes Band mit einer Breite ab 600 mm [10]

hot wide strip
Hot rolled strip wider than 600 mm [10]

5.6.213 **Vorrohr (n)**
→ Luppe

preliminarily shaped tube
→ tube blank

5.6.214 **Verpackungsblech, (-band) (n)**
Oberbegriff für → Feinstblech, (-band), Weißblech, (- band), verzinntes Blech, (-band) und spezialverchromtes Blech, (-band) [10]

packing sheet (strip)
All-round term for → extra light-gauge sheet (strip), tinplate (strip), tinned sheet (strip) and specially chromium plated sheet (strip) [10]

5.6.215 **Vierkantstab (m)**
→ Vollprofil mit quadratischem Querschnitt [3]

square bar
→ solid square cross-section [3]

5.6.216 **Vierkantrohr (n)**
→ Rohr mit quadratischem oder rechteckigem Querschnitt

four-edged tube
→ tube with a square or rectangular cross-section

5.6.217 **Waffelblech (n)**
Nicht mehr üblicher Begriff für → Geripptes Blech mit waffelförmigem Relief [10]

goffered plate
No longer the usual (German) term for → ribbed plate with a waffel-shape relief [10]

5.6.218 **Walzader (f)**
Gewalztes Langerzeugnis in gesamter Länge

rolled strand
Complete length of rolled long product

5.6.219 **Träger (m)**
Im Sprachgebrauch üblicher Begriff für → I-, H-, U- und T-Profil [10]

girder
joist
Usual term for → I, H, U and T sections [10]

5.6.220 **Verpackungsbandstahl (m)**
Blaublank geglühtes → Kaltband zum Umschnüren von Paketen, Bunden, Coils, Kisten etc. mittels Spannapparaten und Verschlußhülsen [3]

packing strip
Open-annealed → cold strip for strapping packets, bundles, coils, cases etc. by means of gripping devices and closure sleeves [3]

ébauche (f) (produit de départ)
Terme général désignant le produit engagé dans une fabrication (matériau de départ) [2]. L'ébauche constitue le produit fini des opérations de dégrossissage et le matériau de départ de la transformation ultérieure

large bande (f) à chaud
Bande laminée à chaud dont la largeur est supérieure ou égale à 600 mm [10]

ébauche (f) de tube
→ ébauche cylindrique creuse destinée à être transformée en tube sans soudure

tôle (f) pour emballage, (bande (f) pour emballage)
Terme général qui englobe les → tôles (bandes) très minces, le fer blanc, les tôles (bandes) étamées et les tôles (bandes) à revêtement spécial de chrome [10]

carrés (m, pl)
→ barres de section pleine carrée [3]

tubes (m, pl) carrés ou rectangulaires
→ tubes de section carrée ou rectangulaire

tôle (f) gaufrée
Terme (allemand) qui n'est plus utilisé et qui désignait les → tôles nervurées possédant un relief gaufré [10]

veine (f) de laminage
Produit long laminé, dans sa longueur complète

poutrelles (f, pl)
Terme utilisé couramment pour désigner les → profilés de construction I, H, U et T [10]

feuillard (m) de cerclage
→ Bande laminée à froid incomplètement recristallisée et destinée au cerclage de paquets, bottes, bobines, caisses etc au moyen de dispositifs de serrage et de verrouillage [3]

5.6.221 **Tafel (f)**
Tafelblech (n)
Ebenes (gerichtetes) Blechstück mit vorgeschriebener Breite und Länge, das durch → Längs- und Querschneiden aus → Blech und Band erzeugt wird

panel
sheet panel
Flat (levelled) sheet with a prescribed width and length that is produced from → sheet and strip through → slitting and cross-cutting

5.6.222 **Warzenblech (n)**
Nicht mehr üblicher Begriff für → Geripptes Blech [10]

nipple plate
No longer the usual (German) term for → ribbed plate [10]

5.6.223 **U-Profil (n)**
→ Profil, dessen Querschnitt an den Buchstaben U erinnert [10]

U-section
→ section, the shape of which is reminiscent of the letter U [10]

5.6.224 **Walzdraht (m)**
Warmgewalztes und im warmen Zustand zu → Ringen regellos aufgehaspeltes → Erzeugnis mit beliebiger (meist runder) Querschnittsform [10]

wire rod
rod
Hot rolled → product with an optionally (mostly round) cross section randomly wound into → coils in the hot state [10]

5.6.225 **W-Blech (n)**
Deklassiertes → Weißblech, welches seine Bezeichnung vom englischen "waste" = Ausschuß ableitet [3]. W-Blech = 2. Wahl; WW-Blech = 3. Wahl; WWW-Blech = schlechtestes Erzeugnis

W-sheet
Low-value → tinplate, deriving its designation from "waste" = scrap [3]. W-sheet = 2nd choice; WW-sheet = 3rd choice; WWW-sheet = lowest quality product

5.6.226 **Walzgutfehler (m)**
Fehler im fertigen Walzerzeugnis, die ihre Ursache im Stahlwerk (→ Blockfehler), beim Aufwärmen, im Walzprozeß (→ Walzfehler) oder bei der Wärmebehandlung der Erzeugnisse haben [1]

rolled product defect
Defect in finished rolled product, caused in the steel mill (→ billet defect), during heating, in the rolling process (→ rolling defect), or during heat treatment of the products [1]

5.6.227 **Weißblech (n)**
→ Verpackungsblech, (-band) aus unlegiertem weichen Stahl mit einer Dicke zwischen 0,14 und 0,49 mm, das auf beiden Seiten mit Zinn überzogen ist [10]

tinplate
tin sheet
Mild steel with a protective coating of tin on each surface

5.6.228 **Wellblech (n)**
→ Profiliertes Blech mit kleineren oder größeren Wellen in Längsrichtung [10]

corrugated sheet
Sheet profile consisting of smaller or larger longitudinal waves [10]

panneau (m)
feuille (f) plane de tôle
Morceau de tôle de largeur et de longueur spécifiées qui est obtenue par → découpage en long et en travers d'une → tôle ou d'une bande

tôle (f) à boutons
Terme (allemand) qui n'est plus utilisé et qui désignait certains types de → tôles nervurées [10]

profilé (m) U
→ profilé dont la section droite rappelle la lettre U [10]

fil (m) machine
→ produit laminé et enroulé à chaud en → couronnes à spires non rangées. La section droite du fil machine peut être de forme diverse, mais elle est la plus souvent circulaire [10]

tôle (f) W
→ fer blanc déclassé, qui doit son appellation au terme anglais "waste" = rebut [3]. Il peut s'agir de tôle de 2ème choix (tôle W), de 3ème choix (tôle WW), de qualité la plus basse (WWW)

défaut (m) de produit laminé
Défaut du produit laminé fini qui peut provenir de l'aciérie (→ défaut du lingot ou de brame), du réchauffage, du processus de laminage ou du → traitement thermique des produits [1]

fer (m) blanc
tôle (f) étamée en acier doux
→ tôle (bande) pour emballage en acier doux non allié, d'une épaisseur comprise entre 0,14 et 0,49 mm, revêtue d'étain sur les deux faces [10]

tôle (f) ondulée
→ tôle présentant des ondulations longitudinales (petites ou grandes ondes) [10]

5.6.229 **Wulstflachprofil (n)**
Wulststahl (m)
Warmgewalztes, nahezu rechteckiges Profil, das auf einer der breiteren Oberflächen über die ganze Länge eine Verdickung aufweist [10]

bulb plate
Hot rolled, nearly rectangular profile with a bulge extending over the entire length of one of the wider surfaces [10]

5.6.230 **Zunge (f)**
→ Walzzunge

tongue
→ rolling tongue

5.6.231 **Zweilagenblech (n)**
→ plattiertes Blech

two-layer sheet
→ clad sheet

5.6.232 **Z-Profil (n)**
Z-Stahl (m)
1) Aus → Blech oder Band kalt gebogenes oder abgekantetes Profil, dessen Querschnitt an den Buchstaben Z erinnert

2) Zur Gruppe der kleinen → Spezialprofile zählendes warmgewalztes Erzeugnis in Stabform, dessen Querschnitt an den Buchstaben Z erinnert [10]

Z-profile
1) A profile cold bent from → sheet or strip with a shape resembling the letter Z

2) Hot rolled bar product with a Z-shaped cross section, belonging to the group of small → specialized profiles [10]

5.6.233 **Winkelprofil (n)**
Winkelstahl (m)
→ Profil, dessen Querschnitt an den Buchstaben L erinnert [10]. Nach dem Verhältnis der beiden Schenkellängen wird zwischen gleich- und ungleichschenkligen W. unterschieden

corner steel
angle steel (Am)
→ profile with a cross section resembling the letter L [10]. The relative lengths of the legs distinguish between equal-length leg or unequal-length leg corner steel

5.6.234 **Ziehblech (n)**
Stanzblech (n)
Für geringe Formänderung oder lediglich zum Schneiden (Stanzen) vorgesehenes → Blech nach DIN 1623 [3]

drawing sheet
→ Sheet metal according to DIN 1623 for blanking and for slight forming [3]

5.6.235 **Zusammengesetztes Flacherzeugnis (gewalzt) (n)**
1) Mit verschleißfesten, chemisch beständigen oder hitzebeständigen Legierungen → plattiertes Blech oder Band

2) Zwei mit einer isolierenden Kunststoffschicht verbundene Bleche, sog. Sandwichblech oder -element [10]

compound flat product (rolled)
1) sheet or strip clad (→ clad sheet and strip) with wear resistant, chemically stable, or heat resistant alloys

2) Sheet composite consisting of two sheets separated by an insulating plastic layer, i.e. sandwich sheet [10]

5.6.236 **Zungenschiene (f)**
Spezialschienenprofil für den Weichenbau [3]

switch tongue rail
Special rail profile for the manufacture of shunts [3]

plats (m, pl) à boudin
Produit long laminé à chaud dont la section droite est à peu près rectangulaire et présente un renflement sur toute la longueur d'une des faces les plus larges [10]

langue (f)
→ langue de laminage

tôle (f) bi-couche
→ tôle plaquée

profil (m) Z
1) Profilé formé à froid à partir de → tôle ou de bande ou obtenu par laminage et relevage des rives et dont la section droite rappelle la lettre Z

2) Barre laminée à chaud appartenant au groupe des petites → barres spéciales et dont la section droite rappelle la lettre Z [10]

cornière (f)
Petit → profilé dont la section droite rappelle la lettre L [10]. Suivant le rapport des largeurs d'ailes, on distingue les cornières à ailes égales ou inégales

tôle (f) pour emboutissage
→ tôle pour découpage et formage peu sévère selon DIN 1623 [3]

produit (m) plat composite (laminé)
1) Tôle ou → bande plaquée revêtue d'acier ou d'alliage résistant par exemple à l'usure, à l'agression chimique ou à la déformation à chaud

2) Tôle "sandwich" formée de deux tôles en acier réunies par une âme isolante en polymère [10]

rail (m) pour aiguilles
Profil spécial de rails pour la réalisation des aiguillages

5.7.1 **Ausbringung (f)**
Ausbringen (n)
Kennzahl, die das Verhältnis zwischen verwertbarer Erzeugungsmenge und Einsatzmenge in Prozent ausdrückt. → Abbrand, Abfallende, Ausschuß

yield
Characteristic number that expresses the ratio between acceptable production output and input in percent. → scaling loss, scrap end, scrap

5.9.1 **Dekapieren (n, vb)**
→ Beizen

acid descaling
→ pickling

5.9.2 **Beizmittel (n)**
Säuren und Laugen zum → Beizen

pickling agent
Acids and alkaline solutions for → pickling

5.9.3 **Beizen (n, vb)**
Chemische oder elektrochemische Verfahren zur Oberflächenvorbehandlung, mit denen vor allem Korrosionsprodukte von metallischen Oberflächen entfernt werden [1]

pickling
Chemical or electrochemical process for initial surface treatment, primarily for the removal of corrosion products from the metallic surfaces [1]

5.9.4 **Schrott (m)**
Sammelbegriff für metallische Abfälle, die sich bei der Metallherstellung und -verarbeitung ergeben und wiederverwendet werden können

scrap
Collective term for metallic wastes which occur during metal production and processing and can be re-used

rendement (m)
Rapport exprimé en pourcents entre le tonnage de produits utilisables et la quantité de métal à mettre en oeuvre pour l'obtenir. → mise au mille, chutages, rebuts

décaper (vb)
→ enlever la calamine par attaque acide

agent (m) de décapage
Acides ou solutions alcalines utilisés pour le → décapage

décapage (m)
Procédés chimiques ou électrochimiques de préparation de surface, destinés avant tout à l'élimination de tous les produits de corrosion de la surface métallique [1]

ferraille (f)
Terme général désignant les déchets métalliques qui sont obtenus lors de la fabrication et du travail des métaux et qui peuvent être recyclés

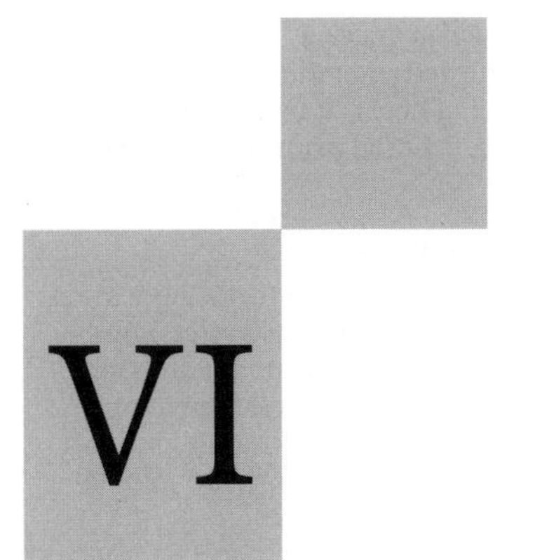

Durchziehen

Drawing

Etirage et Tréfilage

6.0.1 **Kalibrieren (n) beim Ziehen**
Begriff für die Festlegung der Geometrie von Ziehhol und Ziehgut vor dem Ziehen für die einzelnen → Züge

calibration during drawing
Term for the determination of the geometry of the drawing hole / drawing plate / die and the drawing material prior to the drawing process

6.0.2 **Anstrengungsgrad (m)**
Quotient aus → Ziehspannung und Zugfestigkeit (oder Fließspannung) des → Ziehguts nach der Umformung als Kennzahl für eine Verfahrensgrenze. Im Allgemeinen wird der Anstrengungsgrad deutlich kleiner als 1, z.B. a = 0,75, gewählt, um eine Schädigung des → Ziehgutes zu vermeiden

deformation coefficient
Ratio of → drawing stress (drawing tension) and tensile strength (or yield stress) of the → drawing material after forming; the characteristic number for a process limitation . Generally the strain coefficient is chosen a lot smaller than 1, e.g. a=0.75 to avoid damage of the drawn material

6.0.3 **Gegenzugkraft (f)**
→ Ziehen mit Gegenzug

back pull force
→ drawing with back pull force

6.0.4 **Gegenzug (m)**
→ Ziehen mit Gegenzug

back pull
→ drawing with back pull force

6.0.5 **Durchmesserabnahme (f)**
Differenz zwischen Eintritts- und Austrittsdurchmesser des Ziehgutes bei einem → Zug

diameter reduction
reduction of diameter
Difference between inlet diameter and outlet diameter of the drawing material during the → drawing process

6.0.6 **Durchlaufpatentieren (n)**
→ Patentieren, bei dem der Ring oder Bund im abgewickelten Zustand das Abkühlmittel kontinuierlich durchläuft [DIN 17014]

continuous patenting
→ Patenting with the unwound coil / bundle continuously passing through the coolant [DIN 17014]

6.0.7 **Drahtverlängerung (f)**
In der Praxis üblicher Begriff für den Streckgrad als Quotient aus Länge des Drahtes nach der Umformung und Länge des Drahtes vor der Umformung. [4] Die D. wird i.d. Regel als Quotient der Querschnittsflächen vor und nach der Umformung berechnet. Der Begriff wird überwiegend dort verwendet, wo Drähte aus NE-Metallen gezogen werden und sehr große Gesamtdrahtverlängerungen realisiert werden können

elongation of the wire
Term used in practice for the stretch coefficient as the quotient of the wire length after the forming operation and the wire length before the forming operation. [4] The lengthening of wire is usually calculated as the quotient of cross-sectional area before and after the forming process. The term is preferably used, where wires of nonferrous metal are drawn to large cumulative reductions

6.0.8 **Bodenkraft (f)**
Auf den Boden des Werkstücks (→ Hülse) wirkende Kraft beim → Abstreck-Gleitziehen

bottom force
Force on the bottom of a cup-shaped part (→sleeve) during → ironing

6.0.9 **Bezogene Querschnittsabnahme (f)**
Auf den Eintrittsquerschnitt bezogene → Querschnittsabnahme (ggf. in %)

specific reduction of cross sectional area
→ Reduction of cross sectional area in reference to initial cross section (usually given in percent)

calibrage (m) durant étirage
Terme utilsé pour l' ajustement de la géométrie de la filière d' étirage par rapport au matériau étiré avant l' opération d' étirage

coefficient (m) de déformation
Rapport entre la → contrainte de tension associée à l' étirage et la limite élastique du → matériau après étirage, valeur limite caractéristique pour pour le procédé. Généralement le coefficient de déformation est choisi légèrement inférieur à 1, i.e. a=0.75 pour éliminer les risques d' endommagement du matériau

effort (m) de contre-réaction
→ étirage avec effort de contre réaction

contre-réaction (f)
→ étirage avec effort de contre-réaction

réduction (f) de diamètre
Différence entre le diamètre d'entrée et le diamètre de sortie du produit étiré pour un → procédé d'étirage donné

patentage (m) continu
→ Patentage òu le fil de la bobine, après son déroulement, traverse le milieu de refroidissement [DIN 17014]

élongation (f)
Terme utilisé dans la pratique pour désigner le coefficient d' élongation défini par le rapport entre la longueur de la barre après étirage et avant étirage. [4] L' élongation est généralement calculée comme le rapport de l' aire de la section de la barre avant et après étirage. Ce terme est généralement utilisé dans le cas de réalisation par étirage de barres de métaux non ferreux

force (f) arrière
Force agissant sur l'arrière du produit en cours de → repassage

réduction (f) de section droite
→ réduction de section droite en référence à la section droite initiale (exprimée en %)

6.0.10 **Ziehtemperatur (f)**
Temperatur des → Ziehgutes beim Eintritt in das → Ziehhol

drawing temperature
Temperature of the → drawing material entering the → drawing die

6.0.11 **Ziehachse (f)**
Längsachse des → Ziehgutes

axis of drawing
Longitudinal axis of the → drawing material

6.0.12 **Ziehangel (f)**
Angespitztes Ende des → Ziehgutes beim → Durchziehen [2] Die Z.wird durch das Ziehwerkzeug geführt und von der → Ziehzange gegriffen; → Anspitzen

drawing point
Sharpened [pointed] end of → drawing material during → drawing [2]. The drawing point is guided in the drawing tool and grabbed by the → pliers or chuck; → sharpening {pointing}

6.0.13 **Überziehen (n)**
Üblicher Begriff für einen falsch ausgelegten Ziehprozeß, der zur Bildung von → Ziehkegeln führt [2]. Mit Maßnahmen, die den → Anstrengungsgrad verringern, kann ein Ü. vermieden werden

overdrawing
Term used in case of an incorrectly dimensioned drawing process; leads to formation of → chevrons [2]. Overdrawing can be avoided by decreasing the →strain coefficient

6.0.14 **Zug (m)**
Ein Durchgang des → Ziehguts durch ein → Ziehwerkzeug [1]

draw
One pass of the → drawing material through the → drawing die [1]

6.0.15 **Ziehrichtung (f)**
Bewegungsrichtung des → Ziehguts

drawing direction
Direction of the movement of the → drawing material

6.0.16 **Ziehkraft (f)**
Kraft, die aufgewendet werden muß, um das Ziehgut durch das → Ziehwerkzeug zu ziehen [1]

drawing force
Force used to draw the work piece through the → drawing die [1]

6.0.17 **Schollen (n) des Drahtes**
Vorgang, bei dem die neu auf der → Ziehscheibe aufgenommene Drahtwindung die bereits vorhandene verschiebt

shifting of the wire
Process where the latest winding of wire on a → coil displaces the already existing winding

6.0.18 **Querschnittsreduktion (f)**
→ Bezogene Querschnittsabnahme

reduction of cross section
→ specific reduction of cross section

6.0.19 **Ziehtextur (f)**
Bevorzugte Orientierung der Kristallite in Bezug auf die Richtung der größten Formänderung als Folge des Ziehprozesses

texture of drawing
Preferred orientation of the crystals relative to the direction of the largest strain caused by the drawing process

6.0.20 **Ziehspannung (f)**
Auf den Austrittsquerschnitt des → Ziehgutes bezogene → Ziehkraft

drawing stress
→ drawing force of the → drawing material related to the drawn cross sectional area

température (f) d' étirage
Température de la barre entrant dans la → filière d' étirage

axe (m) d' étirage
Axe longitudinal du → produit étiré

extrémité (f) d' étirage
Extrémité (effilée) du → produit étiré à travers la filière d' étirage. L' extrémité est guidée dans l' outillage et ancrée dans les → mords

sur-étirage (m)
Terme utilisé en cas de dimensionnement incorrect du procédé conduisant à un défaut [2]. Le sur-étirage peut être éliminé en faisant décroitre le → coefficient de déformation

étirage (m)
Une passe d'étirage du → produit à travers la → filière d' étirage [1]

direction (f) d'étirage
Direction dans laquelle le → produit est étiré

effort (m) d'étirage
Effort nécessaire pour étirer le produit (barre/fil) à travers la → filière d' étirage

déplacement (m) du fil
Opération où l' enroulement du fil sur une → bobine déplace les précédents enroulements

réduction (f) de section droite
→ réduction de section droite

texture (f) d' étirage
Orientation préférentielle des plans cristallographiques par rapport à la direction de déformation principale durant l'étirage

contrainte (f) d' étirage
Rapport entre la → force d' étirage et l' aire de la section droite initiale

6.0.21 **Querschnittsabnahme (f)**
Differenz zwischen Eintritts- und Austrittsquerschnitt bei einem Umformschritt (z.B. Stich beim Walzen, Zug beim → Ziehen)

decrease of cross section
Difference of initial and final cross section during a metal forming process (e.g. pass on rolling process or → drawing process)

6.0.22 **Stempelkraft (f)**
Erforderliche Gesamtkraft beim → Abstreck-Gleitziehen eines Werkstückes (→ Hülse)

punch force
Total force needed for the → ironing process of a drawn workpiece (→ sleeve)

6.0.23 **Zugfolge (f)**
Ziehfolge (f)
Durchmesserabstufung mehrerer aufeinander folgender → Züge, die in der Praxis meist als → bezogene Querschnittsabnahme in Prozent oder → Drahtverlängerung angegeben wird [1]

drawing sequence
Reductions of diameter in a continuing sequence of drawing steps → drawing processes; in practice often given in terms of → specific reductions of cross section in percent or → elongation of the wire [1]

6.0.24 **Ziehgeschwindigkeit (f)**
Geschwindigkeit des Ziehguts beim Austritt aus dem Ziehwerkzeug [1]

drawing velocity
Velocity of the drawing stock on leaving the exit of the drawing die [1]

6.1.1 **Ablängen (n)**
Zerteilen eines → Langerzeugnisses in Abschnitte bestimmter Länge

cuting to length
Cutting long pieces of wire product into parts of defined length

6.1.2 **Abstreck-Walzziehen (n)**
→ Walzziehen von Hohlkörpern mit einem gegen den Werkstückboden drückenden Innenwerkzeug (Stange, Stempel), z.B. zum Herstellen von Rohren nach dem Stoßbankverfahren [DIN 8584]

ironing roll drawing
→ roll drawing of tubular products with an inner tool (rod, bar, punch) pressing against the bottom of the hollow part; e.g. for manufacturing tubes with the push bench process [DIN 8584]

6.1.3 **Abstreck-Gleitziehen (n)**
Abstreckziehen (n)
→ Gleitziehen von Hohlkörpern durch einen → Abstreckring mit einem gegen den Werkstückboden drückenden Innenwerkzeug (Stange, Stempel) z.B. zur Wanddickenverminderung von tiefgezogenen oder fließgepreßten Näpfen [DIN 8584]

ironing
→ drawing of tubular products through an → ironing ring with an inner tool (rod, bar, punch) pressing against the bottom of the drawing material; e.g. for reducing the thickness of walls of deep-drawn or extruded cups (bowls) [DIN 8584]

6.1.4 **Entzunderungsstrahlen (n)**
→ Strahlen zum Entfernen von Zunder [DIN 8200]

blast descaling
→ shot blasting to remove scale [DIN 8200]

6.1.5 **Feinstzug (m)**
Begriff für das Ziehen von Drähten mit bestimmten Durchmessern (z.B.: Stahl unter ca. 0,7 mm; Kupfer zwischen ca. 0,05 und 0,15 mm) [7, 8]

super-fine drawing
Term for drawing wires with certain diameters (e.g. steel under 0.7 mm; copper between 0.05 and 0.15 mm) [7, 8]

réduction (f) de section droite
Différence entre l' aire finale et initiale de la section droite dans un procédé de mise en forme (i.e. en laminage ou → étirage)

effort (m) pour l' étirage sur mandrin
Effort total requis pour le repassage

séquence (f) d' étirage
Etagement des réductions de diamètre en étirage continu; dans la pratique cet étagement est mesuré par les → réductions de sections successives ou par les → élongations successives [1]

vitesse (f) d' étirage
Vitesse à laquelle le produit étiré sort de l' outillage d' étirage [1]

coupe (f) à longueur
Coupe de longues barres en éléments de taille définie

profilage (m) sur mandrin
→ profilage de tubes avec un outil intérieur (barre, mandrin) permettant de maintenir le daimètre intérieur, i.e. fabrication de tubes par le procédé de banc pousseur [DIN 8584]

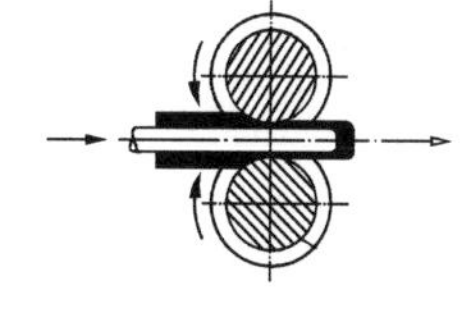

repassage (m) de tubes
→ repassage de tubes à travers un → anneau circulaire avec un outil intérieur (barre, mandrin) permettant de maintenir le diamètre intérieur, i.e. réduction d' épaisseur de coupelles ou bols emboutis ou extrudés [DIN 8584]

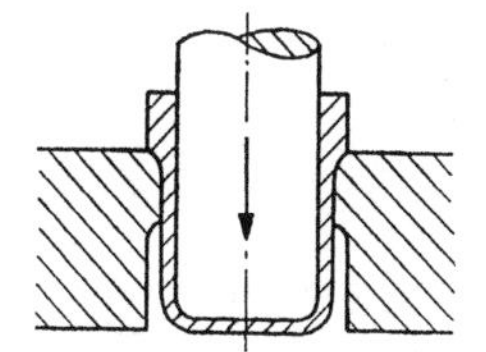

décalaminage (m) par projection
→ Décalaminage pour enlever les impuretés [DIN 8200]

étirage (m) super-fin
Terme utilsé pour l' étirage de certains diamètres (i.e. pour fils d'acier plus petits que 0.7 mm, pour le cuivre compris entre 0.05 et 0.15mm) [7, 8]

6.1.6	**Hohl-Gleitziehen (n)** Syn.: Hohlzug, Druckzug, Schleppzug, Rohrhohlzug. → Gleitziehen von Hohlkörpern ohne Innenwerkzeug [DIN 8584]	**tube drawing** Drawing of tubular products without inner tool [DIN 8584]
6.1.7	**Nachziehen (n)** → Durchziehen mit sehr kleinen Formänderungen (0,5 bis 2 % → Querschnittsreduktion) zum Erzielen genauer Abmessungen oder zum Verringern von Eigenspannungen [DIN 8584]	**calibration drawing** *redrawing* Drawing process with very small strains (0.5 to 2 percent → reduction of cross section) for obtaining very exact dimensions or for reducing residual stresses [DIN 8584]
6.1.8	**Hohl-Walzziehen (n)** → Walzziehen von Hohlkörpern ohne Innenwerkzeug [DIN 8584]	**tubular roll drawing** → roll drawing of tubular products without inner tool (rod, bar, punch) [DIN 8584]
6.1.9	**Dornstangenzug (m)** In der Praxis üblicher Begriff für das → Gleitziehen von Rohren über mitlaufende Stange	**mandrel drawing** Term for → tube drawing over moving mandrel
6.1.10	**Friemeln (n)** Nicht mehr üblicher Begriff für das → Richten von Rundstäben und Rohren zwischen schrägstehenden Walzen [24]	**crossrolling (straightening)** Historic German term for → straightening cylindrical rods and tubes using crossrolling [24]
6.1.11	**Kaltziehen (n)** → Durchziehen, wobei dem Ziehgut vor der Umformung keine Wärme zugeführt wird. → Halbwarmziehen, Warmziehen	**cold drawing** → drawing without supplying heat to the drawing stock before starting the forming process; → warm-drawing (semi-cold drawing), hot drawing
6.1.12	**Einfachzug (m)** 1. Begriff für einen Ziehvorgang, bei dem das Ziehgut zwischen dem → Ab- und Aufhaspeln (oder → Ablängen) nur ein → Ziehwerkzeug durchläuft 2. In der Praxis üblicher Begriff für → Einzelziehmaschine	**single draw** 1. Term for a drawing process where the drawing stock passes through only one → drawing die between → unwinding from and rewinding on reels (or →lenghthening) 2. Term for → single drawing machine
6.1.13	**Bondern (n)** Markenname für → Phosphatieren [DIN 50942]	**bonderizeing** A trade mark for → phosphating [DIN 50942]

étirage (m) de tubes
Etirage de tubes sans mandrin (barre, tige) [DIN 8584]

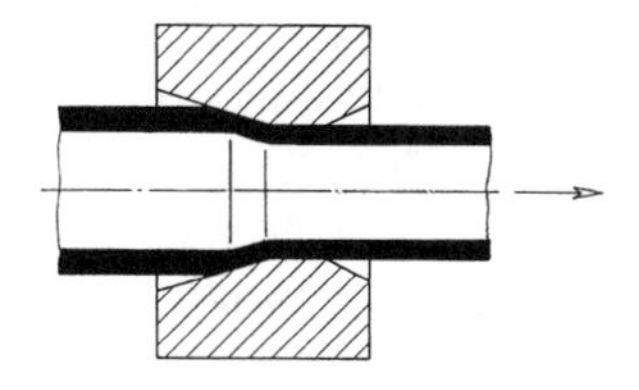

ré-étirage (m)
étirage (m) de calibration
Etirage avec de très faibles déformations (0.5 à 2 pourcents → de réduction de section) pour obtenir des dimensions très précises ou pour réduire les contraintes internes [DIN 8584]

étirage (m) de tubes
→ Etirage de produits tubulaires sans outil intérieur (mandrin) [DIN 8584]

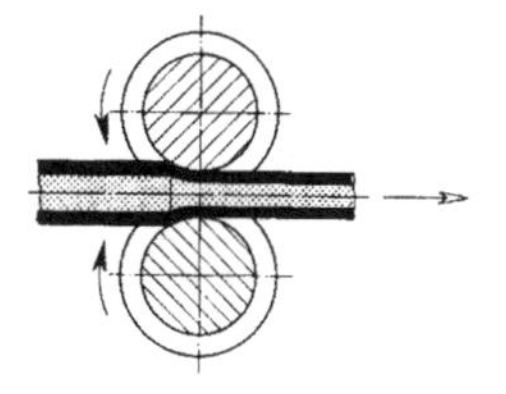

étirage (m) sur mandrin mobile
Terme utilisé pour → l' étirage avec mandrin mobile

laminage (m) de profils
Terme historique allemand utilisé pour l' élongation de barres ou tubes en utilisant un laminoir de profils [24]

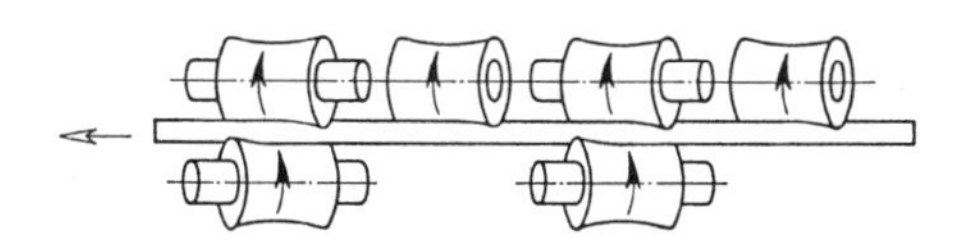

étirage (m) à froid
→ Etirage avec barreau ou fil à la température ambiante avant l' opération. → étirage à tiède, étirage à chaud

étirage (m) simple
1. Terme utilisé pour un procédé d'étirage où le matériau ne subit qu' une seule passe. → outillage d'étirage, → déroulement et enroulement en bobines. 2. Terme pour → étirage simple

bondérisation (f)
Nom de marque pour → phosphatation [DIN 50942]

6.1.14 **Gleitziehen (n) von Hohlkörpern**
→ Gleitziehen, wobei das Werkstück ein Hohlkörper ist [DIN 8584]

tubular drawing
→ Drawing of a workpiece with tubular geometry [DIN 8584]

6.1.15 **Durchziehen (n)**
→ Zugdruckumformen durch Ziehen eines Werkstückes durch eine in Ziehrichtung verengte Werkzeugöffnung [DIN 8584]. → Gleitziehen, Walzziehen, Kaltziehen, Halbwarmziehen, Warmziehen

drawing through
→ forming under tensile and compressive stresses while drawing a material through a drawing tool with decreasing cross section [DIN 8584] →drawing, roll drawing, cold drawing, semi-cold drawing (warm drawing), hot drawing

6.1.16 **Freies Biegen (n)**
Biegen mit freiem Ausbilden der Werkstückform [DIN 8586]

air bending
free bending, unsupported bending
Bending with free formation of the final form of the product [DIN 8586]

6.1.17 **Druckzug (m)**
In der Praxis üblicher Begriff für das → Hohl-Gleitziehen von → Rohren

compressive drawing
Term for → tubular drawing of → tubes

6.1.18 **Aufweiteziehen (n)**
Ziehen eines Werkzeugs durch ein Rohr, dessen Innendurchmesser kleiner ist als der Außendurchmesser des → Werkzeugs, mit dem Ziel, das Rohr aufzuweiten, den Innendurchmesser zu kalibrieren und die Oberflächenqualität zu verbessern [20]

expand drawing
flaring
Drawing of a plug through a tube with an inner diameter smaller than the outer diameter of the plug →drawing tool, with the purpose of expanding the tube, calibrating, and optimizing its surface quality [20]

6.1.19 **Gleitziehen (n) über losen (fliegenden oder schwimmenden) Stopfen (Dorn)**
→Gleitziehen von Hohlkörpern über einen im → Ziehhol lose angeordneten Stopfen (Dorn), der durch das Gleichgewicht von rückwärts gerichteten Druckkräften und vorwärts gerichteten Reibungskräften an der Innenwand des Werkstückes in seiner Lage gehalten und zentriert wird [DIN 8584]

drawing over a floating mandrel
→ tubular drawing over a moving mandrel in the → drawing die, that is held and centered in its position by the equilibrium of forward compressive forces and backward forces of friction on the inner wall of the drawing material [DIN 8584]

6.1.20 **Plattierziehen (n)**
Plattierzug (m)
Sonderverfahren des → Gleitziehens über festen oder losen Stopfen, bei dem zwei ineinandergesteckte Rohre verschiedener oder verschieden legierter Metalle reibschlüssig miteinander verbunden werden; → Ziehplattieren [20]

plating drawing
drawing metal coating
Special process of → drawing over a fixed or running mandrel by which two concentric tubes of different metals or alloys are joined

6.1.21 **Abhaspeln (n)**
Abwickeln (n)
Abwickeln des Drahtes von Haspel oder Spule

unwinding off reels
spooling off reels
Unwindig wire off reels or spools

étirage (m) tubulaire
→ Etirage de matériaux dans des formes tubulaires [DIN 8584]

étirage (m)
Mettre en forme par tension et compression par écoulement d' un matériau à travers un outillage d' étirage (dans le sens d' étirage) permettant la réduction de section droite [DIN 8584]. → étirage par laminage entre galets fous, étirage à tiède, étirage à chaud

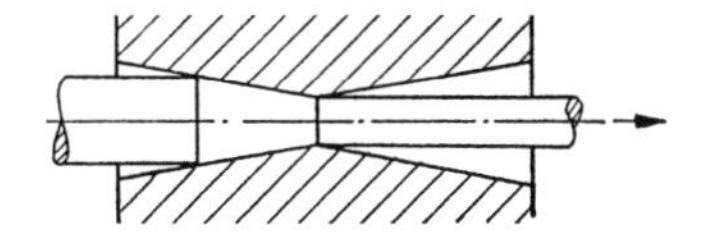

pliage (m) à l' air
Pliage avec forme finale libre [DIN 8586]

étirage (m) par compression à creux
Terme utilisé pour → l' étirage de → tubes sans mandrin

étirage (m) en expansion
Etirage d' un tube avec un diamètre intérieur initial plus petit que le diamètre extérieur de la filière, pour réaliser une expansion du tube et améliorer les qualités de surface [20]

étirage (m) sur un mandrin flottant
→ Etirage de tubes sur un mandrin flottant maintenu en position par l' équilibre des forces de frottement agissant sur celui-ci [DIN 8584]

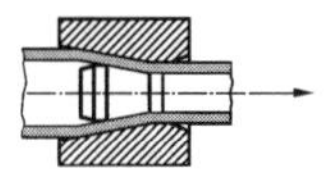

co-étirage (m)
Procédé special où deux tubes concentriques sont étirés simultanément sur un mandrin fixe ou flottant

déroulage (m) de bobines
débobinage (m)
Dévidage d'une bobineuse

6.1.22 **Naßziehen (n)**
Naßzug (m)
Ziehverfahren, bei dem als Schmierstoff Seifenlösungen oder Gemische von Seifenlösungen und wasserlöslichen Fetten verwendet werden [1]. → Trockenziehen, Schmierziehen

wet drawing
Drawing process with soap solutions or mixtures of soap solutions and water soluble greases used as lubricants [1]

6.1.23 **Flachziehen (n)**
→ Gleitziehen eines flachen Werkstückes (z.B. eines Bandes) durch ein Werkzeug (→ Ziehbacken) mit spaltförmiger Öffnung [DIN 8584]

flat drawing
→ Drawing of flat drawing stock (e.g. strip) through a tool (→ drawing cheek) with a gap-shaped opening [DIN 8584]

6.1.24 **Beizen (n)**
Chemische oder elektrochemische Verfahren zur Oberflächenvorbehandlung, mit denen vor allem Korrosionsprodukte von metallischen Oberflächen entfernt werden [1]

pickling
Chemical or electrochemical process for surface treatment for removing products of corrosion [1]

6.1.25 **Gleitendes Ziehen (n)**
Ziehvorgang, bei dem die Umfangsgeschwindigkeit der → Ziehscheibe größer ist als die Geschwindigkeit des auf der Ziehscheibe befindlichen Drahtes, d.h. es tritt Schlupf auf. (Gegensatz: → Gleitloses Ziehen)

slide drawing
glide drawing, slip drawing
Drawing process where the circumferential velocity of the → drawing plate is greater than the velocity of the wire going through the die, i.e. slipping occurs (opposite: → drawing without sliding)

6.1.26 **Biegeentzundern (n)**
Entzundern durch Biegen, wobei das Ziehgut zwischen zwei Reihen Walzen, die versetzt gegenüberliegen, hindurch läuft

descaling by bending
Descaling by bending, where the drawing stock passes between two rows of rolls which are located opposite each other in staggered fashion

6.1.27 **Doppelzug (m)**
1. Begriff für einen Ziehvorgang, bei dem das Ziehgut zwischen dem → Ab- und → Aufhaspeln (oder → Ablängen) zwei → Ziehwerkzeuge durchläuft

2. In der Praxis üblicher Begriff für → Doppelziehmaschine

double draw
1. Term for a drawing process, in which the drawing stock passes through two → drawing tools between → unwinding and → winding operation

2. Term for → double drawing machine

6.1.28 **Mehrdrahtziehen (n)**
Ziehen, bei dem mehrere Drähte gleichzeitig auf einer Mehrdrahtziehmaschine durch eine entsprechende Zahl von Ziehwerkzeugen gezogen werden

multiple wire drawing
Drawing process where more than one wire is drawn through a corresponding number of drawing tools in a multiple wire drawing machine

étirage (m) lubrifié avec émulsion
Etirage avec émulsions de fluides ou de graisses [1]

étirage (m) de bande
Etirage de bande à travers une filière avec une faible ouverture [DIN 8584]

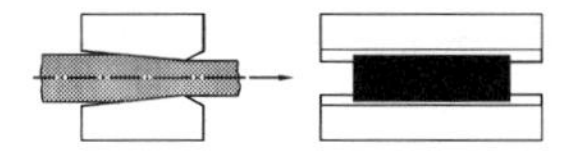

décapage (m) chimique
Procédé chimique ou électrochimique de traitement de surface enlevant la couche corrodée [1]

étirage (m) par glissement
Etirage où la vitesse circionférentielle du → tambour d' étirage est supérieure à la vitesse axiale du fil, i.e. en présence de glissement (contraire → étirage sans glissement)

décalaminage (m) par flexion
Décalaminage par flexion, où le matériau passe deux rangées de rouleaux en positions étagées

double étirage (m)
1. Terme pour un procédé d' étirage ou le fil passe deux → outillages successifs entre → déroulement et → enroulement sur bobines

2. Terme utilisé pour désigner une → machine de double étirage

tréfilage (m) multiple
Procédé de tréfilage où plus d' un fil passe simultanément sur une machine de tréfilage multiple

6.1.29 **Grobzug (m)**
Begriff für das Ziehen von Drähten mit bestimmten Durchmessern (z.B. Stahl: d > 4,2 mm, Kupfer: d > 1,5 mm) [7, 8]

rough drawing
coarse drawing
Term for drawing of wires with certain diameters (for instance steel: d> 4.2 mm, copper: d> 1.5 mm) [7, 8]

6.1.30 **Einstoßen (n)**
Durchdrücken des nicht angespitzten (→ Anspitzen) Ziehgutanfangs durch das Ziehwerkzeug

thrust in
pushing in
Pressing the non-sharpened (non-pointened) (→ sharpen, pointen) initial portion of the drawing stock through the drawing die

6.1.31 **Halbwarmziehen (n)**
Sonderverfahren des → Durchziehens, bei dem das → Ziehgut vor der Umformung erwärmt wird und nach dem Ziehen eine höhere Festigkeit hat als vor der Erwärmung. → Warmziehen, Kaltziehen

warmform drawing
Special → drawing process, where the → drawing stock is preheated and has a higher strength after the drawing process than before the heating process

6.1.32 **Gleitziehen (n) von Vollkörpern**
→ Gleitziehen, wobei das Werkstück ein Vollkörper ist [DIN 8584]

slide drawing of solid workpieces
glide drawing, slip drawing
→ Slide drawing process, where the drawing stock is a solid workpiece [DIN 8584]

6.1.33 **Mittelzug (m)**
Begriff für das Ziehen von Drähten mit bestimmten Durchmessern (z.B.: Stahl zwischen ca. 1,6 und 4,2 mm; Kupfer zwischen ca. 0,4und 1,5 mm) [7, 8]

middle drawing
Term for drawing wires with certain diameters (for instance: steel between ca. 1.6 and 4.2 mm, copper between ca. 0.4 and 1.5 mm) [7, 8]

6.1.34 **Längen (n)**
Zugumformen eines Werkstücks durch eine von außen aufgebrachte, in der Werkstücklängsachse wirkende Zugkraft [DIN 8585]

stretching
Drawing material in simple tension by an external force, applied along the length axis [DIN 8585]

6.1.35 **Emulsionsschmierung (f)**
Schmiervorgang, bei dem eine → Emulsion, meist Öl-Wasser-Emulsion, zur Reibungs- und Verschleißminderung und zur Kühlung eingesetzt wird [1]

emulsion lubrication
Lubrication process, where an → emulsion, mostly oil-water-emulsion, is used for reducing friction and abrasion and for cooling the process [1]

6.1.36 **Kernziehen (n)**
Kernzug (m)
Sonderverfahren des → Gleitziehens über mitlaufende Stange, bei dem die Stange mit umgeformt und nach Beendigung des Ziehvorgangs aus dem Rohr entfernt wird [20]. Das K. wird eingesetzt zum Herstellen von Rohren mit geringem Innendurchmesser

core drawing
Special process of → mandrel drawing, where the moving mandrel is also formed and will be removed from the tube after forming [20]. The process is used for forming tubes with small inner diameter

tréfilage (m) des gros fils
Terme pour le tréfilage de certains diamètres (par exemple acier: $d > 4.2$ mm, cuivre: $d > 1.5$ mm) [7, 8]

enfilage (m) par pression
Introduction par pression de la section initiale dans la filière (typiquement,barres rondes de diamètre supérieur à 10 mm) du matériau à étirer, le plus souvent à l'aide d'un dispositif mécanique ou hydraulique

étirage (m) à tiède
Spécial → procédé d' étirage où le → matériau étiré est préchauffé et possède une résistance supérieure après étirage qu' avant préchauffage

étirage (m) de barreaux
→ Etirage par glissement où le matériau étiré est un corps solide [DIN 8584]

étirage (m) moyen
Terme pour désigner l' étirage de diamètres particuliers (par exemple: acier diamètre entre 1.6 et 4.2 mm, cuivre entre 0.4 et 1.5 mm) [7, 8]

dressage (m)
Déformation par traction imposée selon l'axe longitudinal du produit [DIN 8585]

lubrification (f) par émulsion
Technique de lubrification où une → émulsion, le plus souvent huile-eau, est utilisée pour réduire le frottement ainsi que l' abrasion, et pour réduire l' échauffement [1]

étirage (m) sur âme déformable
Procédé spécial d' → étirage sur mandrin où la barre mobile est également déformée et déplacée à l' extérieur du tube après étirage. Ce procédé est utilisé pour la réalisation de tubes à diamètre interieur très faible

6.1.37 **Phosphatieren (n)**
Aufbringen einer Oberflächenschicht auf niedriglegierten Stählen, die meistens durch Eintauchen in saure Zink- oder Manganphosphatbäder gebildet wird und beim → Gleitziehen als → Schmierstoffträger dient [32, DIN 50942]

phosphating
Coating of low alloyed steels, mostly by dipping in acidic zinc- or manganphosphate solutions; this coating is used as → lubricant carrier in → drawing process [32. DIN 50942]

6.1.38 **Aufhaspeln (n)**
Aufwickeln auf Haspel oder Spule oder zu Ringen (Coils)

winding operation
Winding in reels (coils)

6.1.39 **Patentieren (n)**
Wärmebehandlung von Draht oder Band, bestehend aus Austenitisieren und anschließendem geeigneten Abkühlen, um ein für die nachfolgende Kaltumformung günstiges Gefüge zu erzielen [DIN 17014] → Luftp., Badp., Durchlaufp.

patenting
Heat treatment of wire or band, consisting of austenitizing and a following cooling process, for achieving a useful microstructure [DIN 17014]; → air patenting, bath patenting, continuous patenting

6.1.40 **Kälken (n)**
Aufbringen einer Oberflächenschicht aus Kalk, die beim → Gleitziehen als Schmierstoffträger dient

chalking
Coating with chalk as a lubricant carrier during the → drawing process

6.1.41 **Badpatentieren (n)**
→ Tauchpatentieren, bei dem bis ca. 400 bis 500 °C in einer Blei- oder Salzschmelze und anschließend in einem beliebigen Medium abgekühlt wird [2], [DIN 17014]

bath patenting
→ bath patenting, where the material is cooled down first in a lead or salt melting of 400 to 500 °C, and then further cooled down in any medium [2], [DIN 17014]

6.1.42 **Hydrostatisches Ziehen (n)**
→ Ziehen mit hydrostatischer Druckerzeugung

hydrostatic drawing
→ drawing with hydrostatic generation of pressure

6.1.43 **Mehrfachzug (m)**
1. Begriff für einen Ziehvorgang, bei dem das Ziehgut zwischen dem → Ab- und → Aufhaspeln (oder → Ablängen) mehrere → Ziehwerkzeuge durchläuft

2. Begriff für einen Ziehvorgang, bei dem mit einer → Ziehwagen(-schlitten)bewegung mehrere Rohre oder Stäbe zeitgleich gezogen werden

3. In der Praxis üblicher Begriff für → Mehrfachziehmaschine

multiple (step) drawing
1. Term for drawing process, where the drawing material passes two → drawing tools between → unwinding and → winding operation

2. Term for drawing process, where more than one tube / bar is drawn with one drawing bench movement

3. German term for machine for multiple step drawing process

phosphatation (f)
Revêtement d' aciers faiblement alliés, réalisé principalement par immersion dans des bains acides de zinc- ou de mangano-phosphates; ce revêtement est utilisé comme → lubrifiant durant l' → étirage [32. DIN 50942]

opération (f) de bobinage
Enroulage de fil en bobines

patentage (m)
Traitement thermique d' un fil ou d' une bande, consistant en une austénitisation suivie d' un refroidissement, pour atteindre une microstructure donnée [DIN 17014]. → recuit à l' air, recuit par immersion, recuit continu

chaulage (m)
Revêtement avec de la chaux servant de lubrifiant durant l' → étirage

recuit (m) par immersion
→ recuit par immersion où le matériau est refroidi d' abord dans un bain de sels entre 400 et 500 °C, puis refroidi ensuite à l' air ou à l' eau [2], [DIN 17014]

étirage (m) hydrostatique
→ étirage assisté par une pression hydrostatique

étirage (m) multi-pas
1. Terme désignant une opération d' étirage, où le matériau étiré traverse deux → outillages entre un → déroulement et un → enroulement sur bobine

2. Terme désignant une opération d' étirage, ou plusieurs barres ou tubes sont étirés avec un même mouvement

3. Terme allemand pour qualifier une machine pour étirage multi-pas

6.1.44 **Oxalieren (n)**
Aufbringen einer Oberflächenschicht aus Eisen-(II)-Oxalat auf nicht phosphatierbare, hochlegierte Stähle und Heizleiterlegierungen, die beim → Gleitziehen als → Schmierstoffträger dient [32]

oxalic acid treatment
Coating with ferric-(II)-oxalat of high alloyed steels and heating conductor alloys that can not be phosphated; this coating is used as → lubricant carrier on → drawing process [32]

6.1.45 **Gleitziehen (n) über mitlaufende Stange (oder langen Dorn)**
→ Gleitziehen von Hohlkörpern über eine im → Ziehhol längsbewegliche Stange [DIN 8584]

mandrel drawing
Tube drawing over moving rod / bar (mandrel); → sliding drawing process of tubes over a moving rod / bar (mandrel) [DIN 8584]

6.1.46 **Hydrodynamisches Ziehen (n)**
→ Ziehen mit hydrodynamischer Druckerzeugung

hydrodynamic drawing
→ drawing with hydrodynamic generation of pressure

6.1.47 **Bleibadpatentieren (n)**
→ Badpatentieren

patenting in lead bath
→ bath patenting

6.1.48 **Hydrodynamische Schmierung (f)**
Schmierungszustand, bei dem durch die Relativbewegung der Reibpartner im Reibspalt ein unter Druck stehender Schmierfilm aufgebaut wird, der die Oberflächen der Reibpartner vollständig voneinander trennt [8]. → Ziehen mit hydrodynamischer und hydrostatischer Druckerzeugung

hydrodynamic lubrication
Lubrication state, where a pressurized lubrication film is built by the relative movement of the friction partners in the lubrication gap (split, fissure); the film separates the friction partners completely [8]; → drawing with hydrodynamic and hydrostatic generation of pressure

6.1.49 **Emulsion (f)**
Zweiphasen-Stoffgemisch, bei dem die eine Phase, die dispergierte Phase, in feiner Verteilung in der anderen Phase, dem Dispergierungsmittel, vorliegt [1]

emulsion
Two-phase mixture, where one phase (disperged phase) is distributed in the other phase (dispergent) [1]

6.1.50 **Hohlzug (m)**
In der Praxis üblicher Begriff für das → Hohl-Gleitziehen von Rohren

hollow drawing
Term for drawing of tubular objects (tubes, sleeves,...)

6.1.51 **Oxalatieren (n)**
Oxalieren (n)
Aufbringen einer Oberflächenschicht auf nicht phosphatierbare Metalle (z.B. Titanwerkstoffe), die im wesentlichen aus Oxalat mit geringen Anteilen an Phosphat besteht und beim → Gleitziehen als → Schmierstoffträger dient [32]

oxalic acid treatment
Coating of metals (for instance titanium alloys) that can not be phosphated, with a coating of mostly ferric-(II)-oxalat and minor concentratoin of phosphate; this coating is used as → lubricant carrier in → drawing process [32]

traitement (m) à l' acide oxalique
Revêtement avec un oxalate de fer d' aciers fortement alliés et alliages conducteurs ne pouvant être phosphatés; ce revêtement est utilisé comme → porteur de lubrifiant en → étirage [32]

étirage (m) sur mandrin mobile
→ Etirage de tubes sur un mandrin; étirage par glissement de tubes sur mandrin mobile [DIN 8584]

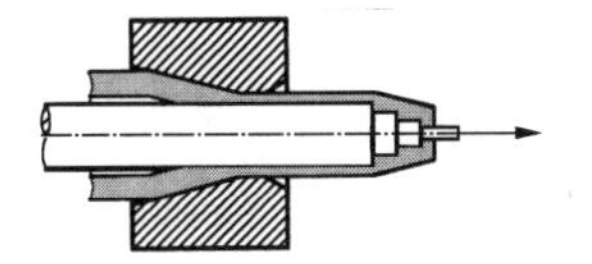

étirage (m) hydrodynamique
→ étirage avec génération de pression par écoulement hydrodynamique

patentage (m) par immersion dans un bain de plomb
→ patentage par immersion

lubrification (f) hydrodynamique
Etat de lubrification, où un film fluide sous pression est créé par le mouvement des corps en regard dans la zone d' écoulement (jeu, fissure); le film sépare complètement les corps en regard [8]; → étirage avec génération hydrostatique ou hydrodynamique de pression

émulsion (f)
Mélange à deux phases, où l'une des phases est dispersée dans l' autre (agent dispersant) [1]

étirage (m) à creux
Terme utilisé pour l' étirage de formes tubulaires

traitement par acide oxalique
Revêtement de métaux (par exemple alliages de titane) qui ne peuvent être phosphatés, avec une couche d'oxalate de fer et une petite concentration de phosphate; ce revêtement est utilisé comme porteur de lubrifiant durant le procédé d' étirage [32]

6.1.52 **Gleitziehen (n) über festen Stopfen (Dorn)**
→ Gleitziehen von Hohlkörpern über einen im → Ziehhol feststehenden → Stopfen (Dorn) [DIN 8584]

drawing over fixed mandrel
Slide drawing process of tubes over a fixed rod / bar [DIN 8584]

6.1.53 **Biegerichten (n)**
→ Freies Biegen zum Richten [DIN 8586]

bend straightening (adjusting)
→ free bending for straightening (adjusting) [DIN 8586]

6.1.54 **Aufschollen (n)**
Aufwickeln des Drahtes durch → Schollen

shifting of the wire
Winding of wire in reels by → shifting

6.1.55 **Mehrstangenzug (m)**
→ Mehrfachzug

multiple (step) drawing of bars
→ multiple step drawing

6.1.56 **Luftpatentieren (n)**
→ Patentieren, bei dem an Luft abgekühlt wird [DIN 17014]

air patenting
→ patenting, where the material is cooled down by air [DIN 17014]

6.1.57 **Drahtziehen (n)**
→ Gleitziehen von Draht durch ein Werkzeug (→ Ziehstein) mit kreisförmiger oder anders geformter Austrittsöffnung (Ziehen von Runddraht bzw. Profildraht) [DIN 8584]

wire drawing
→ Drawing process on a wire drawing machine, where a wire is drawn through a drawing tool with a circular or other shaped opening section (drawing of round wire / profile wire) [DIN 8584]

6.1.58 **Gleitloses Ziehen (n)**
Ziehvorgang, bei dem die Umfangsgeschwindigkeit der → Ziehscheibe gleich der Geschwindigkeit des auf die Ziehscheibe auflaufenden Drahtes ist (Gegensatz: → Gleitendes Ziehen)

drawing without sliding
Drawing process, where the circumferential velocity of the → drawing plate equals the velocity of the wire entering the drawing plate. (opposite: → sliding drawing)

6.1.59 **Feinzug (m)**
Begriff für das Ziehen von Drähten mit bestimmten Durchmessern (z.B. Stahl: ca. 0,7 bis 1,6 mm; Kupfer: ca. 0,15 bis 0,4 mm) [7, 8]

fine drawing
Term for drawing process, where wires of certain (specifically defined) diameters are drawn (for instance steel: ca. 0.7 to 1.6 mm, copper: ca. 0.15 to 0.4 mm) [7, 8]

6.1.60 **Anspitzen (n)**
Verjüngen des Ziehgutanfangs durch z.B. Walzen, Drehen, Schmieden (z.B. Rundhämmern), Ätzen; → Ziehangel

pointing
sharpen
Reducing the initial diameter of a drawing material by rolling, turning on a lathe, forging, pickling,...; → drawing point

étirage (m) sur un mandrin fixe
Etirage par glissement de tubes sur un mandrin à tête fixe [DIN 8584]

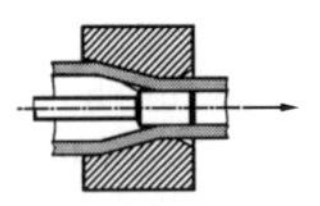

redressage (m) par flexion
→ flexion ou pliage libre pour redresser des barres étirées [DIN 8586]

enroulement (m) par translation
Enroulement par translation des fils sur les bobines

étirage (m) multi-passes de barres
→ étirage multi-passes

patentage (m) à l'air
→ recuit où la pièce est refroidie à l' air [DIN 17014]

tréfilage (m)
→ Procédé d'étirage sur une tréfileuse où le fil est étiré à travers un orifice à section circulaire ou non [DIN 8584]

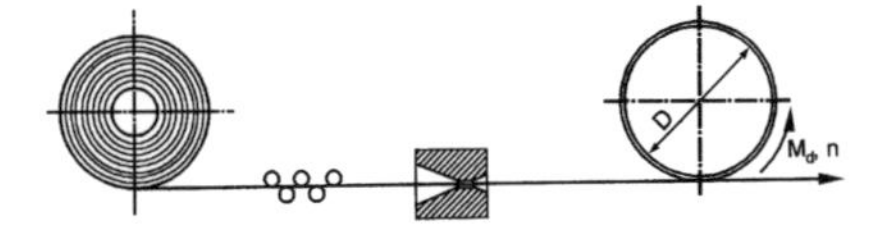

étirage (m) sans glissement
Procédé d' étirage où la vitesse circonférentielle du → tambour d' étirage est égale à la vitesse axiale du fil entrant (contraire: → étirage avec glissement)

étirage (m) fin
Terme utilisé pour désigner l' étirage ou le tréfilage de certains diamètres (par exemple diamètres de 0.7 à 1.6 mm pour l' acier, diamètres de 0.15 à 0.4 mm pour le cuivre) [7, 8]

effilage (m)
Réduction du diamètre initial de la barre (ou du fil) par laminage, tournage, forgeage pour permettre l'introduction dans la filière

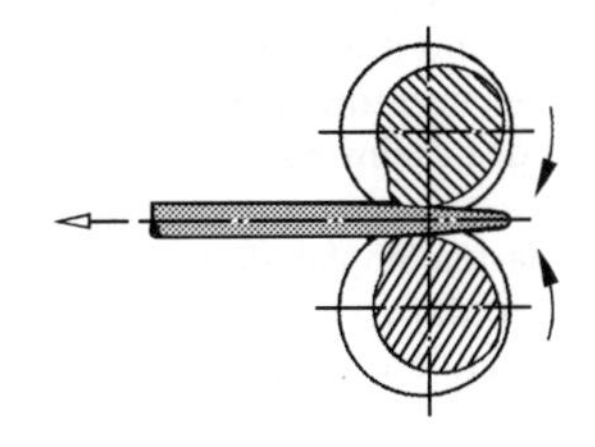

6.1.61 **Gleitziehen (n)**
→ Durchziehen eines Werkstückes durch ein meist in sich geschlossenes, in Ziehrichtung feststehendes → Ziehwerkzeug (Ziehstein, Ziehring) [DIN 8584]

slide drawing
glide drawing, slip drawing, drawing through
Drawing process, where the drawing die usually has a closed cross section → drawing tool, drawing die [DIN 8584]

6.1.62 **Richten (n)**
Kaltumformen (Biegeumformen) bei Blech, Stab, Draht und Rohr, bei dem durch Wechselbiegen in → Richtmaschinen mit zum Auslauf abklingender Wechselbiegung die vorgeschriebene → Geradheitsabweichung erzielt wird. → Walzr., Streckr., Bieger.

straightening (adjusting)
Cold forming process (bending process), where metal sheets, rods, wires and tubes are brought into the desired straight shape by rolling, bending,... with a decreasing difference of angles; → angle mismatch

6.1.63 **Profilziehen (n)**
→ Gleitziehen von → Profilen oder → Sonderprofilen durch → Ziehringe oder → Profil-Ziehmatrizen [DIN 8584]

profile drawing
→ drawing of → profiles or → special profiles, where the drawing die has a special cross section → drawing tool, drawing die [DIN 8584]

6.1.64 **Reelen (n)**
Mitunter verwendeter (englischer) Begriff für das → Richten von Rundstäben oder Rohren zwischen schräggestellten Walzen [2]

reeling
Historic English term for → straightening (adjusting) of round bars or tubes by passing diagonally positioned rolls [2]

6.1.65 **Ziehwalzen (n)**
Nicht mehr üblicher Begriff für → Walzziehen ([DIN 8584])

draw rolling
Historic (German) term for → roll drawing ([DIN 8584])

6.1.66 **Reckrichten (n)**
In der Praxis üblicher Begriff für → Streckrichten

pull straightening (adjusting)
Term for → straightening (adjusting) by applying pulling force

6.1.67 **Ziehen (n) mit rotierendem Werkzeug**
Sonderverfahren des → Gleitziehens, bei dem durch eine Rotation des Ziehwerkzeugs die Reibungsverluste und die Rundheitsabweichung des Drahtes vermindert werden können; → rotierendes Ziehwerkzeug

drawing with rotating die
Special process of → sliding drawing, where friction and radius deviations are minimized by rotating the → drawing tool during the drawing process

6.1.68 **Walzziehen (n) über festen Stopfen (Dorn)**
→ Walzziehen von Hohlkörpern über einen im Walzspalt feststehenden → Stopfen (Dorn) [DIN 8584]

rolling drawing over fixed rod (bar)
→ Rolling drawing process of tubes over a fixed → rod / bar [DIN 8584]

étirage (m)
procédé d' étirage où l' → outillage d' étirage (filière d' étirage) a une section fermée [DIN 8584]

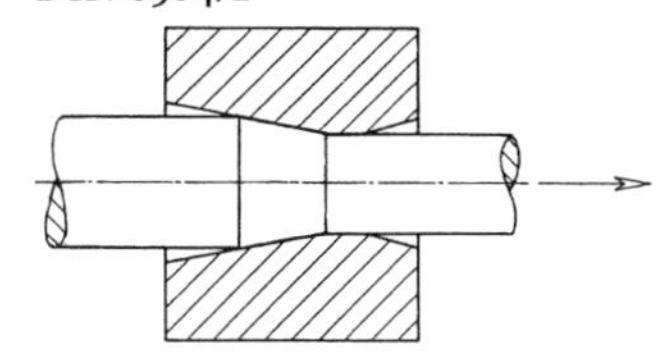

redressage (m) (planage)
Procédé de formage à froid où, tôles, barres, fils, tubes sont mis à la forme désirée par laminage, pliage ... avec un ajustement des pentes à la valeur désirée

étirage (m) des profilés
→ étirage de → profils ou de → sections particulières, où l' → outillage d' étirage (filière d' étirage) possède une section droite particulière [DIN 8584]

bobinage (m)
Terme historique anglais pour signifier le → redressement de barres ou de tubes à section circulaire par passage dans le sens radial, entre rouleaux positionnés en diagonale [2]

étirage (m) par laminage
Terme historique (allemand) pour désigner le laminage avec étirage ([DIN 8584])

redressage (m) sous tension
Terme utilisé pour signifier le → redressage par application d'une force de traction

étirage (m) avec filière rotative
Procédé spécial d' → étirage avec glissement où le frottement et les variations de rayons sont minimisées par entrainement en rotation de l' outillage d' étirage durant le procédé

laminage-étirage (m) sur mandrin fixe
→ procédé d' étirage-laminage de tubes sur un → mandrin fixe [DIN 8584]

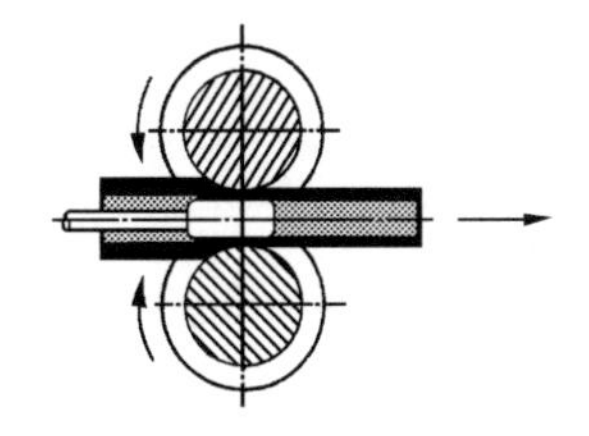

6.1.69 **Walzziehen (n)**
→ Durchziehen eines Werkstücks durch eine Öffnung, die von zwei oder mehreren Walzen gebildet wird [DIN 8584]

roll drawing
→ Drawing process of a drawing material through a drawing opening formed by two or more rolls [DIN 8584]

6.1.70 **Rohrhohlzug (m)**
In der Praxis üblicher Begriff für das → Hohl-Gleitziehen von Rohren

tube hollow drawing
Term for drawing of tubular objects (tubes, sleeves,...) → hollow drawing

6.1.71 **Strecken (n)**
→ Längen zum Vergrößern der Werkstückabmessung in Kraftrichtung [DIN 8585]. Das S. wird z.B. zum Angleichen der Werkstükkabmessungen an ein vorgeschriebenes Maß eingesetzt

stretching (adjusting)
→ lengthening to enlarge the dimension of the workpiece in the direction of the applied force [DIN8585]. The process is used for adjusting the product dimensions to a desired value

6.1.72 **Rohrstopfenzug (m)**
In der Praxis üblicher Begriff für das → Gleitziehen von Rohren über festen oder losen Stopfen

drawing over fixed or floating plug
Term for → drawing process of tubes over a fixed or floating plug

6.1.73 **Rohrstangenzug (m)**
In der Praxis üblicher Begriff für das → Gleitziehen von Rohren über mitlaufende Stange

drawing of tubes over rod
Term for → drawing process of tubes over a floating rod / bar

6.1.74 **Walzziehen (n) von Hohlkörpern**
→ Walzziehen, wobei das Werkstück ein Hohlkörper ist [DIN 8584]

hollow roll drawing
tubular roll drawing
→ Roll drawing process of tubes

6.1.75 **Strahlen (n)**
Fertigungsverfahren, bei dem → Strahlmittel (als Werkzeuge) in Strahlgeräten unterschiedlicher Strahlsysteme beschleunigt und zum Aufprall auf die zu bearbeitende Oberfläche eines Werkstücks (Strahlgut) gebracht werden [DIN 8200]

blasting
peening
Manufacturing method, where → blasting material (as a tool) is accelerated in blasting machines and is shot onto the surface of the workpiece which is to be worked on [DIN 8200]

laminage-étirage (m)
→ Procédé d' étirage d' un matériau à travers une ouverture d' étirage formée par deux rouleaux fous ou plus [DIN 8584]

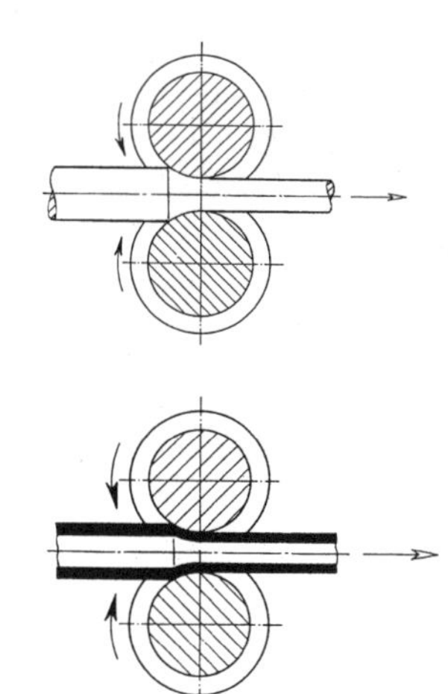

étirage (m) de produits creux ou tubulaires
Terme pour désigner l' étirage de produits tubulaires (tubes). → étirage à creux

allongement (m)
→ Accroissement de longueur dans la direction de l'effort de traction [DIN 8585]. Cette technique est utilisée pour ajuster les dimensions du produit à celles souhaitées

étirage (m) sur mandrin fixe ou flottant
Terme utilisé pour → l'étirage de tubes sur mandrin fixe ou flottant

étirage (m) de tubes sur barre
Terme utilisé pour l' → étirage de tubes sur mandrin/barre fixe

étirage-laminage (m) de tubes
Procédé d' → étirage-laminage de tubes

projection (f) de particules solides
Procédé de fabrication où les particules sont accélérées et projetées par choc sur la surface du matériau à travailler [DIN 8200].

6.1.76 **Stopfenzug (m)**
In der Praxis üblicher deutscher Begriff für das → Gleitziehen von Rohren über festen oder losen Stopfen

drawing over a plug (mandrel)
Common German term for → drawing process of tubes over a fixed or moving rod / bar

6.1.77 **Strahlentzunderung (f)**
Nicht mehr üblicher Begriff für → Entzunderungsstrahlen [DIN 8200]

descaling by blasting
Historic german term for descaling by blasting [DIN 8200]

6.1.78 **Rohrziehen (n)**
→ Gleitziehen oder → Walzziehen von Hohlkörpern, wenn es sich bei den Hohlkörpern um → Rohre handelt [DIN 8584]

tube drawing
→ Slide drawing or → roll drawing of → tubular products [DIN 8584]

6.1.79 **Zugdruckumformen (n)**
Umformen eines festen Körpers, wobei der plastische Zustand im wesentlichen durch eine zusammengesetzte Zug- und Druckbeanspruchung herbeigeführt wird [DIN 8584]

forming under combination of tensile and compressive conditions
Forming of solid materials, where the plastic state is reached mostly by a combination of tensile and compressive stresses [DIN 8584]

6.1.80 **Stangenzug (m)**
In der Praxis üblicher Begriff für das → Gleitziehen von Rohren über mitlaufende Stange

drawing over floating rod (bar)
Term for drawing process of tubes over a floating rod / bar

6.1.81 **Walzbiegen (n)**
Biegen, bei dem das Biegemoment durch Walzen aufgebracht wird [DIN 8586]

roll bending
bending process, in which the bending moment is applied by rolls [DIN 8586]

6.1.82 **Ziehplattieren (n)**
Verfahren, um Stangen, Rohre oder Hohlkörper mit einer Plattierung zu versehen; → plattiertes Rohr, → Plattierziehen [2]. Das vorher aus den entsprechenden Komponenten gebildete Halbzeug wird kalt umgeformt, wobei durch Kaltpreßschweißen eine feste Verbindung der Komponenten erzielt wird

draw plating
draw cladding
Process for coating bars or tubes with plating (cladding) material; → plated tube, → draw plating [2]; the preformed components are cold formed, and joining compound of the components occurs by cold pressure welding

6.1.83 **Walzziehen (n) von Vollkörpern**
→ Walzziehen, wobei das Werkstück ein Vollkörper ist [DIN 8584]

roll drawing of solid workpiece
→ Roll drawing process,where the workpiece is a solid body [DIN 8584]

étirage (m) sur mandrin
Terme allemand utilisé pour l' → étirage de tubes sur un mandrin

décalaminage (m) par projection
Terme historique allemand pour désigner le décroutage par projection [DIN 8200]

étirage (m) de tubes
→ Etirage par glissement ou par laminage de → tubes [DIN 8584]

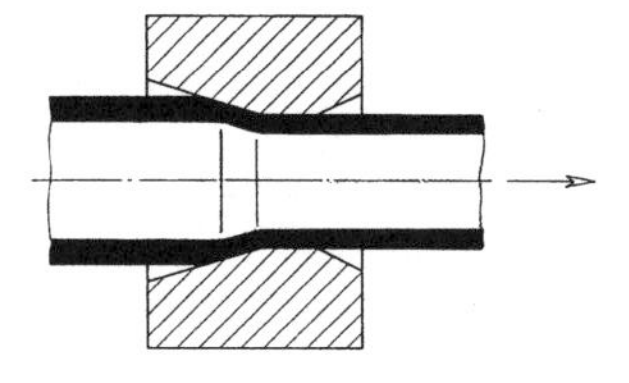

formage (m) sous sollicitations de traction-compression combinées
Mise en forme de matériaux solides où l' écoulement plastique est obtenu sous conditions combinées de traction-compression [DIN 8584]

étirage (m) sur mandrin long et flottant
Terme pour désigner l' étirage de tubes sur mandrin flottant

pliage (m) par enroulement
Procédé de pliage où le moment de flexion est obtenu à l' aide de rouleaux [DIN 8586]

co-étirage (m)
plaquage (m) par étirage
Procédé de revêtement de barres ou tubes avec un matériau de plaquage → tube revêtu, → plaquage par étirage [2]; le matériau est préformé à froid, et un mélange de composants est réalisé par soudage sous pression

étirage-laminage (m) de matériaux solides
→ Procédé d' étirage-laminage où la pièce est pleine [DIN 8584]

6.1.84 **Walzziehen (n) über mitlaufende Stange**
→ Walzziehen von Hohlkörpern über eine im Walzspalt längsbewegliche Stange [DIN 8584]

roll drawing over moving rod (bar)
→ Roll drawing of tubes over a long moving rod [DIN 8584]

6.1.85 **Warmziehen (n)**
Sonderverfahren des → Durchziehens, bei dem das → Ziehgut vor der Umformung erwärmt wird und nach dem Ziehen eine geringere Festigkeit hat als vor der Erwärmung; → Kaltziehen, Halbwarmziehen

hotform drawing
Special → draw through process, where the → drawing material is preheated and has a lower strength after the drawing process than before the heating process; → coldform drawing, → warmform drawing

6.1.86 **Walzziehen (n) über losen (fliegenden oder schwimmenden) Stopfen**
→ Walzziehen von Hohlkörpern über einen im Walzspalt lose angeordneten → Stopfen (Dorn), der durch das Gleichgewicht von rückwärts gerichteten Druckkräften und vorwärts gerichteten Reibungskräften an der Innenwand des Werkstückes in seiner Lage gehalten und zentriert wird [DIN 8584]

roll drawing over running plug
Roll drawing of tubes over a running → plug in the drawing die. The plug is held and centered in its position by the equilibrium of forward compressive forces and backward forces of friction on the inner wall of the drawing material [DIN 8584]

6.1.87 **Schleppzug (m)**
In der Praxis üblicher Begriff für das → Hohl-Gleitziehen von Rohren

drag draw
tractor draw, pull draw
Term used in practice for drawing of tubular objects (tubes, sleeves,...) → hollow drawing

6.1.88 **Ziehen (n) mit Gegenzug**
Ziehverfahren, bei dem auf das ins Ziehwerkzeug einlaufende Ziehgut eine Gegenzugkraft wirkt, die eine Verminderung der Radialspannungen im → Ziehhol und eine Erhöhung der Ziehkräfte bewirkt (Z. vermindert den Verschleiß am Ziehwerkzeug)

drawing with back pull
Drawing process, in which a counteracting force is applied to the workpiece to reduce the radial stresses in the → drawing die and to increase the drawing force; drawing with counteracting force reduces abrasion on the tools

6.1.89 **Ziehglühen (n)**
Begriff für die Kombination von → Durchziehen und Durchlaufglühen in einer Linie

drawing with annealing
Term for the combination of → drawing and continuous annealing in the same line

6.1.90 **Schmierstoff (m)**
Schmiermittel (n)
Substanz, die zwischen Ziehgut und Ziehwerkzeug gebracht wird, um die Reibung und den Werkzeugverschleiß zu vermindern

lubricant
The substance applied in between the drawing material and the drawing tool to reduce friction and abrasion

étirage-laminage (m) sur mandrin long et mobile
→ Etirage-laminage de tubes sur mandrin long et mobile [DIN 8584]

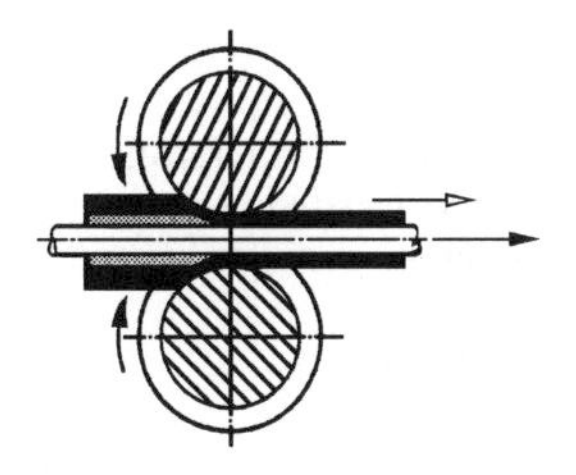

étirage (m) avec préchauffage
→ Procédé d' étirage particulier, où le → matériau est préchauffé avant étirage et possède une résistance plus faible après étirage qu' avant préchauffage; → étirage à froid, → étirage à tiède

étirage-laminage (m) sur mandrin flottant
→ Procédé d' étirage-laminage de tubes où le → mandrin est flottant, celui-ci est centré et maintenu en position par l' équilibre des efforts qui agissent sur la face intérieure du tube étiré [DIN 8584]

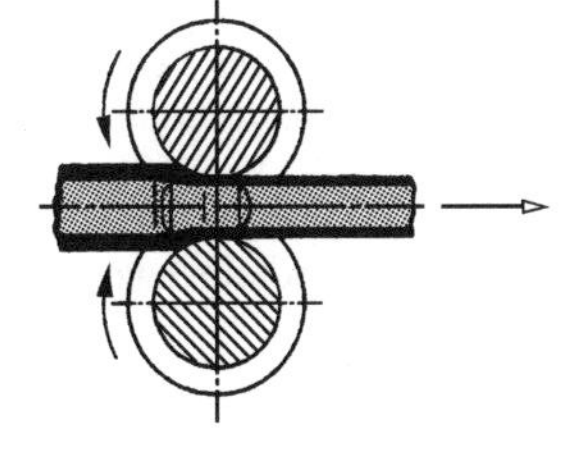

tireur (m)
Terme utilsé dans le cas de l' étirage de tubes; → étirage à creux

étirage (m) avec effort arrière de contre-réaction
Procédé d' étirage ou une force de contre-réaction est appliquée au matériau étiré afin de réduire les contraintes radiales dans l' outillage et d' accroître la force d' étirage admissible; l' étirage avec contre-réaction permet de réduire l' abrasion sur les outils

étirage (m) avec recuit continu
Terme utilisé pour la combinaison en continu de l' → étirage et du recuit sur la même ligne

lubrifiant (m)
Produit entre le matériau en cours d' étirage et la filière d' étirage permettant de réduire le frottement et l' abrasion

6.1.91 **Schmierzug (m)**
Schmierziehen (n)
Ziehverfahren, bei dem als Schmierstoffe Fette oder Öle eingesetzt werden [1]; → Trockenziehen, Naßziehen

lubricant drawing
Drawing process, in which grease, fats or oils are used as lubricants [1]; → dry drawing, wet drawing

6.1.92 **Verzinnen (n) von Stahldraht**
Beschichten von → Stahldraht im Durchlaufverfahren durch Eintauchen in flüssiges Zinn (Feuerverzinnen) oder auf galvanischem Weg (elektrolytisches Verzinnen) für bestimmte Produkte, z.B. → Ankerbandagen- und Textildraht [1]

tinning of steel wires
whitening of steel wires
The coating of → steel wires in either a continuous process by dipping in liquid tin (fire tinning) or galvanically (electrolytical tinning) for certain products, for instance → anchor bandages and textile wires [1]

6.1.93 **Verzinken (n) von Stahldraht**
Beschichten von → Stahldraht mit Zink im Durchlaufverfahren durch Eintauchen in flüssiges Zink (Feuerverzinken), oder auf galvanischem Weg (elektrolytisches Verzinken) zum Erreichen eines Korrosionsschutzes [1]

zinc coating of steel wires
Coating of → steel wires either in a continuous process by dipping in liquid zinc (hot dipping) or galvanically (electrolytical zincing) for protection against corrosion [1]

6.1.94 **Ziehen (n) mit überlagerter Ultraschallschwingung**
Ultraschallziehen (n)
Ultraschallziehen Sonderverfahren des Gleitziehens, bei dem über das → Ziehwerkzeug oder den → Schmierstoff mittels Ultraschall Schwingungsenergie in das → Ziehgut eingebracht wird mit dem Ziel, die Oberflächenqualität zu verbessern, die Werkzeugstandzeit und Betriebssicherheit zu erhöhen und größere Querschnittsabnahmen je Zug zu ermöglichen [40]

ultrasonic drawing
Special drawing process, in which ultrasonic wave energy is applied to the → drawing stock through the → drawing die or through the → lubricant; the goal is to optimize the surface quality, to increase the lifetime of the tools and to make possible greater cross-sectional reductions per process-step [40]

6.1.95 **Ziehen (n) mit hydrodynamischer Druckerzeugung**
Hydrodynamisches Ziehen (n)
Sonderverfahren des Gleitziehens, bei dem in speziell konstruierten Werkzeugen (z.B. → Druckdüse) eine → hydrodynamische Schmierung erzielt wird [40]

hydrodynamic drawing
→ drawing process, in which → hydrodynamic lubrication is obtained specially designed tools (for instance pressure nozzles) [40]

6.1.96 **Superfeinstzug (m)**
Begriff für das Ziehen von Drähten mit Durchmessern kleiner ca. 0,05 mm

superfine drawing
Term for drawing of wires with diameter smaller than approx. 0.05 mm

étirage (m) avec lubrifiant
Procedé où huiles ou graisses sont utilisées durant l'opération afin de réduire le frottement [1]; → étirage à sec, → étirage lubrifié

étamage (m) de fils d'acier
Revêtement de → fils d'aciers en continu par immersion dans un bain d'étain liquide ou galvanisation (étamage electrolylytique) dans le cas de certains produits, par exemple → bandages d'ancres et fils textiles [1]

zingage (m) de fils d'acier
Revêtement de → fils d' acier en continu par immersion dans un bain de zinc liquide ou galvanisation (zingage electrolytique) pour une protection contre la corrosion [1]

étirage (m) assisté par ultrasons
Procédé d' étirage spécial où est communiquée une onde utrasonore au → matériau par l' intermédiaire de la → filière d' étirage ou du → lubrifiant; le but est d' optimiser les qualités de surface, d' accroître la durée de vie des outils et de rendre possible l' accroissement de réduction de section par passe [40]

étirage (m) hydrodynamique
Procédé d' étirage où → un régime de lubrification hydrodynamique est atteint par utilisation d' outillages spécialement conçus avec génération de pression (par exemple orifices de pression) [40]

étirage (m) hyperfin
Terme pour désigner l' étirage de fils de section plus petite que 0.05 mm

6.1.97 **Schmierstoffträger (m)**
Schmiermittelträger (m)
Substanz, die vor dem Ziehen auf das Ziehgut aufgebracht wird und die Aufgabe hat, Unebenheiten der Ziehgutoberfläche auszugleichen, den Transport von Schmierstoff in das Ziehhol zu unterstützen und eine druckbeständige Trennschicht zwischen Ziehgut- und Ziehwerkzeugoberfläche zu bilden; → Kälken, Oxalieren, Oxalatieren, Phosphatieren

lubricant carrier
Substance that is applied to the surface of the drawing stock before the drawing process to even out surface roughness, support the transport of lubricant into the die and build up a separating layer between workpiece and drawing tool (die); → chalking, oxalating, phosphating

6.1.98 **Stabziehen (n)**
Stangenziehen (n)
→ Gleitziehen eines Stabes durch ein Werkzeug (→ Ziehring) mit kreisförmiger oder andersförmiger Austrittsöffnung [DIN 8584]

bar drawing
Drawing process, in which a bar or rod is drawn (pulled) through a die with cylindrical or other geometric of cross section [DIN 8584]

6.1.99 **Verlegen (beim Spulen) (n)**
Begriff für das Verteilen des Drahtes auf der → Spule zum Erzeugen einer bestimmten → Wickelart

traversing (in winding on reels)
Term for distributing the wire on the → reel (coil) for creating a certain → winding

6.1.100 **Ziehen (n)**
→ Durchziehen, Gleitziehen, Walzziehen, Kaltziehen, Halbwarmziehen, Warmziehen

drawing (process)
→ drawing, drawing through, pulling through, glide (slide) drawing, roll drawing, cold drawing, warm drawing, hot drawing

6.1.101 **Ziehen (n) mit hydrostatischer Druckerzeugung**
Hydrostatisches Ziehen (n)
Sonderverfahren des Gleitziehens, bei dem das → Ziehgut eine durch zwei → Ziehsteine (Druck- und Arbeitsstein) abgedichtete Druckkammer durchläuft, in der mit Zusatzeinrichtungen ein definierter Druck aufgebracht wird, wodurch im Arbeitsstein eine → hydrodynamische Schmierung erzielt wird [40]

hydrostatic drawing
drawing process, in which the → drawing stock passes a pressure chamber sealed by two → drawing dies (pressure- and working die); auxiliary equipment applies a defined pressure which creates a → hydrostatic lubrication [40]

6.1.102 **Trockenziehen (n)**
Trockenzug (m)
Ziehverfahren, bei dem pulverförmige Schmierstoffe (z.B. Natriumstearat, Kaliumstearat) verwendet werden [1]; → Naßziehen, Schmierziehen

dry drawing
drawing process, in which powdered lubricant (for instance sodium stearate, potassium stearate) is used [1]; → wet drawing, lubricant drawing

porteur (m) de lubrifiant
Substance déposée à la surface du matériau avant étirage afin de réduire les imperfections, assurer le transport du lubrifiant vers la filière et établir un troisième corps entre le matériau étiré et la filière (outil); → chaulage, phophatation

étirage (m) de barres
Procedé d'étirage, òu une barre est étirée à travers un outillage à section circulaire ou autre [DIN 8584]

positionnement (m) (à l'enroulement sur bobine)
Terme utilisé pour le positionnement du fil sur la → bobine de façon à réaliser un certain → enroulement

étirage (m)
→ étirage, étirage à travers, tirage à travers, glissement à travers, profilage, formage par étirage à froid, formage par étirage à tiède, formage par étirage à chaud

étirage (m) hydrostatique
procédé d' étirage, où la → barre à étirer passe dans une chambre sous pression, entourée par → deux outillages d' étirage (application de pression et filière); par un outil additionnel une pression est appliquée créant ainsi un → écoulement hydrostatique [40]

étirage (m) à sec
Procédé d'étirage où un lubrifiant en poudre est utilisé (stéréate de sodium, stéréate de potassium). → étirage lubrifié

6.1.103 **Spitzenloses Schleifen (n)**
In der Massenfertigung blanker Stäbe, Wellen und Bolzen angewendetes Verfahren, bei dem das Werkstück ohne Einspannung vor der Schleifscheibe auf einer Stützleiste liegt und von der Reglerscheibe angedrückt, gedreht und axial vorgeschoben wird [3]

centerless grinding
Process of mass production of bars, shafts and bolts, where the workpiece is placed in front of the grinding wheel on a supporting bar without being clamped and is pressed to the grinding wheel, rotated and advanced axially by a control wheel [3]

6.1.104 **Tauchpatentieren (n)**
→ Patentieren, bei dem der Ring oder Bund als Ganzes in das Abkühlmittel getaucht wird [DIN 17014]

submersion patenting
→ patenting, where the ring or coil (reel) is dipped (submersed) completely in the cooling medium [DIN 17014]

6.2.1 **Auffedern (n) des Ziehguts**
Vergrößern des Ziehgutquerschnitts beim Austritt aus dem → Ziehwerkzeug infolge der elastischen Eigenschaften des Ziehguts [1]

spring back of the drawing material
Increase of the cross section of the drawn material after leaving the → drawing die due to the elastic deformation of the drawing material [1]

6.3.1 **Abstreckring (m)**
Werkzeug zum → Abstreck-Gleitziehen, dessen Werkzeugöffnung sich in Abstreckrichtung verjüngt

ironing ring (die for ironing process)
Tool for → ironing (process); its opening diameter decreases in the forming direction

6.3.2 **Kerndurchmesser (m)**
Bei → Ziehsteinen und → Ziehringen Begriff für den Außendurchmesser des Hartmetall-, Keramik- oder Diamantkerns

insert diameter
Outer diameter of cabide insert, ceramic insert or diamond insert in → drawing tools and → drawing ring (tools)

6.3.3 **Alfameter (n)**
Nach einem Spiegelungsverfahren arbeitendes Meßgerät zum Bestimmen des → Ziehkegelwinkels von → Ziehwerkzeugen [1]

alfameter
Tool for measuring the → drawing cone angle of → drawing dies, using a mirror process [1]

6.3.4 **Borkarbid (n)**
Schleifmittel zum Bearbeiten der mit dem Ziehgut in Berührung kommenden Oberflächen von → Ziehwerkzeugen aus Hartmetall [1]

boric carbide
Grinding material for finishing the surfaces of the → carbide drawing tools [1] that come in contact with the drawing stock

6.3.5 **Bohrung (f) des Ziehwerkzeugs**
→ Ziehholdurchmesser

bore of drawing die
Smallest diameter of drawing die

rectification (f) centerless
Procédé de fabrication en grandes séries de barres, axes, coupelles òu la pièce non encastrée, maintenue en position par une tige est placée en face de la meule, supportée par une tige, et serrée sur la meule par un disque régulateur et ainsi entraînée en rotation et translation [3]

patentage (m) de bobine par immersion
→ patentage, òu la bobine de fil est plongée complètement dans le fluide de refroidissement [DIN 17014]

retour (m) élastique du matériau étiré
Accroissement de section droite après sortie de l' → outillage d' étirage (filière) dû au comportement élastique du matériau étiré [1]

anneau (m) de repassage
Outillage pour → repassage; son diamètre d' ouverture est décroissant dans la direction de repassage

diamètre (m) de noyau
Diamètre extérieur d' un noyau métallique dur, d' un noyau de céramique ou d' un noyau de diamant dans un → outillage d' étirage

rapporteur (m)
Appareil utilisé pour mesurer l'angle au sommet du cône de réduction de → l'outillage d'étirage, en utilisant une technique de miroir [1]

carbure (m) de bore
Matériau abrasif pour la finition des surfaces →de l' outillage d' étirage [1] (filière d' étirage) entrant en contact avec la pièce à étirer

diamètre (m) de la filière d' étirage
→ diamètre de la filière d' étirage

6.3.6 **Druckdüse (f)**
Spezielle Ziehwerkzeugkonstruktion, bei der dem umformenden → Ziehstein ein mit Schmierstoff gefüllter, zylindrischer oder konischer Hohlkörper (mit nur geringfügig größerem Innendurchmesser als dem Durchmesser des einlaufenden Ziehgutes) vorgeschaltet wird, in dem das einlaufende Ziehgut einen in Richtung des Ziehsteins ansteigenden Druck erzeugt; → Ziehen mit hydrodynamischer Druckerzeugung → Ziehen mit hydrostatischer Druckerzeugung

pressure nozzle
Special design of drawing die, where a cylindrical or conical hollow body filled with lubricant is placed in front of the → drawing die. The inner diameter is only slightly larger than that of the incoming drawing stock. The drawing stock produces a pressure in the direction of the drawing die; → drawing with hydrodynamic generation of pressure → drawing with hydrostatic generation of pressure

6.3.7 **Loser Stopfen (Dorn) (m)**
Fliegender Stopfen (m) (Dorn), Schwimmender Stopfen (m) (Dorn), Schulterdorn (m) (fliegend)
Innenwerkzeug beim → Rohrziehen mit spezieller Geometrie, das durch das Gleichgewicht von rückwärts gerichteten Druckkräften und vorwärts gerichteten Reibungskräften an der Innenwand des Rohres in seiner Lage im → Ziehhol gehalten und zentriert wird [DIN 8584]

moving mandrel
moving plug, running mandrel (plug), floating mandrel (plug)
Moving plug located in the → drawing die for → tubular drawing,with special geometry. It is held and centered in its position by the equilibrium established by forward compressive forces and backward forces of friction on the inner wall of the drawing material [DIN 8584]

6.3.8 **Diamantziehstein (m)**
→ Ziehstein, dessen Kern aus Diamant (natürlich) oder PKD (künstlich) gefertigt ist

diamond drawing die
→ drawing die, with an insert made of diamond (natural) or PCD (artificial)

6.3.9 **Matrize (f)**
→ Profil-Ziehmatrize

drawing die
→ profile drawing die

6.3.10 **Matrizenhalter (m)**
→ Ziehwerkzeughalter

die holder
→ drawing die holder

6.3.11 **Hartmetallziehstein (m)**
→ Ziehstein, dessen Kern aus Hartmetall gefertigt ist

carbide drawing die
→ drawing die with a kernel made of carbide

6.3.12 **Balliges Ziehhol (n)**
→ Ziehhol, dessen Mantel keine Kegelfläche unter einem konstanten Winkel zur → Ziehachse ist, sondern eine (meist konvex) gekrümmte Fläche

crowned (turned spherically) drawing die
→ drawing die with a convex die surface geometry as opposed to a conical surface with a constant angle to the → drawing axis

6.3.13 **Dorn (m)**
→ Stopfen

mandrel
Inner tool for tubular drawing

6.3.14 **Düsenneigungswinkel (m)**
→ Ziehholneigungswinkel

drawing die inclination angle
→ drawing die cone angle

injecteur (m)
Appareillage spécifique d' étirage où un conteneur cylindrique ou conique est placé au droit de → la filière d' étirage, et où l' étiré précédent produit une pression dans la direction de la filière; → étirage avec écoulement hydrostatique ou hydrodynamique

mandrin (m) flottant
Outillage intérieur pour → l' étirage de tubes, placé dans l' orifice d' étirage, possédant une géométrie particulière, centré en position par l' équilibre des forces de contact associées au frottement sur la paroi interne du tube [DIN 8584]

filière (f) en diamant
→ Filière d' étirage, qui possède un noyau constitué de diamand naturel ou artificiel (PCD)

matrice (f) d' étirage
→ outillage profilé d'étirage

support (m) de filière
→ outillage de support de la filière d' étirage

filière (f) en carbure
→ outiilage (filière) d' étirage avec un noyau constitué de carbure

filière (f) à profil courbe
→ filière à profil d' entrée non conique mais à profil curviligne convexe

mandrin (m)
Outil intérieur pour l' étirage de tubes

inclinaison (f) de la filière d'extrusion
→ angle de la filière

6.3.15 **Abstreckwinkel (m)**
Neigungswinkel der inneren Mantelfläche des → Abstreckringes gegenüber der Stempelachse

die angle of ironing die
Inclination angle of the inner die surface of the → ironing ring with the main axis

6.3.16 **Führung (f)**
Begriff für den Teil des → Ziehhols von Ziehwerkzeugen, dessen Mantelfläche parallel zur Ziehachse ist; → zylindrische Führung

die land
Term for the part of the → drawing die whose die surface is parallel to the drawing axis ; → cylindrical guiding device

6.3.17 **Druckstein (m)**
→ Ziehen mit hydrostatischer Druckerzeugung

pressure die
→ drawing with hydrostatic generation of pressure

6.3.18 **Mehrteiliges Ziehwerkzeug (n)**
Ziehwerkzeug, dessen Einsätze (→ Ziehbakken) in einem Werkzeughalter durch Keile fest gegeneinander verspannt sind (nicht verstellbare Werkzeugöffnung) oder deren Position mittels Endmaßplatten oder Stellschrauben verändert werden kann (verstellbare Werkzeugöffnung) M. werden häufig zum Ziehen einfacher, symmetrischer Profile (z.B. mit Rechteck- oder Sechseckquerschnitt) verwendet

multiple part drawing tool (die)
Drawing tool (die) whose inserts (→ drawing jaws) in the tool holder are held together under the pressure by wedges (non adjustable tool opening), or whose position can be changed by using plates or screws (adjustable tool opening). Multiple part drawing dies are often used for drawing symmetrical profiles (e.g. rectangular or hexagonal cross sections)

6.3.19 **Einziehkette (f)**
Gelenkkette mit → Ziehzange, mit der zu Beginn des Ziehvorganges so viele Windungen auf der → Ziehscheibe aufgewickelt werden, bis die Ziehkraft durch die Reibung zwischen Draht und Ziehscheibe aufgebracht werden kann

draw-in chain
Link chain with → drawing chuck, by means of which, at the beginning of the drawing process, a sufficient number of windings are brought onto the → drawing plate so that the drawing force can be applied by using the friction between the wire and the drawing plate

6.3.20 **Auskolkung (f)**
→ Verschleißring im Ziehwerkzeug

cratering
→ abrasive ring in the drawing tool (die)

6.3.21 **Aufgehen (n) des Ziehwerkzeugs**
Vergrößern des zylindrischen Teils des → Ziehwerkzeugs infolge Abrieb des Werkzeugstoffes durch das durchlaufende Ziehgut [1]

opening of the drawing die
Enlargement of the cylindrical part of the → drawing die, caused by abrasion of the tool material during the drawing process [1]

6.3.22 **Arbeitsstein (m)**
→ Ziehen mit hydrostatischer Druckerzeugung

working die
→ hydrostatic drawing

6.3.23 **Führungslänge (f)**
Länge der Führung

length of the guiding land
Length of the guiding device

angle (m) d' ouverture longitudinale
Angle d' inclinaison du profil intérieur de → l' anneau de repassage par rapport à l' axe principal

manchon (m) de guidage
Terme désignant la partie de → la filière dont la surface est parallèle à l' axe d' étirage → guidage cylindrique

matrice (f) générateur de pression de l'huile
→ étirage avec pression due à un écoulement hydrostatique

filière (f) d' étirage en parties multiples
Filière d' étirage (outillage) dont les inserts (→ cônes d' étirage) sont encastrés par serrage (outillage non ajustable),ou dont la position peut être changée grâce à des cales vissées (outillage ajustable). Les outillages en parties multiples sont souvent utilisés pour l' étirage de profils symétriques (i.e.sections rectangualaires ou hexagonales)

chaîne (f) d' étirage
Chaîne d' étirage, avec laquelle, au début de l' opération, il y a beaucoup d' enroulements sur le tambour qui conduisent au fait que la tension d' étirage peut être appliquée gràce au frottement entre le fil et le tambour

cratérisation (f)
→ couronne creusée par abrasion dans la filière d' étirage

ouverture (f) de la filière d' étirage
Elargissement de la partie cylindrique de la → filière d' étirage due à l' abrasion du matériau de l' outil durant le procédé d' étirage [1]

outil (m) actif
→ étirage hydrostatique

longueur (f) de guidage
Longueur du support de guidage

6.3.24 **Fester Stopfen (Dorn) (m)**
Ziehdorn (m)
Innenwerkzeug beim → Rohrziehen, das durch die → Stopfenstange im Ziehwerkzeug gehalten wird [DIN 8099]

fixed mandrel
fixed plug
Inner tool in → tubular drawing, held by the → drawing bar (rod) inside the tube during the drawing process [DIN 8099]

6.3.25 **Fassungskegelwinkel (m)**
Bei Ziehwerkzeugen mit konischer Fassung Begriff für den Öffnungswinkel des Fassungskegels [DIN 1547]

conical angle of the holder of the drawing die
Opening angle of the cone of the case of the drawing die of the drawing tool [DIN 1547]

6.3.26 **Ziehholneigungswinkel (m)**
1. Bei rotationssymmetrischen → Ziehwerkzeugen Begriff für den halben Ziehholöffnungswinkel (→ Ziehkegelwinkel). 2. Bei nicht rotationssysmmetrischen → Ziehwerkzeugen Begriff für die Neigungswinkel der inneren Mantelflächen gegenüber der → Ziehachse

drawing tool (die) inclination angle
→ drawing tool (die) cone angle. 1. Term for half of the die cone angle (→ conical angle) for rotational-symmetric → drawing dies. 2. Term of the inclination angle of the inner mantle surface with the → drawing axis for non-rotational-symmetric → drawing tools. → drawing opening angle, → drawing cone angle

6.3.27 **Ziehwerkzeughalter (m)**
Ziehsteinhalter (m)
Vorrichtung zur Aufnahme und Kühlung von → Ziehwerkzeugen [1]

drawing tool holder
drawing die holder
Device for holding and cooling the inner tool for → tubular drawing [1]

6.3.28 **Ziehsteinfassung (f)**
Hohlkörper mit konischer oder zylindrischer äußerer Mantelfläche, in den die Kerne eingeschrumpft (bei Hartmetall- und Keramikkernen) oder durch Sintern bzw. Hartlöten eingepaßt (bei Diamantkernen) werden

die holder
Hollow body with cylindrical or conical outer mantle surface, into which the insert is shrunk (for carbide and ceramic inserts) or fitted tightly by sintering or hard-soldering (for diamond inserts)

6.3.29 **Ziehhol (n)**
Begriff für den Innenraum eines → Ziehwerkzeugs beim → Gleitziehen [DIN 8584]

cavity of the drawing die
Term for the working space of a → drawing die in the → drawing process [DIN 8584]

6.3.30 **Schleppwalzapparat (m)**
Walzziehapparat (m), Roller Die (n)
Apparat zum → Walzziehen mit drei oder vier nicht angetriebenen Walzen, die in einer („Türkenkopf"-Bauart) oder zwei Ebenen senkrecht zur Ziehrichtung angeordnet sind

drag roll device
drag roll machine
Device for → rolling drawing process with three or four non driven rolls that are positioned in one or two planes orthogonally to the drawing direction

6.3.31 **Ziehmatrize (f)**
→ Profil-Ziehmatrize

drawing tool (die)
→ profile drawing tool (die)

6.3.32 **Ziehholdurchmesser (m)**
Kleinster Durchmesser des → Ziehhols

drawing die diameter
Smallest diameter of a → drawing die

mandrin (m) fixe
Outil interne utilisé en → étirage de tubes, maintenu à l' intérieur du tube durant le procédé d' étirage [DIN 8099]

angle (m) au sommet de la cage d'étirage
Angle d' ouverture du cône de la cage d' étirage de l' outillage d' étirage [DIN 1547]

inlinaison (f) de la filière d' étirage
→ demi-angle au sommet de la filière d' étirage. Terme utilisé pour signifier la moitié le l' angle au sommet de la →filière d' étirage 2. terme désignant l' inclinaision du profil de la surface de la filière par rapport à l' → axe d' étirage. → angle d' étirage → angle du cône d' étirage

support (m) de filière
Appareil pour supporter et refroidir le mandrin intérieur dans le cas de l' → étirage de tube [1]

support (m) de filière
Corps creux avec une partie cylindrique ou conique dans laquelle le noyau est fretté (pour les métaux durs ou céramiques) ou fixé par densification ou brasage fort (pour les noyaux diamants)

cavité (f) de la filière
Terme désignant la partie intérieure active d' une → filière d' étirage [DIN 8584]

appareillage (m) à galets
Outillage d' → étirage-laminage avec trois ou quatre galets fous, positionnés dans un ou deux plans orthogonaux à la direction d'étirage

filière (f) d' étirage
→ filière profilée d'étirage

diamètre (m) de la filière d' étirage
Plus petit diamètre de la → filière d' étirage

6.3.33 **Ziehkegelwinkel (m)**
Ziehholöffnungswinkel (m), Düsenöffnungswinkel (m)
Öffnungswinkel des Ziehkegels (bei rotationssymmetrischen → Ziehsteinen oder → Ziehringen) [DIN 1547]

drawing die cone angle
Opening angle of the drawing cone (for nonaxisymmetric → drawing dies or → ironing rings [DIN 1547]

6.3.34 **Ziehstein (m)**
→ Ziehwerkzeug zum → Gleitziehen von Drähten, i.a. bestehend aus einer Stahlfassung mit eingeschrumpftem Hartmetall-, Keramik- oder Diamantkern mit einer sich in Ziehrichtung verjüngenden Öffnung, die dem herzustellenden Querschnitt entspricht [DIN 1547, Blatt 2 und 3 und DIN 1546] Weitere Erläuterungen zu Begriffen, Bezeichnungen und Kennzeichnung, siehe DIN 1547, Blatt 1

drawing die
→ drawing tool for → drawing of wires, normally consisting of a steel holder with a carbide, ceramic or diamond insert with a decreasing opening diameter in the drawing direction shrunk into it. The decreasing opening diameter corresponds to the cross section of the product [DIN 1547, page 2 and 3 and DIN 1546]; furthermore: DIN 1547 page 1

6.3.35 **Rotierendes Ziehwerkzeug (n)**
Ziehwerkzeug, das in einer speziellen Halterung in eine drehende Bewegung (5 bis 80 U/min) versetzt wird, mit dem Ziel, die Rundheitsabweichung gezogener Drähte zu verringern und die Werkzeugstandzeit durch Verminderung der Reibung zu erhöhen; → Ziehen mit rotierendem Ziehwerkzeug

rotating drawing tool (die)
drawing tool (die) in a special die holder that rotates (5 to 80 rpm) in order to reduce roundness deviations, and to increase the life of the tools by minimizing friction. → drawing with rotating tool (die)

6.3.36 **Stempel (m)**
Innenwerkzeug zum → Abstreck-Gleitziehen

punch
Inner tool for → ironing

6.3.37 **Ziehsteinkühlung (f)**
Abführen der beim Ziehprozess entstandenen und ins → Ziehwerkzeug abgeleiteten Umform- und Reibungswärme. Man unterscheidet zwischen indirekter Ziehsteinkühlung (über Kühlwasserkammern im Ziehsteinhalter) und direkter Ziehsteinkühlung (Kühlung direkt am Ziehstein)

drawing die cooling
Cooling of the forming and friction heat generated during the drawing process ; distinction is made between indirect die cooling (with cooling chambers in the die holder) and direct die cooling (coolant direct on the die)

6.3.38 **Stopfen (m)**
Dorn (m)
Innenwerkzeug bei der Herstellung nahtloser Rohre durch → Walzen oder → Ziehen und beim Nachziehen geschweißter Rohre; (→ fester Stopfen (Dorn), loser Stopfen (Dorn)). Eine Stange (→ Stopfenstange), die gegen ein Widerlager abgestützt ist, trägt den S. Im Vergleich zum → Dorn ist der S. in der Regel das kürzere Werkzeug, ohne daß eine Abgrenzung gegeben ist.

inner tool
plug, mandrel
Inner tool for forming of seamless tubes by → rolling or → drawing: (→ fixed mandrel or floating mandrel) ; a bar (rod), supported by an abutment, carries the mandrel which, compared to the bar (rod), is the shorter tool (without any further definition)

angle (m) du cône d' étirage
Angle d' ouverture du cône d' étirage (pour les sections non-circulaires) → outillages d' étirage ou → anneaux d' étirage [DIN 1547]

filière (f) (d' étirage)
→ filière d' étirage pour → tréfiliage de fils, normalement constituée d' un support en acier et d' un noyau rapporté en métal dur, céramique ou diamant, avec un diamètre décroissant dans la direction d' étirage. L' ouverture de la filière donne sa forme à la barre (au fil) étirée [DIN 1547, page 2 et 3 et DIN 1546]; encore: DIN 1547 page 1

filière (f) d' étirage rotative
filière d' étirage montée sur un support spécial tournant (5 à 80 tours/mn) pour réduire le frottement et les variations de rayon et accroître la durée de vie des outillages (par minimisation du frottement). → étirage avec filière rotative

mandrin (m) de repassage
Outil intérieur pour le → repassage

refroidissement (m) de la filière
Refroidissement durant l' étirage pour évacuer la chaleur produite par déformation et frottement; différenciation entre refroidissement indirect (avec chambres de refroidissement dans le support d' outil) et refroidissement direct (refroidisseur dans la filière)

mandrin (m) intérieur
Outil intérieur pour le formage de tubes sans soudure par → laminage de tubes ou → étirage de tubes; (→ mandrin); une barre (tige) guidée supporte le mandrin; le mandrin est la plus petite partie de l' outillage

6.3.39 **Stopfenstange (f)**
Dornstange (f)
Stange, die beim Walzen bzw. Ziehen nahtloser Rohre und beim Nachziehen geschweißter Rohre den → Stopfen als Innenwerkzeug im Walzspalt bzw. im Ziehwerkzeug hält [1]

inner tool bar
mandrel bar
Bar that holds the → mandrel inside the tube during forming of seamless tubes by rolling or drawing [1]

6.3.40 **Ziehring (m)**
1. → Ziehwerkzeug zum → Gleitziehen von Stangen (Rund-, Vierkant-, Sechskant-) und Rohren; Ausführung ähnlich der der → Ziehsteine [DIN 1547, Blatt 4 bis 11] 2. → Verschleißring im Ziehwerkzeug

drawing ring
1. Tool for → drawing of bars (round-, rectangular-, hexagonal cross sections) and tubes; similar as → drawing dies [DIN 1547, page 4 to 10); 2. → Wear ring in the drawing tool

6.3.41 **Profil-Ziehmatrize (f)**
→ Ziehwerkzeug zum → Gleitziehen von → Profilen, das entweder aus einem Hartmetallkern besteht, der in eine Stahlfassung eingeschrumpft ist, oder vollständig aus Kaltarbeitsstahl gefertigt ist. Für → Ziehwerkzeuge zum → Gleitziehen von → Vierkant-, Sechskant- oder Flachstäben wird in DIN 1547 der Begriff Ziehring verwendet, der jedoch in der Praxis nicht üblich ist

profile drawing die
→ drawing die for → drawing of → profiles, consisting either of a carbide kernel, shrunk in a steel holder, or completely made of cold working steel

6.3.42 **Schulterdorn (fliegend) (m)**
→ loser Stopfen (Dorn)

shoulder plug
shoulder mandrel
→ moving mandrel

6.3.43 **Zetmeter (n)**
Meßgerät zum Bestimmen der → Führungslänge (→ zylindrische Führung) eines → Ziehwerkzeugs

–
Measuring tool for determining the → length of the land in a → draw die

6.3.44 **Profilometer (n)**
Meßgerät zum Bestimmen des Ziehholprofils von → Ziehwerkzeugen, bei dem mit Hilfe einer Nadel die Kontur des Ziehhols abgetastet wird [1]

profilometer
Measuring tool for determining the inner contour of the → drawing die with the use of a tactile sensor

6.3.45 **Ziehwerkzeug (n)**
Werkzeug zum → Gleitziehen oder → Walzziehen, das in der Umformzone das → Ziehgut berührt (z.B. → Ziehstein, → Ziehring, → Profil-Ziehmatrize, → Stopfen etc.)

drawing tool
Tool for → drawing or → roll drawing, which is in contact with the → workpiece in the forming zone (e.g. → die, → ironing ring, → profile die, → stopper etc.)

barre (f) support de mandrin intérieur
Barre qui supporte le → mandrin à l'intérieur du tube sans soudure obtenu par laminage de tube ou étirage de tube [1]

anneau (m) d'étirage
1. Filière d' étirage pour → repassage de barres (rondes, rectangulaires, de section quelconques) ou de tubes; de façon analogue → filière d' étirage [DIN1547, page 4 à 10); 2. → Anneau abrasif dans la filière d' étirage

filière (f) profilée d' étirage
→ outillage d' étirage pour → repassage de → profilés, constitué d' un noyau de métal dur, emmanché dans un support, ou fabriqué complètement en acier usinable à froid

mandrel (m) épaulé flottant
→ mandrin flottant

–
Appareil de mesure de la → longueur de guidage de l'orifice d'étirage

pofilomètre (m)
Appareil de mesure de profil de l'orifice d' → étirage

outilage (m) d'étirage
Outillage pour → étirage → laminage étirage qui est en contact avec le → matériau étiré dans la zone de déformation (i.e. → filière, → anneau de repassage → surface de filière → mandrin etc.)

6.3.46 **Zieheisen (n)**
Begriff für ein heute kaum noch verwendetes → Ziehwerkzeug aus verschleißbeständigem Stahl oder Hartguß mit einer großen Zahl von Ziehlöchern (Ziehdüsen) [2] Z. sind heute i.a. durch → Ziehsteine und → Ziehringe ersetzt, finden aber z.B. in der Schmuckindustrie bei der Verarbeitung von Edelmetallen noch Verwendung

drawing iron
Term for a formerly used → drawing tool made of non-abrasive steel or chilled casting, with a large number of drawing holes (drawing nozzles) [2]; drawing irons are nowadays normally replaced by → drawing dies and → ironing rings, but they are still in use in the jewelry industry in the forming of precious metals

6.3.47 **Ziehzange (f)**
Einziehzange (f)
Werkzeug zum Übertragen der Ziehkraft auf das Ziehgut. Bei → Drahtziehmaschinen überträgt die Z. die Ziehkraft nur so lange, bis die mit Hilfe der → Einziehkette auf der → Ziehscheibe aufgewickelten Drahtwindungen die Kraft übertragen können

drawing chuck
Tool for transmitting the drawing force to the workpiece . In → wire drawing machines the drawing chuck transmits the drawing force only until a sufficient number of wire windings have accumulated on the → draw plate with the help of the → drawing chain and the plate can apply the force

6.3.48 **Ziehbacke (f)**
Einsatz für → mehrteilige Ziehwerkzeuge, der heute i.a. je nach Größe vollständig oder teilweise aus Hartmetall gefertigt wird

drawing jaws
Insert for → multiple part drawing tools, which nowadays usually are made completely or partially from carbide

6.3.49 **Zylindrische Führung (f)**
Ziehhals (m)
Begriff für den Teil des → Ziehhols von → Ziehsteinen oder Ziehringen zum Umformen von Ziehgut mit rundem Querschnitt, dessen Mantelfläche parallel zur Ziehachse verläuft

cylindrical guiding land
drawing throat
The part of the → drawing die or → ironing ring for forming product with round cross section, whose surface is parallel to the drawing axis

6.3.50 **Ziehdüse (f)**
1. → Ziehhol. 2. In der Praxis üblicher Begriff für → Ziehstein oder → Ziehring

drawing nozzle
1. Term for the inner surface of the → drawing die. 2. Term for drawing tool or → ironing ring

6.3.51 **Verschleißring (m) im Ziehwerkzeug**
Verschleißerscheinung an → Ziehsteinen oder → Ziehringen, die durch eine ringförmige Vertiefung im → Ziehhol an der Stelle gekennzeichnet ist, an der das einlaufende Ziehgut das Werkzeug zum ersten Mal berührt [40]

abrasive ring in the drawing tool
Wear phenomenon on → drawing dies or → ironing rings, characterized by a ring shaped depression in the → die at the location where the workpiece first contacts with the tool [40]

6.3.52 **Verstellbares Ziehwerkzeug (f)**
→ Mehrteiliges Ziehwerkzeug

adjustable drawing tool
→ multiple part drawing tool

6.4.1 **Einzelblock (m)**
→ Einzelziehmaschine

single block
→ single step drawing machine

filière (f) à orifices multiples
→ Filière en acier non abrasif ou fonte coquillée avec un grand nombre d'orifices d'étirage (buses d'étirage) [2]; la filière à orifices multiples est ajourd'hui remplacée par la filière d'étirage, mais est toujours utilisée dans la bijouterie ou le formage de métaux précieux

mords (m, pl) d'étirage
Outillage servant à transmettre l'effort d'étirage au matériau d'étirage; sur les → machines de tréfilage les mords transmettent l'effort d'étirage à l'aide de la chaîne d'étirage jusqu´à ce que les enroulements du fil sur la → tambour puissent transmettre l'effort d'étirage

mords (m, pl) d'outil multiple d'étirage
Inserts pour → filière d'étirage multiple, de nos jours usuellement fabriqués partiellement ou completement en carbure

calibrage (m) cylindrique
nez d'étirage
La partie de la → filière ou de → l'anneau de repassage avec une section circulaire dont la surface est parallèle à l'axe d'étirage

cône d' étirage
1. Terme pour désigner la surface intérieure de la → filière d' étirage. 2. La → filière d'étirage ou l' → anneau de repassage

couronne (f) abrasive dans la filière d' étirage
Abrasion sur la → filière d'étirage ou → l'anneau de repassage, caractérisée par des cratères positionnés à l'endroit où la matériau entre en contact avec la filière ou l'anneau [40]

filière (f) d' étirage ajustable
→ filière (outil) d' étirage en parties multiples

machine simple d'étirage (ou de tréfilage)---
→ machine d'étirage (ou de tréfilage) à une seule passe

6.4.2 **Einstoßmaschine (f)**
Maschine, bei der ein hydraulisch oder mechanisch angetriebener Schlitten das nicht angespitzte → Ziehgut (i.a. Stäbe über 10 mm Durchmesser) durch das → Ziehwerkzeug drückt [40]

thrust-in machine
Machine for pressing the non sharpened (non pointed) (→ sharpen, point) initial section of → drawing stock (typically round bars with a diameter over 10 mm) through the → drawing die, mostly by a mechanical or hydraulic device [40]

6.4.3 **Drei-Walzen-Richtmaschine (f)**
→ Schrägwalzenrichtmaschine mit drei Walzen

three roll straightening machine
→ diagonal roll straightening machine with three rolls

6.4.4 **Drahtziehmaschine (f)**
Maschine zum Kaltumformen von → Walzdraht oder → gezogenem Draht durch → Ziehwerkzeuge zum Zweck der Querschnittsverminderung, Oberflächenverfeinerung und Kaltverfestigung [1]. → Einzelziehmaschine, Mehrfachziehmaschine

wire drawing machine
Machine for cold forming → rolled wire or → drawn wire in → drawing tools for reducing the cross sectional area, optimizing the surface and strain hardening the drawing material [1]; → single step drawing machine, multiple step drawing machine

6.4.5 **Abstufung (f)**
Begriff für die Folge und Größe der einzelnen Umformstufen in einer → Mehrfachziehmaschine. Als beschreibende Größe wird z.B. die Drahtverlängerung pro Zug verwendet. Man unterscheidet u.a. die A. mit fallender Drahtverlängerung und mit konstanter oder gleichmäßiger Drahtverlängerung. Bei Mehrfachziehmaschinen mit einer festen Getriebeabstufung spricht man auch von einer Grundabstufung. Weiter unterscheidet man die Maschinenabstufung und die Ziehsteinabstufung, die voneinander unterschiedlich sein können, wenn man Schlupf zuläßt (→ gleitendes Ziehen)

graduation
Term for sequence and size of the single forming steps in a → multiple step drawing machine; characteristic size is e.g. the lengthening of the wire per drawing step; differentiated in wire lengthening with constant or regular elongation; for certain machines with fixed gear gradation the term basic gradation is also used; also differentiated in machine gradation and die gradation, which can be different from each other if slip is admitted (→ slide drawing)

6.4.6 **Drahtspulmaschine (f)**
Spuler (m)
Maschine zum lagenweisen → Aufwickeln von Draht auf → Spulen

wire winding machine
winder
Machine for → winding wire on → reels

6.4.7 **Einzelziehmaschine (f)**
Einzelzug (m), Einzelblock (m), Einfachzug (m), Ziehblock (m)
Ziehmaschine mit vertikal (stehend oder hängend) oder horizontal angeordneter → Ziehscheibe, die den Draht durch ein → Ziehwerkzeug zieht und ihn dabei aufwickelt

single step drawing machine
single block, single step drawing block
Single step drawing machine with a vertical (standing or hanging) or horizontal → drawing disk, that draws the wire through a → drawing die and winds it

machine (f) d'enfilage par poussée
Machine pour introduire par pression la section initiale (typiquement, barres rondes de diamètre supérieur à 10 mm) du → matériau à étirer, à travers la → filière, le plus souvent à l'aide d'un dispositif mécanique ou hydraulique [40]

machine (f) de dressage à trois rouleaux
→ machine de dressage à trois rouleaux diagonaux (croisés)

machine (f) à tréfiler
tréfileuse (f)
Machine pour le formage à froid de → fil déroulé ou tiré à travers des outils de réduction de section (filières), en optimisant la section et l'écrouissage du matériau; → machine simple (une seule passe), machine multiple (passes multiples)

gamme (f) de réduction
Terme désignant la succession et les valeurs des taux de réduction à chaque stade du formage dans une → machine multiple d'étirage (ou de tréfilage); la valeur caractéristique est, par exemple, l'allongement du fil à chaque stade; on distingue allongement du fil avec élongation constante ou progressive; pour certaines machines avec rapport d'engrenages fixes, on emploie aussi le terme gamme de base (fondamentale); on distigue gamme machine et gamme filières, qui peuvent être différentes entre elles s'il y a glissement

enrouleuse (f)
bobineuse (f), bobinoir (m)
Machine pour → enrouler les fils sur des → bobines

machine (f) de tréfilage simple
bloc (m) simple, machine (f) de tréfilage à passe unique, tréfileuse (f) monopasse

6.4.8 **Anspitzrundhammer (m)**
Maschine zum → Anspitzen des → Ziehgutes durch Rundhämmern (genauer: Rundkneten (DIN 8583 Blatt 3))

sharpening swaging hammer
Machine for → sharpening (pointing) the → drawing stock by the process of swaging (DIN 8583 page 3)

6.4.9 **Doppelziehscheibe (f)**
→ Ziehscheibe einer → Doppelziehmaschine mit zwei → Schollrändern, die durch eine Verdickung voneinander getrennt sind [26]. Auf den unteren Rand (Vorziehrand) werden einige Drahtwindungen nach der ersten Umformung aufgewickelt, bevor der Draht nach der zweiten Umformung auf den oberen Schollrand läuft

double drawing plate
double drawing disk
Drawing disk of a → double drawing machine with two → shifting flanges which are separated by a thicker portion [26]; after the first forming stage some wire loops are wound on the lower flange (predrawing edge); after the second forming process the wire is wound on the upper flange

6.4.10 **Anspitzwalzwerk (n)**
Maschine zum → Anspitzen des → Ziehgutes durch Walzen

sharpening roll
pointing rolling machine
Machine for → sharpening (pointing) the → drawing stock by rolling

6.4.11 **Flügel-Richtmaschine (f)**
Richtmaschine (f) mit umlaufenden Richtköpfen
Richtmaschine für kleine Rundstäbe, die mittels Treibrollen durch die Maschine geführt werden. Die Richtwalzen sind in einem Rahmen (Flügel) gelagert und umlaufen mit diesem das Richtgut. Anstelle der Richtwalzen können auch sogenannte Richtdüsen, durch die das Richtgut gezogen wird, verwendet werden [24]

wing straightenung machine
straightening machine with rotating adjusting heads
Straightening machine for smaller round bars which are guided through the machine by driving rolls; the adjusting rolls are supported in a frame (wing) and run around the work material; instead of the rolls also nozzles are used, through which the material is drawn [24]

6.4.12 **Doppelziehmaschine (f)**
Doppelzug (m), Doppeldeckerziehblock (m)
Spezielle Bauart einer → Einzelziehmaschine, die mit einer → Doppelziehscheibe und zwei → Ziehsteinen ausgerüstet ist [26]

double step drawing machine
biplane drawblock, double drawing block
Special type of a → single step drawing machine that has a → double drawing disk and two → drawing tools [26]

6.4.13 **Doppelscheiben-Ziehmaschine (f)**
Spezielle Bauart einer → Mehrfachziehmaschine zum → gleitlosen Ziehen von Draht mit → Drahtansammlung, bestehend aus einer angetriebenen → Ziehscheibe und einer auf der gleichen Achse aufgesetzten, im Gegensinn freilaufenden Lossscheibe [26] Der Draht läuft torsionsfrei über eine Umlenkrolle von der unteren auf die obere Scheibe, die durch die nächste Ziehstufe in Bewegung gehalten wird

double drawing disk drawing machine
Special type of a → multiple step drawing machine for → glideless drawing of wire with → wire collection, consisting of a driven → drawing disk and a free disk on the same axis running in the opposite direction [26]; the wire runs torsion-free over a turning roll from the lower to the higher plate which is moved by the next drawing step

6.4.14 **Friemelmaschine (f)**
Nicht mehr üblicher Begriff für → Schrägwalzen-Richtmaschine

crossrolling (lengthening) machine
Historic German name for → diagonal roll adjusting machine

machine (f) d'appointage à marteau circulaire
Machine pour → appointer le → matériau à étirer par martelage radial (DIN 8583/3)

tête (f) de tréfilage double
plateau (m) de tréfilage double
Tête (disque) (bobine) d'étirage d'une → tréfileuse double avec bobine à deux → flasques séparés par une partie plus large [26]; après le premier étirage, quelques spires de fil sont enroulées sur le flasque inférieur (de pré-étirage), après la seconde passe d'étirage le fil est enroulé sur le flasque supérieur

machine (f) d'appointage à galets
machine (f) d'appointage à rouleaux
Machine pour → appointer le → matériau à étirer, par laminage

machine (f) d'ajustement à aile
machine (f) d'ajustement à cadre
Machine d'ajustement pour petites barres rondes, qui sont guidées à travers la machine par des galets (rouleaux) d'entrainement; ces galets sont montés sur une armature (aile) et roulent autour du matériau à ajuster; au lieu de galets, on utilise aussi des ajustements, qui sont tirés d'un bout à l'autre du matériau [24]

machine (f) de tréfilage double
bloc (m) de tréfilage double, machine de tréfilage à double passe

machine (f) de tréfilage à bobine double
Type spécial de machine de tréfilage multipasse pour tréfiler sans glissement du fil avec accumulation de fil entre passes. Chaque cabestan est constitué d'un disque libre monté sur le même axe et pouvant éventuellement tourner en sens opposé [26]; le fil s'enroule sans torsion sur le cabestan motorisé, puis sur le disque libre dont la vitesse est imposée par la passe de tréfilage suivante

machine (f) de dressage à rouleaux croisés
Terme historique allemand pour: → machine de dressage à rouleaux diagonaux

6.4.15	**Auflaufhaspel (f)** → Drahthaspel	**winding reel** → wire reel
6.4.16	**Drahthaspel (f)** Maschine, die → Draht regellos zu → Ringen aufwickelt oder Ringe abwickelt [24]	**wire reel** Machine that winds or unwinds → wire randomly to → rings (coils) [24]
6.4.17	**Drahtschweißmaschine (f)** → Widerstands-Stumpfschweißmaschine	**wire welding machine** → electric resistance welding machine
6.4.18	**Abstechmaschine (f)** → Rohrabstechmaschine	**cut-off lathe** *slicing machine* → tube cut-off machine
6.4.19	**Ablaufvorrichtung (f)** Maschinensystem zum Abwickeln von Draht	**unwinding device** Machine system for unwinding wire
6.4.20	**Geradeausziehmaschine (f) mit geneigten Achsen** Spezielle Bauart einer → Mehrfachziehmaschine zum → gleitlosen Ziehen ohne → Drahtansammlung, bei der der Draht nach wenigen Windungen auf der Ziehscheibe direkt ins nächste Ziehwerkzeug geführt wird [26]	**straight drawing machine with inclined axes** Special type of a → multiple step drawing machine for → glideless drawing without → wire collection, where the wire is led into the next drawing tool after a few windings on the drawing plate [26]
6.4.21	**Geradeausziehmaschine (f) mit Tänzerrolle** Spezielle Bauart einer → Mehrfachziehmaschine zum → gleitlosen Ziehen ohne → Drahtansammlung, bei der der Draht nach wenigen Windungen auf der → Ziehscheibe torsionsfrei über eine → Tänzerrolle zum nächsten → Ziehwerkzeug geführt wird [26]	**straight drawing machine with dancer roll** Special type of a → multiple step drawing machine for → glideless drawing without → wire collection, where the wire is led without torsion over a → dancer roll into the next → drawing tool after a few windings on the → drawing plate [26]
6.4.22	**Faltangelmaschine (f)** Maschine zum → Anspitzen von → Rohren, bei der die Rohrenden in einer ersten Stufe flach und in einer zweiten Stufe senkrecht dazu zu einer annähernd runden Endform gepreßt werden [40]	**fold angle machine** Machine for → sharpening (pointing) → tubes, where the ends of the tubes are pressed flat in the first forming step and in the second step pressed orthogonally to the first direction to an approximately round final form [40]
6.4.23	**Haspel (f)** → Drahthaspel	**winding reel** → wire reel
6.4.24	**Kronengestell (n)** → Ablaufvorrichtung für Drähte [26]. Man unterscheidet drehende und stehende K.	**crown stand** → unwinding device for wires [26]; differentiated in rotating and standing crown stands

bobineuse (f)
→ enrouleuse

enrouleuse (f)
dévidoir (m)
Machine qui enroule ou déroule (dévide) le → fil en → couronnes

soudeuse (f) de fil
→ soudeuse (électrique) à résistance

machine (f) à tronçonner
tronçonneuse (f)
→ Machine (tour) à tronçonner les tubes

dispositif (m) de déroulage
Système de déroulage (dévidage) de fil

banc (m) de tréfilage droit (en ligne) à axes inclinés
Type spécial de → tréfileuse multipasse pour → tréfilage sans glissement et sans → accumulation, où le fil passe dans la filière suivante après quelques tours (boucles) sur la bobine tractrice (d'étirage) [26]

banc (m) de tréfilage droit avec galet de renvoi (de tension)
Type spécial de → tréfileuse multipasse sans glissement, sans accumulation, où le fil est conduit sans torsion sur la → filière suivante par un → galet mobile de renvoi, après quelques boucles sur la → bobine tractrice [26]

machine (f) d'appointage (de formage) par pliage
Machine pour → appointer les → tubes, où les extrêmités des tubes sont applaties dans une première étape de formage, puis pressées perpendiculairement à la première direction, pour former finalement une extrêmité sensiblement ronde (appellée "soie") [40]

bobine enrouleuse
→ bobineuse

–
machine (f) à tréfiler à cônes
→ Dispositif de déroulage (dévidoir) pour fils [26]; on distingue les supports de couronnes rotatifs ou fixes

6.4.25 **Kettenziehbank (f)**
→ Ziehbank, bei der der → Ziehwagen (-schlitten) über einen Haken mit einer umlaufenden Kette oder fest mit einer Zug-Stoß-Kette verbunden ist

chain drawing bench
→ drawing bench, where the step plate → drawing carriage (sled) is joined to a circumferential chain with a hook or joined rigidly to a draw-push-chain

6.4.26 **Ablaufhaspel (f)**
→ Drahthaspel

unwinding reel
→ wire reel

6.4.27 **Mehrfachziehmaschine (f)**
Maschine zur mehrfachen Querschnittsreduktion von Drähten in einem Arbeitsgang mittels entsprechender Anzahl von → Ziehsteinen und → Ziehscheiben [26]. → Überkopfz., Doppelscheibenz., Geradeausz. mit Tänzerrolle oder mit geneigten Achsen, Tandemz., Stufenscheibenz.

multiple step drawing machine
Machine for multiple reduction of cross sectional area of wires in one working step with multiple → drawing tools and → drawing plates [26]; → overhead drawing machine, double step drawing machine, straight drawing machine with dancer roll or inclined axes, tandem drawing machine, step disk drawing machine

6.4.28 **Trommelziehmaschine (f)**
Ziehmaschine zum kontinuierlichen Ziehen von Rohr, bei der ähnlich wie bei der → Einzelziehmaschine für Draht, das Rohr nach der Umformung auf eine Trommel aufgewickelt wird

drum drawing machine
Machine for continuous drawing of tubes, where, similar to the → single step drawing machine for wire, the tube is wound on a reel after forming

6.4.29 **Spinnerblock (m)**
Spezielle Bauart einer → Trommelziehmaschine, bei der zum Vermindern des auflaufenden Rohrgewichtes nicht der gesamte Ring auf die Trommel gewickelt wird, sondern bis auf einige Windungen mittels einer Abstreifvorrichtung in einen rotierenden Aufnahmekorb abgesponnen wird [40]

spinner block
Special type of a → drum drawing machine, where not the entire ring is wound on the drum but most of the wire except a few windings are unwound in a rotating recipient basket [40] in order to reduce the tube weight on the drum [40]

6.4.30 **Richtmaschine (f)**
Maschine zum Verringern der am Richtgut vorhandenen → Geradheitsabweichungen in einer oder in mehreren Achsen [1]; → Schrägwalzen-R., Zwei-Walzen-R., Drei-Walzen-R., Walzen-R., Profilwalzen-R., Flügel-R.

straightening machine
Machine for the reduction of the → axial deviations in one or more axes [1]; → diagonal roll straightening machine, two roll straightening machine, three roll straigtening machine, roll straightening machine, profile roll straightening machine, wing roll straightening machine

6.4.31 **Streckmaschine (f)**
Maschine in der das Richtgut an beiden Enden eingespannt und über die Streckgrenze hinaus gestreckt wird [24]. Man unterscheidet Profil-S. und Blech-S.

stretching machine
Machine where the material to be straightened is clamped on both ends and is stretched beyond the yield point [24]; one differentiates between profile stretching machines and sheet metal stretching machines

banc (m) d'étirage à chaîne
→ Banc d'étirage, ou la → tête (chariot) d'étirage est reliée par un crochet à une chaîne fermée, ou reliée rigidement à une chaîne à mouvement alternatif ("tire-pousse" ou "va-et-vient")

bobine (f) dévideuse
→ dévidoir

tréfileuse (f) multipasse
Machine pour réductions multiples de section des fils en une seule opération, avec → filières et → porte-filières multiples [26]; → tréfileuse à accumulation, à double passe, banc de tréfilage linéaire avec galet mobile de renvoi ou à axes inclinés, tréfileuse tandem, tréfileuse à cônes

machine (f) (banc) d'étirage sur tambour
Machine d'étirage de tubes en continu, où, comme dans les → tréfileuses monopasse pour fils, le tube est enroulé sur un tambour après formage

Tambour de délestage
Type spécial de → banc d'étirage sur tambour, ou toute la couronne de tube n'est pas enroulée sur le tambour, mais seulement quelques spires; la plus grande partie du tube est dévidée dans un panier rotatif, de façon à réduire le poids du tube sur le tambour [40]

machine (f) de dressage
Machine pour réduire les → défauts de rectitude suivant un ou plusieurs axes [1]; → machine de dressage à rouleaux diagonaux (croisés), machine de dressage à deux rouleaux, à trois rouleaux, à trois rouleaux, à rouleaux profilés, à rouleaux planétaires

machine (f) d'étirage
Machine où le matériau à dresser est accroché à ses deux extrêmités, et étiré au dela de sa limite élastique [24]; on distingue les machines d'étirage de profilés et les machines d'étirage de métaux en feuilles

6.4.32 **Tandemziehmaschine (f)**
Spezielle Bauart einer → Mehrfachziehmaschine zum → gleitenden Ziehen, bei der alle → Ziehscheiben den gleichen Durchmesser haben und mit entsprechend der Drahtverlängerung abgestimmten Geschwindigkeiten angetrieben werden; → Stufenscheibenziehmaschine [26]

tandem drawing machine
Special type of → multiple step drawing machine → glide drawing, where all the → drawing plates have the same diameter and are driven with velocities adjusted to the elongation of the wire; (→ step plate drawing machine) [26]

6.4.33 **Zwei-Schlitten-Ziehbank (f)**
→ Ziehbank, bei der zwei → Ziehschlitten (oder → Ziehwagen) eine gegenläufige Bewegung ausführen, wobei der eine das → Ziehgut durch das → Ziehwerkzeug zieht, während der andere in entgegengesetzter Richtung in seine Ausgangsposition zurückfährt [40]

two sled drawing bench
→ drawing bench, where two → drawing sleds run in opposite directions; one sled draws the → drawing material through the → drawing tool while the other runs back to its starting position [40]

6.4.34 **Profilwalzen-Richtmaschine (f)**
→ Walzenrichtmaschine mit senkrecht zur Richtachse angeordneten und meist fliegend gelagerten, profilierten Walzen [24]. Das Kaliber der Walzen ist entweder eingedreht oder aus Ringen zusammengesetzt

profile roll straightening machine
→ Roll straightening machine with profile rolls orthogonal to the product axis [24]; the profile of the rolls is either grooved into the surface of the rolls or composed of different rings

6.4.35 **Tänzerrolle (f)**
Tastrolle zum Messen der Gegenzugkraft zwischen den → Ziehscheiben von → Geradeausziehmaschinen mit Tänzerrolle, mit deren Hilfe die Geschwindigkeit der einzelnen Ziehscheiben geregelt wird

dancer roll
Tactile sensing roll for measuring the counteracting force between the → drawing plates of → straight drawing machines with dancer rolls whose input is used for controlling the velocity of the single drawing plates

6.4.36 **Schollrand (m)**
Ziehrand (m)
Unterer Teil der → Ziehscheibe, der speziell ausgelegt ist, um ein einwandfreies → Schollen des Drahtes zu erreichen [26]

shifting flange
shifting edge
Lower part of the → drawing disk, specially constructed for regular → shifting of the wire [26]

6.4.37 **Überkopfziehmaschine (f)**
Spezielle Bauart einer → Mehrfachziehmaschine zum → gleitlosen Ziehen mit → Drahtansammlung, bei der der Draht über einen Differentialfinger, der die Ansammlung regelt, und über mehrere Umlenkrollen zum nächsten → Ziehwerkzeug geführt wird [26]. Nachteil dieses Verfahrens ist eine erhebliche Torsion des Drahtes

overhead drawing machine
Special type of a → multiple step drawing machine for → glideless drawing with → wire collection, where the wire is guided over several rolls to the next → drawing tool by a differential finger that controls the wire collection [26]. Disadvantage of this procedure is the torsion of the wire.

tréfileuse (f) tandem
Type spécial de → tréfileuses multipasses (avec glissement) ou toutes → les bobines d'étirage (cabestans) sont du même diamètre, et mises en rotation à des vitesses différentes, adaptées à l'élongation du fil [26]

banc (m) d'étirage alternatif
→ Banc d'étirage dans lequel deux → têtes (chariots) d'étirage se déplacent en sens opposés, où l'une des têtes tire le → matériau à étirer, tandis que l'autre revient à sa position de départ [40]

machine (f) de dressage de profilés à rouleaux
→ Machine de dressage (redressement), avec rouleaux de profilage orthogonaux à l'axe de dressage [24]; le profil des rouleaux est, soit creusé à la périphérie des rouleaux, soit composé d'anneaux rapportés

galet (m) mobile de mesure de tension
Galet mobile avec capteur pour la mesure de la force d'interaction entre les → bobines de traction (cabestans) d'un → banc de tréfilage droit avec galet mobile, dont l'information est utilisée pour contrôler la vitesse des bobines d'étirage simples

bord (m) de renvoi
collerette (f) de renvoi
Partie inférieure de la → bobine de traction (cabestan), conçue spécialement pour assurer le → renvoi (basculement) du fil sur la bobine (pour initier l'enroulement d'une nouvelle couche de fil)

tréfileuse (f) à accumulation (avec torsion)
Type spécial de → tréfileuse multipasse pour → tréfilage sans glissement avec → accumulation du fil, dans laquelle le fil est amené sur la → filière suivante à travers plusieurs rouleaux (galets), placés au dessus de la bobine suivante, et guidés par un doigt différentiel qui contrôle l'accumulation du fil [26]. L'inconvénient de ce dispositif est la torsion du fil.

6.4.38 **Stufenscheibenziehmaschine (f)**
Konenziehmaschine (f)
Spezielle Bauart einer → Mehrfachziehmaschine zum → gleitenden Ziehen, bei der mehrere →Ziehscheiben auf einer Welle zusammengefaßt sind und der zunehmenden Drahtgeschwindigkeit durch unterschiedlich große Ziehscheibendurchmesser Rechnung getragen wird [26]

step disk drawing machine
crown drawing machine
Special type of → multiple step drawing machine for → glide drawing, where multiple → drawing disks are collected on the same axis and the increasing velocity of the wire is accounted for by different drawing plate diameters [26]

6.4.39 **Schleifmaschine für Blankstahl (f)**
Maschine zum → spitzenlosen Schleifen von Blankstahl

grinding machine for blank steel
Machine for → centerless grinding of blank steel

6.4.40 **Vorbank (f)**
Teil einer → Ziehbank zur Umformung von Rohren mit festem Stopfen, der die Stopfenstange hält

primary bench
Part of a → drawing bench for forming tubes with a fixed mandrel, that holds the mandrel bar

6.4.41 **Schlaghaspel (f)**
→ Ablaufvorrichtung für Draht, bei der eine Blattfeder dafür sorgt, daß die Drahtwindungen einzeln nacheinander abgezogen werden [26]

hitting reel
→ unwinding device for wires, where a leaf spring causes the wire windings to unwind separately [26]

6.4.42 **Schälmaschine (f)**
Maschine zum spanabhebenden Bearbeiten von → Stäben und → Walzdraht mittels eines Schäl- oder Messerkopfs zur Beseitigung von Oberflächenfehlern wie Entkohlungen oder Rissen

peeling machine
Machine for removing metal from → bars and → drawing wire with a peeling head or knife head for removing surface defects like decarburation or cracks

6.4.43 **Walzen-Richtmaschine (f)**
Maschine, in der das Richtgut zwischen zwei Reihen Richtwalzen, die einander versetzt gegenüberliegen, durchläuft [24]. Man unterscheidet Stab-R. und Blech-R.

roll straightening machine
Machine where the material to be straightened passes between two columns of rolls which are located opposite each other in staggered fashion [24]; differentiation is made between bar rolling adjusting machines and sheet metal rolling adjusting machines

6.4.44 **Schrägwalzen-Richtmaschine (f)**
[Friemelmaschine (f)]
Richtmaschine mit Walzen in konkaver oder konvexer Form, schräg zur Richtachse angeordnet und beidseitig gelagert, wodurch eine schraubenförmige Fortbewegung des Richtgutes und ein Richten in allen Achsen erzielt wird [24]. Der Begriff „Friemelmaschine" sollte nicht mehr verwendet werden

diagonal roll straightening machine
Straightening machine with rolls in concave or convex form, diagonally inclined to the straightening axis and supported on both sides, whereby a helical movement of the product undergoing straightening is possible [24]

tréfileuse (f) multipasse à étages
Type spécial de → tréfileuse multipasse pour → tréfilage avec glissement, où les → bobines multiples de traction (cabestans) sont montées sur le même axe, et où les différentes vitesses du fil sont adaptées grâce aux diamètres variés (d'enroulement) sur les bobines [26]

machine (f) de meulage pour acier brut
Machine pour meulage (cylindrique, sans centre) de l'acier brut (→ meulage "centerless")

banc (m) primaire
Partie d'un → banc d'étirage pour former les tubes avec un mandrin fixe, qui maintient la barre de manchon

dévidoir (m) par à-coups
→ Dispositif de déroulement du fil, où un ressort à lames permet aux spires de se dérouler séparément [26]

machine (f) de pelage
Machine destinée à enlever le métal des → barres ou → fils à étirer, avec une tête ou un couteau de pelage, pour enlever les défauts superficiels, tels que carbures ou fissures

machine (f) de dressage à rouleaux
Machine où le matériau à redresser traverse deux colonnes (rangées) de rouleaux qui sont décalées [24]; on distingue les machines de dressage à rouleaux pour barres et pour métaux en feuilles

machine (f) de dressage à rouleaux diagonaux ("croisés")
Machine de dressage à rouleaux de forme concave ou convexe, inclinés en diagonale par rapport à l'axe de dressage et supportés des deux côtés; de cette façon un mouvement hélicoïdal du matériau à redresser est possible [24]

6.4.45 **Rohrgewindeschneidmaschine (f)**
Spezialmaschine zum Schneiden von zylindrischen und konischen Schraubgewinden auf die Rohrenden von Gas- oder Wasserleitungsrohren mittels rotierender Strehler-Schneidbacken [1]

pipe thread cutting machine
Special machine for cutting cylindrical and conical pipe threads on the ends of tubes of gas- and waterpipes by means of rotating thread chaser cutting jaws [1]

6.4.46 **Rohrendenfräsmaschine (f)**
Maschine zum stirnseitigen (innen und außen) Anfasen der Rohrenden mittels Fräswerkzeugen, die in Rohrwerksadjustagen einzeln oder mit → Rohrgewindeschneidmaschinen kombiniert arbeitet [1]

pipe end milling machine
Machine for frontal (inner and outer) chamfering of the end of pipes with milling tools that work singly or combined with → pipe thread cutting machines [1]

6.4.47 **Rohrabstechmaschine (f)**
Aggregat zum Abtrennen unbrauchbarer Rohrenden und zum Teilen von Rohren in Bearbeitungs- bzw. Fertiglängen [1]

tube cut-off machine
Special machine for cutting off ends of pipes and for cutting parts of pipes to special lengths [1]

6.4.48 **Zwei-Walzen-Richtmaschine (f)**
→ Schrägwalzen-Richtmaschine mit zwei Walzen

two roll straightening machine
→ diagonal straightening machine with two rolls

6.4.49 **Ziehwagen-Rückholvorrichtung (f)**
Element der → Ziehbank, das den → Ziehwagen (oder → Ziehschlitten) am Ende des Ziehvorgangs in seine Ausgangsposition zurückbringt

drawing carriage return fixture
Element of the → drawing bench that brings the → drawing carriage back into the start position after the drawing process

6.4.50 **Ziehwagen (m)**
Zangenwagen (m)
Element der → Ziehbank, das auf Rollen im Maschinenbett läuft und elektrisch (→ Kettenziehbank) oder hydraulisch (→ Zwei-Schlitten-Ziehbank) angetrieben wird; → Ziehschlitten [40]. In den Z. ist ein Spannwerkzeug (→ Ziehzange) zum Greifen des Ziehgutes integriert

drawing carriage
chuck carriage
Element of the → drawing bench that runs on rolls in the machine bed and is driven electrically (→ chain drawing bench) or hydraulically (→ two head drawing bench); integrated in the carriage is a → drawing chuck for clamping the material to be drawn [40]

6.4.51 **Ziehschlitten (m)**
Element der → Ziehbank, das auf Kufen im Maschinenbett gleitet und elektrisch (→ Kettenziehbank) oder hydraulisch (→ Zwei-Schlitten-Ziehbank) angetrieben wird; → Ziehwagen [40]. In den Z.ist ein Spannwerkzeug (→ Ziehzange) zum Greifen des Ziehgutes integriert. In der Praxis wird der Begriff Ziehschlitten häufig auch als Synonoym für Ziehwagen verwendet.

drawing sled
Element of the → drawing bench that runs on skids in the machine bed and is driven electrically (→ chain drawing bench) or hydraulically (→ two-sled drawing bench); integrated in the head is a → drawing chuck for clamping the drawing material [40]

machine (f) à fileter les (extrêmités de) tubes
Machine spéciale pour tailler les filetages cylindriques ou coniques en bout des tubes de gaz ou d'eau, à l'aide de mâchoires coupantes ("peignes") rotatives

machine (f) (fraiseuse) pour chanfreiner les bouts des tubes
Machine pour chanfreinage frontal (intérieur ou extérieur) des extrêmités des tubes, travaillant indépendamment, ou en combinaison avec les → machines à fileter les tubes [1]

machine (f) à tronçonner les tubes (tronçonneuse)
Machine spéciale pour couper les extrêmités inutiles des tubes, et pour tronçonner les tubes à la longueur voulue [1]

machine (f) de dressage (redressement) à deux rouleaux
→ machine de dressage à deux rouleaux diagonaux

dispositif (m) de retour du chariot d'étirage
Elément du → banc d'étirage qui ramène la → tête d'étirage à sa position de départ, après le processus d'étirage

chariot (m) d'étirage
Elément du → banc d'étirage qui roule (sur des galets) sur le banc de la machine, et qui est actionné électriquement (→ banc d'étirage à chaîne) ou hydrauliquement (→ banc d'étirage à deux chariots); une → pince d'étirage intégrée dans la tête permet la saisie du matériau à étirer [40]

traîneau (m) d'étirage
Elément du → banc d'étirage qui glisse sur des patins sur le banc de la machine, et qui est actionné électriquement (→ banc d'étirage à chaîne) ou hydrauliquement (→ banc à deux traîneaux); une → pince d'étirage intégrée dans la tête permet la saisie du matériau à étirer [40]

6.4.52 **Ziehscheibenkühlung (f)**
Abführen der vom Ziehgut auf die Ziehscheibe übertragenen Wärme

cooling of drawing disks
Removing the heat that is transferred from the drawing stock to the drawing disk

6.4.53 **Ziehschlitten-Rückholvorrichtung (f)**
Element der Ziehbank, das den Ziehschlitten am Ende des Ziehvorganges in seine Ausgangslage zurückbringt

drawing sled return fixture
Element of the drawing bench that brings the drawing sled back into the start position after the drawing process

6.4.54 **Widerstands-Stumpfschweißmaschine (f)**
Drahtschweißmaschine (f)
Maschine zum Aneinanderschweißen stumpf gegeneinander gestoßener Drahtenden

electric resistance welding machine
wire welding machine
Machine for welding the ends of the wires together

6.4.55 **Ziehscheibendurchmesser (m)**
Äußerer Durchmesser der → Ziehscheibe an der Stelle, an der der aus dem → Ziehwerkzeug auslaufende Draht die Ziehscheibe zum ersten Mal berührt

drawing disk diameter
Outer diameter of the → drawing disk at the point where the wire leaving the → drawing tool first touches the disk

6.4.56 **Ziehscheibe (f)**
Ziehtrommel (f), Schollscheibe (f)
Von der Welle der → Drahtziehmaschine angetriebener, zylindrischer oder konischer, wasser- oder luftgekühlter Körper zum Aufwickeln des Drahtes

drawing disk
drawing drum, shifting disk
A cylindrical or conical body, cooled by water or air, driven by the → wire drawing machine, for winding the wire

6.4.57 **Ziehbank (f)**
Stangenziehbank (f)
In der Praxis üblicher Begriff für eine Ziehmaschine, bei der das → Ziehgut mittels eines geeigneten Spannwerkzeuges (→ Ziehzange) im → Ziehschlitten oder → Ziehwagen gegriffen und durch geradlinige Bewegung des Schlittens (Wagens) durch das Ziehwerkzeug gezogen wird [40]

drawing bench
bar drawing bench
Term for a drawing machine, where the → drawing material is clamped by a → drawing device (→ drawing chuck) in the → drawing head or →drawing sled and is moved linearly through the drawing tool [40]

6.4.58 **Ziehkette (f)**
Element der → Ziehbank, mit der die Kraft vom Antrieb auf den → Ziehwagen (oder → Ziehschlitten) übertragen wird

drawing chain
Element of the → drawing bench that transduces the force of the driving device to the → drawing head (or → drawing sled)

6.5.1 **Drahtdurchlaufofen (m)**
Ofen zum Erwärmen oder Glühen von Draht, der von Haspeln abläuft und nach Durchlaufen des Ofens wieder aufgehaspelt wird [2]

continuous wire furnace
Furnace for heating or annealing the wire that is unwound from reels and after heating is rewound on reels [2]

refroidissement (m) des tambours de tréfilage
Enlèvement des calories transférées du matériau étiré dans les tambours de tréfilage

dispositif (m) de retour du traîneau d'étirage
Elément du banc d'étirage qui ramène le traîneau à sa position de départ, après le processus d'étirage

soudeuse (f) (electrique) à résistance
machine (f) de soudage des fils par résistance
Machine pour souder bout à bout les extrémités des fils ("raboutage")

diamètre (m) de la bobine de traction (cabestan)
Diamètre extérieur de la → bobine de traction (cabestan), au point où le fil sortant de la → filière vient toucher la bobine

cabestan (m) de tréfilage
tambour (m) de tréfilage
Pièce cylindrique ou conique, refroidie par eau ou par air, pilotée par le → banc d'étirage, pour l'enroulement du fil

banc d'étirage
banc (m) d'étirage de barres
Terme désignant une machine d'étirage, où le → matériau à étirer est accroché par un → dispositif de traction (→ pince d'étirage) sur la tête (chariot ou "traîneau") d'étirage, et est entraîné suivant un trajet rectiligne à travers la filière [40]

chaîne (f) d'étirage
Elément d'un → banc d'étirage qui transmet la force du dispositif de traction à la tête (→ chariot ou "traîneau") d'étirage

four (m) de chauffage en continu
four (m) de chauffage au défilé
Four pour chauffer ou réchauffer au rouge le fil qui se déroule des bobines et qui est réenroulé après chauffage [2]

6.5.2 **Drahtglühofen (m)**
Ofen zum Glühen von → Draht nach verschiedenen Verfahren [2]. Man unterscheidet Glühöfen mit absatzweiser Beschickung (Topf-, Schacht-, Hauben-, Herdwagen-Glühöfen) und kontinuierlich arbeitende Glühöfen (Durchlauf- und Durchziehöfen)

wire furnace
Furnace for heating or annealing the wire in different processes [2]: one differentiates between furnaces with stepwise filling and continuously working furnaces

6.6.1 **Förderseildraht (m)**
→ Stahldraht mit 0,8 bis 3,5 mm Durchmesser in blanker oder verzinkter Oberflächenausführung zum Herstellen von Förder- und Bühnenseilen [DIN 21254]

transport rope wire
→ steel wire of 0.8 to 3.5 mm diameter with blank or galvanized surface for coveyor- and stage ropes [DIN 21254]

6.6.2 **Flacherzeugnis (n)**
Fertigerzeugnis mit rechteckigem Querschnitt, dessen Breite wesentlich größer als seine Dicke ist [10]. Zu dieser Gruppe zählen Breitflachstahl, Blech und Band

flat product
Product with a rectangular cross section whose width is much greater than its thickness [10]. Steel sheet and strip belong to this category

6.6.3 **Fischmaul (n) beim Ziehen**
→ Ziehfehler in Form eines Gewaltbruchs z.B. durch eine ungünstige Gefügeanordnung, bei dem die Bruchstelle eine fischmaulförmige Form hat [6]

fishmouth in the drawing process
→ drawing defect in form of a brittle fracture, where the fracture zone has the shape of a fishmouth [6], caused e.g. by unfavourable microstructure

6.6.4 **Federstahldraht (m)**
Draht aus → Federstahl, meist gezogen, patentiert-gezogen oder vergütet, der im allgemeinen zur Herstellung von Zug- , Druck-, Dreh- und Formfedern verwendet wird [DIN 17223]

spring steel wire
Wire made from → spring steel, mostly drawn, patent-drawn or tempered that is normally used for making tensile-, compression-, torsion- and form springs [DIN 17223]

6.6.5 **Federstahl (m)**
Stahl für Federn, der sich vor allem durch eine hohe Elastizitätsgrenze, eine hohe Dauerfestigkeit und eine gute Zähigkeit auszeichnet [32]

spring steel
Steel for springs with high yield point, high endurance limit and good toughness [32]

6.6.6 **Federdraht (m)**
Draht zur Herstellung von Federn; s. auch → Federstahldraht

spring wire
Wire for making springs; see also → spring steel wire

6.6.7 **Faltenbildung (f)**
→ Ziehfehler beim → Hohl-Gleitziehen von Rohren, der entsteht, wenn infolge großer tangentialer Formänderungen die Rohrwand Falten wirft

wrinkle formation
→ drawing defect during the process of → hollow glide drawing of tubes, caused by great tangential strain, where the tube wall wrinkles

four (m) de chauffage de fil
Four pour chauffer ou réchauffer au rouge le fil, de diverses manières [2]: on distingue les fours à fonctionnement discontinu et ceux à fonctionnement continu

fil (m) pour cables de transport
→ Fil d'acier de 0,8 à 3,5 mm de diamètre, à surface brute ou galvanisée, pour la constitution de câbles de transport [DIN 21254]

produit (m) plat
Produit de section rectangulaire dont la largeur est plus grande que l'épaisseur [10]. Les (produits) plats larges (acier), le métal en feuilles et le ruban d'acier ("feuillard") appartiennent à ce groupe

crique (m) en chevron (gueule de poisson),(défaut d'étirage)
→ Défaut d'étirage de type rupture fragile, où la zone de rupture a la forme d'une gueule de poisson ("chevron") [6], due par exemple à une microstructure défavorable

fil (m) d'acier à ressorts
Fil en → acier à ressorts,le plus souvent étiré, étiré avec "patentage", ou revenu, normalement utilisé pour la fabrication de ressorts de tension-, compression-, torsion-, et de forme [DIN 17223]

acier (m) à ressorts
Acier pour ressorts avec haute limite élastique, haute limite à la fatigue et haut module de ténacité [32]

fil (m) à ressorts
Fil pour fabriquer des ressorts, voir aussi : → fil d'acier à ressorts

plissement (m)
→ Défaut d'étirage au cours du processus d' → étirage "à creux" des tubes, du à une grande déformation tangentielle, au cours de laquelle la paroi du tube se plisse

6.6.8 **Eisendraht (m)**
Nicht mehr üblicher Begriff für kaltgezogenen, weichen → Stahldraht [2]

iron wire
Historic term for cold drawn, soft → steel wire [2]

6.6.9 **Gezogener Blankstahl (m)**
→ Blankstahl, der nach Entzunderung durch → Ziehen auf einer → Ziehbank hergestellt wird und besonderen Anforderungen hinsichtlich Form, Maßgenauigkeit und Oberflächenbeschaffenheit genügt [DIN 1652]

cold drawn blank steel
→ cold drawn steel, produced in a → drawing process on a → drawing bench after descaling; it meets high requirements in form, size tolerance and surface quality [DIN 1652]

6.6.10 **Gezogenes Sonderprofil (n)**
Spezialprofil, das durch Ziehen aus Vormaterial (das je nach Losgröße und Endgeometrie warmgewalzt, stranggepreßt oder gezogen ist) hergestellt wird

drawn special profile
Special profile made by the drawing of raw material (that is warm rolled, continuously extruded or drawn, depending on the lot size)

6.6.11 **Eingedrückte Späne (m, pl) (innen)**
→ Ziehfehler beim → Rohrziehen mit Innenwerkzeug, der entsteht, wenn infolge mangelhafter Schmierung aus der Rohrinnenwand herausgerissene Werkstoffteilchen oder innenliegende Späne an anderer Stelle wieder in die Rohrwand eingedrückt werden [6]

pressed in chips (inner side)
→ drawing defect during the process of → tubular drawing with an inner tool, caused by chips that are torn from the inner wall due to poor lubrication and that then become pressed into the inner tube wall at another location [6]

6.6.12 **Dreikantstab (m)**
[Dreikantstahl (m)]
→ Vollprofil, dessen Querschnitt ein gleichseitiges Dreieck ist [10]. Die Benennung erfolgt nach der Seitenlänge. D. wird gewalzt von 8 bis 60 mm Seitenlänge und blankgezogen geliefert

triangular section steel
→ Solid profile whose cross section is an equilateral triangle [10]. The nomenclature depends upon the length of the sides. Triangular section steel is rolled in sizes of 8 to 60 mm edge length and is delivered cold drawn

6.6.13 **geschliffener Blankstahl (m)**
→ Gezogener oder → geschälter Blankstahl, der zusätzlich durch Schleifen oder Schleifen und Polieren eine noch bessere Oberflächenbeschaffenheit und eine noch höhere Maßgenauigkeit erhalten hat [DIN 1652]

ground drawn steel
→ drawn or → peeled cold drawn steel whose surface and size tolerances are optimized by a grinding or a grinding and polishing operation [DIN 1652]

6.6.14 **Gespulter Draht (m)**
Auf → Spulen regelmäßig oder unregelmäßig aufgewickelter Draht

coiled wire
reeled wire, wound wire
Wire that is wound on → reels with or without regularity

6.6.15 **hellblank**
Oberflächenbeschaffenheit von Stahldraht nach dem Ziehen mit Hellblankziehfett oder ähnlichen Schmierstoffen [DIN 1653]

bright smooth drawn
Surface quality of steel wire after the drawing process with bright drawing grease or similar lubricants [DIN 1653]

fil (m) de fer
Terme "historique" pour : → fil d'acier doux, étiré à froid [2]

acier (m) étiré à froid, décalaminé
Acier étiré à froid, obtenu par procédé d' → étirage sur → banc d'étirage après décalaminage; il répond à des exigences élevées en termes de forme, tolérances dimensionnelles et qualité de surface [DIN 1652]

profil (m) spécial étiré
Profil obtenu par étirage d'un matériau brut (c'est à dire laminé à chaud, étiré ou extrudé en continu, suivant la taille du lot)

copeaux (m, pl) adhérents (incrustés) sur paroi interne
→ Défaut d'étirage au cours du processus d' → étirage de tube avec mandrin intérieur, du aux copeaux arrachés de la face interne du matériau en raison d'une insuffisance de lubrification, et qui sont ensuite plaqués à un autre endroit sur la paroi interne du tube [6]

profilé (m) acier de section triangulaire
→ Profilé dont la section droite est un triangle équilatéral [10]. La nomenclature se réfère à la longueur des cotés. L'acier de section triangulaire est laminé aux dimensions de 8 à 60 mm de coté et est livré (à l'état) étiré à froid

acier (m) brut étiré et rectifié
→ Acier étiré à froid ou → écroûté, dont l'état de surface et les tolérances dimensionnelles ont été optimisés par rectification [DIN 1652]

fil (m) bobiné
fil (m) enroulé
Fil enroulé sur des → bobines ("roquettes") avec ou sans régularité

étiré blanc
Etat de surface du fil d'acier après étirage avec graisse pour étirage de brut ou lubrifiant similaire [DIN 1653]

6.6.16 **Drahtstift (m)**
Aus → schmierblank gezogenem Draht hergestelltes Drahterzeugnis [3]

wire nail
wire pin
Wire product made of → grease-drawn wire [3]

6.6.17 **Drahtring (m)**
Drahtbund (m)
Zu einem Ring regellos aufgewickelter Draht (übliche Lieferform) [2]

wire coil
wire reel
Steel wire wound irregularly in a coil (typical form of delivery) [2]

6.6.18 **Grobkorn (n)**
1. Bestimmte Gefügeausbildung durch eine Wärmebehandlung

2. → Ziehfehler, der sich in Oberflächenanrissen oder Drahtabrissen äußert und der bei relativ grobkörnigem Gefüge auftritt [6]

coarse grain
1. Certain microstructure, obtained by heat treatment

2. → drawing defect, that shows up as cracks in the surface or as fracture of the wire when the microstructure is coarse grained [6]

6.6.19 **gezogener Draht (m)**
Durch → Durchziehen hergestelltes Erzeugnis mit einem über die ganze Länge gleichbleibenden Querschnitt, das zu regelmäßigen oder regellosen Ringen aufgewickelt ist [10]

drawn wire
Product, made by a drawing process, with a cross section that is constant over the length; wound in rings [10]

6.6.20 **Drahtgeflecht (n)**
Begriff für Drahtbahnen, deren Drähte zu viereckigen oder sechseckigen Maschen verflochten oder verknotet werden, sowie verzinktes, viereckiges Geflecht und Wellengitter [3]

wire mesh
Term for a fabric of wire, whose wires are woven or knotted together into rectangular or hexagonal meshes; also zinc-coated rectangular and woven wire mesh [3]

6.6.21 **graublank**
Oberflächenbeschaffenheit von Stahldraht nach dem Ziehen mit Rüböl, dünnflüssigem Mineralöl oder ähnlichen Schmierstoffen [DIN 1653]

grey drawn
Surface quality of steel wire after the drawing process with rape seed oil, mineral oil with low viscosity, or similar lubricants [DIN 1653]

6.6.22 **geschälter Blankstahl (m)**
→ Blankstahl, der durch Schälen auf Schälmaschinen hergestellt und anschließend gerichtet und druckpoliert wird [DIN 1652]

peeled bright (smooth) steel
→ Smooth steel that is made by peeling on a peeling machine, then straightened and pressure polished [DIN 1652]

6.6.23 **Kantenriß (m)**
→ Ziehfehler an Profilen in Form von Oberflächenanrissen, wenn örtlich das Formänderungsvermögen des Werkstoffs überschritten wurde [6]

edge crack
→ Drawing defect at profiles in the form of surface cracks, which occurs when the formability of the work material is exceeded locally [6]

pointe (f)
clou (m)
Produit filaire constitué de fil étiré avec graisse [3]

bobine (f) de fil
rouleau (m) de fil
Fil d'acier enroulé irrégulièrement sur une bobine (condition de livraison typique) [2]

gros grain (m)
1. Type de microstructure, obtenu par traitement thermique

2. → Défaut d'étirage,qui apparaît sous forme de microfissures superficielles ou de rupture du fil quand la microstructure est à gros grain [6]

fil (m) tréfilé
Produit obtenu par un procédé d'étirage (de tréfilage),avec une section droite constante sur toute sa longueur; enroulé en couronnes [10]

tresse (f) de fil
grillage (m) en fil métallique, treillis (m)
Terme désignant une bande de fil, ou les fils sont tressés ou noués ensemble selon un maillage rectangulaire ou hexagonal; désigne aussi un tissu galvanisé (à maille) rectangulaire et une maille de fil tissé [3]

tréfilé au gras
écroui grisâtre
Etat de surface d'un fil d'acier après étirage avec huile de colza, huile minérale de faible viscosité ou lubrifiant similaire [DIN 1653]

acier (m) blanc écrouté
Acier brut obtenu par pelage sur une machine à écrouter, puis ajusté et poli par pression [DIN 1652]

crique (f) d'arête
fissure (f) de bord
→ Défaut d'étirage en forme de fissures superficielles sur le profil, lorsque le taux de déformation dépasse localement sa limite admissible [6]

6.6.24 **Kaltprofil (n)**
→ Langerzeugnis unterschiedlicher Formen mit offenem oder wiederzusammengefügtem Querschnitt [10]. K. werden aus warm- oder kaltgewalzten Flacherzeugnissen (mit oder ohne Oberflächenveredelung) ohne wesentliche Änderung der Dicke durch Kaltumformverfahren (z.B. Walzprofilieren, Ziehen, Pressen, Abkanten) hergestellt

cold profile
→ long product of different shapes with open or reassembled cross section [10]. Cold profiles are produced from hot or cold formed flat stock (with or without surface treatment) without a significant change of thickness, due to cold forming (e.g. profile rolling, drawing, pressing, bending)

6.6.25 **Kaltstauchdraht (m)**
→ Stahldraht, der vorwiegend zum kontinuierlichen Herstellen von Schrauben und Muttern auf Kaltstauchautomaten verwendet wird und besonders gute Eigenschaften für die Kaltumformung, wie rißfreie Oberfläche und gleichmäßiges Gefüge, aufweisen muß [1] (häufige Stahlmarken Mu8, C15Q, C22Q, 36Mn7, 37MnSi5, C45Q)

cold-upsetting wire
→ steel wire that is preferably used for making bolts and nuts in cold upsetting machines.It must have good properties for cold forming, e.g. crack-free surface and uniform microstructure [1]. (common steels: Mu8, C15Q, C22Q, 36Mn7, 37MnSi5, C45Q)

6.6.26 **Formdraht (m)**
Draht mit Querschnitten, die von der Kreisform abweichen, z.B. Flach-, Sechskant-, Vierkant-, Halbrund- und Ovaldraht

form wire
Wire or rod with cross sections other than circular; e.g. flat, hexagonal, rectangular, semicircular and ellipsoid wire

6.6.27 **Kappilarstahlrohr (n)**
Nahtlos gezogenes Präzisionsstahlrohr mit großer Wanddicke und kleinem Innendurchmesser für hohe Drücke [2]

capillary steel tube
Seamless high precision steel tube with large wall thickness and small inner diameter, intended for high pressure [2]

6.6.28 **Keilstahl (m)**
Blankgezogenes Vierkant- oder Flachprofil aus Stahl zur Herstellung von Keilen, d.h. lösbaren Verbindungselementen von Maschinenteilen [DIN 6880]

wedge steel
Cold drawn rectangular or flat profile steel for making wedges and retainer keys, i.e. removable connecting elements of machine parts [DIN 6880]

6.6.29 **Draht (m)**
Warmgewalztes oder kaltgezogenes → Langerzeugnis mit beliebiger (meist runder) Querschnittsform, das zu → Ringen, regellos aufgehaspelt, bei dünnem, kaltgezogenem Draht auch auf → Spulen aufgewickelt, geliefert wird; → gezogener Draht, Walzdraht [10]. Draht kann auch durch → Strangpressen, Gießwalzen oder Stranggießen hergestellt werden

wire
Hot rolled or cold drawn continuous product with any given (mostly circular) cross section, that is delivered wound in → coils; thin cold drawn wire is also wound in → spools; → drawn wire, rolled wire [10]. Wire can also be produced by → continuous extrusion, continuous casting and rolling or continuous casting

profilé (m) à froid
→ Produit long de formes variées à section ouverte ou reassemblée [10]. Les profilés à froid sont fabriqués à partir de produits plats formés à froid ou à chaud (avec ou sans traitement de surface) sans changement appréciable d'épaisseur, par un procédé de formage à froid (par exemple: laminage de forme, étirage, forgeage à la presse, répartition de matière par forgeage)

fil (m) pour forgeage à froid
→ Fil d'acier utilisé de préférence pour fabriquer des boulons et écrous à l'aide de machines de forgeage libre à froid,et qui doit avoir des propriétés convenables pour le formage à froid,par exemple: surface exempte de fissures et de microstructure régulière (uniforme) [1]; (aciers courants: Mu8, C15Q, C22Q, 36Mn7, 37MnSi5, C45Q)

fil (m) profilé
Fil dont la section diffère d'une géomètrie circulaire; par exemple: section plate, hexagonale, rectangulaire, semi-circulaire ou ellipsoïdale

tube (m) capillaire en acier
Tube d'acier sans soudure de haute précision avec grande épaisseur de paroi et un faible diamètre intérieur, pour haute pression [2]

acier (m) à clavettes
Profilé en acier rectangulaire ou plat pour la fabrication de clavettes et goupilles, c'est à dire d'éléments de liaison amovibles de pièces de machines [DIN 6880]

fil (m)
Produit long, laminé à chaud ou étiré à froid, de section donnée (le plus souvent circulaire), livré enroulé en → bobines; le fil fin étiré à froid est aussi enroulé en → rouleaux; → fil étiré ou laminé [10]. Fil peut être aussi fabriqué par extrusion continue, coulée continue ou laminage

6.6.30 **Bund (n)**
Begriff für zusammengebundene Erzeugnisse, z.B. → Stäbe oder → Drähte (→ Drahtbund)

bundle
bunch
Term for products that are bound together, e.g. → bars or → wires (→ bundle of wire)

6.6.31 **Bodenreißer (m)**
Fehlererscheinung im Bodenbereich einer → Hülse beim → Abstreck-Gleitziehen infolge zu hoher → Bodenkräfte; analog dem B. beim Tiefziehen

bottom fracture
bottom tear
Defect in the base area of a → shell or cup in → ironing, caused by → bottom forces that are too high; analogous to the cup bottom fracture in deep drawing

6.6.32 **gerichteter Draht (m)**
Begriff für auf Länge geschnittenen und in → Richtmaschinen weiterbearbeiteten Draht (→ Stab) oder in Rollenrichtapparaten inline gerichteten „Endlosdraht"

straightened wire
Term for wire that is cut to length and further processed in → straightening machines (→ bar) or roll straightening machines (endless wire)

6.6.33 **Kipperprofil (n)**
Nicht genormtes → Sonderprofil, das gewalzt, blankgezogen und aus Bandstahl kalt profiliert geliefert wird [2]

Kipper profile
Non standardized → special profile, that is rolled, cold drawn and cold profile-formed from sheet steel [2]

6.6.34 **Klaviersaitendraht (m)**
Nicht mehr üblicher Begriff für → Federstahldraht [2]

piano string wire
Historic term for → spring steel wire [2]

6.6.35 **Heftdraht (m)**
→ Stahldraht mit einer Zugfestigkeit von 600 bis 700 N/mm², der mit Durchmessern von 0,3 bis 2,9 mm sowie als Flachprofil hergestellt wird [1, 7]

stitching wire
→ steel wire with (ultimate) tensile strength of 600 to 700 N/mm², which is produced in diameters of 0.3 to 2.9 mm as well as in flat shape [1,7]

6.6.36 **Krähenfüße (m, pl)**
→ Ziehfehler in Form von krähenfußähnlichen Anrissen der Oberfläche des Zieherzeugnisses, der meist auf eine ungeeignete Werkzeuggeometrie zurückzuführen ist [6]

crow feet
→ Drawing defect in the shape of crow feet in the surface of the drawn product, caused mostly by inappropriate tool geometry [6]

6.6.37 **Drahtgewebe (n)**
Gewebte Bahnen aus den verschiedensten Werkstoffen (Stahl, Sonderstähle, NE-Metalle) [3]

wire mesh
Sheet woven from wire of various materials (steel, special steel, non-ferrous metals) [3]

6.6.38 **Achtkantstab (m)**
[Achtkantstahl] (m)
→ Vollprofil mit achteckigem Querschnitt [10]. Benennung nach Schlüsselweite; wird gewalzt, blankgezogen und als Freiformschmiedestück geliefert

octagonal steel (bar)
→ solid profile with octagonal cross section [10]; nomenclature by wrench size across flats; octagonal steel is delivered rolled, cold drawn and open-die forged

faisceau (m)
botte (f)
Terme désignant des produits qui sont liés ensemble,par exemple: → barres ou fils (→ botte de fil)

fracture (m) à la base de la coupelle
Défaut à la base du → manchon formé par procedé de → repassage, du à des forces excessives en fond de manchon; analogue à la rupture à la base de la coupelle formé par procédé d'emboutissage

fil (m) redressé
Terme désignant du fil coupé à une certaine longueur puis traité par une → machine de dressage ou ajusté en continu par une machine de dressage à rouleaux (fil "sans fin")

profil (m) spécial "Kipper"
→ Profil spécial non normalisé, qui est laminé, étiré à froid et profilé à froid, à partir d'acier en bande [2]

corde (f) à piano
Terme historique désignant un → fil d'acier à ressort [2]

fil (m) d'agraphage
→ Fil d'acier de résistance à la rupture comprise entre 600 et 700 N/mm^2, en diamètre de 0.3 à 2.9 mm, qui se présente aussi sous forme de profil plat [1,7]

pattes (f, pl) de corbeau
→ Défaut du processus d'étirage, fissures superficielles du produit étiré, en forme de pattes de corbeau, dues le plus souvent à une mauvaise géométrie de l'outil [6]

tissu (m) métallique
Tissages de matériaux divers (acier,acier spécial,métal non ferreux) [3]

barre (f) d'acier octogonale
→ Profilé massif de section droite octogonale [10]; nomenclature suivant les dimensions entre plats; l'acier octogonal est livré laminé, étiré à froid et forgé par forgeage libre

6.6.39 **Langerzeugnis (n)**
Fertigerzeugnis mit über die Länge gleichbleibendem Querschnitt, auf das die Definition des → Flacherzeugnisses nicht zutrifft [10]

continous product
Product with constant cross section over its length that is not covered by the definition of → flat product [10]

6.6.40 **Bodenbelagwinkelstahl (m)**
→ Sonderprofil in gewalzter, blankgezogener Ausführung [2]

angle steel for flooring material
→ special L-shaped profile, rolled or cold drawn [2]

6.6.41 **Blankstahlwelle (f)**
Erzeugnis mit rundem Querschnitt und sauber bearbeiteten Enden, dem durch Entzundern und Kaltumformen oder durch spanendes Bearbeiten und anschließendes Polieren eine glatte, blanke Oberfläche gegeben wurde [DIN 669]

cold drawn shaft
Product with a circular cross section and finished ends that is given a smooth, blank surface by descaling and cold forming process or by metal cutting and polishing [DIN 669]

6.6.42 **Markisenstahl (m)**
→ Sonderprofil aus Stahl, das warmgewalzt oder blankgezogen geliefert wird [2]

awning steel
→ special profile made from steel, delivered hot rolled or cold drawn [2]

6.6.43 **blankgezogen**
Begriff für die Oberflächenbeschaffenheit handelsüblicher Stahldrähte, die durch Ziehen ohne Nachbehandlung erzielt wird [DIN 1653]. In DIN 1653 sind weitere Oberflächenbeschaffenheiten handelsüblicher Stahldrähte, die sich aus den in der Drahtverfeinerung üblicherweise angewendeten Arbeitsvorgängen ergeben, mit Abkürzung und Bedeutung aufgeführt. Blankstahl (m) → Langerzeugnis, das gegenüber dem warmgeformten Zustand durch Entzunderung und Kaltumformung oder durch spanende Bearbeitung eine verhältnismäßig glatte, blanke Oberfläche und eine wesentlich höhere Maßgenauigkeit erhalten hat [10]. → Gezogener Blankstahl, geschälter Blankstahl, geschliffener Blankstahl

cold drawn
Term for the surface quality of typical steel wires, achieved by drawing without a further finishing process [DIN 1653]. DIN 1653 lists other surface qualities of typical steel wires that are named according to the procedure of finishing. Blank (drawn) steel → continous (long) product, that has, compared to the hot formed state, a relatively smooth, blank surface and a significantly better dimensional accuracy [10], due to subsequent descaling and cold forming or metal cutting. → Drawn blank steel, peeled blank steel, ground blank steel

6.6.44 **Blanker Keilstahl (m)**
Entzunderter und spanlos (z.B. durch Ziehen) umgeformter Stahl mit verhältnismäßig glatter, blanker Oberfläche und entsprechend hoher Maßgenauigkeit [DIN 6880]. Er ist zum Herstellen von Keilen oder Paßfedern bestimmt

blank wedge steel
Descaled and formed (e.g. by drawing) steel with a relatively smooth, blank surface and high dimensional accuracy [DIN 6880]; blank wedge steel is used for making wedges and retainer keys

produit (m) long
Produit fini de section constante sur toute sa longueur, qui n'entre pas dans la définition des → produits plats [10]

cornière (f) pour planchers
→ Profilé spécial,laminé ou étiré à froid [2]

arbre (m) (barreau) étiré à froid
Produit de section droite circulaire et avec finition des extrémités qui présente une surface lisse, obtenue par décalaminage et formage à froid ou par coupe de métal et polissage [DIN 669]

acier (m) pour stores
→ Profilé spécial en acier, livré à l'état laminé à chaud ou étiré à froid [2]

étiré à froid
Terme désignant la qualité de surface de fils d'acier typiques, fabriqués par procédé d'étirage sans processus de finition [DIN 1653]. Dans la norme DIN 1653 sont énumérées d'autres qualités de surface de fils d'acier typiques qui sont désignées d'après le processus de finition. Acier (étiré) brillant : → produit long, qui présente, comparativement à l'état formé à chaud, une surface relativement lisse et brillante et une précision dimensionnelle significativement meilleure [10], obtenue par décalaminage et formage à froid ou par coupe de métal. → Acier étiré brillant, acier pelé brillant, acier rectifié

acier (m) lisse pour clavettes
Acier décalaminé mis en forme (par exemple par étirage) avec une surface relativement lisse, brillante et une haute précision dimensionnelle [DIN 6880]; cet acier est utilisé pour fabriquer des clavettes et des goupilles

6.6.45 **Blankdraht (m)**
Aus → Walzdraht gezogener Stahldraht [3]. Maßgebende Normen: DIN 174 (flach); DIN 175 (rund, poliert); DIN 176 (sechskant); DIN 177 (Stahldraht, rund, gezogen); DIN 178 (vierkant); DIN 668 (rund, blank, ISO h 11); DIN 670 (rund, blank, ISO h 8); DIN 671 (rund, blank, ISO h 9)

smooth wire
Steel wire drawn from → rolled wire (rod) [3]; standards: DIN 174 (flat); DIN 175 (circular cross section); DIN 176 (hexagonal); DIN 177 (steel wire, round, drawn); DIN 178 (rectangular); DIN 668 (round, blank, ISO h 11); DIN 670 (round, blank, ISO h 8); DIN 671 (round, blank, ISO h 9)

6.6.46 **Bandagendraht (m)**
Ankerbandagendraht (m)
Gezogener, feuerverzinnter Draht hoher Zugfestigkeit aus magnetisierbaren und nicht magnetisierbaren Stählen, der als Bandage in elektrischen Maschinen verwendet wird (DIN 46406, Bl. 1 u.2)

armouring wire
anchor tie wire
Drawn, hot-dip tinned wire with high tensile strength, made from magnetic and non magnetic steel, used for armouring of electric machines (DIN 46406, page 1 and 2)

6.6.47 **Ausschuß (m)**
Begriff für solche Erzeugnisse, die nicht zu verwerten sind (Vollausschuß) oder infolge von Fehlern dem ursprünglich vorgesehenen Verwendungszweck nicht entsprechen (Teilausschuß) [2]. Vollausschuß ist Schrott, Teilausschuß noch für eine andere Verwendung oder Nacharbeit geeignet

scrap
rejects
Term for products that are anacceptable (total rejects) or unacceptable in part due to defects which preclude the part to be used for its intended purpose (partial refuse) [2]; total refuse is waste (scrap), partial refuse is useful for other applications or reworking

6.6.48 **Apfelsinenhaut (f)**
Begriff für eine Oberflächenbeschaffenheit, die der Apfelsinenhaut ähnelt [26]. A. entsteht z.B. bei Drähten (mit groben Körnern an der Oberfäche) nach einer Biegeumformung oder beim → Hohlgleitziehen von Rohren

orange skin
Term for a surface resembling an orange skin [26]; orange skin is seen in the production of wires (with coarse grain on the surface) after bending or in → hollow drawing of tubes

6.6.49 **Nadeldraht (m)**
→ Stahldraht mit hohem Umformgrad zum Herstellen von Hand- und Maschinennadeln mit hohen Anforderungen an die Härtbarkeit (frei von Randentkohlungen), Weichheit (feinkörniger, kugeliger Perlit) und Oberflächenbeschaffenheit. (→ naß- oder → schmierblanke Oberfläche) [1, 7]

pin wire
→ steel wire with high deformation for the production of hand- and machine needles, requiring high levels of hardening properties (no surface decarbonating), ductility (fine grain spheroidal perlit) and surface quality (→ wet- or → grease blank surface) [1,7]

6.6.50 **Nadelrohr (n)**
→ Rohr mit extrem kleinem Durchmesser, z.B. für medizinische Zwecke, das durch → Kaltziehen hergestellt wird [1]

needle tube
→ Tube with an extremely small diameter, e.g. for medical purposes, made by → cold drawing [1]

6.6.51 **naßblank**
Oberflächenbeschaffenheit von Stahldraht nach dem Ziehen mit wässrigen Fetten oder Ölemulsionen [DIN 1653]

wet blank
Surface quality of steel wire after the drawing with watery grease or oil emulsion as lubricant [DIN 1653]

fil (m) brillant
Fil d'acier fabriqué à partir de → fil laminé [3]; normes:DIN 174 (plat);DIN 175 (section circulaire); DIN 176 (hexagonale); DIN 177 (fil d'acier,rond,étiré); DIN 178 (rectangulaire); DIN 668 (rond, lisse, ISO h 11); DIN 670 (rond,lisse, ISO h 8); DIN 671 (rond, lisse, ISO h 9)

fil (m) de frettage
fil (m) de blindage
Fil étiré, étamé à chaud, à module élastique élevé, en acier magnétique ou non magnétique, utilisé comme blindage dans les machines électriques (DIN 46406, pages 1 et 2)

rebut (m)
déchet (m), débris (m, pl)
Terme désignant des produits qui sont absolument inutilisables (rebuts), ou qui, à cause de défauts, ne doivent pas être utilisés pour l'application normalement prévue (refus partiel, déclassement) [2]; les rebuts sont des déchets (ferraille), les produits déclassés sont utilisables pour d'autres applications

peau (f) d'orange
Terme désignant une surface qui a l'aspect d'une peau d'orange [26]; ceci se voit dans la production de fils (avec grain grossier en surface), après pliage, ou → filage de tubes

fil (m) pour aiguilles
→ Fil d'acier avec taux de déformation élevé pour fabriquer des aiguilles à coudre (à la main ou à la machine); avec exigences élevées pour les propriétés de durcissement (pas de décarburation superficielle), de ductilité (perlite globulaire à grain fin) et qualité de surface [1,7]

tube (m) pour seringue
Tube avec très petit diamètre, par exemple pour usages médicaux, fabriqué par → étirage à froid [1]

brut (d'étirage) humide
Qualité de surface d'un fil d'acier après étirage avec graisse aqueuse ou huile soluble (émulsion) comme lubrifiant [DIN 1653]

6.6.52 **Präzisionsstahlrohr (n)**
Rohr, nahtlos oder geschweißt, mit besonders hoher Maßgenauigkeit, besonders glatter Oberfläche, besonderer Querschnittsform und besonders eng abgestufter Abmessungspalette [DIN 2391, Bl.1 u. 2, 2393, Bl. 1 u. 2, 2394, 2464, Bl. 1 u. 2, 2456, Bl. 1 u. 2]

precision steel tube
A tube, seamless or welded, with especially high dimensional accuracy, very smooth surface, special cross section and tightly graduated dimensional range [DIN 2391, page 1 and 2; DIN 2393, p. 1 and 2; DIN 2394; DIN 2464, p. 1 and 2; DIN 2456, p. 1 and 2]

6.6.53 **offenes Profil (n)**
Langerzeugnis, das keinen vollen Querschnitt aufweist [3]. I.w. Winkelprofile, U-, I- und T-Profile. Im Gegensatz hierzu stehen die → Vollprofile

open profile
Continous (long) product with a cross section [3]; i.e. L-, U-, I- and T-profiles; opposite: → solid profile

6.6.54 **Profil (n)**
Im weiteren Sinne alle durch Walzen, Ziehen oder Strangpressen hergestellten Fertigerzeugnisse außerhalb der Gruppe der Flacherzeugnisse (Band, Blech, Breitflachstahl) [3]. Dazu zählen auch runde, quadratische, rechteckige, sechs- und achteckige Querschnittsformen

profile
Product made by rolling, drawing or extrusion that does not belong to the group of flat products (band, sheet metal and wide flat steel) [3], also round, rectangular, hexagonal and octagonal cross sections

6.6.55 **plattiertes Rohr (n)**
Rohr, das aus zwei oder mehreren Schichten verschiedener oder verschieden legierter Metalle besteht und dessen Einzelkomponenten durch ein geeignetes Herstellungsverfahren verbunden werden; → Plattierziehen [1]

plated tube
A tube consisting of two or more layers of different materials and whose components are bonded by suitables processes; → plating drawing [1]

6.6.56 **verzinktes Rohr (n)**
Stahlrohr mit Zinküberzug [DIN 2444]

zinc-plated tube
Steel tube with zinc coating [DIN 2444]

6.6.57 **Vierkantrohr (n)**
→ Rohr mit quadratischem oder rechteckigem Querschnitt [DIN 2906]

rectangular pipe
→ Tube with a squared or rectangular cross section [DIN 2906]

6.6.58 **verzinkter Stahldraht (m)**
→ Stahldraht mit Zinküberzug [DIN 1548]

zinc-coated steel wire
→ Steel wire with zinc coating [DIN 1548]

6.6.59 **Ventilfederdraht (m)**
→ Federstahldraht in vergüteter Ausführung, der sich zum Herstellen von Ventilfedern eignet [DIN 17223]

valve spring wire
→ tempered spring steel wire suitable for valve springs [DIN 17223]

tube (m) acier de précision
Tube, sans joint ou soudé, de très haute précision dimensionnelle, surface très lisse, section droite spéciale et intervalles de dimension étroits [DIN 2391, pages 1 et 2; DIN 2393, p.1 et 2; DIN 2394; DIN 2464, p.1 et 2; DIN 2456, p.1 et 2]

profilé (m) ouvert
Produit long qui n'a pas une section pleine [3]; usuellement, profils en L-, U-, I- et T-; contraire: → profilé plein

profilé (m)
Produit fabriqué par procédé de laminage, étirage ou extrusion, qui n'est pas dans le groupe des produits plats (ruban, métal en feuilles et produits plats

tube (m) plaqué
Tube constitué de deux (ou plus) couches de matériaux différents et dont les composants sont liés par certains procédés; → placage par étirage (co-étirage) [1]

tube (m) zingué
Tube d'acier avec revêtement de zinc [DIN 2444]

tube (m) quadrangulaire
→ Tube à section carrée ou rectangulaire [DIN 2906]

fil (m) d'acier zingué
→ Fil avec revêtement de zinc [DIN 1548]

fil (m) pour ressorts de soupapes
→ Fil en acier à ressorts, trempé-revenu,qui peut être utilisé pour les ressorts de soupapes [DIN 17223]

6.6.60 **Stahlcorddraht (m)**
→ Stahldraht mit einem Durchmesser von i.a. 0,15 mm und einer Zugfestigkeit von 2700 bis 2900 N/mm² [1]; Oberflächenausführung vermessingt gezogen; S. wird verwendet zum Herstellen von Cordseilen für Automobilreifen. (→ Reifeneinlegedraht)

steel cord wire
→ steel wire with a diameter of normally 0.15 mm and an (ultimate) tensile strength of 2700 to 2900 N/mm² [1]; the surface is drawn with brass coating; steel cord wire is normally used for the production of cord ropes in automotive tires (→ tire inlet wire)

6.6.61 **Stab (m)**
In geraden Längen geliefertes → Langerzeugnis [10]

bar
rod
→ continous (long) product, delivered in straight lengths [10]

6.6.62 **Textildraht (m)**
→ Stahldraht für die Textilmaschinenindustrie, z.B. für Webelitzen aus Rund- und Flachstäben, Rietschienen oder Webeblätter, Tuten oder Jaquardgewichte, mit Kohlenstoffgehalten von 0,6 bis 1% und spezifischen Forderungen an Oberfläche und Gefüge [1]

textile wire
→ steel wire for the textile machine industry, e.g. for healds (heddles) made of round or flat bars, weaving reeds and Jaquard weights , with a carbon content of 0.6 to 1 % and specific properties of surface and microstructure [1]

6.6.63 **Sonderprofil (n)**
Spezialprofil (n)
Langerzeugnis in geraden Stäben mit meist kleinem Querschnitt oder besonderer Form, das nur in begrenzten Mengen hergestellt wird [10]

special profile
Continous product in long bars with mostly small cross sections or special shapes, produced only in small quantities [10]

6.6.64 **Ziehfehler (m)**
Unregelmäßigkeit am gezogenen Erzeugnis [6]. In [6] sind für ca. 50 Ziehfehler ausführlich Erscheinungsbild, Fertigungsgang, Fehlerursache und mögliche Abhilfemaßnahmen angegeben

drawing defect
Irregularity in the drawn product [6]; in [6] there are tables showing appearence, method of production, reason for the defect and possible redress for ca. 50 different drawing defects

6.6.65 **Türanschlagleistenprofil (n)**
T-förmiges → Sonderprofil mit abgerundetem Fuß, in gewalzter und → blankgezogener Ausführung [2]

rabbet profile
T-profile → special profile with rounded foot, rolled and → smooth drawn [2]

6.6.66 **Stahldraht (m)**
Üblicher Begriff für kaltgezogenen Draht aus unlegiertem und legiertem Stahl [2, DIN 177 und DIN 1653]. Im Sprachgebrauch wird unterschieden zwischen weichem Stahldraht (früher Eisendraht) und Stahldraht (harter Stahldraht)

steel wire
Term for cold drawn wire made of unalloyed and alloyed steel [2, DIN 177 and DIN 1653]; destinction is made between soft steel wire (historic term: iron wire) and steel wire (hard steel wire)

6.6.67 **Vierkantstab (m)**
→ Vollprofil mit quadratischem Querschnitt mit einer Seitenlänge ab 8 mm [10]

rectangular bar
→ solid profile with a quadratic cross section with a side length of 8 mm and more [10]

fil (m) d'acier pour (toiles de) pneumatiques
Fil d'acier de diamètre normalement 0,15 mm et résistance à la rupture 2700 à 2900 N/mm^2 [1]; la surface est étirée-laitonnée (étirée avec revêtement de laiton); ce fil d'acier est utilisé habituellement pour la fabrication des toiles de pneumatiques d'automobiles (→ fil pour bande de roulement)

barre (f)
barreau (m)
→ Produit long, livré rectiligne [10]

fil (m) pour machines textiles
→ Fil d'acier pour l'industrie des machines textiles, par exemple pour les remisses (bâtons d'encroix) constituées de barres rondes ou plates, les peignes de métier à tisser et les lests de métier Jacquard , contenant 0,6 à 1 % de carbone, et ayant des propriétés spécifiques de surface et microstucture [1]

profilé (m) spécial
Produit long, en barres longues, le plus souvent de petite section et formes spéciales, fabriqué en petites quantités [10]

défaut (m) d'étirage
Irrégularités du produit étiré [6]; il existe dans [6] des tableaux indiquant l'aspect, la méthode de fabrication, la cause du défaut et le remède (correction) possible, pour environ 50 cas de défauts divers

profilé (m) à feuillure
Profilé en T, → profilé spécial à pied arrondi,laminé et brut d'étirage [2]

fil (m) d'acier
[fil (m) de fer]
Terme désignant un produit étiré en acier allié ou non allié [2, DIN 177 et DIN 1653]. Une distinction est faite entre acier doux et acier dur

barre (f) à section rectangulaire
→ Profilé plein à section carrée de largeur 8 mm ou plus [10]

6.6.68 **Ziehgut (n)**
In der Praxis üblicher Sammelbegriff für das zu ziehende oder gezogene Erzeugnis

drawing product
Term for the product of a drawing process

6.6.69 **Sechskantstab (m)**
Vollprofil mit sechseckigem, gleichseitigem Querschnitt [10]; Benennung nach Schlüsselweite

hexagonal bar
solid profile with regular hexagonal cross section [10], specification according to wrench size

6.6.70 **Wickelart (f)**
Begriff für die Art des Anordnens von Draht auf → Spulen, in → Ringen oder in Fässern

winding method
Term for the method of arranging wire on → coils, in → rings or in barrels

6.6.71 **Walzdraht (m)**
Warmgewalztes und im warmen Zustand zu Ringen regellos aufgehaspeltes Erzeugnis mit beliebiger (meist runder) Querschnittsform [10]

hot rolled wire
rod
Hot rolled product with arbitrary (mostly round) cross section that is wound on coils (reels) while hot [10]

6.6.72 **Ziehkegel (m) (1+2)**
Zentralbruch (m) (1)
1. → Ziehfehler in Form von inneren, kegelförmigen Materialtrennungen infolge eines ungünstigen Spannungszustandes im Kern des Werkstücks [6]

2. In der Praxis üblicher Begriff für den Teil des Ziehhols, der eine kegelige Form hat

central burst (chevron) (1)
drawing cone (2)
1. Drawing effect: conical separation of material caused by unfavourable tensile distribution in the core of the work piece [6]

2. Term for the part of a drawing die that has a conical shape

6.6.73 **Wickelgut (n)**
Erzeugnis, das auf- oder abgewickelt wird [DIN 46380]

wound product
Product that is wound or unwound [DIN 46380]

6.6.74 **Rundstahl (m)**
Nicht mehr üblicher Begriff für → Rundstab [10]

round steel
Historic term for → round steel bar stock [10]

6.6.75 **Rundstab (m)**
Zur Gruppe der Vollstäbe zählendes → Langerzeugnis mit einem Durchmesser ab 8 mm, das in geraden Längen geliefert wird [10]

round (bar) steel
→ continuous product in the group of solid bars, with diameters of 8 mm and more, delivered in straight lengths [10]

6.6.76 **Rundlaufabweichung (f)**
Schlag (m)
Maximale Differenz der Abweichung (in einer Ebene senkrecht zur Drehachse) eines auf zwei Auflagern umlaufenden rotationssymmetrischen Maschinenteils von einer Bezugsachse

eccentricity
deviation from concentricity, runout
Max. deviation (in a plane orthogonal to the rotational axis) from a reference axis of a machine part that rotates on two supports

produit (m) étiré
Terme désignant le produit d'un procédé d'étirage

barre (f) hexagonale
barreau (m) hexagonal
Profilé plein de section en hexagone régulier [10]; nomenclature suivant la dimension entre plats

mode (f) de bobinage
Terme désignant la manière de disposer le fil en → bobines, en → couronnes ou en barreaux

fil (m) laminé à chaud
Produit laminé à chaud de n'importe quelle section (ronde, le plus souvent) qui est enroulé à chaud en bottes (bobines) [10)

défaut (m) (d'étirage) en cône (1)
cône (m) d'étirage (outil) (2)
1. Effet de l'étirage: rupture (en cône) du matériau due à une distribution défavorable des contraintes de tension au coeur de la pièce [6]

2. Terme désignant la partie du trou de la filière qui a un profil conique

produit (m) bobiné
produit (m) enroulé
Produit qui est enroulé ou déroulé [DIN 46380]

acier (m) rond
Terme "historique" pour → "barre ronde" [10]

barre (f) d'acier ronde
barreau (m) d'acier rond
→ Produit long du groupe des barres pleines, de diamètre 8 mm ou plus, livré en barres droites (rectilignes) [10]

excentricité (f)
Différence maximale des écarts de position (dans un plan orthogonal à l'axe de rotation) par rapport à l'axe de référence d'une pièce de mécanisme qui tourne sur deux supports

6.6.77 **Vierkantstahl (m)**
Nicht mehr üblicher Begriff für → Vierkantstab [10]

rectangular bar
Historic term for → rectangular bar stock [10]

6.6.78 **Runddraht (m)**
Draht mit runder Querschnittsform

round wire
Wire with a circular cross section

6.6.79 **Ziehriefe (f)**
→ Ziehfehler, der dadurch entsteht, daß es durch Unterbrechung des Schmierstoffilmes zu Aufschweißungen des → Ziehguts im → Ziehwerkzeug kommt, die eine Riefenbildung zur Folge haben [6]

die mark (die scratch)
→ drawing defect, caused by welding of the → material undergoing drawing in the → die after interruption of the lubrication film [6]

6.6.80 **Singledraht (m)**
→ Reifeneinlegedraht in Fahrradreifen

single wire
→ Reinforcing wire in a bicycle tire

6.6.81 **Seildraht (m)**
Blankgezogener → Stahldraht zum Herstellen von Drahtseilen [DIN 2078, DIN 6891]. Die technologischen Eigenschaften, die Abmessungen und die Oberflächenbeschaffenheit des Drahtes richten sich nach der Seilmachart und den Betriebsbeanspruchungen

rope wire
stranding wire
smooth drawn → steel wire for making wire ropes [DIN 2078; DIN 6891]; the technological properties, dimensions and surface qualities depend on the type of the rope and the operating stresses

6.6.82 **Vollprofil (n)**
Profil mit vollem Querschnitt [3]. I.w. → Rund-, Vierkant-, Sechskant-, Achtkant- und Flachstäbe sowie Draht und Betonstahl; → offene Profile

solid profile
Profile with solid cross section [3], normally → round, rectangular, hexagonal, octagonal and flat bars and wire- and concrete steel; → open profile

6.6.83 **Rohr (n)**
An beiden Enden offenes Erzeugnis mit kreisförmigem oder vieleckigem Querschnitt [10]

tube
Product with a round or a polygonal cross section open at both ends [10]

6.6.84 **Ziehstecker (m)**
Ziehknopf (m)
Begriff für ein Stück Ziehgut, das neben der Eintritts- und Austrittsform auch den durch das Ziehwerkzeug umgeformten Übergang zwischen den beiden Formen umfaßt. Ein Z. wird i.a. erzeugt, indem man den Ziehprozeß unterbricht und das Ziehgut entgegengesetzt zur Ziehrichtung aus dem Ziehwerkzeug herauszieht

drawing plug
Term for a piece of drawing material in the deformation region with a constant cross section before the forming zone, a varying cross section in the forming zone (varying between entrance cross section and final cross section) and a constant cross section after the forming zone; a drawing plug is normally produced by stopping the drawing process and removing the drawing material from the tool by pulling it opposite to the drawing direction

6.6.85 **riefig laufen**
scharf laufen
Begriff für das Entstehen von → Ziehriefen

scoring
Term for generating → die marks

acier (m) rectangulaire
Terme "historique" pour → "barre" (barreau) rectangulaire (d'acier) [10]

fil (m) rond
Fil de section droite circulaire

rayure (f) d'étirage
→ Défaut d'étirage, du à une soudure (adhérence) du → matériau étiré dans la → filière, après interruption du film (couche) de lubrifiant [6]

fil (m) simple pour pneumatique de bicyclette
→ Fil d'armature de pneumatiques de bicyclettes

fil (m) pour cablerie
→ Fil d'acier brut d'étirage pour la fabrication de câbles [DIN 2078; DIN 6891]; ses proptiétés techniques, ses dimensions et qualités de surface dépendent du type de câble et des contraintes en service

profil (f) plein
Profil de section pleine [3], normallement → ronde, rectangulaire, hexagonale, octogonale et barres plates et fil- et acier (fer) à béton; → profil ouvert

tube (m)
Produit de section ronde ou polygonale qui est ouvert aux deux extrêmités [10]

culot (m) d'étirage
Terme désignant une pièce (un élément) de matériau étiré dans la zone de formage, qui a une section constante en avant de la zone de formage, une section variable dans cette zone (variant entre la section d'entrée et la section de sortie et une section constante après la zone de formage; un culot de formage est normalement réalisé par arrêt du processus de formage et extraction du matériau étiré en le tirant dans le sens opposé à celui de l'étirage

aller avec striation
Terme désignant la génération de → marques (rayures) par la filière

6.6.86 **Richtmarkierung (f)**
Richtfehler in Form von spiralförmigen Markierungen, der z.B. durch schadhafte Richtrollen oder fehlerhaft eingestellte → Schrägwalzen entsteht [6]

straightening marks
Straightening defect in the form of helical marks, caused e.g. by defective levelling rolls or incorrectly adjusted → diagonal rolls [6]

6.6.87 **Reifeneinlegedraht (m)**
→ Stahldraht mit einer Zugfestigkeit von 1800 bis 2100 N/mm^2, dessen Oberfläche mit Kupfer oder Bronze überzogen ist [1]. R. ist zur Einlage in die Wulst von Kraftfahrzeugreifen und Fahrradreifen (sog. → Singledraht) bestimmt; → Stahlcorddraht

tire reinforcement wire
→ steel wire with an (ultimate) tensile strength of 1800 to 2100 N/mm^2, whose surface is coated with copper of bronze [1]; it is normally laid into the bead of automobile and bicycle tires (→ single wire); → steel cord wire

6.6.88 **Rattern (n)**
Axiales Schwingen des → Stopfens beim → Gleitziehen über losen oder festen Stopfen (→ Rattermarken)

chatter
Axial vibration of the → mandrel during → drawing over a floating or fixed mandrel (→ chatter marks)

6.6.89 **Schweißdraht (m)**
→ Draht, der als Zusatzwerkstoff beim Gasschweißen meist als abschmelzender Metallstab und beim elektrischen Schweißen als Rollendraht verwendet wird und aus gleichem oder nahezu gleichem Werkstoff wie das zu schweißende Werkstück hergestellt ist [1]. Es wird zwischen CO_2-Schweißdraht, Gasschweißdraht, Unterpulverschweißdraht und Elektrodenkerndraht unterschieden

welding wire
electrode wire
→ Wire that is used as additional material in the process of gas welding, usually as a melting metal rod; or coiled wire used in electric welding, mostly of the same or a similar material as the material that is to be welded [1]; distinction is made between CO_2 welding wire, gas welding wire, (under) powder welding wire and electrode core wire

6.6.90 **ziehhart**
Zustand des Zieherzeugnisses nach dem Ziehen ohne Wärmebehandlung

(with) drawn hardness
Strength state of the drawn product material after the drawing process without thermal treatment

6.6.91 **schmierblank**
fettblank
Oberflächenbeschaffenheit von Stahldraht nach dem Ziehen mit zähflüssigen Fetten auf Mineralölbasis, Talg, synthetischen Wachsen oder ähnlichen Schmierstoffen [DIN 1653]

grease-dawn
grey-bright drawn
Surface quality of steel wire after drawing with highly viscous grease (based on mineral oil), tallow, synthetic waxes or similar lubricants [DIN 1653]

marques (f) d'ajustement
Défaut d'ajustement en forme de marques hélicoïdales, dues par exemple à un mauvais ajustement (réglage) des → rouleaux croisés [6]

fil (m) pour armatures de pneumatiques
→ Fil d'acier de résistance à la rupture 1800 à 2100 N/mm^2, dont la surface est revêtue de cuivre ou de bronze [1]; il est normalement disposé dans les bourrelets (tringles) des pneumatiques d'automobiles et de bicyclettes; →fil d'acier pour tringles (de pneumatiques)

broutage (m)
Vibration axiale du → mandrin au cours du → processus d'étirage avec glissement sur un mandrin fixe ou flottant; (→ marques de broutement)

fil (m) de soudage
fil (m) pour electrode de soudage
→ Fil utilisé comme matériau d'apport dans le procédé de soudage sous gaz, habituellement sous forme de baguette de métal d'apport; aussi, fil bobiné utilisé dans le procédé de soudage, le plus souvent d'un matériau identique ou similaire au matériau à souder [1]; on distingue le fil pour soudage sous CO_2, le fil pour soudage sous gaz, le fil pour soudage sous flux, le fil-électrode fourré

(état) (m) brut d'étirage
Etat du matériau après le processus d'étirage, sans traitement thermique

tréfilé au gras
écroui grisâtre
Qualité de surface d'un fil d'acier après le processus d'étirage où est utilisé une graisse très visqueuse (à base d'huile minérale), de suif, de cire synthétique ou lubrifiant similaire [DIN 1653]

6.6.92 **Rattermarken (f, pl)**
→ Ziehfehler beim → Gleitziehen über losen oder festen Stopfen in Form von Oberflächenmarkierungen in regelmäßigen Abständen [6]; R. treten auf, wenn durch ungünstige Werkzeuggeometrie (→ Ziehgeschwindigkeit, Schmierstoff) der → Stopfen keine stabile Position einnehmen kann und entlang der Ziehachse schwingt

chatter marks
→ drawing defects in → drawing over a floating or fixed mandrel in the form of surface marks at regular intervals [6]; chatter marks are caused by disadvantageous tool geometry (→ drawing velocity, lubricant), when the → mandrel cannot assume a stable position and starts vibrating along the drawing axis

6.6.93 **Profilstahl (m)**
Nicht mehr üblicher Begriff für → Profil [10]

profile steel
Historic term for → profile [10]

6.6.94 **Profilrohr (n)**
Rohr in nahtloser oder geschweißter Ausführung mit profiliertem Querschnitt [3]

profile tube
Seamless or welded tube with profiled cross section [3]

6.6.95 **trockenblank**
Oberflächenbeschaffenheit von Stahldraht nach dem Ziehen mit pulverförmigen Schmierstoffen wie Seife, Stearat etc. [DIN 1653]

drawn dry bright
Surface quality of steel wire after drawing with powdery lubricants such as soap, stearate etc. [DIN 1653]

6.6.96 **Profildraht (m)**
Draht mit vom Kreis abweichender Querschnittsform

profile wire
Wire with a cross section that is not circular

6.7.1 **Ausbringung (f)**
Kennzahl, die das Verhältnis zwischen verwertbarer Erzeugungsmenge und Einsatzmenge in Prozent ausdrückt

yield
bear, output, produce
Parameter expressing in percent the ratio between useful output quantity and input quantity

6.9.1 **Geradheit (f)**
„Geradheit": nicht mehr üblicher deutscher Begriff für → Geradheitsabweichung

straightness
Historical german term for deviation from straightness

6.9.2 **Endenbearbeitung (f)**
Begriff für das Bearbeiten von Stabenden durch Abscheren, Absägen, → Anspitzen, Anfasen etc.

bar end preparation
Term for the working of bar ends by cropping, sawing-off, → pointing, or bevelling

6.9.3 **Geradheitsabweichung (f)**
Maß, das die maximale Abweichung eines Stabes von der Geraden innerhalb einer gewählten Bezugslänge (meist 1 m) angibt. Die G. wird meist ermittelt als halber Wert der → Rundlaufabweichung

straightness deviation
Measure of the max. deviation of a bar from a straight line within a selected reference length (usually 1 m). The straightness deviation is usually determined as half of the → roundness error

marques (f, pl) de broutement
→ Défaut dans le → procédé d'étirage avec glissement sur mandrin flottant ou fixe, en forme de marques superficielles à distances régulières [6]; les marques de broutement sont dues à une géomètrie d'outil défavorable, (→ vitesse d'étirage,lubrifiant), quand le → mandrin ne peut rester en position stable et se met à vibrer suivant l'axe d'étirage

acier (m) profilé
Terme "historique" pour "profilé" [10]

tube (m) profilé
Tube à section profilée, sans joint ou avec soudure [3]

étiré à sec (état)
Qualité de surface d'un fil d'acier après un procedé d'étirage utilisant des lubrifiants pâteux (pulvérulents) tels que savon, stéarate, etc. [DIN 1653]

fil (m) profilé (à profil spécial)
Fil dont la section droite diffère d'une géomètrie circulaire

rendement (m)
Paramètre exprimant en pourcent le rapport entre la quantité usuelle du produit et la quantité prévue

rectitude (f)
Terme allemand caractérisant l'écart par rapport à la rectitude (n´est plus usité)

préparation (f) en bout de barre
Terme utilisé pour désigner la mise à longueur des barres par cisaillage, sciage, → appointage, chanfreinage etc.

écart (m) de rectitude
Mesure d'écart maximum du profil d'une barre par rapport à une référance rectiligne sur une longueur de référance (usuellement 1 m). L´ écart de rectitude est généralement déterminé comme étant égal à la moitié de l' → erreur de cylindricité

6.9.4 **Drahtansammlung (f)**
Begriff für die Zunahme des Drahtvorrates auf den → Ziehscheiben von → Mehrfachziehmaschinen mit fester Abstufung der → Ziehgeschwindigkeit, wobei jede Scheibe etwas mehr Draht aufnimmt, als die folgende Scheibe abnimmt

wire accumulation
Term for the increase of the wire supply on the → drawing disks of → multiple drawing machines with fixed velocity changes whereby every disk accumulates somewhat more wire than is given off by the succeeding disk

6.9.5 **Draht-Düse-Thermoelement (n)**
Temperaturmeßverfahren für die mittlere Temperatur beim → Gleitziehen an der Grenzfläche zwischen → Ziehgut und → Ziehwerkzeug [1]

wire-die-thermocouple
Method of measurement of the mean temperature at the interface between the → die and the → workpiece in → wire drawing [1]

6.9.6 **Drahtbehälter (m)**
Fertigungshilfsmittel zum Speichern von → Wickelgut während der Fertigung [DIN 46380]

wire container
Container for storing wound wire product during production [DIN 46380]

6.9.7 **Strahlmittel (n)**
„Werkzeuge" des Strahlverfahrens (→ Strahlen) [DIN 8200]. Sie sind meist fester, körniger oder gelegentlich auch flüssiger Art oder Gemenge aus beiden. Sie könnnen metallisch, mineralisch oder organisch sein

blasting medium
Tooling of the → blasting process [DIN 8200], mostly of solid, grainy, or occasionally also liquid consistency, or a mixture of both; the materials can be metallic, mineral, or organic

6.9.8 **Stecker (m)**
→ Ziehstecker. Ein absichtlich unvollständig umgeformtes Werkstück zwecks Untersuchung des Werkstoffflusses oder der Werkzeugauslegung

–
A deliberately incompletely formed part to study the material flow characteristics or tool performance

6.9.9 **Stahldrahtkorn (n)**
→ Strahlmittel, das aus Draht von 0,2 bis 2,0 mm Dicke geschnitten wird mit einer Länge, die ungefähr dem Drahtdurchmesser entspricht [2]

steel wire grain
→ Blasting medium cut from wire 0.2 to 2.0 mm thick with a length roughly corresponding to the wire diameter [2]

6.9.10 **Spule (f)**
Trommel (f)
Tragkörper für → Wickelgut, der außer einem Kern meistens zwei Flansche mit gleichen oder verschiedenen Flanschdurchmessern besitzt [DIN 46 380]

drum
reel
Carrier of → wound wire product consisting of a core and two flanges with either equal or different diameters [DIN 46380]

accumulation (f) de fil
Terme caractérisant l'acroissement de réserve de fils sur les → dévidoirs des → machines de tréfilage á cages multiples avec changements de vitesse imposés induisant que chaque dévidoir accumule plus de fil qu´utilisé par le dévidoir suivant

thermocouple (m) de filière
Méthode de mesure de la température moyenne à l'interface entre la → matière et la → filière d'étirage [1]

bac (m) de fil
Récipient pour le stockage du fil durant la production [DIN 46380]

produit (m) de décapage
"Outillage" utilisé pour le → décapage [DIN 8200], à partir de composés solides, granulaires et occasionellement liquides, ou mélange des deux; les matériaux peuvant être métalliques, minéraux ou organiques

Interrompu
Un tréfilé interrompu volontairement pour étudier les caractéristiques d'écoulement ou la tenue de l'outillage

grenaille (f) métallique de fil
→ Grenaille coupeé à partir de fil de 0.2 à 2 mm d'épaisseur et le longueur correspondant approximativement au diamètre du fil [2]

bobine (f)
Appareillage de transport du fil étiré consistant en un enrouleur cylindrique avec deux disques latéraux de diamètres égaux ou différents [DIN 46380]

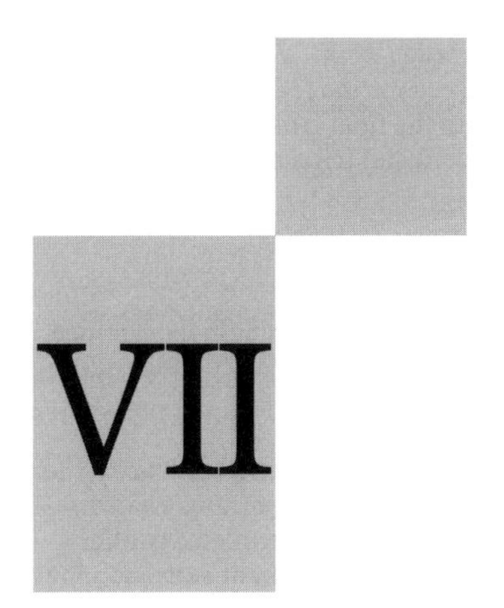

Strangpressen

Extrusion

Filage

7.0.1 **Ideelle Umformarbeit (f)**
Arbeitsanteil, der für die Querschnittsreduktion vom Ausgangs- zum Endquerschnitt erforderlich ist, ohne Berücksichtigung von Schiebung und Reibung

ideal deformation work
Work required for the reduction in area from the initial to the final cross-section, excluding redundant and friction work

7.0.2 **Preßbarkeit (f)**
1.Quotient aus im Warmtorsionsversuch ermitteltem Bruchumformvermögen und der entsprechenden Fließspannung

2.Für Aluminiumwerkstoffe auf die Preßbarkeit von AlMgSi 0,5 bezogene Vergleichsgröße in Prozent [41]. Werte für die P. sind als Vergleichsgröße zwischen unterschiedlichen Preßwerkstoffen zu verstehen, die angeben, ob ein Profil aus einem bestimmten Preßwerkstoff im Vergleich zu einem anderen Werkstoff unter optimalen Preßbedingungen schneller fehlerfrei gepreßt werden kann

extrudability
1. Ratio of the fracture strength determined by the hot torsion test to the corresponding yield stress.

2. For aluminium alloys based on the extrudability of AlMgSi 0.5 comparative value in procent [41]. Values of extrudability offer a comparison between different extrusion materials, indicating whether a profile made of one material can be extruded faster than another under optimal conditions without defects occurring

7.0.3 **Fließtyp (m)**
Schema des → Stoffflusses beim Strangpressen für axialsymmetrische Preßfälle [41, 42, 44]. Beim Strangpressen ergeben sich für einen axialsymmetrischen Preßfall in Abhängigkeit von den Reibungsverhältnissen im → Rezipienten und der Plastizität des Preßwerkstoffes vier verschiedene Fließtypen

flow type
Diagram of → material flow during hot extrusion under axisymmetric conditions [41, 42, 44]. In axisymmetric hot extrusion, there are four different types of flow, which depend on the friction conditions existing in the → container and on the plasticity of the extrusion material

7.0.4 **Lochkraft (f)**
Kraft, die zum Lochen eines Blockes vom → Dorn auf den Block übertragen wird (→ Lochdorn)

piercing force
Force for piercing a billet transmitted from the → mandrel to the billet. → piercing mandrel

7.0.5 **Durchdrücken (n)**
Druckumformen eines Werkstückes durch teilweises oder vollständiges Hindurchdrücken durch eine formgebende Werkzeugöffnung unter Verminderung des Querschnittes [DIN 8583]

extrusion
pushing through
Compressive forming of a workpiece by partly or completely pushing it through a shape-giving die aperture, resulting in a reduction in cross-sectional area [DIN 8583]

7.0.6 **Gesamtpreßkraft (f)**
Momentane Kraft, die auf den Block übertragen werden muß, um den Preßprozeß in Gang zu setzen und aufrecht zu erhalten

total extrusion force
Force transmitted to the billet in order to initiate and maintain the extrusion process

travail (m) idéal de déformation
Partie du travail nécessaire pour effectuer la réduction de la section de la pièce de sa valeur initiale à sa valeur finale, sans tenir compte du frottement, ni du travail redondant

aptitude (f) au filage
1.Rapport entre la contrainte à la rupture et la limite d'élasticité, déterminées à l'aide de l'essai de torsion à chaud.

2.Pour les alliages d'aluminium, valeur comparative, exprimée en pour cent en prenant pour référence l'aptitude au filage de Al Mg Si 0.5 [41]. Les valeurs de l'aptitude au filage offrent la possibilité d'apprécier si un profilé d'un certain matériau peut être filé sans défauts à une vitesse supérieure à la vitesse de filage du même profilé réalisé avec un autre matériau

type (m) d'écoulement
Faciès → d'écoulement d'un matériau en filage axisymétrique [41, 42, 44]. Selon le frottement du matériau de la billette sur le → conteneur et son durcissement superficiel dû aux pertes thermiques, l'écoulement présente quatre types

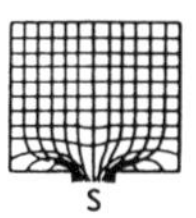

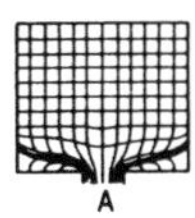

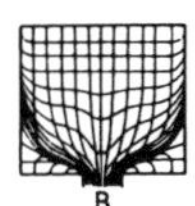

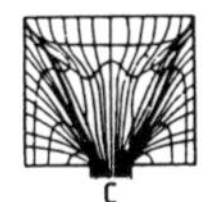

force (f) de perçage
Force appliquée par → l'outil de perçage, afin de réaliser un trou dans une billette. → poinçon de perçage

filage (m)
extrusion (f)
Formage d'une pièce par compression, réalisé par écoulement partiel ou complet à travers l'orifice d'une filière ce qui façonne en la réduisant sa section transversale [DIN 8585]

force (f) totale de filage
Force appliquée sur une billette, pour initier et poursuivre un processus de filage

7.0.7 **Gesamtarbeit (f)**
Summe aller Arbeitsanteile, die während des Pressens aufgebracht werden müssen. Die G. ist die Summe aus → Anstaucharbeit, → ideeller Umformarbeit, → Schiebungsarbeit, → Scherungsarbeit und → Reibungsarbeit in der → Matrize und an der → Rezipienten-Innenwand. Da beim → indirekten Strangpressen die → Rezipientenreibung entfällt, ist in diesem Fall die G. gleich der → Umformarbeit

total work
Sum of all the work during extrusion. The total work is the sum of → upsetting work, → ideal deformation work, → redundant work, → shearing work and → friction work in the → die and at the → container wall. Since in → indirect extrusion there is no friction at the container wall, the total work in this case is the same as the → deformation work

7.0.8 **Kritische Abkühlgeschwindigkeit (f)**
→ Abkühlgeschwindigkeit, die mindestens erreicht werden muß, um bei aushärtbaren Legierungen durch Auslagerung nach dem → Abschrecken an der Presse 95 % der durch eine optimale Wärmebehandlung erreichbaren Festigkeitswerte erzielen zu können [44]

critical cooling rate
Minimum → cooling rate required by precipitation hardening alloys to achieve 95% of the possible strength of an optimal heat treatment by → quenching at the press [44]

7.0.9 **Preßkraft (f)**
→ Gesamtpreßkraft

extrusion force
→ total extrusion force

7.0.10 **Anpreßkraft (f)**
Überhöhte Preßkraft nach dem → Anstauchen, die den Austritt des → Strangs bewirkt [41]. → Gesamtpreßkraft

applied force
Increased force applied after → upsetting required to induce → extrusion [41]. → total extrusion force

7.0.11 **Rezipientenanpreßkraft (f)**
Abdichtkraft (f)
Axialkraft, die zur Abdichtung des → Rezipienten an der → Matrize oder dem → Matrizenhalter (→ direktes Strangpressen) bzw. des Rezipienten an der → Verschlußplatte (→ indirektes Strangpressen) aufgebracht werden muß

container clamping force
Axial force required to seal the → container and the → forming die or → die holder (→ direct extrusion) or the container and the → closure plate (→ indirect extrusion)

7.0.12 **Reibungsarbeit (f)**
1. Reibungsarbeit (→ Rezipient) Arbeitsanteil, der beim → direkten Strangpressen infolge der Reibung zwischen → Block und → Rezipienteninnenwand vom → Stempel aufgebracht werden muß.

2. Reibungsarbeit (→ Matrize) Arbeitsanteil, der infolge der Reibung im Preßkanal zwischen → Strang und → Matrizenlauffläche vom → Stempel aufgebracht werden muß. → Gesamtarbeit, Umformarbeit

friction work
1. Friction work in the → container: Proportion of work in → direct extrusion done by the → punch to overcome the friction between the → billet and the → container inner wall.

2. Friction work in the → die: Proportion of work done by the → punch to overcome friction in the → extrusion channel between the → extrusion and the → die land. → total work, → deformation work

travail (m) total
Somme de tous les travaux nécessaires pour réaliser un processus de filage. Les diverses contributions sont les suivantes: → travail de refoulement, → travail idéal de déformation, → travail redondant, → travail de cisaillement et → travail de frottement dans la → filière et le long de la paroi intérieure du → conteneur. En → filage inverse, il n'y a pas de travail de frottement à l'intérieur du conteneur, et dans ce cas, le travail total est égal au → travail de formage

vitesse (f) critique de refroidissement
→ Vitesse minimale de refroidissement des alliages à durcissement structural permettant d'obtenir, par → trempe en sortie de presse, 95% de la résistance conférée par le traitement thermique optimal [44]

force (f) de filage
→ Force totale de filage

force (f) de sortie
Augmentation de force nécessaire après le → refoulement pour provoquer la sortie du produit (barre filée) à travers la → filière [41]. → force totale de filage

force (f) de bridage du conteneur
Force axiale nécessaire pour réaliser l'étanchéité entre le → conteneur et la → filière ou le → porte- filière (→ filage direct), respectivement entre le conteneur et la plaque d'obturation (→ filage inverse)

travail (m) de frottement
1. Travail de frottement dans le → conteneur: partie du travail → de filage direct, qui doit être fournie par le → grain de poussée, pour vaincre le frottement entre la → billette et la paroi intérieure du → conteneur.

2. Travail de frottement dans la → filière: partie du travail, qui doit être fournie par le → grain de poussée, pour vaincre le frottement dans la → portée entre la → barre filée (produit) et la partie cylindrique (de section constante) de l'orifice de la filière . →travail total, → travail de formage

7.0.13 **Preßverhältnis (n)**
Quotient aus Rezipientenquerschnittsfläche und Strangquerschnittsfläche. Beim → mehrsträngigen Strangpressen wird die Gesamtquerschnittsfläche aller Stränge eingesetzt

extrusion ratio
Ratio of the container cross-section to the extrusion cross-section. In → multi-strand extrusion the total cross-sectional area of the extrusions applies

7.0.14 **Umformarbeit (f) (Strangpressen)**
Teil der → Gesamtarbeit, der die Arbeit für die Reibung am Rezipienten (→ Reibungsarbeit) nicht beinhaltet. Die Umformarbeit ist die Summe aus der → Anstaucharbeit, der → ideellen Umformarbeit, der → Schiebungsarbeit, der → Scherungsarbeit und der → Reibungsarbeit in der Matrize

deformation work
The → total work excluding the work done to overcome friction in the container (→ friction work). The deformation work is thus the sum of the → upsetting work, → ideal deformation work, → redundant work, → shearing work and → friction work in the die

7.0.15 **Tote Zone (f)**
Bereich im Block, der nur teilweise am Fließen beteiligt ist und infolge der Reibungsverhältnisse im Rezipienten und an der Matrize entsteht sowie von den Temperaturverhältnissen beim Pressen beeinflußt wird. Beim Pressen einer Aluminiumlegierung mit→ Flachmatrize entsteht z.B. zwischen → Matrizenstirnfläche und→Rezipient eine trichterförmige T.. Da der Preßwerkstoff im Bereich der T. nur teilweise umgeformt wird, können hier bis zum Preßende Gußgefügestrukturen erhalten bleiben. → Umformzone

dead zone
dead metal region
Area of the billet which only partially takes part in the flow process and which results from the friction in the container and die and from the temperature conditions existing during extrusion. In extrusion of aluminium alloys with a → flat die, for example, a funnel-shaped dead zone is formed between the → die face and the → container. Since the extrusion material in the dead zone is only partially deformed, the initial cast structure of the billet may remain unchanged in this region. → deformation zone

7.0.16 **Schiebungsarbeit (f)**
Arbeitsanteil, der für die Schiebung am Eintritt und Austritt der → Umformzone aufgebracht werden muß

redundant work
Shear and reverse shear which does not contribute to shape change

7.0.17 **Scherungsarbeit (f)**
Arbeitsanteil, der für die Scherung entlang der → toten Zone aufgebracht werden muß

shearing work
Work required to overcome shearing along the → dead zone

7.0.18 **Strangpreßwerk (n)**
Gesamtheit der Einrichtungen, die zur Herstellung von Strangpreßerzeugnissen (→ Strängen) benötigt werden. Je nach Preßwerkstoffen werden im S. Fertigerzeugnisse (bei Aluminiumwerkstoffen) oder Halbzeuge zur umformtechnischen Weiterverarbeitung (bei Kupferwerkstoffen) hergestellt. Daher zählen zum S. ggf. Einrichtungen vom Strangguß bis zur Adjustage

extrusion equipment
Total equipment required to produce extrusion products (→ extrusions). Depending on the extrusion material, extrusion equipment is used to produce either finished (aluminium alloys) or semifinished products for subsequent forming operations (copper alloys). Thus the term may include equipment from casting to straightening

rapport (m) de filage
rapport (m) d'extrusion
Rapport entre l'aire de la section du conteneur et l'aire de la section du produit filé. En filage de → multi-écoulements l'aire de la section "du produit filé" est la somme des aires de la section des produits filés

travail (m) de formage
Partie du → travail total, sans considérer le frottement dans le conteneur (→ travail de frottement). Le travail de formage est la somme des contributions suivantes: → travail de refoulement, → travail idéal de déformation, → travail redondant, → travail de cisaillement et → travail de frottement dans la filière

zone (f) morte
Zone dans la billette, qui ne participe que partiellement à l'écoulement, du fait du frottement dans le conteneur et dans la filière et des conditions de température pendant le filage. Pendant le filage des alliages d'aluminium en → filière plate, une zone morte en forme d'entonnoir se forme entre la → face avant de la filière et le → conteneur. A cause de la participation partielle du matériau de la zone morte au processus de formage , la microstructure de cette région peut rester inchangée jusqu'à la fin du filage. → zone de formage

travail (m) redondant
Travail nécessaire pour assurer le cisaillement de la matière à l'entrée et à la sortie de la → zone de formage

travail (m) de cisaillement
Travail nécessaire pour assurer le cisaillement de la matière le long de la → zone morte

atelier (m) de filage
Équipement complet nécessaire à la fabrication des produits filés (→ barres ou profilés). Selon les matériaux filés, les produits peuvent être soit finis et directement utilisables (alliages d'aluminium), soit semi-finis et destinés à un formage ultérieur (alliages de cuivre). Pour cette raison les équipements des ateliers de filage peuvent aller des presses de filage jusqu'à des machines de finition ou de parachèvement

7.0.19 **Umformgrad (Strangpressen) (f)**
Mittelwert der Formänderungen in der Umformzone. Der Umformgrad in Längsachsenrichtung berechnet sich aus dem Umformgrad für den Anstauchprozeß und dem für den Strangpreßprozeß. In der Regel kann der Umformgrad des Anstauchprozesses vernachlässigt werden

strain
Average of the strains in the deformation zone. The strain in the longitudinal axis is the sum of the strains of the upsetting process and the extrusion process. As a rule, the strain during upsetting can be neglected

7.0.20 **Scherzone (f)**
Übergangsbereich zwischen → Umformzone und → toter Zone

shear zone
Transition area between the → deformation zone and the → dead zone

7.0.21 **Umformzone (Strangpressen) (f)**
Bereich des Blockes, in dem der Blockquerschnitt auf den Strangquerschnitt reduziert wird [41]. Beim Strangpressen bildet sich die U. in Abhängigkeit vom Preßwerkstoff und von den Prozeßbedingungen (→ Fließtyp) aus, ihre Länge muß dabei nicht der gesamten Länge des Blockes entsprechen. Die U. kann auf einen Bereich dicht vor der → Matrizenstirnfläche beschränkt sein (→ Fließtyp A), der Rest des Preßblockes wird dann elastisch komprimiert verschoben. Unter Umständen erstreckt sich die U. über die gesamte Blocklänge (von der Matrizenstirnfläche bis zur Preßscheibe; → Fließtyp C)

deformation zone (extrusion)
Region of the billet where the initial cross-section is reduced to the extrusion cross-section [41]. In extrusion, the deformation zone depends on the extrusion material and the process conditions (→ flow type); its length may not be the same as the total length of the billet. The deformation zone may be limited to an area just in front of the → die face (→ flow type A), the remainder of the billet being subjected to elastic compression. In certain cases, the deformation zone extends over the whole length of the billet (from the die face to the → dummy block; → flow type C)

7.0.22 **Stofffluß (Strangpressen) (m)**
Begriff für das Fließen des Preßwerkstoffes während des Strangpressens [41, 42, 44]. Der Stofffluß beim Strangpressen hängt von den Reibungsverhältnissen, der Geometrie der Werkzeuge und der Plastizität des Preßwerkstoffes ab. → Fließtyp

material flow
Term for the flow of extrusion material during the extrusion process [41, 42, 44]. Material flow depends on the friction conditions, the tool geometry and on the plasticity of the extrusion material. → flow type

7.0.23 **Umformgeschwindigkeit (Strangpressen) (f)**
Mittelwert der Formänderungsgeschwindigkeit über der Länge der → Umformzone, der zur Berechnung des Kraft- und Arbeitsbedarfs für Warmumformprozesse herangezogen wird [44]

deformation velocity
Average speed of deformation over the whole length of the → deformation zone; used to calculate the force and work required in hot forming processes [44]

déformation (f)
Valeur moyenne de la déformation dans la zone d'écoulement. La déformation selon l'axe est la somme des déformations par refoulement et par filage. En général, la déformation induite pendant le refoulement peut être négligée

zone (f) de cisaillement
Domaine de transition entre la → zone de déformation et la → zone morte

zone (f) de déformation (filage)
Domaine situé dans la billette où la surface de la section de la billette est réduite à celle de la section du produit filé [41]. Dans le cas du filage la zone de déformation dépend du matériau filé et des conditions du processus (→ type d'écoulement). Sa longueur peut être égale à celle de la billette à filer. La zone de déformation peut être limitée à un domaine situé au voisinage immédiat de la → face avant de la filière (→ type d'écoulement A), le reste de la billette avançant vers la filière dans un état de compression élastique. Parfois la zone de déformation s'étend sur toute la longueur de la billette (de la face avant de la filière jusqu'au → grain de poussée (→ type d'écoulement C)

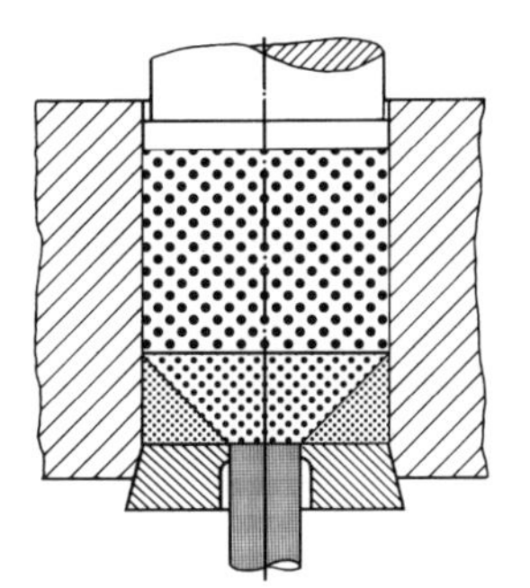

écoulement (m) du matériau (filage)
Terme désignant l'écoulement d'un matériau pendant le filage [41, 42, 44]. L'écoulement dépend des conditions de frottement, de la géométrie de l'outil et du comportement plastique du matériau. → type d'écoulement

vitesse (f) de déformation
La moyenne de la vitesse de déformation le long de la → zone de déformation, valeur utilisée pour calculer la force et le travail nécessaires à un processus de formage (filage) à chaud [44]

7.1.1 **Anstauchen (n)**
Vorgang zu Preßbeginn, während dessen sich der → Block an die → Rezipienteninnenwand anlegt. Um das Laden des → Rezipienten zu ermöglichen, ist der → Blockdurchmesser bei → Preßtemperatur kleiner als der Innendurchmesser des Rezipienten

upsetting
Operation at the start of the extrusion process during which the → billet is pressed against the → container inner wall. In order to facilitate loading, the → initial billet diameter at → extrusion temperature is less than the inner diameter of the container

7.1.2 **Anstaucharbeit (f)**
Arbeitsanteil der → Umformarbeit, der für den Anstauchprozeß aufgebracht werden muß

upsetting work
Part of the → deformation work required to carry out the upsetting process

7.1.3 **Ausgangsblockdurchmesser (m)**
Blockdurchmesser (m)
Durchmesser des Blocks vor dem Pressen bei Raumtemperatur

initial billet diameter
billet diameter
Diameter of the billet at room temperature before extrusion

7.1.4 **Rezipientenentlüftung (f)**
→ Entlüften des Rezipienten

container evacuation
→ evacuation of the container

7.1.5 **Rezipientenreibung (f)**
Rezipientenwandreibung (f)
Reibung zwischen der → Rezipienteninnenwand und dem → Block

container friction
Friction between the → container inner wall and the → billet

7.1.6 **Ausgangsblocklänge (f)**
Blocklänge (f)
Blocklänge vor dem Pressen bei Raumtemperatur

initial billet length
Length of the billet at room temperature before extrusion

7.1.7 **Austrittsdurchmesser (m)**
Durchmesser gepreßter Rundstangen nach dem Erkalten

extrusion diameter
Diameter of the extrusion after cooling to room temperature

7.1.8 **Austrittsgeschwindigkeit (f)**
→ Strangaustrittsgeschwindigkeit

exit velocity
→ extrusion velocity

7.1.9 **Austrittstemperatur**
→ Strangaustrittstemperatur

exit temperature
→ extrusion temperature

7.1.10 **Ausziehvorrichtung (f)**
Puller (m)
→ Folgeeinrichtung, die meist auf oder über der → Auslaufeinrichtung geführt wird, die austretenden Stränge greift und mit einem schwachen Längszug zieht, um die Geradheitsabweichung der Stränge zu vermindern [41]

puller
→ Drawing device, usually positioned on or above the → runout table, which grabs the extrusion, pulling it gently in the axial direction, in order to maintain the straightness [41]

refoulement (m)
Processus en début de filage, pendant lequel la surface latérale de la → billette est plaquée contre la → paroi intérieure du → conteneur. En effet, pour faciliter l'insertion dans le conteneur de la billette, le → diamètre initial de la billette préchaufée à la → température de filage est inférieur au diamètre du conteneur

travail (m) de refoulement
Partie du → travail de déformation nécessaire pour le refoulement

diamètre (m) initial de la billette
Diamètre de la billette, à la température ambiante, avant filage

dégazage (m) du conteneur
Opération destinée à évacuer l'air du conteneur

frottement (m) du conteneur
Frottement entre la paroi → intérieure du conteneur et la → billette

longueur (f) initiale de la billette
Longueur de la billette à la température ambiante

diamètre (m) de sortie
Diamètre, après refoidissement, des barres rondes filées

vitesse (f) de sortie
Vitesse de sortie de la barre filée

température (f) de sortie du produit filé
→ Température du produit filé, à la sortie

tracteur (m) de filage
→ Équipement placé sur ou au-dessus de la → table de réception, qui agrippe le produit filé avec une pince et le tire avec une force modérée selon l'axe de la presse afin de limiter ses défauts de rectitude [41]

7.1.11 **Rezipiententemperatur (f)**
Temperatur, auf die der → Rezipient vorgewärmt wird

container temperature
Temperature to which the → container is preheated

7.1.12 **Querstrangpressen (n)**
→ Strangpreßverfahren, bei dem der Strang quer zur Wirkrichtung der → Gesamtpreßkraft austritt [DIN 8583]

sideways extrusion
side extrusion, lateral extrusion
→ extrusion process in which the extrusion is formed at right angles to the → total extrusion force [DIN 8583]

7.1.13 **Pulverstrangpressen (n)**
Strangpressen von vorverdichteten Metallpulvern

powder metal extrusion
Extrusion of compacted metal powders

7.1.14 **Block (m)**
Barren (m), Bolzen (m), Vollbolzen (m), Preßblock (m), Preßbolzen (m)
Rundes oder flaches, gegossenes Roherzeugnis mit vollem Querschnitt und einer den Innenabmessungen des → Rezipienten entsprechenden Größe. B. werden mit den notwendigen Querschnitten gegossen (meist stranggegossen) und entsprechend den gewünschten Produktabmessungen und/oder den Bedingungen an der Strangpresse auf Länge geschnitten. → Rezipient, Flachrezipient

billet
slug, ingot
Billets are usually of cast material with a solid cross-section corresponding to the inner dimensions of the → container. Billets are (usually continuously) cast with the appropriate cross- section and then cut to length according to the products to be produced and/or the conditions at the press. → container, → flat container

7.1.15 **Blockachse (f)**
Symmetrieachse des Blocks

billet axis
Axis of symmetry of the billet

7.1.16 **Block-an-Block-Pressen (n)**
Block-auf-Block pressen (n)
Sonderverfahren, bei dem Blöcke aufeinander verpreßt werden, um Endlosstränge herzustellen [41]. Voraussetzung für das Block-an-Block-Pressen ist, daß der Preßwerkstoff bei den vorliegenden Preßbedingungen verschweißt

billet-by-billet extrusion
Special process by which billets are extruded one after another to produce a continuous extrusion [41]. A prerequisite of this process is that the extrusion material welds under the process conditions which exist

7.1.17 **Rückwärtsstrangpressen (n)**
→ Indirektes Strangpressen

backward extrusion
→ indirect extrusion

température (f) du conteneur
La température de préchauffage du → conteneur

filage (m) latéral
→ Procédé de filage, où le produit filé sort selon une direction perpendiculaire à la direction de la → force totale de filage [DIN 8538]

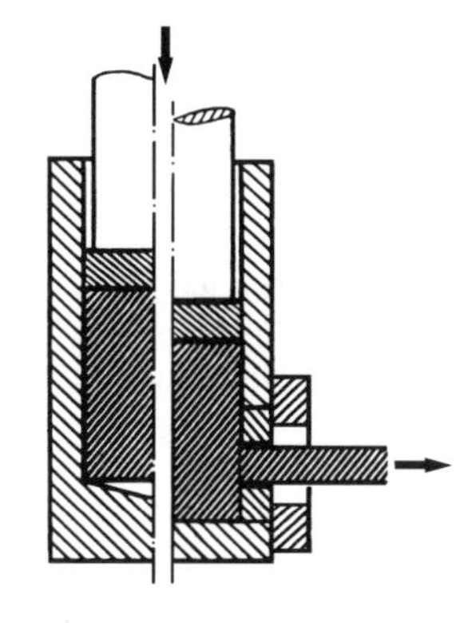

filage (m) de poudres métalliques
Filage de poudres métalliques précomprimées

billette (f)
bloc (m)
Produit brut, réalisé par coulée, de section pleine, ronde ou rectangulaire et dont les dimensions correspondent aux dimensions intérieures du → conteneur. Les billettes sont produites pour la plupart par coulée continue avec la section adéquate et sont ensuite cisaillées à la longueur requise par les produits à obtenir et/ou les caractéristiques de l'équipement de la presse. → conteneur, → conteneur plat

axe (m) de la billette
Axe de symétrie de la billette

filage (m) billette-à-billette
filage (m) continu
Procédé spécial de filage, où les billettes sont filées l'une après l'autre, sans élimination du culot résiduel, afin d'obtenir un produit continu [41]. Une condition nécessaire à la réussite de ce procédée est que les conditions du processus de filage assurent le soudage du matériau des billettes pendant le filage

extrusion (f) arrière
→ Extrusion inverse partielle produisant une pièce tubulaire

7.1.18 **Ausstoßen (n) des Preßrestes**
Arbeitsschritt nach dem Pressen, während dessen der → Preßrest, die → Preßscheibe und ggfs. das → Preßhemd mit Hilfe einer → Ausstoßscheibe aus dem → Rezipienten entfernt wird

ejection of the discard
Operation after extrusion during which the → discard or butt, the → dummy block and (when present) the → shell are removed from the → container by means of a → scavenger block

7.1.19 **Preßtemperatur (f)**
1. → Blocktemperatur

2. → Rezipiententemperatur. Der Begriff P. wird für beide angegebenen Temperaturen verwendet, obwohl sich diese in den meisten Fällen unterscheiden

extrusion temperature
1. → billet temperature

2. → container temperature. The term extrusion temperature is used for both temperatures although these are usually different in practice

7.1.20 **Blockdurchmesser (m)**
→ Ausgangsblockdurchmesser

billet diameter
→ initial billet diameter

7.1.21 **Direktes Strangpressen (n)**
Vorwärtsstrangpressen (n)
Strangpreßverfahren, bei dem der Strang in Wirkrichtung der → Gesamtpreßkraft austritt [DIN 8583]

direct extrusion
forward extrusion
Extrusion process in which the product is extruded in the same direction as the → total extrusion force [DIN 8583]

7.1.22 **Homogenisierungsglühung (f)**
→ Barrenhochglühung

homogenization annealing
→ billet annealing

7.1.23 **Hydrafilmverfahren (n)**
→ Dickfilmverfahren

hydrafilm process
→ thick film process

7.1.24 **Hohlblock (m)**
Hohlzylindrischer → Block zur Herstellung von → Preßrohren und Hohlprofilen. → Strang- und Rohr- oder → Rohrpressen, die keine Lochvorrichtung besitzen, müssen zur Herstellung von Hohlprodukten mit Hohlblöcken bestückt werden

hollow billet
Hollow cylindrical → billet for the production of → tubes and hollow profiles. → Rod and tube extrusion presses or → tube extrusion presses which are not equipped with a piercing device require hollow billets to produce hollow products

7.1.25 **Preßgeschwindigkeit (f)**
1. → Strangaustrittsgeschwindigkeit

2. → Stempelgeschwindigkeit

press velocity
1. → extrusion velocity

2. → punch velocity

7.1.26 **Blockkopffläche (f)**
Bezeichnung für die → Blockstirnfläche, die beim Laden der → Preßscheibe zugewandt ist

billet head
Term for the → billet end face pointing towards the → dummy block during loading

éjection (f) du culot
Opération, consécutive au filage, où le → culot, le → grain de poussée et au besoin la → chemise sont expulsés de l'intérieur du → conteneur, à l'aide d'un → disque racloir

température (f) de filage
1. → Température de la billette

2. → Température du conteneur. La désignation est utilisée pour les deux températures, quoique, dans la plupart des cas, celles-ci diffèrent

diamètre (m) de la billette
→ diamètre initial de la billette

filage (m) direct
Procédé de filage, où l'écoulement du matériau s'effectue dans la direction de la → force totale de filage [DIN 8583]

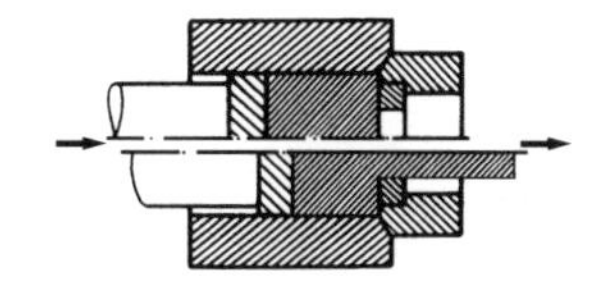

recuit (m) d'homogénéisation
→ Recuit de la billette

procédé (m) hydrafilm
Procédé de → filage sous film lubrifiant épais

billette (f) creuse
→ Billette cylindrique creuse utilisée pour la production de → tubes et → profilés tubulaire. Les presses à filage de → barres et tubes ou les presses à filage de → tubes seulement, qui ne sont pas équipées d'un dispositif de perçage, doivent être alimentées avec des billettes creuses pour la fabrication des produits tubulaires

vitesse (f) de filage
1. → Vitesse de sortie du produit filé

2. → Vitesse du grain de poussée

surface (f) de la tête de billette
Désignation de la → surface de l'extrémité de la billette, qui pendant le chargement est orientée vers le → grain de poussée

7.1.27 **Blockrandbereich (m)**
Bereich dicht unter der Blockmantelfläche, der verunreinigtes Gußgefüge enthalten kann

billet surface layer
Layer directly below the billet surface which may contain impurities in the grain structure

7.1.28 **Blockstirnfläche (f)**
1. Bezeichnung für beide Stirnflächen des Blocks

2. Bezeichnung für die Blockstirnfläche, die während der Pressung der Matrize zugewandt ist

billet end face
1. Term applied to both end faces of the billet

2. Term for the face of the billet in contact with the die during the extrusion process

7.1.29 **Blocktemperatur (f)**
Blockanwärmtemperatur (f)
Temperatur, auf die der Block vor dem Pressen im → Blockerwärmungsofen aufgeheizt wird. → Rezipiententemperatur, → Preßtemperatur

billet temperature
Temperature to which the billet is heated in the → billet furnace prior to extrusion. → container temperature, → extrusion temperature

7.1.30 **Hydrostatisches Strangpressen (n)**
Strangpreßverfahren, bei dem die Preßkraft nicht direkt über den → Preßstempel und die → Preßscheibe, sondern über eine Druckflüssigkeit (Druckmedium) auf den → Block übertragen wird [41]

hydrostatic extrusion
Extrusion process in which the extrusion force is not transmitted directly via a → punch and → dummy block to the → billet but via a fluid medium [41]

7.1.31 **Schalendicke (f)**
Wanddicke des → Preßhemdes

shell thickness
Wall thickness of the → shell

7.1.32 **Conform-Verfahren (n)**
Kontinuierliches Strangpreßverfahren, bei dem das Einsatzmaterial, z.B. Draht oder Pulver, durch ein mit Nut versehenes Reibrad verdichtet und durch die Reibung auf Umformtemperatur gebracht wird [44]

Conform process
Continuous extrusion process in which the material to be extruded, e.g. wire or powder, is compressed by an indented friction wheel; the friction causing it to reach the deformation temperature [44]

7.1.33 **Einfrieren (n) des Blocks**
Unbeabsichtigter Stillstand des Preßvorgangs infolge einer Kraftüberhöhung durch zu große Wärmeverluste [41]

billet freezing
Unintentional halting of the extrusion process as a result of increased load due to loss of temperature of the extrusion material [41]

7.1.34 **Schale (f)**
→ Preßhemd

shell
sleeve
→ shell

zone (f) corticale de la billette
Domaine situé immédiatement en dessous de la surface latérale de la billette, qui peut présenter une structure de coulée avec une teneur élevée en impuretés

surface (f) frontale de la billette
1. Terme désignant la surface des deux extrémités de la billette

2. Terme désignant la surface de l'extrémité de la billette, qui, pendant le filage, est en contact avec la filière

température de la billette
Température à laquelle la billette est préchauffée, avant le filage, dans le → four à billettes. → température du conteneur, → température de filage

filage (m) hydrostatique
Procédé de filage, où la force de formage n'est pas transmise directement à la → billette à l'aide du → poinçon et du → grain de poussée, mais par l'intermédiaire d'un liquide sous pression [41]

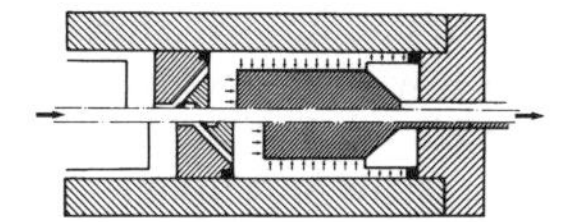

épaisseur (f) chemisée
Epaisseur de la paroi de la → chemise de filage

procédé (m) conform
Procédé de filage continu où le matériau à filer, p. e. fil ou poudre métallique, est comprimé par entrainement dans la gorge d'une roue et porté, par frottement, à la température de formage [44]

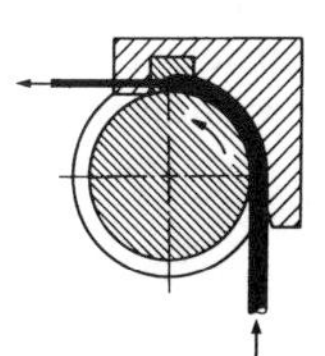

figeage (m) de la billette
Arrêt non-voulu du filage induit par l'augmentation de la force de filage suite à un refroidissement excessif du matériau filé [41]

chemise (f)
→ chemise de filage

7.1.35 **Grenzpreßgeschwindigkeit (f)**
maximale Preßgeschwindigkeit (f), maximale Strangaustrittsgeschwindigkeit (f)
→ Preßgeschwindigkeit, bei der ein Preßwerkstoff unter bestimmten Preßbedingungen gerade noch zu einem → Strang mit fehlerfreier Oberfläche (ohne → Warmrisse) gepreßt werden kann [41]

maximum extrusion velocity
Maximum velocity at which a material can be extruded under given conditions without surface defects (→ heat cracks) occurring [41]

7.1.36 **Glasschmierung (f)**
Beim Strangpressen von Werkstoffen oberhalb 1000 °C verwendete Schmierungsart, bei der auf den Block Glaspulver aufgebracht wird, welches auch wärmeisolierend wirkt

glass lubrication
Type of lubrication used in extrusion processes above 1000 °C. The billet is primed with a glass powder which also improves insulation

7.1.37 **Pressen (n) mit Schale**
Strangpreßverfahren, bei dem der Durchmesser der Preßscheibe bis zu 6 mm kleiner ist als der Rezipienteninnendurchmesser und demzufolge der Blockrandbereich vom Blockkern getrennt wird und im → Rezipienten verbleibt [41]. Das P. wird angewendet, um zu verhindern, daß durch Guß oder Blockerwärmung verursachte Verunreinigungen in den → Strang gelangen. → Preßhemd

shell extrusion
Extrusion process in which the diameter of the dummy block is up to 6 mm smaller than the inner diameter of the container and thus the billet surface layer is separated from the billet core and remains in the → container [41]. Shell extrusion is used to ensure that impurities caused by casting or heating of the billet do not enter the → extrusion. → shell

7.1.38 **Plattierstrangpressen (n)**
Strangpreßverfahren, bei dem aus speziell vorbereiteten Blöcken (z.B.Blockkern: hochfester Werkstoff; Blockmantel: korrosionsbeständiger Werkstoff) Stränge entstehen, deren Kern von einem Mantel eines anderen Werkstoffes umgeben ist

plating extrusion
composite extrusion
Extrusion process using specially prepared composite billets to produce extrusions whose core is surrounded by a mantle of another material (e.g. core of high-strength)

7.1.39 **Einsträngiges Pressen (n)**
Strangpressen mit einer → Einlochmatrize

single strand extrusion
Extrusion through a → single aperture die

7.1.40 **Pilotbohrung (f)**
Bohrung im → Hohlblock, die auch zur Führung des → Dorns dient [41]. Hohlblöcke werden in der Regel vorgebohrt; ist der Durchmesser der Bohrung kleiner als der des → Dornschaftes, wird der Dorn in der Bohrung geführt

pilot hole
Central hole in a → hollow billet, also used to guide the → mandrel [41]. Hollow billets are generally prebored; where the hole diameter is less than that of the → mandrel shaft, the mandrel is guided by the hole

vitesse (f) limite
Vitesse maximale à laquelle le matériau peut être filé, dans des conditions données, sans apparition sur le produit de défauts superficiels. (→ criques, → brulures)

lubrification (f) au verre
Mode de lubrification utilisé pour le filage des matériaux à une température supérieure à 1000 °C. La surface de la billette est recouverte avant filage de poudre de verre, qui joue aussi le rôle d'un isolant thermique

filage (m) chemisé
Procédé de filage où le diamètre du grain de poussée est inférieur de 6 mm environ au diamètre intérieur du conteneur. De ce fait, pendant le filage la zone périphérique de la billette est séparée du coeur et reste dans le → conteneur [41]. On utilise ce procédé pour éviter que des impurités, provenant de la coulée ou du chauffage, pénètrent dans le produit (→ barre) filé. → chemise

cofilage (m)
Procédé de filage de billettes composites préparées selon une procédure spéciale et destinées à la fabrication de produits dont le coeur est entouré d'une couche extérieure de matériau de nature différente (p.e. coeur en acier à haute résistance; zone périphérique en acier résistant à la corrosion)

filage (m) mono-écoulement
Filage à travers une → filière ne comportant qu'une seule ouverture

trou (m) pilote
Trou central dans une → billette creuse, qui permet le guidage de → l'aiguille [41]. Les billettes creuses sont généralement pré-percées; l' → aiguille est guidée, si son diamètre est plus grand que celui de l'avant-trou

7.1.41 **Eloxalqualität (f)**
Begriff für unterschiedliche, genormte Anforderungen an die Qualität der Strangoberfläche nach der → anodischen Oxidation (bezeichnet mit Eo - E6) [DIN 17611]

anodizing quality
Term for the various standardized grades of extrusion surface finish after → anodic oxidation (graded Eo to E6) [DIN 17611]

7.1.42 **Dornkraft (f)**
Kräfte, die während des Preßvorgangs auf den Dorn wirken. (→ Lochkraft (Dorndruckkraft), → Dornzugkraft) [41]

mandrel force
Force acting on the mandrel during the extrusion process (→ piercing force (mandrel pushing force), → mandrel drawing force) [41]

7.1.43 **Blockoberfläche (f)**
1. Bezeichnung für die gesamte Oberfläche des Blocks, bestehend aus Blockmantel und -stirnflächen

2. Bezeichnung für den Blockmantel

billet surface
1. Term for the complete surface of the billet, i.e. the mantle and end faces of the billet

2. Also used to refer to the mantle surface of the billet alone

7.1.44 **Indirektes Strangpressen (n)**
Rückwärtsstrangpressen (n)
Strangpreßverfahren, bei dem der Strang entgegen der Wirkrichtung der → Preßkraft austritt [DIN 8583, 41]. Beim I. wird der Block nicht relativ zur → Rezipienteninnenwand bewegt, sodaß am Rezipienten keine Reibungsarbeit geleistet werden muß

indirect extrusion
backward extrusion, inverted extrusion
Extrusion process in which the product is extruded in the opposite direction to the → total extrusion force [DIN 8583, 41]. In indirect extrusion the billet does not move relative to the → container and so no friction work has to be overcome

7.1.45 **Kaltstrangpressen (n)**
→ Strangpressen je nach Preßwerkstoff bei Raumtemperatur oder Temperaturen deutlich unterhalb der Rekristallisationstemperatur [41]

cold extrusion
→ extrusion carried out either at room temperature or well below the recrystallisation temperature, depending on the extrusion material [41]

7.1.46 **Dickfilmverfahren (n)**
Hydrafilmverfahren (n)
Sonderverfahren, bei dem der Block vor dem Pressen mit einem dickflüssigen Schmierstoff versehen wird und so, ähnlich dem → hydrostatischen Strangpressen, mit Hilfe einer Druckflüssigkeit verpreßt wird [41]. Die Druckflüssigkeitsmenge wird bei diesem Verfahren auf ein Minimum beschränkt

thick film process
Special process in which the billet is coated with a viscous lubricant prior to extrusion, thus creating conditions similar to → hydrostatic extrusion in which the extrusion force is transmitted via a fluid medium [41]. The amount of viscous lubricant used is kept to a minimum

7.1.47 **Oxidhaut (f) (Block)**
Oxidierte → Blockoberfläche

oxide skin (billet)
oxidation layer
Oxidized → billet surface

qualité (f) d'anodisation
Désignation standardisée des divers niveaux de qualité de la surface du produit filé après → l'oxydation anodique (désignés par E0 - E6) [DIN 17611]

force (f) sur l'aiguille
Forces, s'exerçant pendant le filage sur l'aiguille (→ force de perçage (force de compression de l'aiguille), → force de traction de l'aiguille) [41]

surface (f) de la billette
1. Désignation de la surface extérieure complète de la billette, constituée par la surface latérale et la surface des deux extrémités (surfaces frontales)

2. Désignation utilisée seulement pour la surface latérale de la billette

filage (m) inverse
Procédé où le matériau s'écoule dans la direction opposée à celle de la → force de filage [DIN 8583, 41]. Pendant le filage, il n'y a pas de mouvement relatif entre la billette et la → paroi intérieure du conteneur, et par conséquent pas de travail de frottement sur le conteneur

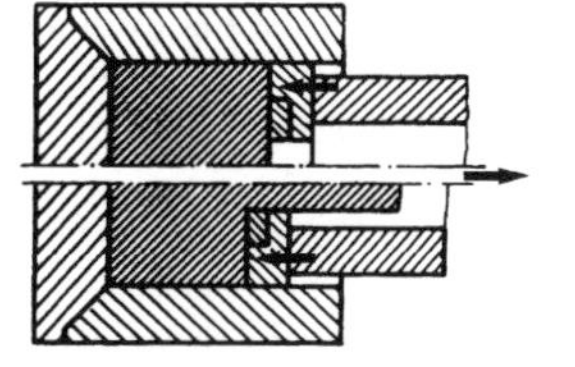

extrusion (f) à froid
→ Extrusion, qui, selon le matériau déformé, a lieu soit à la température ambiante, soit à une température inférieure à la température de recristallisation [41]

filage (m) sous film épais
Procédé de filage spécial, où la surface extérieure de la billette est au préalable recouverte d'un lubrifiant visqueux, ce qui induit des conditions de déformation voisines de celles du → filage hydrostatique où la force de filage est transmise à la billette par l'intermédiaire d'un fluide [41]. Par ce procédé, la quantité de liquide sous pression est fortement réduite

croûte (f) oxydée
→ Surface extérieure oxydée de la billette

7.1.48 **Preßhemd (n)**
Schale (f)
→ Blockrandbereich, der beim → Pressen mit Schale im Rezipienten verbleibt [41]. Das P. entsteht dadurch, daß beim Pressen eine → Preßscheibe verwendet wird, die bei → Preßtemperatur einen bis zu 6 mm kleineren Durchmesser als der → Rezipient hat

shell
→ billet surface layer remaining in the container after → extrusion [41]. The shell is caused by use of a → dummy block whose diameter at → extrusion temperature is up to 6 mm less than that of the → container

7.1.49 **Isothermes Strangpressen (n)**
Strangpressen mit konstanter → Strangaustrittstemperatur [41]

isothermal extrusion
Extrusion process with constant → extrusion (exit) temperature [41]

7.1.50 **Kolloidgraphit (m)**
Mit Graphit vermischtes, leichtes oder schweres Mineralöl zur Schmierung der → Blockstirn- und → Blockkopffläche beim Strangpressen von Aluminiumlegierungen

colloidal graphite
Mixture of graphite and light or heavy mineral oil, used to lubricate the → billet end face and → billet head during extrusion of aluminium alloys

7.1.51 **Dornzugkraft (f)**
Reibkraft, die während des Pressens infolge der Relativbewegung zwischen dem Preßwerkstoff und dem → Dornschaft auf den → Dorn wirkt

mandrel friction force
Friction force acting on the → mandrel during extrusion as a result of the relative motion between the extrusion material and the → mandrel shaft

7.1.52 **Pressen (n) eines Steckers**
Pressung, bei der meist speziell präparierte Blöcke zu Forschungszwecken verpreßt werden und der → Preßrest deutlich länger ist als in der Produktion üblich. Durch das P. können Informationen über den Stofffluß während des Pressens gewonnen werden. → Indikatormethode, Scheibenmethode, Rastermethode

extrusion of a plug
Operation during which mainly specially prepared billets are extruded for research purposes, resulting in a → discard or butt longer than that usual in production. This technique is used to obtain information about material flow during extrusion. → indicator method, slice method, raster method

7.1.53 **Mehrsträngiges Strangpressen (n)**
Strangpressen mit → Mehrlochmatrizen, um in einem Arbeitsgang mehrere → Stränge gleicher Querschnittsform strangzupressen

multi-strand extrusion
Extrusion with a → multi-aperture die in order to produce several → strands of similar cross-section in one extrusion operation

7.1.54 **Flachrezipient (m)**
Rezipient (m) mit flachem Durchbruch
→ Rezipient mit einem rechteckähnlichen Querschnitt, bei dem die kurzen Seiten abgerundet sind [41, 44]. F. werden zum Strangpressen breiter Profile benutzt

flat container
→ Container with an approximately rectangular cross-section with the shorter sides rounded off [41, 44]. Used in the extrusion of flat profiles

chemise (f) de filage
→ Zone périphérique de la billette, qui, pendant → le filage chemisé reste dans le conteneur [41]. La chemise de filage se forme parce que le diamètre du → grain de poussée utilisé est, à la température de filage, inférieur de 6 mm environ au diamètre intérieur du → conteneur

filage (m) isotherme
Filage à → température de sortie constante [41]

graphite (m) colloïdal
Mélange de graphite et d'huile minérale légère (peu visqueuse) ou lourde, utilisée pour lubrifier la → surface frontale et la → surface de la tête de la billette, pendant le filage des alliages d'aluminium

force (f) de frottement de l'aiguille
Force de frottement, qui s'exerce pendant le filage sur → l'aiguille, du fait du mouvement relatif entre la → tige de l'aiguille et le matériau filé

filage (m) d'un goujon
Opération de filage réalisée à des fins de recherche avec une billette, spécialement préparée, où le → culot est plus long que dans la pratique industrielle courante. Par ce procédé on obtient des informations sur l'écoulement de la matière filée.(→ visioplasticité) → méthode des inserts, → méthode des feuillets, → méthode des grilles

filage (m) multi-écoulements
Opération de filage avec une filière percée de plusieurs orifices (→ filière multi-écoulements). Par ce procédé, on obtient en une opération simultanément plusieurs → barres (produits) de même section

conteneur (m) plat
→ conteneur de section voisine de celle d'un rectangle élancé et dont les petits côtés latéraux sont arrondis [41, 44]. Ce type de conteneur est utilisé pour filer des profilés de grande largeur

7.1.55 **Naßpressen (n)**
Strangpressen mit Wasserkühlung des Strangs (→ Strangkühlung) → Trockenpressen

wet extrusion
Extrusion process with water cooling of the extrusion (→ extrusion cooling). → dry extrusion

7.1.56 **Entlüften (n) des Rezipienten**
Rezipiententlüftung (f)
Vorgang während des → Anstauchens, bei dem die im Rezipienten vorhandene Luft durch Abpumpen oder Verpressen speziell aufgewärmter Blöcke ausgebracht wird [41]

evacuation of the container
Operation during → upsetting by which the air present in the container is evacuated by pumping or by the use of specially heated billets [41]

7.1.57 **Spezifischer Preßdruck (m)**
Maximale Preßkraft der → Strangpresse bezogen auf den lichten Innenquerschnitt des → Rezipienten [DIN 24540, 41]

extrusion pressure
Maximum compressive load exerted by the → extrusion press on the inner cross-section of the → container [DIN 24540, 41]

7.1.58 **Selbstschmierender Preßwerkstoff (m)**
Preßwerkstoff, der während der Blockerwärmung eine Zunderschicht mit Schmierwirkung bildet (z.B. Kupfer oder niedriglegierte Kupferwerkstoffe) [41]

self-lubricating extrusion material
Extrusion material (e.g. pure or low-alloy copper) which forms an oxide layer with lubricating properties during heating of the billet [41]

7.1.59 **Vorwärtsstrangpressen (n)**
→ Direktes Strangpressen

forward extrusion
→ direct extrusion

7.1.60 **Strangpressen (n)**
Durchdrücken eines von einem → Rezipienten umschlossenen Blockes durch eine → Matrize zur Herstellung von → Strängen [DIN 8583]

hot extrusion
Pushing a billet enclosed in a → container through a → die to form an → extrusion [DIN 8583]

7.1.61 **Strippen (n)**
Arbeitsschritt beim → direkten Strangpressen, in dem die Presse entlastet und der → Preßrest mit der → Preßscheibe durch Zurückfahren des Rezipienten aus der Strangpresse entfernt wird [41]

stripping
Operation during → direct extrusion to relieve the press and remove the → discard together with the → dummy block by withdrawal of the container from the extrusion press [41]

7.1.62 **Trockenpressen (n)**
Strangpressen ohne Wasserkühlung des → Stranges (ggfs. mit Luftkühlung). → Naßpressen

dry extrusion
Extrusion without water cooling of the → extrusion (possibly with air cooling). → wet extrusion

7.1.63 **Ungleichmäßige Blockerwärmung (f)**
Begriff für einen eingestellten Temperaturgradienten über die Blocklänge [41]. Mit Hilfe einer U. kann einerseits der Rezipient auf einfache Art entlüftet werden, andererseits kann diese Methode der Blockerwärmung ein → isothermes Strangpressen ermöglichen. → Entlüften des Rezipienten

non-uniform heating of the billet
Term for a predetermined temperature gradient over the length of the billet [41]. This is an easy way of evacuating air from the container. It is also used in → isothermal extrusion. → evacuation of the container

filage (m) humide
Opération de filage avec refroidissemnet à l'eau du produit filé (→ refroidissement de la barre filée). → filage à sec

dégazage (f) du conteneur
Opération qui a lieu pendant le → refoulement. L'air contenu dans le conteneur est évacué par pompage ou par pressage de billettes préchauffées de manière particulière [41]

pression (f) de filage nominale
Rapport entre la force maximale que peut exercer la → presse et l'aire de la section intérieure du → conteneur [DIN 24540, 41]

matière (f) à filer autolubrifiante
Matière qui pendant le chauffage se recouvre d'une couche d'oxyde possédant des qualités lubrifiantes (p. e. cuivre ou alliages de cuivre faiblement alliés) [41]

filage (m) avant
→ filage direct

filage (m)
Opération consistant à pousser à travers une → filière la matière d'une billette (bloc) enfermée dans un → conteneur afin d'obtenir des → produits cylindriques de grande longueur [DIN 8583]

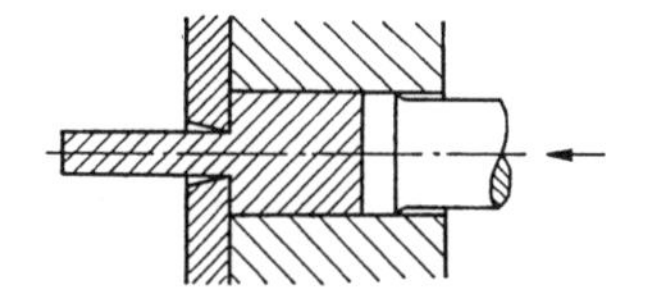

extraction (f)
Phase consécutive à une opération de → filage direct permettant l'éjection du → culot de filage et du → grain de poussée par recul du conteneur [41]

filage (m) à sec
Filage sans refroidissement à l'eau de la → barre filée, parfois avec refroidissement par ventilation d'air. → filage humide

chauffage (m) non-uniforme de la billette
Mode de chauffage produisant un gradient de température le long de la billette [41]. Ce mode de chauffage permet de réaliser simplement le dégazage du conteneur. D'autre part il est aussi utilisé pour effectuer un → filage isotherme. → dégazage du conteneur

7.1.64	**Strangaustrittsgeschwindigkeit (f)** *Austrittsgeschwindigkeit (f)* Geschwindigkeit, mit der der → Strang aus der → Matrize austritt. Die S. wird in der Regel in [m/min] angegeben. → Grenzpreßgeschwindigkeit	**extrusion velocity** Velocity at which the → extrusion leaves the → die, usually expressed in [m/min]. → maximum extrusion velocity
7.1.65	**Strangaustrittstemperatur (f)** *Austrittstemperatur (f)* Temperatur, mit der der Strang aus der Matrize austritt. Je nach Preßwerkstoff und den davon abhängigen Prozeßbedingungen kann die Strangaustrittstemperatur über oder unter der Blocktemperatur liegen	**extrusion temperature** Temperature at which the extrusion leaves the die. Depending on the extrusion material and the related process conditions, the extrusion temperature may be above or below the billet temperature
7.1.66	**Stempelgeschwindigkeit (f)** Geschwindigkeit, mit der der → Preßstempel während des Preßvorganges bewegt wird. Die S. wird in [mm/s] angegeben. Aus der S. und dem → Preßverhältnis läßt sich die → Strangaustrittsgeschwindigkeit berechnen. → Grenzpreßgeschwindigkeit	**punch velocity** *ram velocity* Velocity of the → punch during the extrusion operation, measured in [mm/s]. The punch velocity together with the → extrusion ratio is used to calculate the → extrusion velocity. → maximum extrusion velocity
7.2.1	**Anodische Oxidation (f)** *Anodisation (f)* Elektrolytisches Verfahren zur Aufbringung von transparenten oder eingefärbten Oxidschichten auf Aluminiumoberflächen für technische oder dekorative Zwecke (→ Eloxalqualität) [43]	**anodic oxidation** *anodization, square die* Process for applying a transparent or coloured oxidation layer to aluminium surfaces for technical or decorative reasons (→ anodizing quality) [43]
7.2.2	**Anschmelzen (n)** Schmelzen eutektischer Phasen oder niedrigschmelzender Legierungselemente des Preßwerkstoffes während der Pressung [41]. Das A. kann zu → Warmrissen im Strang führen	**partial melting** Melting of eutectic phases or low melting point alloying elements of the material during extrusion [41]. Partial melting may lead to → heat cracks in the extrusion
7.3.1	**Flachmatrize (f)** → Matrize mit einem Matrizenöffnungswinkel von 180° [41, 44]. → Konische Matrizen	**flat die** → die with a die opening angle (total included angle) of 180° [41, 44]. → conical dies
7.3.2	**Dornschaft (m)** Teil des → Dorns, der während des Pressens mit dem Preßgut in Berührung ist	**mandrel shaft** Part of the → mandrel in contact with the extrusion material during extrusion
7.3.3	**Dornhalter (m)** Verbindungsstück zwischen → Dornschaft und → Lochzylinder oder → Dornstange [41]. → Dorn	**mandrel holder** Connecting part between the → mandrel shaft and the → piercing cylinder or → mandrel stem [41]. → Mandrel

vitesse (f) de sortie de la barre (produit)
Vitesse avec laquelle la → barre filée sort de l'orifice de la → filière. La vitesse de sortie est exprimée en m/min. → vitesse limite

température (f) de sortie du produit filé
Température de la barre filée, à la sortie de la filière. Selon la matière filée et les conditions opératoires, la température de sortie peut être supérieure ou inférieure à la température de la billette

vitesse (f) du fouloir (poinçon)
Vitesse du → fouloir pendant le filage. Cette vitesse est exprimée en mm/s. La connaissance de la vitesse du fouloir et du → rapport de filage permet le calcul de la → vitesse de sortie de la barre filée. → vitesse limite

oxydation (f) anodique
anodisation (f)
Procédé électrochimique utilisé pour engendrer une couche d'oxyde transparente ou colorée sur la surface des produits d'aluminium, à des fins techniques ou décoratives (→ qualité d'anodisation) [43]

fusion (f) partielle
Fusion, pendant le filage, des phases eutectiques ou des éléments d'addition à bas point de fusion de la matière à filer [41]. Ce phénomène peut avoir comme conséquence l'apparition de fissures (→ criques) à la superficie du produit extrudé

filière (f) plate
→ Filière dont l'angle d'ouverture est 180°
[41, 44]. → filière cônique

fût (m) de l'aiguille
Partie de → l'aiguille, qui pendant le filage est en contact avec la matière filée

porte-aiguille (m)
Pièce de jonction entre le → fût de l'aiguille et le → poinçon de perçage ou la→ tige de l'aiguille. → aiguille

7.3.4 **Ausstoßscheibe (f)**
Räumscheibe (f), Putzscheibe (f)
An der Rezipienteninnenwand anliegende Scheibe, die nach dem → Pressen mit Schale zum Säubern in den Rezipienten geladen wird, um in einem Leerhub den → Preßrest, die → Preßscheibe und das → Preßhemd auszubringen

scavenger block
ejector plate
Block or disk placed in contact with the inner wall of the container after → shell extrusion to clean the container and bring out the → discard (butt), the → dummy block and the → shell

7.3.5 **Expansionsvorkammermatrize (f)**
→ Vorkammermatrize spezieller Bauart zum Pressen von → Profilen, die für den vorhandenen → Rezipienten bei Verwendung anderer → Matrizen zu groß wäre [44]

expansion prechamber die
Special type of → prechamber die for extruding → profiles which would otherwise be too big for the available → container using other → dies [44]

7.3.6 **Auslaufbahn (f)**
Gerade → Auslaufeinrichtung zur Aufnahme von gepreßten → Profilen, → Stangen und → Rohren [41, 45]. Die A. kann mit einem Tisch, einem Balkenband, einem Plattenband, einem angetriebenen oder kippbaren Rollgang oder einer fahr- und kippbaren Rinne ausgeführt und mit → Kühl- und/oder → Ausziehvorrichtungen versehen werden. → Haspel, Tauchbecken, Luftkissenführung

runout track
Straight → runout area for supporting extruded → profiles, → rods and → tubes [41, 45]. It may be designed as a table, beam conveyor, plate belt, live or tilting roller table or a moving and tilting channel and equipped with → cooling equipment and/or → puller. → coiler, quenching bath, air- cushion guideway

7.3.7 **Dorn (m)**
Preßdorn (m)
1. Bestandteil einer → Brücken- oder → Kammermatrize, der komplizierte Hohlprofile innen kalibriert

2. Preßwerkzeug einer → Strang- und Rohr- oder → Rohrpresse, bestehend aus → Dornspitze, → Dornschaft und → Dornhalter, welches als → Lochdorn verwendet werden kann und → Preßrohre und Hohlprofile innen kalibriert [41, 44]

mandrel
1. Part of a → bridge or → porthole die used to calibrate the inner dimensions of complex hollow profile sections

2. Part of the tooling of a → rod and tube or → tube extrusion press, consisting of a → mandrel head, → mandrel shaft and a → mandrel holder and which may be used as a → piercing mandrel and for internal calibration of → extruded tubes and → hollow profiles [41, 44]

7.3.8 **Dornstange (f)**
Verbindung zwischen → Dornhalter und → Lochzylinder bei → Strang- und Rohrpressen mit außenliegender → Lochvorrichtung

mandrel stem
Connecting part between the → mandrel holder and the → piercing cylinder in → rod and tube extrusion presses with external → piercing devices

racloir (m)
Disque ou cylindre que l'on fait glisser contre la surface intérieure du conteneur après un → filage chemisé pour nettoyer le conteneur et évacuer le → culot, le → grain de poussée et la → chemise

filière (f) avec préchambre d'élargissement
→ Filière comportant une préchambre spéciale et destinée au filage de → profilés, de dimension trop importante pour pouvoir être filés avec le → conteneur disponible et une → filière conventionelle [44]

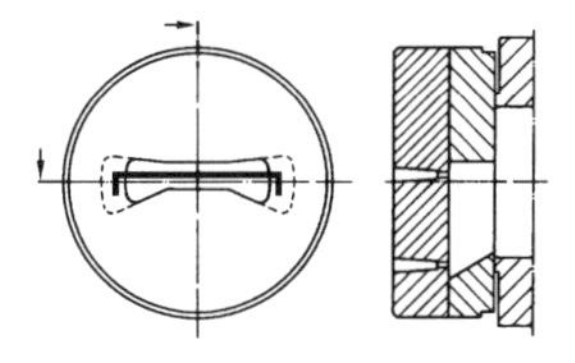

parcours (m) de réception
→ Équipement situé en sortie de presse et destiné à assurer la réception et le convoyage des → profilés, → barres et → tubes filés [41, 45]. Le parcours de réception peut être constitué d'une table, d'un convoyeur à barres ou à tabliers, un train de rouleaux commandés ou basculants, une rigole basculante ou mobile. Cet équipement peut comprendre en outre une → installation de refroidissement, → un → tracteur de filage, → une bobineuse, → un bain de trempe, → un guidage par coussin pneumatique

aiguille (f)
1. Elément d'une → filière à ponts ou d'une → filière à nourrice (porthole), permettant le calibrage de la surface interne des profilés tubulaires de forme complexe

2. Partie d'outil d'une → presse à filage de barres et tubes ou d'une → presse de tubes, constituée d'une → tête, d'un → fût et d'un → porte-aiguille et qui est utilisé comme → poinçon de perçage et calibrage intérieur des→ tubes filés et → profilés tubulaires [41, 44]

tige (f) de l'aiguille
Elément de liaison entre le porte-aiguille et le → poinçon de perçage, équipant les → presses de → filage de barres et tubes et qui sont pourvues d'un dispositif de → perçage externe

7.3.9 **Dornspitze (f)**
Runde oder profilierte Spitze des → Dorns, die hohle Stränge innen kalibriert

mandrel head
Round or shaped tip of the → mandrel used for internal calibration of hollow extrusions

7.3.10 **Auslaufeinrichtung (f)**
→ Folgeeinrichtung einer Strangpresse, die sich zur Aufnahme von → Profilen, → Stangen, → Preßrohren und → Preßdraht an das → Pressenmaul anschließt [41, 45]. Die A. wird entsprechend der Produktpalette der Strangpresse als Naß- oder Trockenauslauf ausgelegt. → Auslaufbahn, Haspel, Tauchbecken, Luftkissenführung, Naßpressen, Trockenpressen

runout equipment
→ follow-on equipment arranged next to the → mouth of the extrusion press to support → profiles, → rods, → tubes and → extruded wire [41, 45]. Depending on the product spectrum of the press, the equipment is designed for wet or dry runout. → runout track, coiler, quenching bath, air-cushion guideway, wet extrusion , dry extrusion

7.3.11 **Dornkühlung (f)**
Als Innen- (während der Pressung) oder Außenkühlung (nach der Pressung) ausgelegte Einrichtung zur Verminderung der hohen thermischen Beanspruchung der → Dorne [44]. Bei Innenkühlung wird der → Dornschaft mit einer Bohrung versehen, die nicht bis in die → Dornspitze reicht

mandrel cooling
Internal (during extrusion) or external (after extrusion) cooling equipment for reducing the high thermal stress on the → mandrel [44]. With internal cooling the → mandrel shaft is provided with a central bore which stops short of the → mandrel head

7.3.12 **Abschlußform (f)**
Form der → Abdichtung zwischen → Rezipienten und → Matrize oder → Matrizenhalter [DIN 24540, 1]. Es gibt unterschiedliche Abschlußformen, die in der genannten Norm erläutert sind, bei Strangpressen neuerer Bauart werden fast ausschließlich Flach- und Zylinderabschlüsse verwendet

seal shape
Shape of the → seal between the → container and the → die or → die holder [DIN 24540, 1]. There are different types of seal as described in the standard. Newer extrusion presses almost all use flat or cyindrical seals

7.3.13 **Einlochmatrize (f)**
→ Matrize mit einem → Matrizendurchbruch. → Mehrlochmatrize

single aperture die
→ dies with one → die throat. → multi-aperture dies

7.3.14 **Bügelmatrize (f)**
Vorläufer der → Brückenmatrize [41]

–
→ bridge die

7.3.15 **Brückenmatrize (f)**
→ Matrize spezieller Bauart zur Herstellung von Hohlprofilen (→ Profile) [41]. B. werden zur Herstellung von Hohlprofilen komplizierter Querschnittsformen aus Aluminiumwerkstoffen verwendet. In begrenztem Maß können B. auch zum Pressen von Hohlprofilen aus Kupferlegierungen eingesetzt werden

bridge die
Special type of → die for making hollow sections (→ profiles) [41]. Bridge dies are used in the production of aluminium alloy profiles of complex cross-section. They are also sometimes used in the extrusion of hollow copper alloy sections

tête (f) de l'aiguille
Pointe ronde ou profilée de → l'aiguille, permettant le calibrage de la surface interne des produits tubulaires filés

équipement (m) de réception
Equipement situé en sortie d'une presse de filage, immédiatement après le sommier de presse et destiné à la réception des → profilés, → barres, → tubes ou → fils filés [41, 45]. Selon les produits filés, l'installation peut être humide ou sèche. → parcours de réception, → bobineuse, → bain de trempe, → guidage à coussin pneumatique, → filage humide, → filage à sec

refroidissement (m) de l'aiguille
Equipement assurant un refroidissement de l' → aiguille par l'intérieur (pendant le filage) ou par l'extérieur (après le filage), pour réduire ses sollicitations thermiques [44]. Le refroidissement par l'intérieur est réalisé grâce à un conduit perçé dans le → fût de l'aiguille et arrivant à une faible distance de la → tête de l'aiguille

forme (f) du joint d'étanchéité
Forme de la pièce assurant l'étanchéité entre le → conteneur et → la filière ou → le porte-filière [DIN 24540, 1]. Les diverses formes de joint d'étanchéité sont décrites dans la norme susdite. Sur les presses modernes de filage, on utilise des joints de forme plate ou cylindrique

filière (f) mono-écoulement
→ Filière avec un seul → orifice. → filière multi-écoulements

pont (m)
Pièce d'alimentation de la filière pour le filage d'un profilé tubulaire. → filière à pont

filière (f) à pont
→ Filière utilisée pour la fabrication de → produits tubulaires [41]; ces filières sont principalement utilisées pour le filage de profilés tubulaires en alliages d'aluminium, de section complexe et, dans une moindre mesure, pour le filage d'alliages de cuivre

7.3.16	**Blockaufnehmer (m)** → Rezipient	**container** → container
7.3.17	**Druckplatte (f)** Teil des → Werkzeugsatzes, der die → Preßkraft vom → Stützwerkzeug auf den → Werkzeugaufnehmer überträgt [41]	**pressure pad** *platen* Part of the → tool set which transmits the → extrusion force from the → supporting tool to the → tool carrier [41]
7.3.18	**Druckring (m)** Verlängerungsglied zum Anpassen der Länge des → Werkzeugsatzes auf das Einbaumaß des → Werkzeugaufnehmers [41]	**backing ring** Spacer ring used to adapt the length of the → tool set to the dimensions of the → tool carrier [41]
7.3.19	**Durchbruchexzentrizität (f)** Als absolute oder bezogene Größe angegebener Abstand zwischen der Rezipientenachse und dem Schwerpunkt des → Matrizendurchbruchs in der Ebene der → Matrizenstirnfläche	**eccentricity of the aperture** Absolute or relative distance between the container axis and the centre of gravity of the → die opening in the plane of the → die face
7.3.20	**Hilfswerkzeug (n)** Nicht mehr üblicher Sammelbegriff für Werkzeuge, die als Bestandteile der Strangpresse (z.B. → Rezipient, → Preßstempel) angesehen werden	**auxiliary tooling** *ancillary tooling* Collective term for the tooling (e.g. → container, → punch) used in extrusion presses
7.3.21	**Abdichtung (Rezipient) (f)** Dichtung zwischen → Rezipienten und → Matrizenhalter oder Matrize	**seal (container)** Seal between the → container and → die holder or → die
7.3.22	**Preßscheibe (f)** Preßwerkzeug zum Übertragen der → Preßkraft vom → Preßstempel auf den → Block [44]. P.- und Rezipienteninnendurchmesser sind mit Ausnahme beim → Pressen mit Schale annähernd gleich groß. Die P. kann je nach Preßwerkstoff Bestandteil des → Preßstempels sein oder auf dem Preßstempel lose oder befestigt aufliegen	**dummy block** Block used to transmit the → extrusion force from the → punch to the → billet [44]. The dummy block and inner container diameters are approx. the same size except in → shell extrusion. Depending on the extrusion material, the dummy block may be either part of the → punch, attached to it or placed in front of it
7.3.23	**Rezipienteninnenwand (f)** Innenwand der Innenbuchse, die während des Pressens mit dem Block in Kontakt ist	**container inner wall** Interior wall of the inner sleeve which is in contact with the billet during extrusion
7.3.24	**Hohlstempel (m)** Hohler → Preßstempel, der beim → indirekten Strangpressen und beim → direkten Strangpressen mit einem → Dorn eingesetzt wird	**hollow punch** Hollow → punch used in → indirect extrusion and in → direct extrusion with a → mandrel

récepteur (m) de billette
→ conteneur

plaque (f) de pression
disque (m) de pression
Elément du → jeu d'outils, qui transmet la → force de filage de → l'outil d'appui au → porte-outil [41]

anneau (m) de pression
Pièce intermédiaire permettant d'adapter la longueur du → jeu d'outils aux côtes de montage du → porte-outil [41]

excentration (f) de l'orifice de la filière
Valeur absolue ou relative de l'écart entre l'axe du conteneur et le centre de gravité de → l'orifice de la filière, mesuré dans le plan de la → surface frontale de la filière

outillage (m) auxiliaire
Désignation globale, peu fréquente, des outils utilisés sur une presse à filer (p.e. → conteneur, → grain de poussée)

joint (m) d'étanchéité (conteneur)
Pièce assurant l'étanchéité entre le → conteneur et le → porte-outil ou la → filière

grain (m) de poussée
Outil, qui transmet la → force de filage du → pilon (fouloir) à la → billette [44]. Le diamètre intérieur du conteneur et le diamètre du grain de poussée sont, sauf dans le cas du → filage chemisé, très proches. Selon la matière à filer, le grain de poussée est soit une partie du → pilon, soit fixé sur le pilon, soit en simple appui sur sa surface frontale

paroi (f) intérieure du conteneur
Paroi interne de l'âme du conteneur, qui pendant le filage est en contact avec la billette

poinçon (m) creux
→ Poinçon de filage creux, utilisé, pour → le filage inverse ou → le filage direct en combinaison avec une → aiguille,

7.3.25 **Hohlprofilmatrize (f)**
Sammelbegriff für Spezialmatrizen, die zur Herstellung von Hohlprofilen eingesetzt werden. Zu den H. zählen → Kammer-, → Bügel- und → Brückenmatrizen sowie → Spidermatrizen

hollow profile dies
Collective term for dies used to produce hollow profile extrusions, e.g. → porthole, → bridge and → spider dies

7.3.26 **Nitriertes Werkzeug (n)**
Oberflächengehärtete → Matrize zur Erhöhung der Standzeit für den Einsatz beim Strangpressen von Aluminiumlegierungen

nitrided die
Surface hardened → die hardened to improve the tool life in extrusion of aluminium alloys

7.3.27 **Preßkanal (m)**
Führung des → Stranges im → Matrizendurchbruch [41]. Der Preßkanal wird beim Strangpressen von Aluminiumwerkstoffen in der Regel parallel ausgelegt; mit seiner Länge kann der → Stofffluß beeinflußt werden. Für bestimmte Preßwerkstoffe (z.B. Mg- oder Zn-Legierungen) werden auch trichterförmige Preßkanäle verwendet. → Matrize

extrusion channel
Guide of the → extrusion in the → die throat [41]. In extrusion of aluminium alloys the extrusion channel is usually parallel and its length is used to regulate → material flow. For certain materials (e.g. Mg and Cu alloys) funnel-shaped extrusion channels are also common. → die, die land

7.3.28 **Preßrohr (n)**
→ Gepreßter, hohler → Strang mit rundem, rechteckigem oder sechseckigem Querschnitt [DIN 1746, DIN 9107, DIN 17671]. Bei den P. unterscheidet man Rundrohre und Formrohre

extruded tube
→ hollow extrusion of circular, rectangular or hexagonal cross-section [DIN 1746, DIN 9107, DIN 17671]. A distinction is made between circular and profile tubes

7.3.29 **Mehrlochmatrize (f)**
→ Matrize, die mehr als einen → Matrizendurchbruch gleicher Form hat

multi-aperture dies
multiple or multi-hole die
→ die with more than one → die throat of the same size

7.3.30 **Matrizenstirnfläche (f)**
Die dem → Block zugewandte Fläche der → Matrize

die face
die end face
Face of the → die towards the → billet

7.3.31 **Matrizenöffnungswinkel (m)**
Konuswinkel (m)
Doppelter → Matrizenneigungswinkel (bei axialsymmetrischen Matrizendurchbrüchen)

cone angle
die opening angle, total included angle
Opening angle of the die towards the billet

filière (f) de profilé tubulaire
Désignation globale des filières utilisées pour la fabrication des profilés tubulaires. Elles sont de trois types principaux: → filière à nourrice, → filière à pont et → filière araignée

filière (f) nitrurée
→ Filière durcie superficiellement par diffusion d'azote afin de prolonger sa durée de vie, procédé utilisé pour le filage des alliages d'aluminium

chenal (m) de filage
Partie du → trou de la filière, qui guide le produit filé [41]. Pour les alliages d'aluminium, le chenal d'extrusion a des parois cylindriques (section constante) et constitue la portée dont on ajuste la longueur pour maitriser l' → écoulement du matériau. Pour certains matériaux (p.e. alliages de Mg ou Zn), on utilise des chenaux de filage en forme d'entonnoir. → filière, → portée de filière

tube (m) filé
→ Barre creuse filée de section ronde, rectangulaire ou hexagonale [DIN 1746, DIN 9107, DIN 17671]. On distingue les tubes ronds et les tubes de forme complexe

filière (f) de filage multi-écoulements
→ Filière possédant plusieurs → ouvertures de forme identique

surface (f) frontale de la filière
Surface de la → filière en contact avec la → billette

angle (m) (total) de la filière
Angle total du cône formant le trou de la filière (pour les filages axisymétriques)

7.3.32 **Rezipient (m)**
Aufnehmer (m), Blockaufnehmer (m)
Meist hohlzylindrisches Bauelement einer Strangpresse zur Aufnahme des Blocks während des Preßvorgangs [41]. R. neuer Bauart werden in den meisten Fällen als Schrumpfverband dreiteilig ausgelegt (→ Innenbüchse, → Zwischenbüchse und Mantel). → Flachrezipient

container
confining chamber, barrel
Usually a hollow cylindrical part of an extrusion press used to hold the billet during the extrusion operation [41]. Modern containers are often made up of three elements shrink fitted together (→ inner sleeve or liner, → intermediate sleeve and outer mantle). → Flat container

7.3.33 **Räumscheibe (f)**
→ Ausstoßscheibe

scavenger plate
→ scavenger block

7.3.34 **Innenbüchse (f)**
Inneres, hohlzylindrisches oder hohles und flaches (→ Flachrezipient) Bauteil eines mehrteiligen → Rezipienten, welches während der Pressung Kontakt mit dem → Block hat

inner sleeve
liner
Inner hollow cylinder or hollow flat component (→ flat container) of a composite → container which is in contact with the → billet during the extrusion

7.3.35 **Putzscheibe (f)**
→ Ausstoßscheibe

cleaning disc
→ scavenger block

7.3.36 **Preßwerkzeug (n)**
Nicht mehr üblicher Sammelbegriff für die → Matrize, den → Dorn, die → Preßscheibe bzw. den Preßstempelkopf und die → Innenbüchse des → Rezipienten [41, 44]

extrusion tooling
Collective term for the → die, → mandrel, → dummy block or punch nose and → inner sleeve or liner of the → container [41, 44]

7.3.37 **Matrizenkonus (m)**
Matrizenkegel (m)
Sich verengende Form der → Matrizenstirnfläche → konischer Matrizen, die sich auch auf Teilbereiche der Stirnfläche beschränken kann

die cone
Tapered part of the → die face of → conical dies, covering all or part of the face

7.3.38 **Lochdorn (m)**
→ Dorn, der zum Lochen nicht vorgelochter Blöcke verwendet werden kann

piercing mandrel
piercer
→ mandrel used for piercing billets which have not been prebored

7.3.39 **Kombinierte Preß- und Ausstoßscheibe (f)**
Kombischeibe (f)
Spezielle Bauart einer → Preßscheibe, die nach dem → Pressen mit Schale in einem Arbeitsgang den → Preßrest mit → Preßhemd ausbringt [44]

combined dummy and scavenger block
Multi-purpose → dummy block used in → shell extrusion to remove and discard the → shell in a single operation [44]

conteneur (m)
Elément en forme de cylindre creux d'une presse à filer, destiné à contenir la billette pendant le filage [41]. Les conteneurs de construction moderne sont un assemblage fretté de trois pièces: → manteau (externe), → frette intermédiaire et → âme. → conteneur plat (à section rectangulaire)

disque-racloir (m)
racloir (m)
→ plaque d'éjection, → racloir

âme (f) (du conteneur)
Elément interne, de forme cylindrique (ronde ou rectangulaire → conteneur plat) et creuse, d'un → conteneur réalisé par frettage de plusieurs pièces et qui, pendant le filage, est en contact direct avec la → billette

disque (f) de nettoyage
→ plaque d'éjection. → racloir

outillage (m) de filage
Désignation globale de la → filière, → l'aiguille, → le grain de poussée ou la tête du fouloir et → l'âme du → conteneur [41, 44]

cône (m) de la filière
Partie de la → surface frontale des → filières côniques, pouvant, en certains cas, constituer la totalité de la surface frontale

aiguille (f) de perçage
→ Aiguille qui peut être utilisée pour le perçage d'une billette non-prépercée

grain de poussée racleur (m)
→ grain de poussée de conception spéciale, qui, après un → filage chemisé, élimine en une seule opération, le → culot et la → chemise de filage [44]

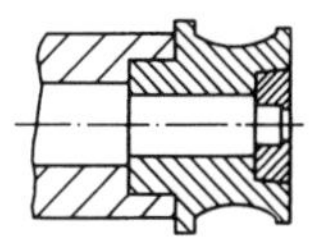

7.3.40 **Matrizenhalter (m)**
Teil des → Werkzeugsatzes zur Aufnahme der Matrize, der evtl. vorhandenen → Vorkammerscheibe und ggfs. der → Stützwerkzeuge [41]

die holder
Part of the → tool set used to support the die and (when present) the → feeder plate and → supporting tool [41]

7.3.41 **Konische Matrize (f)**
Kegelige Matrize (f)
→ Matrize zur Herstellung von → Profilen, vornehmlich aus Kupferlegierungen oder Stählen mit einem → Matrizenöffnungswinkel unter 180° [44]

conical die
Type of → die used in the production of → profile sections mostly of copper alloys or steel, where the die → cone angle is less than 180° [44]

7.3.42 **Preßstempel (m)**
Preßwerkzeug zum Übertragen der → Preßkraft vom → Hauptzylinder auf den Block oder auf die → Preßscheibe [44]. Beim → direkten Strangpressen wird in der Regel ein Vollstempel, beim → indirekten Strangpressen ein → Hohlstempel verwendet

punch
ram
Tool used to transmit the → extrusion force from the → main cylinder to the → billet or → dummy block [44]. As a rule, a solid punch is used in → direct extrusion and a hollow punch in → indirect extrusion

7.3.43 **Matrizeneinsatz (m)**
Preßmatrizeneinsatz (m)
1.Beim Strangpressen von Kupferwerkstoffen oder Stählen verwendeter Kern einer → Matrize aus hitzebeständigen Sonderwerkstoffen (z.B. Stelliten), der in einen Matrizenkörper eingeschrumpft wird und mit seiner Öffnung die Querschnittsform des → Stranges festlegt [44]

2.Bestandteil einer mehrteiligen → Kammer- oder → Brückenmatrize, der die äußere Form des Strangquerschnitts festlegt

die insert
1. Insert of special heat-resistant material (e.g. stellite), used in extrusion of copper alloys and steel, which is shrink fitted into the main body of the → die and which by its aperture determines the cross-sectional shape of the extrusion [44]

2. That part of a multiple → porthole or → bridge die which determines the external shape of the extrusion

7.3.44 **Matrizenneigungswinkel (m)**
Winkel zwischen der geneigten → Matrizenstirnfläche → konischer Matrizen und der gedachten Blockachse. → Matrize, Matrizenkonus

die entry angle
Angle between the sloping face of → conical dies and the billet axis. → die, die cone

7.3.45 **Matrizenlauffläche (f)**
Oberfläche des → Preßkanals

die land
Surface of the → extrusion channel

7.3.46 **Kammermatrize (f)**
Ein- oder mehrteilige → Matrize zur Herstellung von Hohlprofilen aus Aluminiumlegierungen [41]

porthole die
Single or multiple → die used in the production of hollow aluminium alloy profiles [41]

porte-filière (m)
Partie du → jeu d'outillage permettant de rendre solidaires la → plaque-préchambre (si elle existe), la filière et la → contre-filière [41]

filière (f) cônique
→ Filière, destinée principalement à la fabrication des → profilés en alliages de cuivre ou acier, et creusée d'un trou cônique d'angle inférieur à 180° [44]

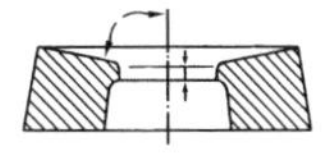

fouloir (m)
pilon (m)
Outil de filage, qui transmet la → force de filage du → vérin principal à la billette ou au → grain de poussée [44]. En → filage direct on utilise habituellement un fouloir de section pleine et en → filage inverse un → fouloir de section creuse

insert (m) de filière
1. Elément intérieur d'une → filière, constitué d'un matériau résistant aux températures élevées (réfractaire - p.e. stellite) et utilisé pour le filage des aciers ou alliages de cuivre. L'insert est fretté dans le corps de la filière et le trou de l'insert fixe la forme de la section des barres filées [44]

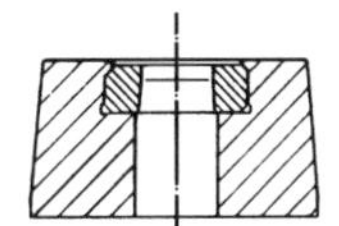

2. L'élément d'une → filière à nourrice ou d'une → filière à pont, qui fixe la forme extérieure de la section des barres filées

angle (m) d'inclinaison de la filière
Angle entre la → surface frontale inclinée d'une → filière cônique et l'axe de la billette. → filière, → cône de la filière

portée (f) de la filière
Surface cylindrique du → chenal d'extrusion

filière (f) à nourrice
→ Filière constituée d'un ou plusieurs éléments, utilisée pour le filage des profilés tubulaires en alliages d'aluminium [41]

7.3.47 **Matrizendurchbruch (m)**
Formgebende Öffnung der → Matrize

die throat
orifice
Shape-giving opening of the → die

7.3.48 **Matrizeneinlaufradius (m)**
Radius der blockseitigen Kante des Matrizendurchbruchs, dessen Größe vom jeweiligen Preßwerkstoff abhängt [44]. Für Aluminiumlegierungen ist der M. sehr klein (R = 0,1 bis 0,3 mm; annähernd scharfkantig). Für Werkstoffe, die bei höheren Temperaturen verpreßt werden, ist er deutlich größer (bis zu 5 mm). → Matrize

die entry radius
Edge radius on the inlet (billet) side of the → die throat. Its size depends on the material to be extruded [44]. It is very small in the case of aluminium alloys (R = 0.1...0.3 mm, approximately sharp-cornered) It is significantly larger for materials extruded at higher temperatures (up to 5 mm). → die

7.3.49 **Matrize (f)**
Preßmatrize (f)
Formgebendes Preßwerkzeug, durch das der Strang austritt [41, 42, 44]. M. können als → Ein- oder → Mehrlochmatrize sowohl einals auch mehrteilig ausgeführt werden. Man unterscheidet einfache M., wie → Flachmatrizen, → konische Matrizen sowie → Vorkammermatrizen und → Hohlprofilmatrizen

die
forming die, contour die
Tool through which the extrusion is pressed [41, 42, 44]. It may be designed as a → single aperture die or a → multi-aperture die and consist of one or several parts. A distinction is made between simple dies, such as → flat and conical dies and more complex dies such as → prechamber dies and → hollow profile dies

7.3.50 **Werkzeugaufnehmer (m)**
Werkzeug zur Aufnahme des → Werkzeugsatzes [41, 44]. Der W. ist bei Strangpressen älterer Bauart eine in Pressenachsenrichtung verschiebbare Einheit. Bei Strangpressen neuerer Bauart mit verschiebbarem Rezipienten ist der W. als Werkzeugdrehkreuz oder Werkzeugschieber am Gegenhalter quer zur Pressenmittenachse dreh- oder schiebbar angebracht

tool carrier
Tooling which supports the → tool set [41, 44]. In older presses it usually moves in the axial direction of the press. In modern presses, with moving containers, the tool carrier is usually mounted as a capstan or slide on the crosshead, at right angles to the main axis of the press

7.3.51 **Verschlußkeil (m)**
Verriegelung des Werkzeugkopfes (→ Werkzeugaufnehmer) bei Strangpressen älterer Bauart

sealing wedge
Wedge shaped component used to fix the tooling (→ tool carrier) in older extrusion presses

7.3.52 **Zwischenbüchse (f)**
Mittleres, hohlzylindrisches Bauteil eines mehrteiligen → Rezipienten [41]

intermediate sleeve
Intermediate hollow cylindrical component of a composite → container [41]

7.3.53 **Stempel (m)**
→ Preßstempel

ram
→ punch

trou (m) de la filière
orifice (f) de la filière
Orifice de la → filière, qui confère sa forme au produit filé

rayon (m) d'entrée de la filière
Rayon d'entrée du → chenal de filage côté billette, dont la valeur dépend du matériau à filer [44]. Pour les alliages d'aluminium le rayon est très réduit (R= 0,1...0,3 mm; forme proche de l'angle vif). Pour les matériaux qui sont filés à des températures plus élevées, le rayon est plus grand (jusqu'à 5 mm). → filière

filière (f)
Outil creux que traverse la matière lors de son filage [41, 42, 44]. La filière peut comporter un (→ filère mono-écoulement) ou plusieurs trous (→ filière multi-écoulement). On distingue les filières simples, comme p. e. les → filières plates, les→ filières côniques, et les filères plus complexes, comme p.e.les → filières à préchambre et les → filières de profilés tubulaires

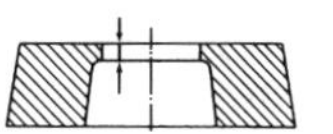

tiroir (m) porte-outillage
Équipement utilisé pour le positionnement du → jeu d'outils [41, 44]. Sur les presses de filage de construction ancienne, c'est une unité mobile dans la direction de l'axe de la presse. Sur les presses modernes, équipées d'un conteneur mobile dans la direction de l'axe de la presse, le tiroir porte-outillage peut avoir un mouvement de rotation avec un débattement angulaire limité et un mouvement de translation dans une direction perpendiculaire à l'axe de la presse

clavette (f) de fermeture
Dispositif de fixation de l'outillage (→ tiroir porte-outillage) en forme de coin utilisé sur des presses de construction ancienne

frette (f) intermédiaire
Elément des → conteneurs composites situé entre l'âme et le manteau [41]

fouloir (m) , pilon (m)
pilon (m)
→ pilon, fouloir

7.3.54 **Strangpreßwerkzeug (n)**
→ Preßwerkzeug

hot extrusion tool
→ extrusion tooling

7.3.55 **Spidermatrize (f)**
Ein- oder mehrteilige → Matrize zur Herstellung von Hohlprofilen aus Aluminiumwerkstoffen [44]

spider die
Single or multiple → die for producing aluminium alloy hollow profiles [44]

7.3.56 **Werkzeugkühlung (f)**
Vorrichtungen zur Kühlung der → Innenbüchse, der → Matrize und des → Dorns [41, 44]. Strangpressen werden je nach Produktpalette (u.a. Preßwerkstoff) mit W. ausgerüstet. Die Kühlvorrichtungen können als Innen- und Außenkühlung ausgelegt werden. Bei Innenkühlung besteht die Möglichkeit, während der Pressung zu kühlen. Bei Außenkühlung kann lediglich nach der Pressung gekühlt werden. Die Werkzeugkühlung dient der Verbesserung der Produktqualität und erhöht die Standzeit der Werkzeuge

tool cooling system
Equipment for cooling the → inner sleeve or liner of the container, the → die and the → mandrel [41, 44]. The use of internal or external cooling depends on the type of extrusion press and on the product spectrum, i.e. on the extrusion material. Internal cooling systems permit cooling during the extrusion operation while external cooling can only be used after extrusion has finished. Cooling of the tooling prolongs tool life and improves the quality of the extruded products

7.3.57 **Stützwerkzeug (n)**
Untersatz (m)
Element zum Abstützen der → Matrize, um diese vor Durchbiegung oder Bruch zu schützen [41]. → Werkzeugsatz

supporting tool
backer, bolster
Backing tool which supports the → die to prevent distortion or breaking [41]. → tool set

7.3.58 **Tandemmatrize (f) (Preßmatrize)**
Spezialmatrize (→ Matrize) zum zweistufigen Umformen beim → hydrostatischen Strangpressen, um Zugspannungen in der Strangoberfläche abzubauen und damit Oberflächenrisse zu vermeiden [41]. T. sind → konische Matrizen. Die zweite Umformstufe wird auf ca. 2% Querschnittsabnahme ausgelegt

tandem die
Special-purpose two-stage → conical die used in → hydrostatic extrusion to reduce tensile stresses in the surface of the extrusion and thus avoid surface cracks [41]. The second stage is designed to reduce the extrusion cross-section by about 2%

7.3.59 **Werkzeugsatz (m)**
Matrize einschließlich der Preßwerkzeuge, die zum Stützen (→ Stützwerkzeuge) und Befestigen der → Matrize im → Werkzeugaufnehmer erforderlich sind [41, 44]. Der W. für eine Strangpresse neuerer Bauart besteht aus → Matrize, → Matrizenhalter und ggfs. Vorfüllscheibe, → Stützwerkzeugen, → Druckplatten und → Druckring

die set
Die and tools needed to support (→ supporting tool) and fix the → die in the → die holder [41, 44]. In a modern extrusion press the die set consists of the → die, → die holder and (when appropriate) feeder plate, → supporting tools, → pressure pads and → backing ring

outil (m) de filage
→ outil de filage (à chaud)

filière (f) araignée
→ Filière constituée d'un ou plusieurs éléments, utilisée pour le filage des profilés tubulaires en alliages d'aluminium [44]

système (m) de refroidissement (m) des outils
Installation de refroidissement de → l'âme du conteneur, de la → filière et de → l'aiguille [41, 44]. Selon le matériau filé et la gamme des produits, les presses de filage sont équipées d'installations de refroidissement interne ou externe. Le refroidissement interne permet de refroidir pendant le filage tandis que le refroidissement externe ne peut être effectué qu'après filage. Le refroidissement prolonge la durée de vie des outils et améliore la qualité des produits

contre-filière (f)
bague (f) d'appui de la filière
Cale d'appui de la → filière, pour éviter sa rupture et limiter sa déformation par flexion.
→ jeu d'outils

matrice-tandem (f)
→ Filière spéciale qui permet de réaliser un → filage hydrostatique en deux étapes. Ce procédé permet de réduire les contraintes de traction et évite la formations de fissures superficielles sur les produits filés [41]. Les filières-tandem sont des → filières côniques imposant une réduction de section d'environ 2% dans la seconde étape

jeu (m) d'outil
Le jeu d'outils comprend la filière et les outils qui assurent son appui (→ outils d'appui) et son immobilisation dans →l'ensemble porte-outillages [41, 44]. Sur une presse de filage moderne, le jeu d'outils comprend la → filière, le → porte-filière, le cas échéant la → réserve ou la préchambre, les → outils d'appui, les → plaques de pression et → les anneaux de pression

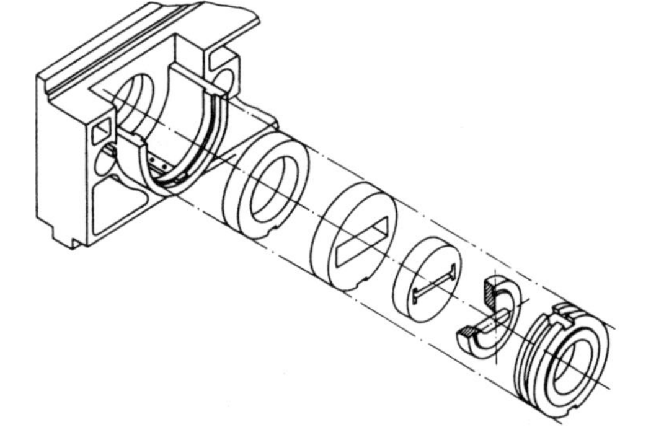

7.3.60 **Zuführöffnungen (f,pl) (Kammermatrize)**
Blockseitige Öffnungen einer → Kammermatrize, an denen der Block in verschiedene Metallströme aufgeteilt wird [44]

feed openings (porthole dies)
Openings on the billet side of a → porthole die which divide the billet into several streams or strands [44]

7.3.61 **Vorkammerscheibe (f)**
Vorfüllscheibe (f)
Bauteil einer mehrteiligen → Vorkammermatrize [44]. In der V. wird der Preßwerkstoff vorgeformt

feeder plate
lead plate
Part of a multiple → prechamber die [44]. The feeder plate serves to preform the extrusion material

7.3.62 **Vorkammermatrize (f)**
→ Matrize mit einer vorformenden → Vorkammer und dem formgebenden → Matrizendurchbruch [44]. Die Vorkammermatrize vergleichmäßigt den Stofffluß beim Strangpressen, stabilisiert kritische Bereiche der Matrize (z.B kritische Zungen) und kann dazu dienen, breite → Profile (→ Expansionsvorkammermatrize) zu pressen

prechamber die
Recessed → die with a preforming chamber followed by a shaping → die throat [44]. Prechamber dies smooth the material flow, stabilising the flow in critical areas of the die (e.g. over tongues). They are also used to facilitate extrusion of wide → profiles (→ expansion prechamber dies)

7.3.63 **Verschlußplatte (f)**
Verschlußstück (n)
Werkzeug, das beim → indirekten Strangpressen den Rezipienten auf der der Matrize abgewandten Seite verschließt

closure plate
Tool used in → indirect extrusion to close the container on the opposite side to the punch

7.3.64 **Untersatz (m)**
→ Stützwerkzeug

backer
→ supporting tool

7.3.65 **Vorkammer (f)**
Zone einer → Vorkammermatrize, in der der Preßwerkstoff vorgeformt wird [44]

prechamber
Zone of a → prechamber die where the extrusion material is preformed [44]

7.4.1 **Lochvorrichtung (f)**
Vorrichtung einer → Strang- und Rohr- oder → Rohrpresse, mit der bei modernen Anlagen der Dorn unabhängig vom → Preßstempel bewegt werden kann und die aufgrund hoher Kraftreserven im Gegensatz zu einer → Dornverschiebevorrichtung zum Lochen von → Blöcken geeignet ist [41]. Die Lochvorrichtung kann im → Laufholm (innenliegend) oder hinter dem → Hauptzylinder (außenliegend) angeordnet sein

piercing equipment
Equipment on a → rod and tube or a → tube extrusion press used to operate a mandrel independently of the main punch and which, because of its high power in comparison to normal → mandrel positioning devices, can be used for → billet piercing [41]. The piercing device may be mounted either on the → moving crosshead (internally) or behind the → main cylinder (externally)

7.4.2 **Lochzylinder (m)**
Zylinder, von dem unabhängig vom → Hauptzylinder die Lochkraft auf den → Dorn übertragen wird

piercing cylinder
Cylinder, independent of the → main cylinder, used to transmit the piercing force to the → mandrel

nourrices (f pl) (filière à nourrice)
Les orifices de la partie d'une → filière à nourrice située juste contre la billette et qui subdivisent la matière filée en plusieurs veines ou flots parallèles [44]

plaque-préchambre (f)
Elément d'une → filière à préchambre. La préchambre réalise un préformage du matériau

filière (f) à préchambre
Filière comportant une → chambre réalisant un préformage et un → orifice imposant au produit sa forme finale [44]. La filière à préchambre uniformise l'écoulement du matériau pendant le filage, le stabilise dans les zones critiques de la filière (p. e. autour des languettes) et peut être utilisée aussi pour le filage de → profilés larges. → filière avec préchambre d'élargissement

bouchon (m)
Outil de fermeture, qui, pendant → le filage inverse, assure l'obturation du conteneur du côté opposé à celui de la filière

cale (f)
→ outil d'appui

préchambre (f)
Zone d'une → filière à préchambre où a lieu le préformage du matériau filé [44]

dispositif (m) de perçage
Équipement d'une → presse de filage de barres ou de tubes, ou d'une → presse de tubes, permettant sur les installations moderne de déplacer l'aiguille indépendamment du → fouloir. En raison de ses capacités de force très supérieures à celles des → équipements de positionnement de l'aiguille, cet équipement permet de réaliser → le perçage des billettes [41]. Le dispositif de perçage peut être installé soit à l'intérieur de la → traverse mobile, soit à l'arrière du → vérin principal

vérin (m) de perçage
Vérin, qui indépendamment du → vérin principal, transmet la force de perçage à→ l'aiguille

7.4.3 **Luftkissenführung (f)**
→ Auslaufeinrichtung zur Führung und Luftkühlung noch warmer → Stränge mit empfindlichen Oberflächen [41]

air-cushion guideway
→ runout equipment for guiding and cooling hot → extrusions with fragile surfaces [41]

7.4.4 **Kurbelpresse (f)**
Strangpresse (meist zur Herstellung von Stahlrohren), bei der die → Preßkraft über eine angetriebene Exzenterscheibe erzeugt und auf den Preßstempel übertragen wird. → hydraulische Presse

crank press
Extrusion press (mainly for steel tube production) where the → compressive force generated by a driven eccentric cam is transmitted to the punch. → hydraulic press

7.4.5 **Kühlvorrichtung (f)**
Vorrichtung an einer Strangpreßanlage zur Kühlung der → Preßwerkzeuge (→ Werkzeugkühlung) oder der → Stränge (→ Strangkühlung) [41]

cooling device
Part of the extrusion plant for cooling the → extrusion tooling (→ tool cooling system) or the extruded product (→ extrusion cooling) [41]

7.4.6 **Folgeeinrichtung (f)**
Gesamtheit der Einrichtungen hinter der Strangpresse zur Aufnahme, zum Transport, zur Teilung, zur Kühlung und ggfs. zur Streckung der Stränge [41]. Die Produktpalette einer Strangpresse bestimmt, welche F. einzusetzen sind

follow-on equipment
Collective term for the equipment used after the extrusion operation itself to move, rotate, cool or stretch the extrusion [41]. The product spectrum of the individual press determines what equipment is required

7.4.7 **Gegenhalter (m)**
Gegenholm (m)
→ Querhaupt einer Strangpresse am → Pressenauslauf und Bestandteil des → Pressenrahmens (→ Säulenbauweise), welches zur Kraftaufnahme und als Trägerelement für → Hilfseinrichtungen dient [41, 42]

fixed crosshead
Crosshead of an extrusion press on the → exit side of the press. It is an integral part of the → press frame (→ column type) used for load bearing and to support → auxiliary equipment [41, 42]

7.4.8 **Kabelmantelpresse (f)**
→ Strangpresse spezieller Bauart zur Herstellung kontinuierlicher Kabelummantelungen aus Blei oder Aluminium [41]. → Doppelstempelpresse

cable sheathing press
→ Special-purpose extrusion press for continuous extrusion of lead or aluminium cable sheathing [41]. → twin punch press

guidage (m) à coussin pneumatique
→ Équipement de sortie utilisé pour le guidage et le refroidissement à l'air des → barres filées dont la surface extérieure est susceptible d'être endommagée [41]

presse (f) à vilebrequin
Presse à filer (en général utilisée pour la fabrication des tubes en acier), dont la → force est engendrée et transmise au fouloir par un système bielle-vilebrequin. → presse hydraulique

équipement (m) de refroidissement
Équipement appartenant à une installation de filage et destiné à assurer le refroidissement de → l'outillage de filage (→système de refroidissement de l'outillage) ou du produit filé (→ refroidissement du produit filé)

équipement (m) de suite
L'ensemble des équipements situés juste après la presse de filage destinés à la réception, au transport, à la découpe, au refroidissement et au dressage des produits filés [41]. La gamme des produits d'une presse à filer détermine les équipements de suite utilisés

sommier (m) (de presse)
→ partie du → châssis d'une presse à filer (→ type à colonnes), se trouvant en → sortie de presse, servant à contenir les forces développées et d'appui pour les → équipements auxiliaires [41, 42]

presse (f) de gainage de câbles
→ Presse à filer, de conception spéciale, pour la fabrication en continu des câbles recouverts d'une gaine de plomb ou d'aluminium [41]. → presse à double fouloir

7.4.9 **Horizontale Strangpresse (f)**
Liegende Strangpresse (f)
Strangpresse mit horizontaler Preßstempelbewegung [41]. Aufgrund der konstruktiven Verbesserung → horizontaler Strangpressen ist die Produktion maßhaltiger Rohre und Hohlprofile auch auf diesen Strangpressen möglich. Da sich die Strangpreßprodukte auf → horizontalen Strangpressen wirtschaftlicher fertigen lassen, werden die → vertikalen Strangpressen nur noch in besonderen Fällen, wie z.B. zur Herstellung von Stahlrohren verwendet

horizontal extrusion press
Extrusion press with horizontally acting punch [41]. As a result of improvements in design, close tolerance tubes and hollow sections can now be produced on these presses. Since extrusion products can be made more economically on → horizontal presses, → vertical extrusion presses are now only used in special cases, such as for the manufacture of steel tubes

7.4.10 **Handsteuerung (f)**
Veraltete Steuerung, bei der aufeinanderfolgende Arbeitsschritte an der Strangpresse über Handhebel und Handräder direkt vom Pressenführer initiiert werden

manual control
Obsolete method whereby the individual steps of the extrusion process were initiated and controlled manually using hand wheels and levers

7.4.11 **Haspel (f,m)**
Drahthaspel (f,m)
Vorrichtung im → Pressenauslauf zum Aufwickeln von gepreßten Drähten. (→ Preßdraht)

coiler
Device in the → runout area of the press for coiling → extruded wire

7.4.12 **Hydraulische Presse (f)**
Pressenbauart, bei der die Preßkraft über eine Betriebsflüssigkeit auf den Preßstempel übertragen wird [42]. Strangpressen werden fast ausschließlich als H. ausgelegt. → Kurbelpressen

hydraulic press
Type of press in which the extrusion force is transmitted via a fluid medium to the punch [42]. Almost all presses used in extrusion are now hydraulic presses. → crank press

7.4.13 **Matrizenwechsler (m)**
→ Hilfseinrichtung einer Strangpresse, die dazu dient, den → Werkzeugsatz in den → Werkzeugaufnehmer einzubringen oder aus dem Werkzeugaufnehmer zu entnehmen

die loader
die changer
Equipment used with extrusion presses to load and remove the → die set to and from the → tool carrier

7.4.14 **Hauptzylinder (m)**
Preßzylinder (m)
Zylinder, in dem der Druck der Betriebsflüssigkeit umgesetzt wird, um die → Gesamtpreßkraft aufzubringen

main cylinder
extrusion cylinder
Cylinder in which the hydraulic fluid is compressed to create the → total extrusion force

7.4.15 **Huckepackpresse (f)**
Kompakte Pressenbauart, bei der der Antrieb auf der Strangpresse angeordnet ist [41]

piggyback press
Compact type of press where the drive unit is mounted directly on the extrusion press [41]

7.4.16 **Hilfseinrichtungen (f,pl)**
→ Zusatzeinrichtungen

ancillary equipment
→ auxiliary equipment

presse (f) à filer horizontale
Presse à filer dont le fouloir a un mouvement horizontal [41]. Les progrès obtenus dans leur réalisation les ont rendues capables de produire des profilés tubulaires et des tubes avec de très bonnes tolérances dimensionnelles. Généralement la productivité des presses horizontales est supérieure à celle des → presses à filer verticales. De ce fait, les presses à filer verticales sont actuellement utilisées uniquement dans des cas spéciaux, p. e. pour la fabrication des tubes en acier

commande (f) manuelle
Mode de commande obsolète, où le conducteur de la presse déclenchait et contrôlait les diverses opérations du processus de filage, en déplaçant des leviers ou en tournant des boutons

bobineuse (f)
enrouleuse (f)
Dispositif situé en → sortie de presse, utilisé pour enrouler le → fil filé

presse (f) hydraulique
Type de presse, dont la force de filage est transmise au fouloir, à l'aide d'un liquide sous pression [42]. Les presses à filer sont actuellement en grande majorité des presses hydrauliques. → presse à vilebrequin

changeur (m) de filière
→Équipement auxiliaire d'une presse à filer, utilisé pour la mise en place du → jeu d'outils dans le → dispositif de réception des outils et pour son enlèvement

vérin (m) principal
Cylindre où le fluide hydraulique est comprimée afin d'engendrer la → force totale de filage

presse (f) à califourchon
Presse de châssis compact, où le groupe moteur est monté directement sur la presse [41]

équipements (m,pl) auxiliaires
→ équipements accessoires

7.4.17 **Fernsteuerung (f)**
Steuerung aufeinanderfolgender Arbeitsschritte durch Schalterbetätigung [41]

remote control
Control of a sequence of operations carried out at a location away from the press [41]

7.4.18 **Laufholm (m)**
Querhaupt zwischen → Gegenhalter und → Zylinderholm, welches an der Kraftübertragung auf den Preßstempel beteiligt ist und bei → Strangpressen den → Preßstempel, bei → Strang- und Rohrpressen mit innenliegender → Lochvorrichtung den → Preßstempel und die → Lochvorrichtung aufnimmt

moving crosshead
Crosshead between the → fixed crosshead and the → cylinder crosshead used to transmit force to the → punch. The punch is mounted on the moving crosshead in → rod extrusion presses and both the punch and the → (internal) piercing device in → rod and tube extrusion presses

7.4.19 **Pressenauslauf (m)**
Bereich direkt hinter der Strangpresse, der je nach Produktpalette mit unterschiedlichen → Auslaufeinrichtungen versehen wird

runout area
Area directly behind the extrusion press equipped with a variety of → runout equipment which depends on the product spectrum

7.4.20 **Rohr (n)**
→ Preßrohr

tube
→ extruded tube

7.4.21 **Querhaupt (n)**
Holm (m)
Bauelement einer Strangpresse in → Säulenbauweise, das zur Aufnahme auftretender Kräfte und als tragendes Bauteil dient. Das Q. ist auf Rundsäulen oder Lamellensäulen, beweglich (z.B. → Laufholm) oder unbeweglich (z.B. → Zylinderholm) angebracht

crosshead
Part of an extrusion press of → column type which serves both as a load bearing element and for force transmission. The crosshead may either move along the round or lamellar columns (e.g. → moving crosshead) or may be stationary (e.g. → cylinder crosshead)

7.4.22 **Direkter Pumpenantrieb (m)**
Hydraulisches Antriebssystem einer Strangpresse, bei dem die Betriebsflüssigkeit aus den Hochdruckpumpen direkt dem → Hauptzylinder zugeführt wird [42]. Der D. wird bei Pressen neuerer Bauart meist als ölhydraulischer Antrieb ausgelegt und für langsamlaufende Maschinen (Stempelgeschwindigkeiten von 0,1 bis 30 mm/s) verwendet, da er ein einfaches, exaktes Einstellen und Einhalten der → Stempelgeschwindigkeit erlaubt. → Speicherantrieb

direct drive
Hydraulic drive system of an extrusion press by which the hydraulic fluid from the high pressure pumps is supplied directly to the → main cylinder [42]. The direct drives of modern presses are usually oil hydraulic and are used for slow speed presses (punch velocities of 0.1 - 30 mm/s). Direct drives permit accurate setting and control of the → punch velocity. → accumulator drive

7.4.23 **Dorndrehvorrichtung (f)**
Vorrichtung einer → Strang- und Rohr- oder → Rohrpresse, mit der profilierte → Dornspitzen in der Matrize radial positioniert werden können [42]

mandrel rotating device
Device used with → rod and tube or → rod extrusion presses for radial positioning of profiled → mandrel heads [42]

commande (f) à distance
Commande des opérations successives du processus de filage à une certaine distance de la presse [41]

traverse (f) mobile
Traverse placée entre le → sommier et la → traverse du vérin principal, transmettant la force de filage au → fouloir. Sur cette traverse sont montés les équipements suivants: sur les → presses à filer des barres, le fouloir; sur les → presses à filer des barres et des tubes avec → dispositif de perçage intérieur, le fouloir et le → dispositif de perçage

sortie (f) de presse
Zone située immédiatement après la presse à filer, et qui, selon la gamme des produits filés, peut englober divers → équipements de sortie

tube (m)
→ tube filé

traverse (f)
Elément d'une presse à filer du → type à colonnes, qui sert à contenir les forces engendrées lors du processus de filage et sert d'élément d'appui. La traverse peut être mobile, guidée par des colonnes de section ronde ou des colonnes à lamelles (p. e. → traverse mobile) ou fixe (p. e. → traverse du vérin principal)

entraînement (m) direct
Système hydraulique d'entraînement d'une presse à filer, dont le → vérin principal est directement alimenté par la pompe haute pression du groupe moteur [42]. L'entraînement direct des presses modernes utilise des huiles hydrauliques et est utilisé sur les presses de faible vitesse (vitesse du fouloir 0,1...30,0 mm/s), en raison de la précision du contrôle de la → vitesse du fouloir. → entraînement par accumulateur

dispositif (m) de rotation de l'aiguille
Dispositif équipant une → presse à filer des barres et des tubes ou une → presse à filer des tubes, qui permet le positionnement angulaire de la → tête profilée de l'aiguille à l'intérieur de la filière [42]

7.4.24 **Blockmagazin (n)**
Vorrichtung zur Lagerung gesägter Blöcke, die eine automatische Beschickung des → Blockerwärmungsofen ermöglicht

billet magazine
Magazine for storing sawn billets, permitting automatic loading of the → billet furnace

7.4.25 **Säulenbauweise (f)**
Mehrteilige Bauart des Pressenrahmens, bei der der Pressenrahmen aus zwei Querhäuptern (→ Zylinderholm, → Gegenhalter) und mehreren Rundsäulen oder Lamellensäulen besteht [41]. Pressenrahmen in S. werden als Zwei-, Drei- oder Viersäulenpressen ausführt

column type
Press design where the frame consists of two crossheads (→ cylinder crosshead, → fixed crosshead) and two, three or four round or lamellar columns [41]

7.4.26 **Querförderer (m)**
→ Folgeeinrichtung an einer Strangpresse, die die Stränge quer zur Preßrichtung aus der Auslaufbahn zur Streckmaschine oder zum Sägenrollgang transportiert [41]. Q. sind häufig mit einer → Strangkühlung versehen und können als Kettenplatten-, Kettenschalen-, Hubbalken- oder Bandquerförderer ausgeführt werden

lateral conveyor
→ follow-on equipment next to the press which moves the extrusions at rightangles to the extrusion axis from the runout track to the stretch straightener or saw roller conveyor [41]. Lateral conveyors are often equipped with → extrusion cooling and may be of plate belt, apron, walking beam or lateral band type

7.4.27 **Betriebsdruck (m)**
Arbeitsdruck (m)
Flüssigkeitsdruck in den Antriebsaggregaten

operating pressure
working pressure
Hydraulic pressure of the drive units

7.4.28 **Blocklader (m)**
→ Hilfseinrichtung, die meist aus zwei Ladeschalen besteht und den Block sowie ggfs. die → Preßscheibe vor die Rezipientenöffnung befördert

billet loader
→ Handling device usually consisting of two loading arms, used to convey the billet and (where required) the → dummy block to the mouth of the container

7.4.29 **Reckbank (f)**
Streckbank (f)
→ Folgeeinrichtung für Leichtmetallstrangpressen zum Richten der → Stränge

straightener
stretcher
Equipment for straightening light alloy → extrusions

7.4.30 **Pressenrahmen (m)**
Hauptelement einer Strangpresse, das zur Kraftaufnahme und als Trägerelement sowie z.T. als Führungselement dient [41]. Man unterscheidet grundsätzlich zwei Bauarten von Pressenrahmen, die → Säulenbauweise und die → Rahmenbauweise

press frame
Main element of an extrusion press used for load bearing and for supporting equipment including guideways [41]. A distinction is made between the two basic types of press frame: → column type and → frame type

magasin (m) à billettes
Équipement de stockage des billettes, qui permet une alimentation automatique du → four de chauffage des billettes

type (m) à colonnes
Type de presse dont le châssis est constitué de deux traverses (→ traverse du vérin principal, → sommier) et de deux, trois ou quatre colonnes, soit de section ronde, soit à lamelles [41]

convoyeur (m) transversal
→ Équipement de suite d'une presse à filer, qui transporte les produits filés, dans une direction perpendiculaire à la direction de filage jusqu'au banc de dressage ou au train de rouleaux de la scie [41]. Les convoyeurs transversaux sont souvent pourvus d'une → installation de refroidissement des produits filés et équipés de chaîne, de barres, de tabliers ou de bandes transversales

pression (f) hydraulique
Pression du liquide de la pompe hydraulique assurant l'entraînement

chargeur (m) de billettes
→ Équipement auxiliaire constitué d'une cuvette actionnée par deux bras et permettant de transporter les billettes et, le cas échéant, le → grain de poussée, jusqu'à l'embouchure du conteneur

banc (m) de dressage
→ Équipement des presses à filer les alliages légers, destiné à assurer par un léger étirage la rectitude des produits filés (→ barres)

châssis (m) de la presse
Élément principal de la presse à filer, qui sert à contenir les forces développées lors du filage et de support aux équipements auxiliaires, comme par exemple le dispositif de guidage [41]. On distingue en principe deux types de châssis de presse: le → type à colonnes et le → type à cadre

7.4.31 **Preßrestsäge (f)**
Am → Gegenhalter oder → Aufnehmerhalter angeordnete Säge, die den → Preßrest vor oder hinter der → Matrize vom → Strang trennt

parting-off saw
Saw mounted on the → fixed crosshead or → tool carrier, used to part-off the → discard from the → extrusion, either in front of or behind the → die

7.4.32 **Rohrpresse (f)**
Veraltete Bauart einer Strangpresse, die ausschließlich die Produktion von → Preßrohren zuläßt [41]. Strangpressen neuerer Bauart werden als → Strang- und Rohrpressen ausgelegt. Reine Rohrstrangpressen wurden zur Stahlrohrherstellung als → Kurbelpressen mit vertikaler Wirkrichtung gebaut

tube extrusion press
Obsolete type of extrusion press solely for the production of → extruded tubes [41]. More modern extrusion presses are designed as → rod and tube extrusion presses. Pure tube presses for the production of steel tubes were mainly vertically acting → crank presses

7.4.33 **Preßrestschere (f)**
Am → Gegenhalter oder → Aufnehmerhalter angeordnete Schere, die den → Preßrest vor oder hinter der → Matrize vom → Strang trennt

discard shear
butt shear
Shear mounted on the → fixed crosshead or → tool carrier used to part the → discard from the → extrusion, either in front of or behind the → die

7.4.34 **Rezipientenheizung (f)**
Vorrichtung zum Beheizen des Rezipienten [41]. Heizelemente werden in Form von Stäben in den Mantel eingelassen. Die Beheizung erfolgt induktiv oder konduktiv

container heating
Equipment for heating the container [41]. Rod-shaped heating elements are incorporated into the outer mantle of the container which is heated either by induction or convection

7.4.35 **Preßresttrenner (m)**
Preßresttrennvorrichtung (f)
→ Hilfseinrichtung einer Schwermetallstrangpresse, die → Preßrest und → Preßhemd von der → Preßscheibe trennt

discard separator
Equipment used with heavy alloy extrusion presses to separate the → discard and → shell from the → dummy block

scie (f) de culot
Scie montée sur le → sommier ou le → porte-outillage, servant à séparer le → culot de la → barre filée, soit avant, soit après la → filière

presse (f) à filer des tubes
Type obsolète de presse destinée uniquement à filer des tubes [41]. Les presses modernes sont conçues comme → presses à filer des barres et des tubes. Les presses qui produisent uniquement des tubes d'acier sont le plus souvent des → presses à vilebrequin verticales

cisaille (f) de culot
Cisaille montée sur le → sommier ou le → porte-outils, servant à séparer le → culot de la → barre filée, soit avant, soit après la →filière

chauffage (m) du conteneur
Équipement utilisé pour le chauffage du conteneur [41]. Des éléments chauffants, en forme de tige, sont insérés dans le manteau du conteneur et assure son chauffage soit par induction, soit par conduction

séparateur (m) du culot
→ Équipement auxiliaire d'une presse à filer les métaux lourds, qui sépare le → culot et la → chemise de filage du → grain de poussée

7.4.36 **Pressenbauart (f)**
Bauarten von Strangpressen werden nach folgenden Gesichtspunkten unterschieden [41]:

1.Antriebsart: hydraulisch, mechanisch

2.Wirkrichtung der Preßkraft: horizontal,-vertikal

3.Aufbau des →Pressenrahmens: → Rahmen- und Zwei-, Drei- oder Viersäulenbauweise

4.Auslegung zur Herstellung bestimmter Produkte: Strangpresse, Rohrpresse, Strang- und Rohrpresse; Leichtmetall-, Schwermetall-, Stahlstrangpresse

5.Strangpreßverfahren: → direktes, indirektes, hydrostatisches Strangpressen

type of press
The design of extrusion presses differs according to the following criteria [41]:

1. Drive: mechanical or hydraulic

2. Direction of force: horizontal or vertical

3. Construction of the → press frame: → frame and two, three or four columns

4. Design for the production of particular products: Rod press, tube press, rod and tube press; light alloy, heavy alloy or steel extrusion press

5. Extrusion process: → direct, indirect or hydrostatic extrusion

7.4.37 **Programmsteuerung (f)**
Speicherprogrammierbare Steuerung (f)
Automatische Steuerung aufeinanderfolgender Arbeitsschritte an der Strangpresse nach einem vorgegebenen Programm [41]

program control
programmable logic control
Control of the individual operations of the extrusion sequence by means of a predefined program

7.4.38 **Pressenmittenachse (f)**
Symmetrieachse der Rezipientenöffnung

main axis of the press
Axis of symmetry of the container opening

7.4.39 **Rahmenbauweise (f)**
Einteilige Bauart des → Pressenrahmens [41]. → Säulenbauweise

frame type
One-piece construction of the → press frame [41]. → column type

7.4.40 **Aufnehmerhalter (m)**
Bei Strangpressen neuerer Bauart bewegliches → Querhaupt zwischen → Gegenhalter und → Zylinderholm zur Aufnahme des → Rezipienten [41, 45]. → Laufholm, Pressenrahmen

container holder
Moving → crosshead between the → fixed crosshead and the → cylinder crosshead used in modern extrusion presses to support the → container [41, 45]. → moving crosshead, press frame

7.4.41 **Pressenmaul (n)**
Öffnung des → Gegenhalters, aus der der Strang austritt

extrusion mouth
Opening in the → fixed crosshead through which the extrusion emerges

type (m) de presse
Les divers types de presses à filer se distinguent selon les critères suivants [41]:

1. Mode d'entraînement: hydraulique, mécanique

2. Direction d'action de la force de filage: horizontale, verticale

3. Forme du → châssis de la presse: → type à cadre ou à deux, à trois ou quatre colonnes

4. Nature du produit filé: presses à filer des barres, presses à filer des tubes, presses à filer des barres et des tubes, presses à filer des métaux lourds, presses à filer des barres d'acier

5. Procédé de filage: direct, inverse et hydrostatique

commande (f) programmable
Commande par programme pré-enregistré permettant de réaliser automatiquement les diverses opérations du processus de filage [41]

axe (m) principal de la presse
Axe de symétrie de la cavité du conteneur

type (m) à cadre
Construction monobloc du → châssis de la presse.Type de → chassis de presse constitué d'un ensemble mono-bloc [41]. → type à colonnes

traverse (f) porte-conteneur
Pour les presses modernes, la → traverse mobile située entre le → sommier et la traverse du → vérin principal. Cette traverse est destinée à porter le → conteneur [41, 45]. → traverse mobile, → châssis de presse

embouchure (f) de la presse
Ouverture du → sommier, par laquelle sort le produit filé

7.4.42 **Doppelstempelpresse (f)**
→ Kabelmantelpresse spezieller Bauart zur Herstellung von Kabelmänteln meist aus Aluminiumwerkstoffen, bei der aus zwei sich gegenüberliegenden Rezipienten eine zentral angeordnete Matrize gespeist wird [41, 42]

twin punch press
Special-purpose → cable sheathing press, mainly for the manufacture of aluminium alloy sheathed cables, in which the centrally positioned die is fed from two opposing containers [41, 42]

7.4.43 **Akkumulator (m)**
Hochdruckbehälter, der beim → Speicherantrieb als Speicher für die Betriebsflüssigkeit dient [42]

accumulator
Pressure vessel used to store the operating fluid [42]

7.4.44 **Blockbürsten (f, pl)**
→ Hilfseinrichtung, die sich entweder vor dem Blockerwärmungsofen zum Säubern von anhaftendem Schmutz oder hinter dem Ofen zum Entfernen von Zunder befindet

billet cleaners
Equipment either in front of the billet furnace to remove dirt from the billet or behind it to remove scale

7.4.45 **Preßscheibenumlaufbahn (f)**
Bei Schwermetall- und Stahlstrangpressen vorhandene Umlaufrinne, die mit einer Kühlvorrichtung versehen werden kann und die → Preßscheibe aus dem → Preßresttrenner dem → Blocklader zuführt

dummy block conveyor
Conveyor used in the extrusion of heavy alloys and steel, sometimes equipped with a cooling device, whose purpose is to transport → dummy blocks from the → discard separator to the → billet loader

7.4.46 **Blockförderer (m)**
→ Hilfseinrichtung, mit der der → Block vom → Blockerwärmungsofen zum → Blocklader transportiert wird [45]. Der B. kann als Übergabearm, Rollgang, Förderkette oder Zulaufrost ausgeführt werden

billet conveyor
Equipment for transporting the → billet from the → billet furnace to the → billet loader [45]. It may be in the form of a manipulator arm, roller table, conveyor chain or feed rack

7.4.47 **Dornverschiebevorrichtung (f)**
Vorrichtung einer → Strang- und Rohr- oder → Rohrpresse, die zum axialen Positionieren des → Dorns, aber nicht zum Lochen der Blöcke verwendet wird [41]. → Lochvorrichtung

mandrel positioning device
Equipment used on → rod and tube or → tube extrusion presses for axial positioning of the → mandrel, but not for piercing of the billet [41]. → piercing device

presse (f) à double fouloir
→ Presse de gainage de câbles, de conception spéciale, destinée à la fabrication de câbles gainés le plus souvent par un alliage d'aluminium, et comprenant deux conteneurs placés de part et d'autre d'une filière centrale qu'ils alimentent simultanément [41, 42]

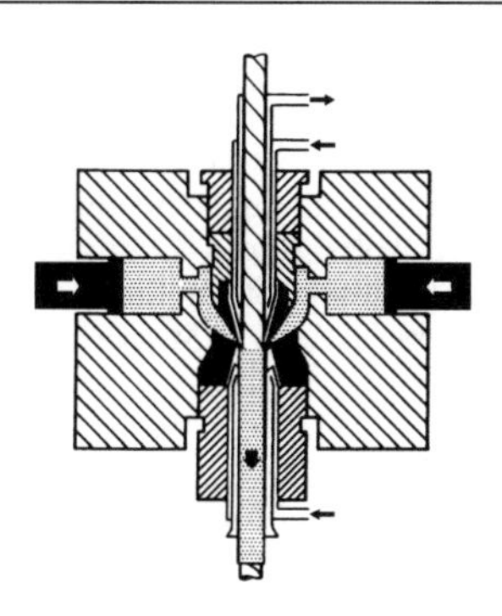

accumulateur (m)
Récipient sous haute pression, qui sert de réservoir de liquide hydraulique

brosses (pl,f) de billette
→ Équipement auxiliaire, placé soit avant le four de chauffage de billette et servant à éliminer les saletés superficielles, soit après le four et servant à ôter la couche d'oxyde

dispositif (m) de transfert du grain de poussée
Les presse à filer les métaux lourds et les barres d'acier, sont équipées d'un convoyeur à rigole, comportant éventuellement un dispositif de refroidissement et servant au transfert du → grain de poussée depuis le → séparateur de culot jusqu'au → chargeur de billettes

transporteur (m) de billettes
→ Équipement auxiliaire, avec lequel les → billettes sont transférées du → four de chauffage jusqu'au → chargeur de billettes [45]. Cet équipement peut être un bras de manutention, un train de rouleaux, un convoyeur à chaîne ou à grille

équipement (m) de positionnement de l'aiguille
Dispositif d'une → presse à filer des barres et des tubes ou d'une → presse à filer des tubes, qui permet le positionnement axial de → l'aiguille, mais ne pouvant pas être employé pour le perçage des billettes [41]. → dispositif de perçage

7.4.48 **Strang- und Rohrpresse (f)**
Einrichtung zur Herstellung von → Strängen, einschließlich der Einrichtungen für die damit in direktem Zusammenhang stehenden Arbeitsvorgängen (→ Hilfs- und → Zusatzeinrichtungen) mit der Vorrichtung für den Einsatz von → Dornen [41, 42]. → Strangpresse

rod and tube extrusion press
Production equipment for manufacturing → extrusions, including the related operations (→ auxiliary equipment) such as equipment used to operate → mandrels [41, 42]. → extrusion press

7.4.49 **Strangkühlung (f)**
In der → Auslaufeinrichtung und/oder im → Querförderer angeordnete Kühlvorrichtung für die → Stränge [41, 45]. Je nach Produktpalette wird die S. als Luft- und/oder Wasserkühlung ausgeführt, um die Werkstoffeigenschaften günstig zu beeinflussen und/oder Arbeitsschritte bei der nachfolgenden Wärmebehandlung einzusparen

extrusion cooling
Equipment for cooling the → extrusion integrated into the → runout track or → transverse conveyor [41, 45]. Depending on the product spectrum, either air and/or water cooling is used to improve material characteristics and/or reduce the number of subsequent heat treatment operations

7.4.50 **Stempelhalter (m)**
Vorrichtung zum Befestigen des → Preßstempels im → Laufholm

punch holder
Component used to position the → punch in the → moving crosshead

7.4.51 **Speicherantrieb (m)**
Hydraulisches Antriebssystem einer Strangpresse, bei dem die Betriebsflüssigkeit dem → Hauptzylinder über → Akkumulatoren zugeführt wird. → Direkter Pumpeantrieb

accumulator drive
Hydraulic drive system of an extrusion press which supplies hydraulic fluid to the → main cylinder from pressure vessels (→ accumulators). → direct drive

7.4.52 **Strangpresse (f)**
1.Oberbegriff für alle → Pressenbauarten

2.Einrichtung zur Herstellung von → Strängen, einschließlich der Einrichtungen für die damit in direktem Zusammenhang stehenden Arbeitsvorgänge (→ Hilfs- und → Zusatzeinrichtungen) ohne Vorrichtungen für den Einsatz von → Dornen. → Strangpreßanlagen

extrusion press
1. General term for all → types of press used for extrusion

2. Equipment for manufacturing → extrusions including the related operations (→ auxiliary equipment) but excluding equipment used to operate → mandrels. → extrusion plant

7.4.53 **Strangpreßanlage (f)**
Strangpresse mit → Folgeeinrichtungen

extrusion installation
extrusion press with → follow-on equipment

7.4.54 **Vertikale Strangpresse (f)**
Stehende Strangpresse (f)
→ Strangpresse mit vertikaler Preßstempelbewegung [41]. → horizontale Strangpresse

vertical extrusion press
→ Extrusion press with vertically acting punch [41]. → horizontal press

presse (f) à filer des tubes et des barres
Équipement de production, servant à la fabrication des → produits filés, y compris celui nécessaire aux opérations annexes (→ équipements auxiliaires) comme par exemple l'équipement nécessaire pour l'emploi d'une → aiguille [41, 42]. → presse à filer

refroidissement (m) des produits filés
Installation faisant partie de → l'équipement de sortie ou du → convoyeur transversal et destiné à refroidir les → barres filées [41, 45]. Selon la gamme des produits, le refroidissement à l'air ou à l'eau permet d'améliorer les propriétés des matériaux et/ou de réduire le nombre des opérations de traitement thermique ultérieures

porte-fouloir (m)
Dispositif de fixation du → fouloir sur la → traverse mobile

entraînement (m) à accumulateur
Système d'entraînement hydraulique d'une presse à filer, dont le liquide sous pression est dirigé de → l'accumulateur vers le → vérin principal de la presse. → entraînement direct hydraulique

presse (f) à filer
1. Terme général pour tous les → types de presses

2. Équipement de production pour la fabrication de → barres filées, y compris les équipements directement impliqués par le processus de filage (→ équipements auxiliaires et → accessoires), mais à l'exclusion de l'équipement nécessaire pour employer une →aiguille. → installation de filage

installation (f) de filage
Presse à filer, avec tous les → équipements de suite

presse (f) à filer verticale
→ Presse à filer, dont le fouloir a un mouvement vertical. → presse à filer horizontale

7.4.55 **Tauchbecken (n)**
Wasserkasten für → Auslaufeinrichtungen [41]. T. werden z.B. beim Pressen von Kupfer- und Kupferlegierungen im → Pressenauslauf eingesetzt, um die Zunderbildung und das Kornwachstum während der Abkühlung zu verhindern. Sie können für → Auslaufbahnen und → Haspeln verwendet werden. → Naßpressen

quenching bath
Water tank in the → runout area used for quenching [41]. Quenching baths are used e.g. in the extrusion of copper and copper alloys to reduce scale formation and grain growth during cooling. They may also serve as → runout tracks and → coilers. → wet extrusion

7.4.56 **Zentralschmieranlage (f)**
Vorrichtung einer Strangpresse, von der alle gleitenden Teile geschmiert werden [41]

central lubricating system
Equipment on extrusion presses for the lubrication of all moving parts [41]

7.4.57 **Zusatzeinrichtung (f)**
Hilfseinrichtung (f)
Sammelbegriff für Einrichtungen an der Strangpresse zum Handhaben der → Preßwerkzeuge, des → Blocks und des → Preßrestes [41, 42]. Je nach Preßwerkstoff und Erzeugnis sind unterschiedliche Z. notwendig. Bei Leichtmetallstrangpressen gehören u.a. → Blockförderer, → Blocklader, → Matrizenwechsler und → Preßrestschere bzw. -säge zu den Z. An Schwermetallstrangpressen sind aufgrund komplizierterer Preßbedingungen (z.B.→ Pressen mit Schale) weitere Z. vorzusehen

auxiliary equipment
Collective term for equipment on an extrusion press for handling the → extrusion tooling, the → billet and the → discard [41, 42]. The equipment required depends on the extrusion material and the products to be extruded. In light alloy extrusion it includes → billet conveyor, → billet loader, → die changer, → discard shear or → parting-off saw. In heavy alloy extrusion, because of the more complex process (e.g. in → shell extrusion), additional equipment is required

7.4.58 **Zweistempelsystem (n)**
Spezielle Bauart → indirekter Strangpressen, bei der der → Rezipient nicht durch eine → Verschlußplatte, sondern durch einen zweiten Preßstempel mit Verschlußscheibe verschlossen wird

Two punch system
Special-purpose → indirect extrusion press where the → container is not sealed with a → closure plate but by a second extrusion punch with a dummy block

7.4.59 **Zylinderholm (m)**
→ Querhaupt einer Strangpresse und Bestandteil des → Pressenrahmens (→ Säulenbauweise), welches zur Kraftaufnahme dient und den → Hauptzylinder trägt [41, 42]

cylinder crosshead
→ Crosshead of an extrusion press forming part of the → press frame (→ column type), used for load bearing and to support the → main cylinder [41, 42]

7.5.1 **Anwärmgeschwindigkeit (f)**
Aufheizgeschwindigkeit (f)
Geschwindigkeit, mit der der → Block auf die → Blocktemperatur erwärmt wird

heating rate
Speed at which the → billet is heated to the required → billet temperature for extrusion

bain (m) d'immersion
Elément de → l'équipement de sortie [41]. Les bains d'immersion sont utilisés à la → sortie des presses à filer les produite en cuivre ou en alliage de cuivre, afin d'éviter la formation d'une couche d'oxyde et le grossissement de grains pendant le refroidissement. Les bains d'immersion peuvent être utilisés comme → parcours de sortie et → bobineuses. → filage humide

centrale (f) de lubrification
Elément d'une presse à filer, qui assure la lubrification de toutes les pièces mobiles [41]

équipements (m, pl) auxiliaires
Désignation globale pour les équipements situées sur une presse à filer et assurant la manutention du →jeu d'outils, des → billettes et du → culot [41, 42]. La nature de ces équipements auxiliaires dépend du matériau filé et de la forme du produit. Sur les presse à filer les alliages d'aluminium, on emploie les équipements suivants: → transporteur de billettes, → chargeur de billettes, → cisaille de culot ou→ scie de culot. Sur les presses à filer des métaux lourds, dont les conditions de travail sont plus complexes (p. e. → filage chemisé), des équipements auxiliaires suplémentaires sont nécessaires

système (m) à double fouloir
Type de → presses à filer en inverse, où la fermeture du → conteneur n'est pas réalisée par un bouchon, mais à l'aide d'un deuxième fouloir équipé d'un grain de poussée

traverse (f) du vérin principal
→ Traverse d'une presse à filer, faisant partie du → châssis de la presse (→ type à colonne), et destinée à la fois à contenir les forces du processus et à porter le → vérin principal [41, 42]

vitesse (f) de chauffage
Vitesse à laquelle on augmente la température de la→ billette, jusqu'à sa → température de filage

7.5.2 **Anwärmofen (m)**
1. → Blockerwärmungsofen

2. Ofen zum Anwärmen der → Matrize oder der → Preßscheibe

heating furnace
1. → billet furnace

2. Furnace for heating the → dies or → dummy block

7.5.3 **Abkühlgeschwindigkeit (f)**
Geschwindigkeit, mit der der Strang von der → Strangaustrittstemperatur auf die Umgebungstemperatur abgekühlt wird [41, 44]. → kritische Abkühlgeschwindigkeit, Abschrekken an der Presse

cooling rate
Speed at which the extrusion cools from the → extrusion exit temperature to room temperature [41, 44]. → critical cooling rate, quenching at the press

7.5.4 **Barrenhochglühung (f)**
Homogenisierungsglühung (f)
Wärmebehandlung stranggegossener Blöcke, meist aus Aluminiumlegierungen, mit dem Ziel einer homogenen Verteilung von Ausscheidungen, einer besseren Preßbarkeit des Preßwerkstoffes und/oder guter mechanischer Eigenschaften des Erzeugnisses [41]

billet annealing
Heat treatment of continuous cast billets, mainly of aluminium alloys, aimed at improving the homogeneity of precipitate concentration, the extrudability of the material and/or the mechanical properties of the extruded products [41]

7.5.5 **Blockerwärmungsofen (m)**
Blockanwärmofen (m)
Ofen zum Erwärmen der Blöcke auf → Blocktemperatur [41]. In der Produktion haben sich besonders der Induktions- und der Gasschnellanwärmeofen bewährt

billet furnace
Furnace used to heat billets to the required → billet temperature [41]. Induction and gas furnaces have proved most suitable in practice

7.6.1 **Flachstange (f)**
Nicht mehr üblicher Begriff für Rechteckstange

flat bar
Term sometimes used for rectangular or square billets

7.6.2 **Minimale Wanddicke (f)**
Kleinste Wanddicke (f)
Von der Profilform, der Größe des → Profilumkreisdurchmessers und vom Preßwerkstoff abhängige, kleinste preßbare Dicke von Profilwänden [DIN 1748, DIN 9711, DIN 17674, 1]. Die DIN-Normen geben Anhaltswerte für minimale Wanddicken unterschiedlicher Preßwerkstoffe an

minimum wall thickness
The smallest extrudable wall thickness of a profile section; dependent on the profile shape, the size of the → enveloping diameter and on the material to be extruded [DIN 1748, DIN 9711, DIN 17674, 1]. The standards give typical values of minimum wall thickness for a variety of extrusion materials

7.6.3 **Preßriefen (f, pl)**
Riefen auf der Strangoberfläche, die z.B. von defekten Matrizen verursacht werden

scoring
Scratch marks on the extrusion surface caused, for example, by defective dies

four (m) de chauffage
1. → Four de chauffage des billettes

2. Four de chauffage de la → filière ou du → grain de poussée

vitesse (f) de refroidissement
Vitesse avec laquelle le produit filé est refroidi de sa → température en sortie de filière à la température ambiante [41, 44]. → température critique de refroidissement, → trempe sur presse

recuit (m) des billettes
traitement (m) d'homogénéisation
Traitement thermique des billettes produites par coulée continue, destiné principalement aux alliages d'aluminium, pour réaliser une distribution homogène des précipités, améliorer l'aptitude au filage et/ou conférer au produit filé de meilleures propriétés mécaniques [41]

four (m) de chauffage des billettes
Four destiné à porter la température des billettes à la → température de filage (→ température de la billette) [41]. Les fours à induction ou à gaz se sont révélés en pratique les plus performants

billette (f) plate
larget (m)
Désignation peu courante des billettes de section rectangulaire

épaisseur (f) minimale de paroi
La plus petite épaisseur de profilé que l'on peut former par filage, valeur qui dépend de la forme du profilé, du → diamètre du cercle-enveloppe du profilé et du matériau filé [DIN 1748, DIN 9711, DIN 17674, 1]. Les normes DIN donnent les valeurs usuelles, à titre indicatif, pour divers matériaux de filage

striation (f)
Formation de rayures à la surface extérieure des produits filés, qui ont pour origine, p. e., une filière défectueuse

7.6.4 **gepreßt (adj)**
Begriff für den Zustand von Strangpreßerzeugnissen, die nach dem Strangpressen, mit Ausnahme des Richtens, nicht mehr umgeformt werden

extruded
Term for the state of extruded products which, except for straightening, require no further forming operations after extrusion

7.6.5 **Preßrest (m)**
Nach dem Pressen im → Rezipienten verbleibender Rest des Blockes. Die Verunreinigungen aus dem Block fließen beim Strangpressen oft zu Preßende in den Strang ein; dies wird durch den P. teilweise verhindert. Aus wirtschaftlichen Gründen wird die Länge des Preßrestes möglichst klein gehalten

discard
butt
Part of the billet remaining in the → container after extrusion. Impurities in the billet often flow into the extrusion at the end of the extrusion operation; this can be partly avoided by means of the discard. For economic reasons, the length of the discard is kept to a minimum

7.6.6 **Oxideinschluß (m)**
Durch Gußfehler im Block verusachter Preßfehler, dessen Lage im Strang vom → Stofffluß während des Pressens abhängt

oxide inclusion
Extrusion defect, caused by defects in the cast billet, whose position in the extrusion depends on the → material flow during extrusion

7.6.7 **Querriß (m)**
Riß im → Strang quer zur Längsachse, der z.B. aufgrund zu hoher Preßtemperaturen entsteht. → Warmrisse

transverse crack
Crack in the → extrusion at right angles to the longitudinal axis, caused e.g. by too high an extrusion temperature. → heat cracks

7.6.8 **Gasporigkeit (f)**
Poröser Zustand des Blockes infolge falscher oder ungenügender Schmelzenbehandlung beim Strangguß [41]

porosity
Porous state of the billet resulting from incorrect or insufficient melting during strand casting [41]

7.6.9 **Profil (n)**
Strangpreßprofil (n)
→ Strang mit beliebiger Querschnittsform, außer → Stange, → Preßrohr und → Preßdraht [DIN 1748, DIN 9711, DIN 17674]. Man unterscheidet je nach Preßwerkstoff Vollprofile, Halbhohlprofile, Hohlprofile, offene Profile und geschlossene Profile

profile
profile section, section
→ extrusion of any cross-section other than → rods, → tubes and → wire [DIN 1748, DIN 9711, DIN 17674]. Depending on the extrusion material, a distinction is made between solid profiles, semi-hollow profiles, hollow profiles, open sections and closed sections

7.6.10 **Grobkornzone (f)**
Bereich im Strangquerschnitt (meist begrenzt auf den Strangrandbereich), in dem sich aufgrund hoher Formänderungen schon während der Abkühlung oder bei nachfolgender Wärmebehandlung Grobkorn bildet [41]

coarse grain zone
Area of the extrusion cross-section (usually limited to the outer layer) in which a coarse grain structure, due to high deformation, forms either during cooling or during subsequent heat treatment [41]

filé (adj)
Désignation de l'état de produits, qui, après filage, ne nécessitent comme opération de formage supplémentaire que le dressage

culot (m) de filage
Partie de la billette qui, après filage, reste dans le → conteneur. Les impuretés de la billette tendent souvent à s'écouler en fin de filage dans le produit filé. Laisser un culot permet de limiter cet écoulement. Pour des raisons économiques, on réduit la longueur du culot au minimum possible

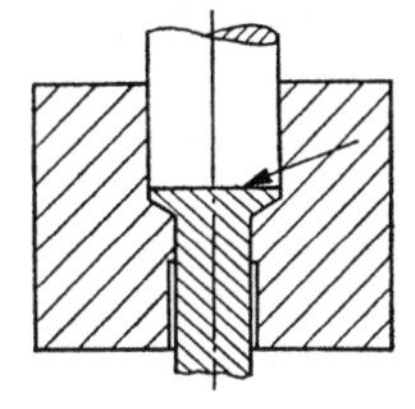

inclusion (f) d'oxyde
Défaut de produit filé causé par un défaut de coulée de la billette. Sa position dans le produit filé dépend de → l'écoulement du matériau pendant le filage

crique (f) transversale
Fissure du → produit filé, dirigée selon une direction perpendiculaire à l'axe du produit et qui est causée p. e. par une température de filage trop élevée. → crique à chaud

porosité (f)
État poreux de la billette, dû à une fusion incomplète ou conduite dans de mauvaises conditions lors de son élaboration par fonderie [41]

profilé (m)
Désignation des produits de filage, autres que les → barres, les → tubes et les → fils [DIN 1748, DIN 9711, DIN 17674]. Selon le matériau filé, on distingue les profilés pleins, les profilés semi-tubulaires, les profilés tubulaires, les profilés ouverts et les profilés fermés

zone (f) à gros grains
Zone, généralement limitée à la périphérie de la section d'un produit filé, où du fait d'une déformation élevée, se forment des grains de grande dimension, soit pendant le refroidissement, soit pendant le traitement thermique ultérieur [41]

7.6.11 **Preßfehler (m)**
Fehler im Strang (z.B. → Schalefehler, → Zweiwachs)

extrusion defect
Defect in the extrusion (e.g. → shell defect, → ingress defect)

7.6.12 **Preßeffekt (m)**
Begriff für Anisotropie der mechanischen Eigenschaften stranggepreßter Produkte, der ausschließlich beim Pressen nicht rekristallisierender Aluminiumwerkstoffe auftritt [42]

extrusion effect
Term for the anisotropic properties of extruded products, occurring uniquely during extrusion of non-recrystallising aluminium alloys [42]

7.6.13 **Rattermarken (f, pl)**
Unebenheiten auf der Strangoberfläche, durch Schwingungen des Strangs beim Pressen oder der Matrize hervorgerufen

chatter marks
Marks on the surface of the extrusion caused by vibration of the extrusion or the die during the extrusion process

7.6.14 **Preßdraht (m)**
→ Gepreßter, wickelbarer → Strang beliebiger Querschnittsform [DIN 17677]. Man unterscheidet Rund-, Vierkant-, Sechskant-, Flach- und Profildraht

extruded wire
→ extruded coilable → extrusion of any cross-section [DIN 17677]. A distinction is made between circular (round), rectangular, hexagonal, flat and profile wire

7.6.15 **Doppel-T-Profil (n)**
→ Profil, dessen Querschnitt an den Buchstaben H erinnert [DIN 9712]. Für Doppel-T-Profile bestimmter Aluminiumwerkstoffe sind in der genannten Norm Vorzugsmaße, Gewichte und statische Werte angegeben

double T section
→ profile whose cross-section resembles the letter H [DIN 9712]. The standard contains recommended sizes, weights and static loading for aluminium alloy double T sections

7.6.16 **Halbmondbildung (f)**
Bildung einer → Grobkornzone, die im Querschnitt mehrsträngig gepreßter Rundstangen in Halbmondform auftritt [41]

half-moon zone
Formation of a → coarse grain zone of semicircular shape during multi-strand extrusion of round bars [41]

7.6.17 **Plastilin (n)**
Bei Raumtemperatur leicht umformbarer Werkstoff, der als Modellwerkstoff zur Analyse von Umformprozessen verwendet wird

plasticine
Pliable material easily extruded at room temperature, used as a modelling material in analysis of deformation processes

7.6.18 **Flachbarren (m)**
Flaches, gegossenes Roherzeugnis mit vollem und einem den Innenabmessungen des → Flachrezipienten entsprechenden Querschnitt [41]

flat bars
Flat cast raw material of solid cross-section with a dimension corresponding to the inner dimensions of a → flat container [41]

7.6.19 **Präzisionsprofil**
→ Profile aus AlMgSi 0,5, die besonders hohen Anforderungen an Maßhaltigkeit, Oberflächenbeschaffenheit und dekorativem Aussehen genügen [DIN 17615]

precision profile
Profile section made of AlMgSi 0.5 satisfying high standards of dimensional accuracy, surface finish and decorative appearance [DIN 17615]

défaut (m) de filage
Défaut du produit filé (p. e. → défaut de peau, → défaut de recirculation)

effet (m) de presse
Désignation de l'anisotropie de propriétés mécaniques des produits filés, qui se développe uniquement lors du filage des alliages d'aluminium qui ne recristallisent pas [42]

marques (f, pl) de broutage
Irrégularités de la surface extérieure du produit filé, induites par les vibrations du produit filé ou de la filière pendant le filage

fil (m) extrudé
→ Produit de filage, présentant des sections variés et qui peut être bobiné [DIN17677]. On distingue le fil de section ronde, rectangulaire, hexagonale, plate ou profilée

profilé (m) en double T
→ Profilé dont la section ressemble à la lettre H [DIN 9712]. Pour certains alliages d'aluminium, la norme précise les valeurs recommandées des dimensions, du poids et des chargements statiques des divers profilés en double T

zone (f) en demi-lune
→ Zone en forme de croissant où apparaissent de gros grains et située dans la section des barres rondes filées avec une filière à plusieurs orifices [41]

plasticine (f)
Matière aisément déformable à la température ambiante, utilisée comme matériau de simulation pour l'analyse des procédés de formage

barre (f) plate
larget (m)
Produit brut de coulée et de section pleine, dont les dimensions sont les mêmes que les dimensions intérieures du → conteneur plat [41]

profilé (m) de précision
Profilé en AlMgSi 0,5, dont les tolérances dimensionnelles, l'état de surface et les qualités esthétiques satisfont les plus hautes spécifications [DIN 17615]

7.6.20 **Querschweißnaht (f)**
Schweißnaht, die durch das Verschweißen zweier Blöcke beim → Block-an-Block-Pressen entsteht. Die Q. tritt im Strang aufgrund des → Stoffflusses beim Strangpressen nicht ausschließlich quer zur Längsrichtung auf. → Längsschweißnaht, schweißbarer Preßwerkstoff

transverse weld
butt weld, cross weld
Weld caused by the welding together of neighbouring billets in → billet-by-billet extrusion. Due to material flow in extrusion, the transverse weld area is not completely at right angles to the longitudinal axis. → longitudinal weld, weldable extrusion material

7.6.21 **Blasenzeile (f)**
→ Preßfehler in Form zeilenförmig angeordneter Wölbungen auf der Strangoberfläche [41]. B. treten in Verbindung mit dem → Schalefehler auf. Sie werden z.B. durch die Gasentwicklung aus unter der Strangoberfläche eingeschlossenem Schmierstoff während des Pressens oder während einer nachfolgenden Wärmebehandlung hervorgerufen

blow line
→ extrusion defects in the form of raised linear marks on the extrusion surface [41]. They occur in conjunction with → shell defects and are caused e.g. by gas escaping from the lubricant trapped under the extrusion surface, either during extrusion or during subsequent heat treatment

7.6.22 **Längsschweißnaht (f)**
Beim Strangpressen von Hohlprofilen oder Kabelmänteln mit Spezialmatrizen (z.B. Hohlprofilmatrizen) auftretende Schweißnaht in Richtung der Stranglängsachse. → Querschweißnaht, schweißbarer Preßwerkstoff

longitudinal weld
Weld seam occurring parallel to the extrusion axis during extrusion of hollow sections or cable sheathing using special dies (e.g. hollow section dies). → transverse weld, weldable extrusion material

7.6.23 **Dopplung (f)**
→ Preßfehler (z.B. Schalefehler oder Zweiwachs), der infolge des Einfließens verunreinigter → Blockoberfläche in den → Strang entsteht und dadurch das Verschweißen des Preßwerkstoffes an diesen Stellen verhindert. → Zweiwachs, Schalefehler

lap
lamination
→ Extrusion defect (e.g. shell defect or ingress defect) caused by the flow of dirt from the → billet surface into the → extrusion, thus inhibiting welding of the extrusion material. → shell defect, ingress defect

7.6.24 **Abschrecken (n) an der Presse**
Abschrecken (n, vb) aus der Preßhitze
Schnelle Abkühlung der Stränge aus meist aushärtbaren Preßwerkstoffen direkt nach dem Austritt aus der Strangpresse durch Luft und/oder Wasser [41, 44]

quenching at the press
Rapid cooling of the extrusion, usually precipitation hardening alloys, directly after the extrusion operation using air and/or water [41, 44]

soudure (f) transversale
Ligne de soudure, induite par le soudage de deux billettes successives pendant le filage → billette-à-billette. A cause de l'écoulement du matériau filé, la soudure transversale n'est pas toujours située dans un plan perpendiculaire à la direction de l'axe de filage. → soudure longitudinale

soufflure (f)
→ Défaut de filage se présentant sous forme d'excroissances alignées à la surface du produit filé [41]. Ce défaut qui apparaît avec le → défaut de peau, a pour origine le dégagement de gaz, à partir des inclusions de lubrifiant piégées dans la zone périphérique du produit, pendant le filage ou pendant le traitement thermique ultérieur

soudure (f) longitudinale
Ligne de soudure parallèle à l'axe de filage, qui prend naissance pendant le filage de profilés tubulaires ou de gaines de câble, avec des filières spéciales (p. e. filière de profilé tubulaire). → soudure transversale, → matériau à filer soudable

tubage (f)
→ Défaut de filage (p. e. défaut de peau ou défaut de recirculation), produit par l'écoulement des crasses superficielles de la → billette dans le → produit filé, qui empêche le soudage du matériau. → défaut de peau , → défaut de recirculation

trempe (f) sur presse
Refroidissement rapide à l'air et/ou à l'eau des produits filés, procédé pratiqué généralement sur les matériaux présentant un durcissement par précipitation et immédiatement en sortie de presse [41, 44]

7.6.25 **Schalefehler (f)**
→ Preßfehler, der durch Einschlüsse von Verunreinigungen (z.B. verzunderte Blockoberfläche, Schmiermittel) direkt unter der Strangoberfläche verursacht wird [41]

shell defect
→ extrusion defect caused by impurities (e.g. scale, lubricant) trapped just below the extrusion surface [41]

7.6.26 **Trichterbildung (f)**
→ Preßfehler in Form eines trichterförmigen Hohlraumes an der →Blockkopffläche, der sich, beeinflußt von den Reibungsverhältnissen an der Preßscheibe, zu Preßende bildet und sich bis in das hintere Strangende fortsetzen kann

piping defect
coring
→ extrusion defect in the form of a funnel-shaped depression in the → billet head, which, depending on the friction conditions at the dummy block, may cause a cavity in the discard or even extend into the extrusion

7.6.27 **T-Profil (n)**
→ Profil, dessen Querschnitt an den Buchstaben T erinnert [DIN 9714]. Für T-Profile bestimmter Aluminiumwerkstoffe sind in der genannten Norm Vorzugsmaße, Gewichte und statische Werte angegeben

T-section
→ profile whose cross-section resembles the letter T [DIN 9714]. The standard contains recommended sizes, weights and static loading for aluminium alloy T sections

7.6.28 **Warmrisse (m, pl)**
1.Risse in Preßwerkzeugen, die aufgrund der thermischen und mechanischen Belastungen entstehen

2.Risse im Strang (→ Preßfehler), die aufgrund zu hoher → Preßtemperatur entstehen

heat cracks
1. Cracks in extrusion tooling caused by mechanical and thermal stresses

2. Cracks in the extrusion (→ extrusion defects) caused by overheating. → extrusion temperature

7.6.29 **U-Profil (n)**
→ Profil, dessen Querschnitt an den Buchstaben U erinnert [DIN 9713]. Für U-Profile bestimmter Aluminiumwerkstoffe sind in der genannten Norm Vorzugsmaße, Gewichte und statische Werte angegeben

U-section
→ profile whose cross-section resembles the letter U [DIN 9713]. The standard contains recommended sizes, weights and static loading for aluminium alloy U sections

défaut (m) de peau

→ Défaut de filage, causé par des impuretés (p. e. provenant de la couche corticale de la billette: oxydes, lubrifiant), piègées juste en-dessous de la surface du produit filé [41]

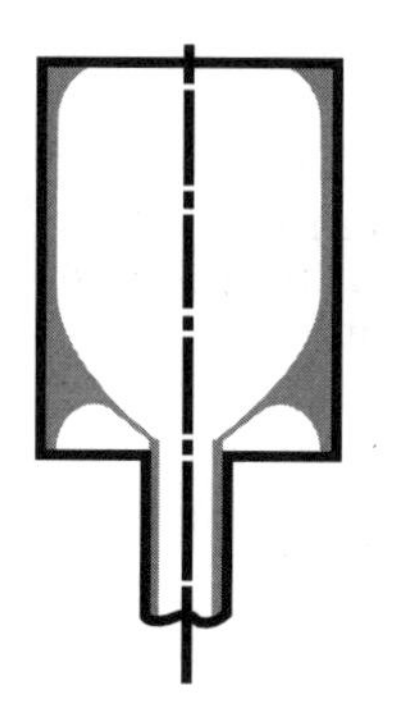

défaut (m) d'écoeurement

→ Défaut de filage en forme d'entonnoir creux, se formant sur la → surface frontale de la billette et qui, selon les conditions de frottement sur le grain de poussée, peut apparaitre en fin de filage dans le culot et même se propager dans le produit filé

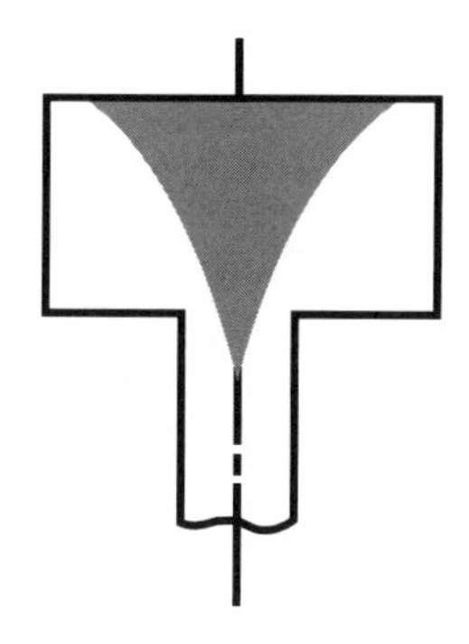

profilé (m) en T

→ Profilé dont la section ressemble à la lettre T [DIN 9714]. Pour certains alliages d'aluminium, la norme précise les valeurs recommandées des dimensions, du poids et des chargements statiques des divers profilés en T

criques (f, pl) à chaud

1. Fissures sur les outils de filage, qui sont causées par les sollicitations thermiques et mécaniques

2. Fissures sur le produit filé (→ défaut de filage), qui ont pour origine une → température de filage trop élevée

profilé (m) en U

→Profilé dont la section ressemble à la lettre U [DIN 9714]. Pour certains alliages d'aluminium, la norme précise les valeurs recommandées des dimensions, du poids et des chargements statiques des divers profilés en U

7.6.30 **Strang (m)**
Preßstrang (m)
→ Gepreßtes Produkt mit beliebiger Querschnittsform und über der Länge gleichbleibendem Querschnitt. Zu den Strängen gehören → Preßdrähte, → Preßrohre, → gepreßte → Stangen und → Profile

extrusion
extruded rod
→ Extruded product of any given cross-section, the cross-section remaining constant over the entire length. Extrusions may be in the form of → extruded wire, → extruded tubes, → extruded → rods or → profile sections

7.6.31 **Schwindmaßzugabe (f) (Matrize)**
Schrumpfungsaufmaß (n)
Aufmaß, das in Abhängigkeit vom Preßwerkstoff bei der Auslegung des formgebenden → Matrizendurchbruchs berücksichtigt werden muß [41]

shrinkage allowance (dies)
shrink allowance
Allowance for shrinkage taken into account when designing the → die throat [41]. The amount of compensation depends on the contraction on cooling of the extrusion material

7.6.32 **Stange (f)**
Gezogenes oder gepreßtes Langerzeugnis mit rundem, quadratischem, rechteckigem oder regelmäßig sechseckigem Querschnitt, das besondere Anforderungen hinsichtlich der Produktqualität erfüllen muß [DIN 1747, DIN 17672]

rod
bar
Longitudinal drawn or extruded product of round, square, rectangular or hexagonal solid cross-section fulfilling specific quality requirements [DIN 1747, DIN 17672]

7.6.33 **Seigerungsstreifen (m)**
Streifen auf der Strangoberfläche, die erst bei einer Nachbearbeitung (z.B. → anodische Oxidation) des Stranges sichtbar werden und auf Seigerungen im Gußblock zurückzuführen sind

segregation lines
Lines on the extrusion surface which only become apparent during subsequent operations (e.g. → anodic oxidation) and which can be traced back to segregation in the cast billet

7.6.34 **Zweiwachs (m)**
→ Preßfehler, der im letzten Drittel der Pressung ensteht und durch das Einfließen von Verunreinigungen entlang der → Preßscheibe in das Strangzentrum hervorgerufen wird [41, 42]. Der Z. stört den Materialzusammenhalt und kann in Extremfällen zur vollständigen Trennung des Strangkerns vom Strangrandbereich führen. → Dopplung

ingress defect
→ extrusion defect, occurring during the last third of the extrusion operation, caused by impurities flowing across the face of the → dummy block into the core of the extrusion [41, 42]. It weakens the cohesion of the extrusion and may in extreme cases lead to complete separation of the core from the outer layer of the extrusion. → lap

produit (m) filé
barre (f) filée, barre (f) brute de filage
→ Produit fabriqué par filage et présentant une section de forme quelconque, constante sur toute sa longueur. La gamme des produits filés comprend les → fils, les → tubes, les → barres et → les profiés de forme complexe

prise (f) en compte du retrait (filière)
Augmentation des dimensions à effectuer lors de la conception de → l'orifice façonnant de la filière en raison de la contraction du produit filé lors de son refroidissement [41]

barre (f)
Produit étiré ou filé de section ronde, carrée, rectangulaire ou hexagonale, qui doit respecter certaines exigences de qualité [DIN 1747, DIN 17672]

lignes (f, pl) de ségrégation
Lignes situées à la surface des produits filés, apparaissant seulement lors d'une opération ultérieure (p. e. → oxydation anodique) et dues aux ségrégations dans la billette coulée

défaut (m) de recirculation
→ Défaut de filage, qui prend naissance pendant le dernier tiers de l'opération, par l'écoulement d'impuretés allant du → grain de poussée dans le coeur du produit filé [41, 42]. Ce défaut réduit la cohésion du matériau et peut causer, dans des situations extrêmes, la séparation complète entre le coeur du produit et sa périphérie. → tubage

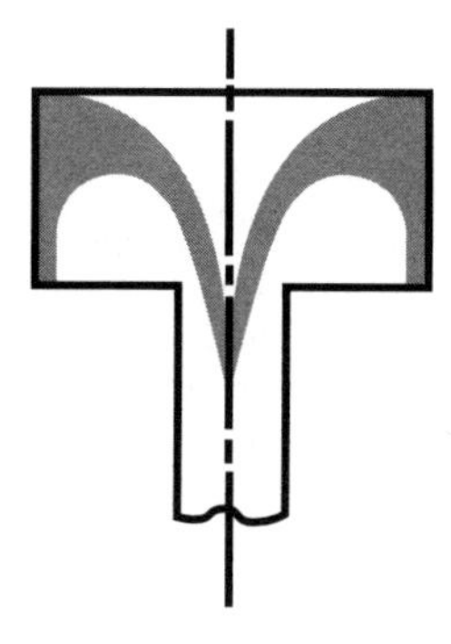

7.6.35 **Schweißbarer Preßwerkstoff (m)**
Preßwerkstoff, der während des Strangpressens mit → Hohlprofilmatrizen oder beim → Block-an-Block-Pressen verschweißt. Beim Pressen mit Hohlprofilmatrizen wird der Preßwerkstoff geteilt und verschweißt in der Matrize bei hohen Temperaturen und hohem Druck (Preßschweißen)

weldable extrusion material
Billet material which welds together either during direct extrusion with → hollow profile dies or during → billet-to-billet extrusion. During extrusion with hollow profile dies the billet material is separated and welds together in the die at high temperatures and high pressure (pressure welding)

7.6.36 **Winkelprofil (n)**
→ Profil, dessen Querschnitt an den Buchstaben L erinnert [DIN 1771]. Für gepreßte Winkelprofile bestimmter Aluminiumwerkstoffe sind in der genannten Norm Vorzugsmaße, Gewichte und statische Werte angegeben

L-section
→ Profile whose cross-section resembles the letter L [DIN 1771]. The standard contains recommended sizes, weights and static loading for certain extruded aluminium alloy L-sections

7.9.1 **Rastermethode (f)**
Visioplastische Methode zur Untersuchung des → Stoffflusses beim Strangpressen [41]. Der Block wird vor dem Pressen in einer Symmetrieebene mit einem Raster versehen und zu einem Stecker verpreßt (→ Pressen eines Steckers). Aus der Rasterverzerrung im Stecker und ggfs. im Strang können Informationen über den Stofffluß beim Strangpressen gewonnen werden

grid method
Visioplastic method of investigating → material flow in extrusion [41]. The billet is marked in one plane of symmetry with a grid and extruded to a plug (→ extrusion of a plug). From the deformation of the grid lines in the plug and their position in the extrusion, information can be obtained on material flow during extrusion

7.9.2 **Profilumkreis (m)**
Umschlingungskreis (m)
Profilumschreibender Kreis

enveloping circle
circle of circumscription
Smallest circle enveloping or surrounding a profile section

7.9.3 **Indikatormethode (f)**
Stiftemethode (f)
Visioplastische Methode zur Untersuchung des Stoffflusses beim Strangpressen [41]. Der Block wird mit Stiften oder Ringen aus mechanisch ähnlichen, aber metallographisch unterscheidbaren Werkstoffen markiert und zu einem Stecker verpreßt (→ Pressen eines Steckers). Aus der Lageänderung der Markierungen im Stecker und ggf. der Lage der Markierungen im Strang können Informationen über den → Stofffluß gewonnen werden

indicator method
Visoplastic method of investigating → material flow in extrusion [41]. The billet is marked with pins or rings of mechanically similar but metallographically different materials and extruded to a plug (→ extrusion of a plug). From the distortion of the markings in the plug and their position in the extrusion, information can be obtained on material flow during extrusion

matériau (m) soudable en filage
Matériau, qui se soude pendant le → filage de profilés tubulaires ou pendant le → filage billette-à-billette. Durant le filage de profilés tubulaires, le matériau filé se sépare en plusieurs veines, qui se ressoudent mutuellement sous l'effet des températures et pressions élevées régnant dans la chambre de soudure de la filière (soudage par pression)

cornière (f)
→ Profilé dont la section ressemble à la lettre L [DIN 1771]. Pour certains alliages d'aluminium, la norme précise les valeurs recommandées des dimensions, du poids et des chargements statiques des diverses cornières

méthode (f) des grilles
Méthode de visualisation (visioplasticité) de → l'écoulement du matériau pendant le filage [41]. Avant filage, un plan de symétrie de la billette est pourvu d'une grille; on file ensuite un goujon (→ filage d'un goujon). La modification de la position des éléments de la grille dans le culot et, le cas échéant, dans la barre filée, donne des informations sur l'écoulement du matériau pendant le filage

cercle-enveloppe (m) du profilé
Cercle qui circonscrit un profilé

méthode (f) des inserts
Méthode de visualisation (visioplasticité) de → l'écoulement du matériau pendant le filage [41]. Avant filage, la billette est pourvue d'anneaux ou de broches, réalisés avec un matériau de propriétés mécaniques semblables à celles de la billette, mais dont la structure métallographique est différente. On effectue ensuite le → filage d'un goujon. La modification de la position des inserts dans le culot et, le cas échéant, dans la barre filée, donne des information concernant l'écoulement du matériau pendant l'extrusion

7.9.4 **Scheibenmethode (f)**
Visioplastische Methode zur Untersuchung des Stoffflusses beim Strangpressen [41]. Der Block wird aus mechanisch ähnlichen, aber metallographisch unterscheidbaren Werkstoffen schichtweise zusammengesetzt und zu einem Stecker gepreßt (→ Pressen eines Steckers). Aus der Verzerrung der Schichten im Stecker und ihrer Lage im Strang können Informationen über den Stofffluß beim Strangpressen gewonnen werden

disk method
layer method
Visioplastic method of investigating → material flow in extrusion [41]. The billet is built up out of disks of mechanical similar but metallographically different materials and extruded to a plug (→ extrusion of a plug). From the distortion of the layers in the plug and their position in the extrusion, information can be obtained on material flow during extrusion

méthode (f) des feuillets
Méthode de visualisation (visioplasticité) de → l'écoulement du matériau pendant le filage [41]. La billette utilisée pour → filer un goujon est composée de divers feuillets réalisés avec des matériaux possédant des propriétés mécaniques semblables, mais des structures métallographiques différentes. La distorsion des feuillets dans le culot et leur position dans la barre filée, donne des informations sur l'écoulement du matériau pendant le filage

Wörterverzeichnis

Alphabetical Index

Index Alphabétique

A

Abbrand (m) 5.5.1
Abcoilen (n, vb) 5.1.28
Abdichtkraft (f) 7.0.11
Abdichtung (Rezipient) (f) 7.3.21
Abfallende (n) 5.6.52
Abgangsquerschnitt (m) 5.6.51
Abhaspeln (n) 6.1.21
Abkühlgeschwindigkeit (f) 7.5.3
Ablaufhaspel (f) 5.4.27, 6.4.26
Ablaufvorrichtung (f) 6.4.19
Ablängen (n) 5.1.1, 6.1.1
Abplattung (f) 5.0.8
Abschlußform (f) 7.3.12
Abschnitt (m) 5.6.50
Abschrecken (n) an der Presse 7.6.24
Abschrecken (n, vb) aus der Preßhitze 7.6.24
Abstechmaschine (f) 6.4.18
Abstreck-Gleitziehen (n) 6.1.3
Abstreck-Walzziehen (n) 6.1.2
Abstreckring (m) 6.3.1
Abstreckwinkel (m) 6.3.15
Abstreckziehen (n) 6.1.3
Abstreifer (m) 5.4.12
Abstreifmeißel (m), Hund (m) 5.4.12
Abstufung (f) 6.4.5
Abwickeln (n) 6.1.21
Achtkantstab (m) 5.6.46, 6.6.38
Ader (f) 5.6.41
Adjustage (f) 5.4.1
Akkumulator(m) 7.4.43
Alfameter (n) 6.3.3
Ankerbandagendraht (m) 6.6.46
Anodisation (f) 7.2.1
Anodische Oxidation (f) 7.2.1
Anpreßkraft (f) 7.0.10
Anschmelzen (n) 7.2.2
Anspitzen (n) 6.1.60
Anspitzrundhammer (m) 6.4.8
Anspitzwalzwerk (n) 6.4.10
Anstaucharbeit (f) 7.1.2
Anstauchen (n) 7.1.1
Anstechen (n) 5.1.9
Anstelldiagramm (n) 5.0.15
Anstellspindel (f) 5.4.19
Anstellung (f) 5.4.33
Anstich (m) 5.1.9
Anstrengungsgrad (m) 6.0.2
Antriebsregelung (f) 5.1.7
Anwärmgeschwindigkeit (f) 7.5.1
Anwärmofen (m) 7.5.2
Anzug (m) 5.3.1
Apfelsinenhaut (f) 6.6.48
Arbeitender Walzendurchmesser (m) 5.0.17
Arbeitsdruck (m) 7.4.27
Arbeitspunkt (m) 5.0.18
Arbeitsstein (m) 6.3.22
Arbeitswalzen (f, pl) 5.3.6
Arbeitswalzenrückbiegung (f) 5.1.3
Asselwalzwerk (n) 5.4.18
Auffedern (n) des Ziehguts 6.2.1
Aufgehen (n) des Ziehwerkzeugs 6.3.21
Aufhaspeln (n) 6.1.38
Aufheizgeschwindigkeit (f) 7.5.1
Auflaufhaspel (f) 5.4.25, 6.4.15
Aufnehmer (m), Blockaufnehmer (m) 7.3.32
Aufnehmerhalter (m) 7.4.40
Aufschollen (n) 6.1.54
Aufweitewalzwerk (n) 5.4.28
Aufweiteziehen (n) 6.1.18
Aufwärmfehler (m) 5.1.6
Ausbringen (n) 5.7.1
Ausbringung (f) 5.7.1, 6.7.1
Ausgangsblockdurchmesser (m) 7.1.3
Ausgangsblocklänge (f) 7.1.6
Auskolkung (f) 6.3.20
Auslaufbahn (f) 7.3.6
Auslaufeinrichtung (f) 7.3.10
Auslauflinie (f) 5.0.4
Auslaufquerschnitt (m) 5.0.9
Ausschuß (m) 5.6.34, 6.6.47
Ausstoßen (n) des Preßrestes 7.1.18
Ausstoßscheibe (f) 7.3.4
Austrager (m) 5.4.2
Austrittsdurchmesser (m) 7.1.7
Austrittsgeschwindigkeit (f) 7.1.8, 7.1.64
Austrittstemperatur 7.1.9, 7.1.65
Ausziehvorrichtung (f) 7.1.10

B

Badpatentieren (n) 6.1.41
Ballen (m) 5.3.7
Ballenlänge (f) 5.3.5
Balliges Ziehhol (n) 6.3.12
Balligkeit (f) 5.3.4
Balligkeit (f), thermische- 5.3.2
Band (n) 5.6.37
Bandagendraht (m) 6.6.46
Bandbund (n) 5.6.36
Banddicke (f) 5.0.13
Banddickenregelung (f) 5.1.21
Banddurchlaufofen (m) 5.5.2
Bandenden (n, pl) 5.6.28
Bandhaspel (f) 5.4.23
Bandkantenanschärfung (f) 5.0.19
Bandnachwalzstraße (Breitband-) (f) 5.4.7

Bandprofil (n), absolutes- 5.6.24, 5.6.27
Bandring (m) 5.6.36
–, Ring (m) 5.6.131
Bandrolle (f) 5.6.18
Bandschere (f) 5.4.11
Bandstahl 5.6.19
Bandstahlkalibrierung (f) 5.1.24
Bandverzinken (n) 5.1.10
Bandwalzwerk (n) 5.4.3
Bandzug (m) 5.1.35
Bandüberhöhung (f) 5.0.1
Barren (m) 7.1.14
Barrenhochglühung (f) 7.5.4
Bastardround-Kalibrierung (f) 5.1.36
Bedachungsblech (n) 5.6.12
Beizen (n) 5.9.3, 6.1.24
Beizmittel (n) 5.9.2
Belagblech (n) 5.6.44
Beschneiden (n) 5.1.18
Besäumen (n, vb) 5.1.33
Betonformstahl (m) 5.6.3
Betonrippenstahl (m) 5.6.2
Betonstahl (m) 5.6.11
Betriebsdruck (m) 7.4.27
Bewehrungsstahl (m) 5.6.10
Bezogene Dickenabnahme (f) 5.0.14
Bezogene Querschnittsabnahme (f) 5.0.12, 6.0.9
Biegeentzundern (n) 6.1.26
Biegerichten (n) 6.1.53
Biegewalzen für Rohrschweißanlagen (f, pl) 5.4.4
Binde-Einrichtung (f) 5.4.5
Blankdraht (m) 6.6.45
Blanker Keilstahl (m) 6.6.44
Blanker Stahl (m) 5.6.13
blankgezogen 6.6.43
Blankstahl (m) 5.6.13
Blankstahlwelle (f) 6.6.41
Blasenzeile (f) 7.6.21
Blaublech (n) 5.6.26
Blech (n) 5.6.17
–, und Band mit organischer Beschichtung (n) 5.6.38
Blechband (n) 5.6.37
Blechblasen (f, pl) 5.6.14
Blechdoppler (m) 5.4.8
Blechschere (f) 5.4.6
Blechtafel (f) 5.6.21
Blechwalzwerk (n) 5.4.9
Blechwender (m) 5.4.10
Bleibadpatentieren (n) 6.1.47
Blindes Kaliber (n) 5.3.8
Block (m) 5.6.30, 7.1.14
Block-Brammen-Straße (f) 5.4.14
Block-an-Block-Pressen (n) 7.1.16
Block-auf-Block pressen (n) 7.1.16
Blockabstreifer (m) 5.4.13
Blockachse (f) 7.1.15
Blockanwärmofen (m) 7.5.5
Blockanwärmtemperatur (f) 7.1.29
Blockaufnehmer (m) 7.3.16
Blockbürsten (f, pl) 7.4.44
Blockdrehvorrichtung (f) 5.4.15
Blockdrücker (m) 5.4.16
Blockdurchmesser (m) 7.1.3, 7.1.20
Blockerwärmungsofen (m) 7.5.5
Blockfehler (m; m, pl) 5.4.17
Blockflämmen (n) 5.1.30
Blockförderer (m) 7.4.46
Blockguß (m) 5.6.39
Blockkipper (m) 5.4.20
Blockkippstuhl (m) 5.4.21
Blockkopffläche (f) 7.1.26
Blocklader (m) 7.4.28
Blocklänge (f) 7.1.6
Blockmagazin (n) 7.4.24
Blockoberfläche (f) 7.1.43
Blockrandbereich (m) 7.1.27
Blockschere (f) 5.4.22
Blockseigerung (f) 5.2.2
Blockstirnfläche (f) 7.1.28
Blockstraße (f) 5.4.24
Blockstraßenkalibrierung (f) 5.1.15
Blocktemperatur (f) 7.1.29
Blockwalzwerk (n) 5.4.26
Bodenbelagwinkelstahl (m) 6.6.40
Bodenkraft (f) 6.0.8
Bodenreißer (m) 6.6.31
Bohrung (f) des Ziehwerkzeugs 6.3.5
Bolzen (m) 7.1.14
Bombierung (f) 5.3.4
Bondern (n) 6.1.13
Borkarbid (n) 6.3.4
Bramme (f) 5.6.40
Brammen-Kühlrad (n) 5.4.30
Brammendrücker (m) 5.4.29
Brammenschere (f) 5.4.31
Brammenstraße (f) 5.4.32
Brammenwalzwerk (n) 5.4.34
Brandrißmarken (f, pl) 5.6.7
Breitband (n) 5.6.16
Breitbandwalzwerk (n) 5.4.37
Breitenmeßverfahren (n) 5.1.16
Breitflachstahl (m) 5.6.8
Breitflachstahlkalibrierung (f) 5.1.17
Breitflanschträger (m) 5.6.6
Breitflanschträgerwalzwerk (n) 5.4.59

Breitgrad (m) 5.0.3
Breitung (f) 5.0.6
Breitungsgleichung (f) 5.0.7
Bremszug (m) 5.1.25
Brennschneideinrichtung (f) 5.4.47
Brückenmatrize (f) 7.3.15
Buckelblech (n) 5.6.32
Bund (n) 5.6.25, 6.6.30
Bügelmatrize (f) 7.3.14
Bündel-Einrichtung (f) 5.4.49

C

Coil (n) 5.6.22
–, coating (n) 5.1.31
Coilbox (f) 5.4.58
Conform-Verfahren (n) 7.1.32

D

Dekapieren (n, vb) 5.9.1
Dessiniertes Blech (n) 5.6.29
Diagonalkalibrierung (f) 5.1.14
Diagonalstich (m) 5.1.34
Diamantziehstein (m) 6.3.8
Dickenabnahme (f) 5.0.11
Dickfilmverfahren (n) 7.1.46
Diescher-Walzwerk (n) 5.4.50
Direkter Druck (m) 5.1.11
Direkter Pumpenantrieb (m) 7.4.22
Direktes Strangpressen (n) 7.1.21
Doppel-Duogerüst (n) 5.4.54
Doppel-T-Kalibrierung (f) 5.1.12
Doppel-T-Profil (n) 7.6.15
–, (-Träger) (m) 5.6.9
Doppel-Zweiwalzengerüst (n) 5.4.64
Doppeln (n) 5.1.13
Doppelscheiben-Ziehmaschine (f) 6.4.13
Doppelstempelpresse (f) 7.4.42
Doppelziehmaschine (f) 6.4.12
Doppelziehscheibe (f) 6.4.9
Doppelzug (m) 6.1.27
–, Doppeldeckerziehblock (m) 6.4.12
Dopplung (f) 5.6.5, 7.6.23
–, Dorn (m) 5.3.3
Dorn (m) 6.3.13, 6.3.38, 7.3.7
Dorndrehvorrichtung (f) 7.4.23
Dornhalter (m) 7.3.3
Dornkraft (f) 7.1.42
Dornkühlung (f) 7.3.11
Dornschaft (m) 7.3.2
Dornspitze (f) 7.3.9
Dornstange (f) 5.3.40, 6.3.39, 7.3.8
Dornstangenzug (m) 6.1.9
Dornverschiebevorrichtung (f) 7.4.47
Dornzugkraft (f) 7.1.51
Draht (m) 5.6.15, 6.6.29
Draht-Düse-Thermoelement (n) 6.9.5
Drahtansammlung (f) 6.9.4
Drahtbehälter (m) 6.9.6
Drahtblock (m) 5.4.66
Drahtbund (m) 5.6.1, 6.6.17
–, Drahtcoil (n) 5.6.4
Drahtdurchlaufofen (m) 6.5.1
Drahtgeflecht (n) 6.6.20
Drahtgewebe (n) 6.6.37
Drahtglühofen (m) 6.5.2
Drahthaspel (f) 5.4.65, 6.4.16, 7.4.11
Drahtkalibrierung (f) 5.1.38, 5.6.4
Drahtring (m) 6.6.17
Drahtschweißmaschine (f) 6.4.17
Drahtschweißmaschine (f) 6.4.54
Drahtspulmaschine (f) 6.4.6
Drahtstift (m) 6.6.16
Drahtstraße (f) 5.4.63
Drahtverlängerung (f) 6.0.7
Drahtwalzmaschine (f) 5.4.62
Drahtwalzwerk (n) 5.4.38
Drahtwindungs-Kühlstrecke (f) 5.4.35
Drahtwindungsleger (m) 5.4.35
Drahtziehen (n) 6.1.57
Drahtziehmaschine (f) 6.4.4
Dralleinrichtung (f) 5.4.36
Drallen (n, vb) 5.1.23
Drehherdofen (m) 5.5.3
Drehmoment (n) 5.0.2
Drehmoment-Zeit Diagramm (n) 5.0.16
Drehmomentmeßverfahren (n) 5.1.37
Drehvorrichtung (f) 5.4.46
Drehzahlmeßverfahren (n) 5.1.29
Drei-Walzen-Richtmaschine (f) 6.4.3
Dreikantstab (m) 5.6.49, 6.6.12
Dreikantstahl (m) 5.6.20
Dreiwalzengerüst (n) 5.4.44
Dressieren (n) 5.1.32, 5.1.73
Dressierwalzwerk (n) 5.4.42
Druckdüse (f) 6.3.6
Druckmutter (f) 5.4.53
Druckplatte (f) 7.3.17
Druckring (m) 7.3.18
Druckspindel (f) 5.4.51
Druckstein (m) 6.3.17
Druckwasseranlage (f) 5.4.61
Druckzug (m) 6.1.17
Duo-Gerüst (n) 5.4.57
Durchbruchexzentrizität (f) 7.3.19
Durchdrücken (n) 7.0.5
Durchlaufofen (m) 5.5.4

Durchlaufpatentieren (n) 6.0.6
Durchmesserabnahme (f) 6.0.5
Durchziehbedingung beim Walzen (f) 5.1.22
Durchziehen (n) 6.1.15
Dynamoblech (n), Transformatorenblech (n) 5.6.33
Dünnbramme (f) 5.6.23
Dünnbrammengießen (n) 5.1.27
Düsenneigungswinkel (m) 6.3.14

E

Edelstahl (m) 5.2.1
Edelstahlkalibrierung (f) 5.1.20
Egalisieren (n, vb) von Warmband 5.1.19
Einbaustück (n) 5.4.60
Einbettung (f) 5.0.10
Einfachzug (m) 6.1.12, 6.4.7
Einfrieren (n) des Blocks 7.1.33
Eingedrückte Späne (m, pl) (innen) 6.6.11
Einlauflinie (f) 5.0.5
Einlochmatrize (f) 7.3.13
Einstichwalzwerk (n) 5.4.45
Einstoßen (n) 6.1.30
Einstoßmaschine (f) 6.4.2
Einsträngiges Pressen (n) 7.1.39
Einwalzung (f) 5.6.35
Einzelantrieb (in kontinuierlichen Walzstraßen) (m) 5.4.55
Einzelblock (m) 6.4.1, 6.4.7
Einzelziehmaschine (f) 6.4.7
Einzelzug (m) 6.4.7
Einziehkette (f) 6.3.19
Einziehzange (f) 6.3.47
Eisenbahnoberbaustoff (m) 5.6.31
Eisendraht (m) 6.6.8
Elektroblech (-band) (n) 5.6.33
Elongator (m) 5.4.43
Eloxalqualität (f) 7.1.41
Emulsion (f) 5.1.4, 6.1.49
Emulsionsschmierung (f) 5.1.2, 6.1.35
Endenbearbeitung (f) 6.9.2
Endenverlust beim Walzen (m) 5.6.42
Entkohltes Feinblech (n) 5.6.43
Entlüften (n) des Rezipienten 7.1.56
Entzunderungseinrichtung (f) 5.4.56
Entzunderungsstrahlen (n) 6.1.4
Europa-Träger (m) 5.6.45
Expansionsvorkammermatrize (f) 7.3.5

F

Falschrund-Oval-Kalibrierung (f) 5.1.5
Faltangelmaschine (f) 6.4.22
Faltenbildung (f) 6.6.7
Falzblech (n) 5.6.47
Fassungskegelwinkel (m) 6.3.25
Federdraht (m) 6.6.6
Federstahl (m) 6.6.5
Federstahldraht (m) 6.6.4
Feinblech (n) 5.6.48
Feinblechstraße (f) 5.4.41
Feinstahl (m) 5.6.57
Feinstahlstraße (f) 5.4.48
Feinstblech (-band) (n) 5.6.58
Feinstraße (f) 5.4.52
Feinstzug (m) 6.1.5
Feinzug (m) 6.1.59
Fensterprofil (n) 5.6.54
Fernsteuerung (f) 7.4.17
Fertigerzeugnis (n), gewalztes- 5.6.55
Fertiggerüst (n) 5.4.40
Fertigkaliber (n) 5.3.9
Fertigstich (m) 5.1.8
Fertigstraße (f) 5.4.39
Fertigungslos (n) 5.6.60
Fester Rohstahl (m) 5.6.61
Fester Stopfen (Dorn) (m) 6.3.24
Festlänge (f) 5.6.59
fettblank 6.6.91
Finish (n) 5.1.26
Fischmaul (n) beim Ziehen 6.6.3
Fischschwanz (m) 5.6.53
Fixlänge (f) 5.6.56
Flach-Längswalzen (n) 5.1.43
Flach-Querwalzen (n) 5.1.39
Flach-Schrägwalzen (n) 5.1.40
Flachbarren (m) 7.6.18
Flacherzeugnis (n) 5.6.103
Flacherzeugnis (n) 6.6.2
Flaches Halbzeug (n) 5.6.118
Flachhalbrundstab (m) 5.6.113
Flachhalbrundstahl (m) 5.6.111
Flachlasche (f) 5.6.109
Flachmatrize (f) 7.3.1
Flachprofil (n) 5.6.108
Flachrezipient (m) 7.1.54
Flachstab (m) 5.6.106
Flachstabkalibrierung (f) 5.1.47
Flachstahl (m) 5.6.105
Flachstahlkalibrierung (f) 5.1.47
Flachstange (f) 7.6.1
Flachstich (m) 5.1.48
Flachwalzen (n) 5.1.53
Flachzeug (n) 5.6.101
Flachziehen (n) 6.1.23
Fliegende Schere (f) 5.4.82
Fliegende Säge (f) 5.4.77

Fliegender Stopfen (m) (Dorn) 6.3.7
Fließfiguren (f, pl) 5.2.5
Fließscheide (f) 5.1.49
Fließtyp (m) 7.0.3
Flächenabnahme (f) 5.0.31
Flämmaschine (f) 5.4.85
Flämmen (n) 5.1.44
Flämmputzen (n) 5.1.45
Flügel-Richtmaschine (f) 6.4.11
Folgeeinrichtung (f) 7.4.6
Folie (f) 5.6.95
Formdraht (m) 6.6.26
Formstahl (m) 5.6.94
Formstahlkalibrierung (f) 5.1.52
Formstahlstraße (f) 5.4.88
Freies Biegen (n) 6.1.16
Friemelmaschine (f) 6.4.14
Friemeln (n) 5.1.54, 6.1.10
Fundamentprofil (n) 5.6.93
Förderseildraht (m) 6.6.1
Führung (f) 6.3.16
Führungen in Rohrwalzwerken (f, pl) 5.4.93
Führungseinrichtung (f) 5.4.94
Führungslänge (f) 6.3.23
Führungsrinne (f) 5.4.96
Fünfwalzengerüst (n) 5.4.95

G

Gage-Meter-Gleichung (f) 5.0.29
Garrettstraße (f) 5.4.92
Gasporigkeit (f) 7.6.8
Gedrückte Fläche (f) 5.0.21
Gedrückte Länge (f) 5.0.23
Gegenhalter (m) 7.4.7
Gegenholm (m) 7.4.7
Gegenzug (m) 6.0.4
Gegenzugkraft (f) 6.0.3
Gelenkspindel (f) 5.4.84
Gemustertes Blech (n) 5.6.92
Genaulänge (f) 5.6.87
Generatorblech (n) 5.6.83
Geprägtes Blech (n) 5.6.81
gepreßt (adj) 7.6.4
Geradeausziehmaschine (f)
–, mit Tänzerrolle 6.4.21
–, mit geneigten Achsen 6.4.20
Geradheit (f) 6.9.1
Geradheitsabweichung (f) 6.9.3
gerichteter Draht (m) 6.6.32
Geripptes Blech (n) 5.6.80
Gerüst (n) 5.4.80
Gerüstauffederung (f) 5.0.26
Gerüstbauart (f) 5.4.87
Gerüste (n, pl) mit schräg
liegenden Walzen, 5.0.57
Gerüstkennlinie (f) 5.0.20
Gerüstmodul (m) 5.0.27
Gesamtarbeit (f) 7.0.7
Gesamtpreßkraft (f) 7.0.6
geschälter Blankstahl (m) 6.6.22
geschliffener Blankstahl (m) 6.6.13
Geschlossenes Kaliber (n) 5.3.10
Geschweißtes Rohr (n) 5.6.77
Gesenkwalzen (n) 5.1.59
Gespulter Draht (m) 6.6.14
Gestaffelte Straße (f) 5.4.97
Gewindewalzen (n) 5.1.63
Gezogener Blankstahl (m) 6.6.9
gezogener Draht (m) 6.6.19
Gezogenes Sonderprofil (n) 6.6.10
Gießwalzen (n) 5.1.71
Glasschmierung (f) 7.1.36
Glattwalzen (n) 5.1.75
Gleisoberbauerzeugnis (n) 5.6.102
Gleitendes Ziehen (n) 6.1.25
Gleitloses Ziehen (n) 6.1.58
Gleitziehen (n) 6.1.61
–, von Hohlkörpern 6.1.14
–, von Vollkörpern 6.1.32
–, über festen Stopfen (Dorn) 6.1.52
–, über losen (fliegenden oder
schwimmenden) Stopfen (Dorn) 6.1.19
–, über mitlaufende Stange
(oder langen Dorn) 6.1.45
Glättwalzwerk (n) 5.4.76
Glühfehler (m) 5.1.79
graublank 6.6.21
Grat (m) 5.6.63
Greifbedingung beim Walzen (f) 5.1.86
Greifwinkel (m) 5.1.87
Grenzpreßgeschwindigkeit (f) 7.1.35
Grobblech (n) 5.6.86
Grobblechstraße (f) 5.4.72
Grobkorn (n) 6.6.18
Grobkornzone (f) 7.6.10
Grobstraße (f) 5.4.69
Grobzug (m) 6.1.29
Große I-, U- und H-Profile (n, pl) 5.6.72
Gruben(ausbau)stahl (m) 5.6.65
Grubenausbauprofil (n) 5.6.67
Gruppenantrieb (m)
(in kontinuierlichen Walzstraßen) 5.4.68
Gruppenantrieb (m) mit
Überlagerungsgetriebe
(in kontinuierlichen Walzstrassen) 5.4.67

H
H-Profil (n) 5.6.89
HV-Anordnung (f) 5.4.91
Hakenbahn (f) 5.4.70
Halbkontinuierliche Straße (f) 5.4.78
Halbmondbildung (f) 7.6.16
Halbrundstab (m) 5.6.66
Halbrundstahl (m) 5.6.68
Halbwarmziehen (n) 6.1.31
Halbzeug (n) 5.6.70
Halbzeugkalibrierung (f) 5.1.88
Halbzeugstraße (f) 5.4.75
Handflämmer (m) 5.4.71
Handsteuerung (f) 7.4.10
Hartmetallziehstein (m) 6.3.11
Hartstahlblech (n) 5.6.74
Haspel (f) 5.4.73, 6.4.23, 7.4.11
Haspelkühlung (f) 5.4.74
Haspeln (n) 5.1.74
Haspelzug (m) 5.1.84
Hauben(glüh)ofen (m) 5.5.5
Hauptzylinder (m) 7.4.14
Hazelett-Stranggießverfahren (n) 5.1.80
Hebetisch (m) 5.4.90
Heftdraht (m) 6.6.35
Heißflämmaschine (f) 5.4.79
hellblank 6.6.15
Herdwagenofen (m) 5.5.6
Hilfsausrüstungen im Walzwerk (f, pl) 5.4.81
Hilfseinrichtung (f) 7.4.57
Hilfseinrichtungen (f,pl) 7.4.16
Hilfswerkzeug (n) 7.3.20
Hochfrequenzblech (n) 5.6.62
Hochumformanlage (f) 5.4.83
Hohl-Gleitziehen (n) 6.1.6
Hohl-Walzziehen (n) 6.1.8
Hohlblock (m) 7.1.24
Hohlprofil (n) 5.6.64
Hohlprofilmatrize (f) 7.3.25
Hohlstempel (m) 7.3.24
Hohlzug (m) 6.1.50
Holm (m) 7.4.21
Homogenisierungsglühung (f) 7.1.22, 7.5.4
Horizontal(walz)gerüst (n) 5.4.86
Horizontale Strangpresse (f) 7.4.9
Hubbalkenofen (m) 5.5.8
Huckepackpresse (f) 7.4.15
Hund (m) 5.4.89
Hundeknochen (m) 5.6.69
Hydrafilmverfahren (n) 7.1.23, 7.1.46
Hydraulische Presse (f) 7.4.12
Hydrodynamische Schmierung (f) 6.1.48
Hydrodynamisches Ziehen (n) 6.1.46, 6.1.95
Hydrostatisches Strangpressen (n) 7.1.30
Hydrostatisches Ziehen (n) 6.1.42, 6.1.101
Höhenabnahme (f) 5.0.24

I
I-Breitflanschträger (m) 5.6.110
I-Kalibrierung (f) 5.1.82
I-Profil (n) 5.6.76
I-Träger (m), I-Stahl (m) 5.6.76
IPB-Profil (n) 5.6.112
IPE-Träger (m) 5.6.116
Ideelle Umformarbeit (f) 7.0.1
Indikatormethode (f) 7.9.3
Indirekter Druck (m) 5.1.81
Indirektes Strangpressen (n) 7.1.44
Innenbüchse (f) 7.3.34
Intensivumformanlage (f) 5.4.98
Irreguläre Kalibrierung (f) 5.1.61
Isothermes Strangpressen (n) 7.1.49

K
Kabelmantelpresse (f) 7.4.8
Kaliber (n) 5.3.11
Kaliberanzug (m) 5.3.14
Kaliberfolge (f) 5.1.64
Kaliberfüllung (f) 5.0.30
Kaliberreihe (f) 5.1.62
Kaliberring (m) 5.3.16
Kaliberwalze (f) 5.3.17
Kaliberwalzen (n) 5.1.69
Kalibrieren (n) 5.1.70
–, beim Ziehen 6.0.1
Kalibrierung (f) 5.1.72
Kalibrierwalzwerk (n) 5.4.129
Kalt(breit)bandstraße (f) 5.4.114
Kaltband (n) 5.6.85
Kaltbreitband (n) 5.6.84
Kaltfeinblechstraße (f) 5.4.127
Kaltflämmaschine (f) 5.4.116
Kaltgebogenes Profil (n) 5.6.79
Kaltgewalztes Band (n) 5.6.78
Kaltgewalztes Flacherzeugnis (n) 5.6.75
Kaltnachwalzen (n) 5.1.73
Kaltpilgern (n) 5.1.78
Kaltpilgerwalzwerk (n) 5.4.110
Kaltprofil (n) 5.6.73, 6.6.24
Kaltprofilieren (n) 5.1.67
Kaltschere (f) 5.4.117
Kaltstauchdraht (m) 6.6.25
Kaltstich (m) 5.1.65
Kaltstrangpressen (n) 7.1.45
Kaltsäge (f) 5.4.115
Kaltumformen (n) 5.1.57

Kaltwalzen (n) 5.1.56
–, von Rohren (n) 5.1.76
Kaltwalzgrad (m) 5.0.28
Kaltwalzstraße (f) 5.4.131
Kaltwalzwerk (n) 5.4.132
Kaltziehen (n) 6.1.11
Kammermatrize (f) 7.3.46
Kammerofen (m) 5.4.121
Kammwalzen-Antrieb (m) 5.4.108
Kammwalzengerüst (n) 5.4.107
Kanten (n) 5.1.85
Kantenanschärfung (f) 5.1.77
Kantenriß (m) 6.6.23
Kanter (m) 5.4.104
Kappenstahl (m) 5.6.97
Kappilarstahlrohr (n) 6.6.27
Karosserieblech (n) 5.6.99
Kastenkalibrierung (f) 5.1.58
Kegelige Matrize (f) 7.3.41
Kegellochapparat nach Stiefel (m) 5.4.119
Keilstahl (m) 6.6.28
Kerndurchmesser (m) 6.3.2
Kernziehen (n) 6.1.36
Kernzug (m) 6.1.36
Kesselblech (n) 5.6.71
Ketten-Kühlbett (n) 5.4.99
Kettenförderer (m) 5.4.101
Kettenziehbank (f) 6.4.25
Kindskopf (m) 5.6.117
Kipperprofil (n) 6.6.33
Klaviersaitendraht (m) 6.6.34
Kleine I-, U- und H-Profile (n, pl) 5.6.119
Kleinste Wanddicke (f) 7.6.2
Knüppel (m) 5.6.121
Knüppel-Kühlbad (n) 5.4.120
Knüppelschere (f) 5.4.125
Knüppelstraße (f) 5.4.118
Knüppelwalzwerk (n) 5.4.118
Kokille (f) 5.5.7
Kolloidgraphit (m) 7.1.50
Kombinierte Preß- und Ausstoßscheibe (f) 7.3.39
Kombischeibe (f) 7.3.39
Konenziehmaschine (f) 6.4.38
Konische Matrize (f) 7.3.41
Kontaktzone (f) 5.0.25
Kontinuierliche (Walz-) Straße (f) 5.4.124
Kontinuierliches Rohrwalzwerk (n) 5.4.123
Kontinuierliches Walzen (n) 5.1.83
Konuswinkel (m) 7.3.31
Kraftmeßverfahren (n) 5.1.68
Kranschiene (f) 5.6.82
Kreisbogenovalkaliber (n) 5.3.13
Kreismesserschere (f) 5.4.112
Kritische Abkühlgeschwindigkeit (f) 7.0.8
Kronengestell (n) 6.4.24
Krähenfüße (m, pl) 6.6.36
Kunststoffbeschichten (n) 5.1.66
Kunststoffbeschichtetes Blech und Band (n) 5.6.88
Kuppelspindel (f) 5.4.109
Kurbelpresse (f) 7.4.4
Kälken (n) 6.1.40
Kühl- und Schmieranlage (f) 5.4.126
Kühlbett (n) 5.4.130
Kühlvorrichtung (f) 7.4.5

L

Langerzeugnis (n) 5.6.96, 6.6.39
Laufholm (m) 7.4.18
Lauthsches Trio (n) 5.4.105
Leichtprofil (n) 5.6.98
Liegende Strangpresse (f) 7.4.9
Lineal (in Rohrwalzwerken) (n) 5.4.106
Lochblech (n) 5.6.100
Lochdorn (m) 7.3.38
Lochkraft (f) 7.0.4
Lochungsteil (m) 5.3.12
Lochvorrichtung (f) 7.4.1
Lochwalzwerk (n) 5.4.128
Lochzylinder (m) 7.4.2
Los (n) 5.6.104
Loser Stopfen (Dorn) (m) 6.3.7
Luftkissenführung (f) 7.4.3
Luftpatentieren (n) 6.1.56
Lunker (m) 5.2.4
Luppe (f) 5.6.107
Längen (n) 6.1.34
Längsgeteiltes Kaltbreitband (n) 5.6.90
Längsgeteiltes Warmbreitband (n) 5.6.91
Längsschneiden (n) 5.1.60
Längsschweißnaht (f) 7.6.22
Längsteilen (n) 5.1.51
Längswalzen (n) 5.1.50
Längszug (m) 5.1.42
Lösewalzwerk (n) 5.4.122
Lüderslinie (f) 5.2.3

M

M/t-Diagramm (n) 5.0.33
MKW-Gerüst (n) 5.4.100
Mannesmann-Schrägwalz-Verfahren (n) 5.1.41
Mannesmann-Schrägwalzwerk (n) 5.4.175
Markierungswalze (f) 5.3.15
Markisenstahl (m) 6.6.42
Matrize (f) 6.3.9, 7.3.49
Matrizendurchbruch (m) 7.3.47
Matrizeneinlaufradius (m) 7.3.48

Matrizeneinsatz (m) 7.3.43
Matrizenhalter (m) 6.3.10, 7.3.40
Matrizenkegel (m) 7.3.37
Matrizenkonus (m) 7.3.37
Matrizenlauffläche (f) 7.3.45
Matrizenneigungswinkel (m) 7.3.44
Matrizenstirnfläche (f) 7.3.30
Matrizenwechsler (m) 7.4.13
Matrizenöffnungswinkel (m) 7.3.31
Maßwalzwerk (n) 5.4.113
maximale Preßgeschwindigkeit (f) 7.1.35
maximale
Strangaustrittsgeschwindigkeit (f) 7.1.35
Mehraderwalzen (n) 5.1.46
Mehrdrahtziehen (n) 6.1.28
Mehrfachziehmaschine (f) 6.4.27
Mehrfachzug (m) 6.1.43
Mehrlochmatrize (f) 7.3.29
Mehrstangenzug (m) 6.1.55
Mehrsträngiges Strangpressen (n) 7.1.53
Mehrteiliges Ziehwerkzeug (n) 6.3.18
Mehrwalzen-Kaltwalz-Gerüst (MKW) (n) 5.4.102
Methode der größten Breite (f) 5.0.22
Minimale Wanddicke (f) 7.6.2
Mittelband (n) 5.6.114
Mittelblech (n) 5.6.115
Mittelstahlwalzstraße (f) 5.4.111
Mittelstraße (f) 5.4.103
Mittelzug (m) 6.1.33
Mittenwellen (f, pl) 5.1.55
Monierstahl (m) 5.6.120
Morgan-Ofen (m) 5.5.9
Morgoil-Lager (n) 5.4.181
Musterblech (n) 5.6.129

N
Nacheilung (f) 5.1.90
Nacheilzone (f) 5.1.92
Nachwalzen (n) 5.1.93
Nachziehen (n) 6.1.7
Nadeldraht (m) 6.6.49
Nadelrohr (n) 6.6.50
Nahtloses Rohr (n) 5.6.184
Nahtrohr (n) 5.6.183
Nasenprofil (n) 5.6.182
Naßpressen (n) 7.1.55
Naßziehen (n) 6.1.22
Naßzug (m) 6.1.22
naßblank 6.6.51
Neutrale Linie (adj, f) 5.0.32
Nitriertes Werkzeug (n) 7.3.26
Nockenstahl (m) 5.6.181
Normalprofil (n) 5.6.180

O
Oberbaumaterial (n) 5.6.174
Oberdruck (m) 5.1.117
Oberflächenveredeltes Flacherzeugnis (n) 5.6.172
Ofen (m) 5.5.10
Ofenmaschine (f) 5.4.184
Offene Straße (f) 5.4.182
Offene Walzstraße (f) 5.4.180
Offenes Kaliber (n) 5.3.18
Offenes Profil (n) 6.6.53, 5.6.162
Optimale Walzaderteilung (f) 5.1.124
Oxalatieren (n) 6.1.51
Oxalieren (n) 6.1.44, 6.1.51
Oxideinschluß (m) 7.6.6
Oxidhaut (f) (Block) 7.1.47

P
Paket (n) 5.4.166
Parallelflanschträger (m) 5.6.160
Patentieren (n) 6.1.39
Pendelschere (f) 5.4.185
Periodisches Profil (n) 5.6.156
Phosphatieren (n) 6.1.37
Pilgern (n) 5.1.109
Pilgerrohr (n) 5.6.154
Pilgerschlag (m) 5.1.110
Pilgerschrittverfahren (n) 5.1.112
Pilgerwalze (f) 5.3.19
Pilotbohrung (f) 7.1.40
Planetenschrägwalzwerk (n) 5.4.173
Planetenwalzgerüst (n) 5.4.171
Planheitsfehler (m, pl) 5.1.134
Planheitsregelung (f) 5.1.116
Plastilin (n) 7.6.17
Platine (f) 5.6.146
Platinenstraße (f) 5.4.145
Plattierstrangpressen (n) 7.1.38
Plattiertes Blech und Band (n) 5.6.144
Plattiertes Rohr (n) 6.6.55
Plattierziehen (n) 6.1.20
Plattierzug (m) 6.1.20
Platzer-Planetenwalzwerk (n) 5.4.150
Pokalstahl (m) 5.6.142
Polierwalzwerk (n) 5.4.146
Pressen (n) eines Steckers 7.1.52
–, mit Schale 7.1.37
Pressenauslauf (m) 7.4.19
Pressenbauart (f) 7.4.36
Pressenmaul (n) 7.4.41
Pressenmittenachse (f) 7.4.38
Pressenrahmen (m) 7.4.30
Preßbarkeit (f) 7.0.2
Preßblock (m) 7.1.14

Preßbolzen (m) 7.1.14
Preßdorn (m) 7.3.7
Preßdraht (m) 7.6.14
Preßeffekt (m) 7.6.12
Preßfehler (m) 7.6.11
Preßgeschwindigkeit (f) 7.1.25
Preßhemd (n) 7.1.48
Preßkanal (m) 7.3.27
Preßkraft (f) 7.0.9
Preßmatrize (f) 7.3.49
Preßmatrizeneinsatz (m) 7.3.43
Preßrest (m) 7.6.5
Preßrestschere (f) 7.4.33
Preßrestsäge (f) 7.4.31
Preßresttrenner (m) 7.4.35
Preßresttrennvorrichtung (f) 7.4.35
Preßriefen (f, pl) 7.6.3
Preßrohr (n) 7.3.28
Preßscheibe (f) 7.3.22
Preßscheibenumlaufbahn (f) 7.4.45
Preßstempel (m) 7.3.42
Preßstrang (m) 7.6.30
Preßtemperatur (f) 7.1.19
Preßverhältnis (n) 7.0.13
Preßwerkzeug (n) 7.3.36
Preßzylinder (m) 7.4.14
Profil (n) 5.6.140, 6.6.54, 7.6.9
Profil-Längswalzen (n) 5.1.106
–, Querwalzen (n) 5.1.108
–, Schrägwalzen (n) 5.1.111
–, Ziehmatrize (f) 6.3.41
Profildraht (m) 6.6.96
Profilieren (n, vb) 5.1.102
Profiliertes Blech (n) 5.6.132
Profilometer (n) 6.3.44
Profilrohr (n) 5.6.130, 6.6.94
Profilstahl (m) 5.6.176
Profilstahl (m) 6.6.93
Profilstraße (f) 5.4.140
Profilumkreis (m) 7.9.2
Profilwalzen-Richtmaschine (f) 6.4.34
Profilziehen (n) 6.1.63
Programmsteuerung (f) 7.4.37
–, von Walzstraßen 5.1.119
Properzi-Verfahren (n) 5.1.123
Prozeßsteuerung von Walzstraßen (f) 5.1.125
Präzisionsprofil 7.6.19
Präzisionsstahlrohr (n) 6.6.52
Puller (m) 7.1.10
Pulverstrangpressen (n) 7.1.13
Pulverwalzen (n) 5.1.127
Putzen (n, vb) 5.1.129
Putzscheibe (f) 7.3.35

Q

Quadrat-Oval-Kalibrierung (f) 5.1.139
Quadratisches Halbzeug (n) 5.6.155
Quadratkalibrierung (f) 5.1.137
Quadratknüppel (m) 5.6.153
Quadratprofil (n) 5.6.179
Quarto-Gerüst (n) 5.4.134
Quartoblech (n) 5.6.151
Querfluß (m) 5.0.37
Querförderer (m) 7.4.26
Querhaupt (n) 7.4.21
Querriß (m) 7.6.7
Querschneiden (n) 5.1.128
Querschnittsabnahme (f) 5.0.36, 6.0.21
Querschnittsreduktion (f) 6.0.18
Querschweißnaht (f) 7.6.20
Querstrangpressen (n) 7.1.12
Querteilen (n) 5.1.122
Querwalzen (n) 5.1.135

R

Radreifenwalzwerk (n) 5.4.199
Radscheibenwalzwerk (n) 5.4.200
Rahmenbauweise (f) 7.4.39
Randwellen (f, pl) 5.1.141
Rastermethode (f) 7.9.1
Rattermarken (f, pl) 6.6.92, 7.6.13
Rattern (n) 6.6.88
Raupenblech (n) 5.6.149
Raute-Quadrat-Kalibrierung (f) 5.1.95
Rautenkalibrierung (f) 5.1.138
Rechen-Kühlbett (n) 5.4.198
Rechteckiges Halbzeug (n) 5.6.175
Rechteckknüppel (m) 5.6.147
Reckbank (f) 7.4.29
Reckrichten (n) 6.1.66
Reckwalzen (n) 5.1.98
Reduzierwalzwerk (n) 5.4.141
Reelen (n) 6.1.64
Reeler (m) 5.4.142
Reguläre Kalibrierung (f) 5.1.97
Reibungsarbeit (f) 7.0.12
Reifeneinlegedraht (m) 6.6.87
Reißschere (f) 5.4.156
Restende (n) 5.6.165
Reversierbetrieb (m) 5.1.120
Reversiergerüst (n) 5.4.147
Rezipient (m) 7.3.32
Rezipient (m) mit flachem Durchbruch 7.1.54
Rezipientenanpreßkraft (f) 7.0.11
Rezipientenentlüftung (f) 7.1.4, 7.1.56
Rezipientenheizung (f) 7.4.34
Rezipienteninnenwand (f) 7.3.23

Rezipientenreibung (f) 7.1.5
Rezipiententemperatur (f) 7.1.11
Rezipientenwandreibung (f) 7.1.5
Richten (n) 5.1.118, 6.1.62
Richtmarkierung (f) 6.6.86
Richtmaschine (f) 6.4.30
–, mit umlaufenden Richtköpfen 6.4.11
riefig laufen 6.6.85
Riffelblech (n) 5.6.145
Rillenschienenkalibrierung (f) 5.1.130
Ring (m) 5.6.178
Ringwalzwerk (n) 5.4.152
Rippenrohr (n) 5.6.141
Rippenstahl (m) 5.6.173
Roeckner-Walzwerk (n) 5.4.155
Rohblock (m) 5.6.161
Rohbramme (f) 5.6.137
Roherzeugnis (n) 5.6.159
Rohluppe (f) 5.6.133
Rohr (n) 5.6.171, 6.6.83, 7.4.20
Rohrabstechmaschine (f) 6.4.47
Rohrendenfräsmaschine (f) 6.4.46
Rohrgewindeschneidmaschine (f) 6.4.45
Rohrhohlzug (m) 6.1.70
Rohrpresse (f) 7.4.32
Rohrschweißanlage (f) 5.4.179
Rohrstangenzug (m) 6.1.73
Rohrstopfenzug (m) 6.1.72
Rohrwalzwerk (n) 5.4.163
Rohrziehen (n) 6.1.78
Rolle (f) 5.6.131
Rolleneinführung (f) 5.4.165
Rollenherdofen (m) 5.5.11
Rollgang (m) 5.4.167
Rollschnittschere (f) 5.4.188
Rotationsschere (f) 5.4.169
Rotierendes Ziehwerkzeug (n) 6.3.35
Rund-Oval-Kalibrierung (f) 5.1.136
Runddraht (m) 6.6.78
Rundes Halbzeug (n) 5.6.157
Rundkalibrierung (f) 5.1.107
Rundlaufabweichung (f) 6.6.76
Rundstab (m) 5.6.128, 6.6.75
Rundstahl (m) 5.6.125, 6.6.74
Räumscheibe (f) 7.3.33
–, Putzscheibe (f) 7.3.4
Rückholwalzen (f, pl) 5.4.183
Rückstau (m) 5.1.90, 5.1.113
Rückstauzone (f) 5.1.92
Rückwärtsstrangpressen (n) 7.1.17, 7.1.44

S

Sammel-Einrichtung (f) 5.4.187
Schale (f) 7.1.34, 7.1.48
Schalefehler (f) 7.6.25
Schalendicke (f) 7.1.31
scharf laufen 6.6.85
Scheibenapparat nach Stiefel (m) 5.4.160
Scheibenmethode (f) 7.9.4
Scheibenrollen-Kühlbett (n) 5.4.162
Schere (f) 5.4.164
Scherungsarbeit (f) 7.0.17
Scherzone (f) 7.0.20
Schiebungsarbeit (f) 7.0.16
Schiene (f) 5.6.124
Schienenstraße (f) 5.4.168
Schiffbauprofil (n) 5.6.123
Schlag (m) 6.6.76
–, beim Walzen (m) 5.1.101
Schlaghaspel (f) 6.4.41
Schleifmaschine für Blankstahl (f) 6.4.39
Schlepper (m) 5.4.174
Schlepperkühlbett (n) 5.4.176
Schleppwalzapparat (m) 6.3.30
Schleppwalze (f) 5.4.178
Schleppzug (m) 6.1.87
Schlichtstich (m) 5.1.100
Schlinge beim Walzen (f) 5.1.99
Schlingenberechnung beim Walzen (f) 5.1.121
Schlingenbildner (m) 5.4.186
Schlingengrube (f) 5.4.192
Schlingenkanal (m) 5.4.193
Schlingenturm (m) 5.4.194
Schlingenwerfer (m) 5.4.195
Schlitzrohr (n) 5.6.122
Schlupf beim kontinuierlichen Walzen (m) 5.1.131
Schmalband (n) 5.6.169
Schmetterlingskalibrierung (f) 5.1.132
Schmiedewalzen (n) 5.1.98
schmierblank 6.6.91
Schmiermittel (n) 6.1.90
Schmiermittelträger (m) 6.1.97
Schmierstoff (m) 6.1.90
Schmierstoffträger (m) 6.1.97
Schmierung (f) 5.1.94
Schmierziehen (n) 6.1.91
Schmierzug (m) 6.1.91
Schneidkaliber (n) 5.3.22
Schollen (n) des Drahtes 6.0.17
Schollrand (m) 6.4.36
Schopfen (n, vb) 5.1.96
Schrittmacherofen (m) 5.5.12
Schrott (m) 5.9.4
Schrottabschieber (m) 5.4.189
Schrotthacker (m) 5.4.159
Schrottschere (f) 5.4.161

Schrumpfungsaufmaß (n) 7.6.31
Schrägrollen-Kühlbett (n) 5.4.170
Schrägwalzen (n) zum Lochen 5.1.105
Schrägwalzen (vb) 5.1.103
Schrägwalzen-Richtmaschine (f) 6.4.44
Schrägwalzwerk (n) 5.4.175
Schulter (f) 5.3.23
Schulterdorn (fliegend) (m) 6.3.7, 6.3.42
Schulterkalibrierung (f) 5.1.114
Schulterwalzwerk (n) 5.4.157
Schuppen (f, pl) 5.6.177
Schwarzblech (n) 5.6.135
Schwedenoval (n) 5.3.24
Schwedenwalzwerk (n) 5.4.154
Schweißbarer Preßwerkstoff (m) 7.6.35
Schweißdraht (m) 6.6.89
Schwelle (f) 5.6.139
Schwimmender Stopfen (m) (Dorn), 6.3.7
Schwindmaßzugabe (f) (Matrize) 7.6.31
Schwingschere (f) 5.4.153
Schwingwalzwerk (n) 5.4.151
Schälmaschine (f) 6.4.42
Sechskantstab (m) 5.6.163, 6.6.69
Sechskantstahl (m) 5.6.143
Sechswalzengerüst (n) 5.4.149
Seigerung (f) 5.2.6
Seigerungsstreifen (m) 7.6.33
Seildraht (m) 6.6.81
Seitenführung (f) 5.4.139
Selbstschmierender Preßwerkstoff (m) 7.1.58
Sendzimir-Kaltwalzwerk (n) 5.4.138
–, Planetenwalzwerk (n) 5.4.135
Senkrechtgerüst (n) 5.4.136
Sicherheitsabschnitt (m) 5.6.167
Singledraht (m) 6.6.80
Skinpass (m) 5.1.140
Slitting-Anlage (f) 5.4.137
Sohlplatte (f) 5.4.143
Sonderprofil (n) 5.6.126, 6.6.63
Sonderprofilkalibrierung (f) 5.1.115
Sonderprofilwalzwerk (n) 5.4.144
Spaltband (n) 5.6.127
Spalten (n, vb) 5.1.104
Spaltstich (m) 5.3.21
Spannbetonstahl (m) 5.6.134
Spannstahl (m) 5.6.134
Speicherantrieb (m) 7.4.51
Speicherprogrammierbare Steuerung (f) 7.4.37
Spezialprofil (n) 5.6.136, 6.6.63
Spezialstab (m) 5.6.138
Spezifischer Preßdruck (m) 7.1.57
Spidermatrize (f) 7.3.55
Spinnerblock (m) 6.4.29
Spitzenloses Schleifen (n) 6.1.103
Spritzbalken (m) 5.4.148
Spritzrohr (n) 5.4.148
Spritzwasser-Durchlauf (m) 5.4.158
Sprung (m) 5.1.133
–, Spiel (n) 5.1.167
Spule (f) 6.9.10
Spuler (m) 6.4.6
Spundbohle (f) 5.6.148
Spundprofil (n) 5.6.148
Spundwanderzeugnis (n) 5.6.150
Stab (m) 5.6.152, 6.6.61
Stabfolgezeit (f) 5.1.126
Stabschere (f) 5.4.190
Stabstahl (m) 5.6.158
Stabstahlstraße (f) 5.4.172
Stabziehen (n) 6.1.98
Staffel (f) 5.4.196
Stahlbauprofil (n) 5.6.164
Stahlcorddraht (m) 6.6.60
Stahldraht (m) 6.6.66
Stahldrahtkorn (n) 6.9.9
Stahlleichtprofil (n) 5.6.166
Stahlpanzerrohr (n) 5.6.168
Stahlrammpfahl (m) 5.6.170
Stange (f) 7.6.32
Stangenziehbank (f) 6.4.57
Stangenziehen (n) 6.1.98
Stangenzug (m) 6.1.80
Stanzblech (n) 5.6.234
Stapeleinrichtung (f) 5.4.197
Stauchgerüst (n) 5.4.191
Stauchgrad (m) 5.0.34
Stauchkaliber (n) 5.3.20
Stauchstich (m) 5.1.91
Steckelwalzwerk (n) 5.4.133
Stecker (m) 6.9.8
Stehende Strangpresse (f) 7.4.54
Stempel (m) 6.3.36, 7.3.53
Stempelgeschwindigkeit (f) 7.1.66
Stempelhalter (m) 7.4.50
Stempelkraft (f) 6.0.22
Stich (m) 5.1.89
Stichabnahme (f) 5.0.35
Stichplan (m) 5.1.181
Stichzahl (f) 5.1.147
Stiefelgerüst (n) 5.4.254
Stiefelstraße (f) 5.4.242
Stiftemethode (f) 7.9.3
Stofffluß (Strangpressen) (m) 7.0.22
Stopfen (m) 5.3.35, 6.3.38
Stopfenstange (f) 5.3.40, 6.3.39
Stopfenwalzwerk (n) 5.4.263

Stopfenzug (m) 6.1.76
Stoßbank (f) 5.4.265
Stoßofen (m) 5.5.15
Strahlen (n) 6.1.75
Strahlentzunderung (f) 6.1.77
Strahlmittel (n) 6.9.7
Strang (m) 7.6.30
Strang- und Rohrpresse (f) 7.4.48
Strangaustrittsgeschwindigkeit (f) 7.1.64
Strangaustrittstemperatur (f) 7.1.65
Stranggießverfahren nach Hazelett (n) 5.1.142
Strangguß (m) 5.1.145
Strangkühlung (f) 7.4.49
Strangpresse (f) 7.1.60, 7.4.52
Strangpreßanlage (f) 7.4.53
Strangpreßprofil (n) 7.6.9
Strangpreßwerk (n) 7.0.18
Strangpreßwerkzeug (n) 7.3.54
Straße (f) 5.4.248
Streckbank (f) 7.4.29
Strecke (f) 5.4.244
Strecken (n) 6.1.71
Streckenausbaustahl (m) 5.6.196
Streckgrad (m) 5.0.39
Streckkaliberreihe (f) 5.1.146
Streckmaschine (f) 5.4.234, 6.4.31
Streckreduzierwalzwerk (n) 5.4.216
Streckung (f) 5.0.51
Streckwalzwerk (n) 5.4.233
Strippen (n) 5.1.143, 7.1.61
Stufenscheibenziehmaschine (f) 6.4.38
Sturz (m) 5.6.189
Stützwalzen (f, pl) 5.3.42
Stützwalzen(rück)biegung (f) 5.1.144
Stützwerkzeug (n) 7.3.57
Superfeinstzug (m) 6.1.96
Säge (f) 5.4.177
Säulenbauweise (f) 7.4.25

T

T-Profil (n) 5.6.208, 7.6.27
T-Stahl (m) 5.6.185
T-Träger (m) 5.6.185
TMB (f) 5.1.170, 5.1.176
TPS-Stahl (m) 5.6.202
Tafel (f) 5.6.221
Tafelblech (n) 5.6.221
Tandemmatrize (f) (Preßmatrize) 7.3.58
Tandemstraße (f) 5.4.252
Tandemziehmaschine (f) 6.4.32
Tauchbecken (n) 7.4.55
Tauchpatentieren (n) 6.1.104
Textildraht (m) 6.6.62
Textur (f) 5.2.7
Thermomechanische Behandlung (TMB) (f) 5.1.148
Tiefofen (m) 5.5.13
Topfglühe (f) 5.5.17
Topfofen (m) 5.5.17
Tote Zone (f) 7.0.15
Transformatorenblech (n) 5.6.195
Treiber (m) 5.4.245
Trennschleifeinrichtung (f) 5.4.228
Trichterbildung (f) 7.6.26
Trio-Gerüst (n) 5.4.261
Trockenblank 6.6.95
Trockenpressen (n) 7.1.62
Trockenziehen (n) 6.1.102
Trockenzug (m) 6.1.102
Trommel (f) 6.9.10
Trommelwalzwerk (n) 5.4.259
Trommelziehmaschine (f) 6.4.28
Träger (m) 5.6.219
Trägerstraße (f) 5.4.253
Tränenblech (n) 5.6.199
Twin-Drive (m) 5.4.218
Tänzerrolle (f) 6.4.35
Türanschlagleistenprofil (n) 6.6.65
Türkenkopf (m) 5.4.217

U

U-Kalibrierung (f) 5.1.150
U-Profil (n) 5.6.223, 7.6.29
U-Stahl (m) 5.6.186
U-Träger (m) 5.6.186
Überfüllung (f) 5.0.52
Übergabe-Einrichtung (f) 5.4.262
Überhöhung (f) 5.0.55
Überkopfziehmaschine (f) 6.4.37
Überwalzung (f) 5.1.168
Überziehen (n) 6.0.13
Ultraschallziehen (n) 6.1.94
Umformarbeit (f) (Strangpressen) 7.0.14
Umformgeschwindigkeit (Strangpressen)(f) 7.0.23
Umformgrad (Strangpressen) (f) 7.0.19
Umformwiderstand (m) beim Walzen 5.0.50
Umformzone (Strangpressen) (f) 7.0.21
Umführen (n) 5.1.154
Umführung (f) 5.4.246
Umkehrstraße (f) 5.4.240
Umschlingungskreis (m) 7.9.2
Umwalzen (n) 5.1.154
Ungleichmäßige Blockerwärmung (f) 7.1.63
Universalgerüst (n) 5.4.238
Universalstahl (m) 5.6.193

Universalträgerwalzwerk (n) 5.4.258
Unterdruck (m) 5.1.172
Unterflurschere (f) 5.4.247
Unterfüllung (f) 5.0.58
Untersatz (m) 7.3.57, 7.3.64

V
Ventilfederdraht (m) 6.6.59
Verlegen (beim Spulen) (n) 6.1.99
Verpackungs-Einrichtung (f) 5.4.207
Verpackungsbandstahl (m) 5.6.220
Verpackungsblech, (-band) (n) 5.6.214
Verschiebelineal (n) 5.4.204
Verschieber (m) 5.4.214
Verschleißring (m) im Ziehwerkzeug 6.3.51
Verschlußkeil (m) 7.3.51
Verschlußplatte (f) 7.3.63
Verschlußstück (n) 7.3.63
Verstellbares Ziehwerkzeug (f) 6.3.52
Vertikal(walz)gerüst (n) 5.4.212
Vertikale Strangpresse (f) 7.4.54
Verzinken (n) von Stahldraht 6.1.93
verzinkter Stahldraht (m) 6.6.58
verzinktes Rohr (n) 6.6.56
Verzinnen (n) von Stahldraht 6.1.92
Verzinntes Blech oder Band (n) 5.6.201
Verzundern (vb) 5.5.14
Vielrollen-Walzgerüst (n) 5.4.230
Vielrollengerüst (n) 5.4.211
Vielwalzengerüst (n) 5.4.211
Vierkantrohr (n) 5.6.216
Vierkantrohr (n) 6.6.57
Vierkantstab (m) 5.6.215, 6.6.67
Vierkantstahl (m) 5.6.206, 6.6.77
Vierwalzengerüst (n) 5.4.203
Vierwalzenvorgerüst (n) 5.4.210
Vollbolzen (m) 7.1.14
Vollkontinuierliche (Walz-)Straße (f) 5.4.208
–, Straße (f) 5.4.124
Vollprofil (n) 5.6.197, 6.6.82
Vollstab (warmgewalzt)(m) 5.6.188
Vorband (n) 5.6.187
Vorband-Gießen (n) 5.1.156
Vorbank (f) 6.4.40
Vorblock (m) 5.6.198
Vorblocken (n) 5.1.177
Vorbramme (f) 5.6.205
Voreilung (f) 5.1.160
Voreilzone (f) 5.1.161
Vorerzeugnis (Vormaterial) (n) 5.6.211
Vorfüllscheibe (f) 7.3.61
Vorgerüst (n) 5.4.201
Vorgespanntes Walzgerüst (n) 5.4.202
Vorkammer (f) 7.3.65
Vorkammermatrize (f) 7.3.62
Vorkammerscheibe (f) 7.3.61
Vorprofiliertes Halbzeug (n) 5.6.209
Vorrohr (n) 5.6.213
Vorstich (m) 5.1.169
Vorstoß (m) 5.4.205
Vorstraße (f) 5.4.206
Vorwalzen (n) 5.1.183
Vorwalzkalibrierung (f) 5.1.182
Vorwärtsstrangpressen (n) 7.1.21, 7.1.59

W
W-Blech (n) 5.6.225
Waagerechtgerüst (n) 5.4.209
Waffelblech (n) 5.6.217
Walzader (f) 5.6.218
Walzaderteilung (f) 5.1.149
Walzarmatur (f) 5.4.213
Walzbiegen (n) 5.1.180
Walzbiegen (n) 6.1.81
Walzblock (m) 5.4.215
Walzbördeln (n) 5.1.179
Walzdraht (m) 5.6.224
Walzdraht (m) 6.6.71
Walze (f) 5.3.27
Walzen (n, vb) 5.1.174
Walzen-Richtmaschine (f) 5.4.257, 6.4.43
Walzenanordnung im Gerüst (f) 5.4.222
Walzenanstellung (f) 5.4.223
Walzenantrieb (m) 5.4.264
Walzenauftragschweißen (n) 5.3.34
Walzenballen (m) 5.3.29
Walzenbeanspruchung (f) 5.3.43
Walzendrehmaschine (f) 5.3.25
Walzendurchbiegung (f) 5.0.56
Walzenkontur (f) 5.3.39
Walzenkühleinrichtung (f) 5.4.231
Walzenlager (n) 5.3.44
Walzenschleifmaschine (f) 5.3.32
Walzenschliff (m) 5.3.26
Walzenschmiereinrichtung (f) 5.4.237
Walzensprung (m) 5.1.167
Walzenständer (m) 5.4.239
Walzenverschleiß (m) 5.3.33
Walzenwechselvorrichtung (f) 5.4.241
Walzenwerkstoff (m) 5.3.38
Walzenzapfen (m) 5.3.41
Walzenzapfenlager (n) 5.4.255
Walzenöffnung (f) 5.0.48
Walzfehler (m) 5.1.165
Walzgerüst (n) 5.4.224
Walzgeschwindigkeit (f) 5.0.46

Walzgut (n) 5.6.192
Walzgutfehler (m) 5.6.226
Walzgutführungen (f, pl) 5.4.232
Walzgutkennlinie (f) 5.0.38
Walzgutschweißmaschine (f) 5.4.236
walzhart (adj) 5.2.9
Walzhaut (f) 5.2.10
Walzkraft (f) 5.0.54
Walzkraft-Banddicken-Schaubild (n) 5.0.49
Walzkraftmessung (f) 5.1.152
Walzlinie (f) 5.0.47
Walzlos (n) 5.6.190
Walzplattieren (n) 5.1.178
Walzprofil (n) 5.6.191
Walzprofilieren (n) 5.1.175
Walzprogramm (n) 5.1.164
Walzprägen (n) 5.1.166
Walzringwalze (f) 5.3.37
Walzrunden (n) 5.1.163
Walzsicken (n) 5.1.173
Walzspalt (m) 5.0.53
Walzspaltaustritt (m) 5.0.45
Walzspalteintritt (m) 5.0.44
Walzspaltgeometrie (f) 5.0.43
Walzspaltöffnung (f) 5.0.42
Walzstich (m) 5.1.162
Walzstraße (f) 5.4.250
Walztemperatur (f) 5.0.41
Walztextur (f) 5.2.8
Walztoleranz (f) 5.6.200
Walzverfahren (n, pl) 5.1.159
Walzwerk (n) 5.4.243
Walzwerkserzeugnis (n) 5.6.194
Walzwerksfehler (m) 5.1.158
Walzwerksofen (m) 5.5.16
Walzwerkswalzen (f) 5.3.31
Walzwinkel (m) 5.0.40
Walzziehapparat (m), Roller Die (n) 6.3.30
Walzziehbiegen (n) 5.1.157
Walzziehen (n) 5.1.155, 6.1.69
–, von Hohlkörpern 6.1.74
–, von Vollkörpern 6.1.83
–, über festen Stopfen (Dorn) 6.1.68
–, über losen (fliegenden oder schwimmenden) Stopfen 6.1.86
–, über mitlaufende Stange 6.1.84
Walzzunder (m) 5.2.11
Walzzunge (f) 5.6.203
Warmband (n) 5.6.210
Warmbandstraße (f) 5.4.251
Warmbett (n) 5.4.235
Warmblech (n) 5.6.207
Warmbreitband (n) 5.6.212
Warmbreitbandstraße (f) 5.4.249
Warmbreitbandwalzwerk (n) 5.4.260
Warmeinsatz (m) 5.1.171
Warmgewalztes Flacherzeugnis (n) 5.6.204
Warmmaß (n) 5.3.36
Warmpilgern (n) 5.1.153
Warmpilgerwalzwerk (n) 5.4.229
Warmprofil (n) 5.3.28
Warmrisse (m, pl) 5.3.30, 7.6.28
Warmschere (f) 5.4.256
Warmsäge (f) 5.4.227
Warmwalzen (n) 5.1.151
Warmwalzstraße (f) 5.4.225
Warmwalzwerk (n) 5.4.221
Warmziehen (n) 6.1.85
Warzenblech (n) 5.6.222
Wasserbad-Durchlauf (m) 5.4.220
Wasserrollgang (m) 5.4.219
Weiche (f) 5.4.226
Weißblech (n) 5.6.227
Wellblech (n) 5.6.228
Wellen (f, pl) 5.1.184
Werkzeugaufnehmer (m) 7.3.50
Werkzeugkühlung (f) 7.3.56
Werkzeugsatz (m) 7.3.59
Wickel-Einrichtung (f) 5.4.277
Wickelart (f) 6.6.70
Wickelgut (n) 6.6.73
Widerstands-Stumpfschweißmaschine (f) 6.4.54
Winkelkalibrierung (f) 5.1.186
Winkelprofil (n) 5.6.233, 7.6.36
Winkelstahl (m) 5.6.233
Wipptisch (m) 5.4.272
Wulstflachprofil (n) 5.6.229
Wulststahl (m) 5.6.229

Z

Z-Profil (n) 5.6.232
Z-Profilkalibrierung (f) 5.1.187
Z-Stahl (m) 5.6.232
Zangenwagen (m) 6.4.50
Zentralbruch (m) (1) 6.6.72
Zentralschmieranlage (f) 7.4.56
Zerteilanlage (f) 5.4.266
Zetmeter (n) 6.3.43
Zickzackstraße (f) 5.4.267
Ziehachse (f) 6.0.11
Ziehangel (f) 6.0.12
ziehhart 6.6.90
Ziehbacke (f) 6.3.48
Ziehbank (f) 6.4.57
Ziehblech (n) 5.6.234
Ziehblock (m) 6.4.7

Ziehdorn (m) 6.3.24
Ziehdüse (f) 6.3.50
Zieheisen (n) 6.3.46
Ziehen (n) 6.1.100
–, mit Gegenzug 6.1.88
–, mit hydrodynamischer Druckerzeugung 6.1.95
–, mit hydrostatischer Druckerzeugung 6.1.101
–, mit rotierendem Werkzeug 6.1.67
–, mit überlagerter Ultraschallschwingung 6.1.94
Ziehfehler (m) 6.6.64
Ziehfolge (f) 6.0.23
Ziehgeschwindigkeit (f) 6.0.24
Ziehglühen (n) 6.1.89
Ziehgut (n) 6.6.68
Ziehhals (m) 6.3.49
Ziehhol (n) 6.3.29
Ziehholdurchmesser (m) 6.3.32
Ziehholneigungswinkel (m) 6.3.26
Ziehholöffnungswinkel (m), Düsenöffnungswinkel (m) 6.3.33
Ziehkegel (m) (1+2) 6.6.72
Ziehkegelwinkel (m) 6.3.33
Ziehkette (f) 6.4.58
Ziehknopf (m) 6.6.84
Ziehkraft (f) 6.0.16
Ziehmatrize (f) 6.3.31
Ziehplattieren (n) 6.1.82
Ziehrand (m) 6.4.36
Ziehrichtung (f) 6.0.15
Ziehriefe (f) 6.6.79
Ziehring (m) 6.3.40
Ziehscheibe (f) 6.4.56
Ziehscheibendurchmesser (m) 6.4.55
Ziehscheibenkühlung (f) 6.4.52
Ziehschlitten (m) 6.4.51
Ziehschlitten-Rückholvorrichtung (f) 6.4.53
Ziehspannung (f) 6.0.20
Ziehstecker (m) 6.6.84
Ziehstein (m) 6.3.34
Ziehsteinfassung (f) 6.3.28
Ziehsteinhalter (m) 6.3.27
Ziehsteinkühlung (f) 6.3.37
Ziehtemperatur (f) 6.0.10
Ziehtextur (f) 6.0.19
Ziehtrommel (f), Schollscheibe (f) 6.4.56
Ziehwagen (m) 6.4.50
Ziehwagen-Rückholvorrichtung (f) 6.4.49
Ziehwalzen (n) 6.1.65
Ziehwerkzeug (n) 6.3.45
Ziehwerkzeughalter (m) 6.3.27
Ziehzange (f) 6.3.47
Zonenkühlung (f) 5.4.269
Zuführöffnungen (f,pl) (Kammermatrize) 7.3.60
Zug (m) 6.0.14
–, beim Walzen (m) 5.1.185
Zugdruckumformen (n) 6.1.79
Zugfolge (f) 6.0.23
Zunder (m) 5.2.12
Zunderbrecher (m) 5.4.274
Zunderwäscher (m) 5.4.268
Zunge (f) 5.6.230
Zungenschiene (f) 5.6.236
Zurichterei (f) 5.4.271
Zusammengesetztes Flacherzeugnis (gewalzt) (n) 5.6.235
Zusatzeinrichtung (f) 7.4.57
Zwanzigwalzengerüst (n) 5.4.278
Zwei-Schlitten-Ziehbank (f) 6.4.33
Zwei-Walzen-Richtmaschine (f) 6.4.48
Zweilagenblech (n) 5.6.231
Zweistempelsystem (n) 7.4.58
Zweiwachs (m) 7.6.34
Zweiwalzengerüst (n) 5.4.273
Zwillingsantrieb (m) 5.4.275
Zwischenbüchse (f) 7.3.52
Zwischenstraße (f) 5.4.276
Zwischenwalze (f) 5.3.45
Zwölfwalzengerüst (n) 5.4.270
Zylinderholm (m) 7.4.59
Zylindrische Führung (f) 6.3.49

A

abrasive cut-off equipment 5.4.228
abrasive ring in the drawing tool 6.3.51
accumulator 7.4.43
–, drive 7.4.51
acid descaling 5.9.1
adjustable drawing tool 6.3.52
adjusting screw 5.4.51
air bending 6.1.16
air patenting 6.1.56
air-cushion guideway 7.4.3
alfameter 6.3.3
anchor tie wire 6.6.46
ancillary equipment 7.4.16
–, rolling mill equipment 5.4.81
–, tooling 7.3.20
angle pass design 5.1.186
angle steel (Am) 5.6.233
–, for flooring material 6.6.40
annealing defect 5.1.79
anodic oxidation 7.2.1
anodisation 7.2.1
anodizing quality 7.1.41
applied force 7.0.10
area reduction 5.0.31
armouring wire 6.6.46
articulated joint spindle 5.4.84
as-rolled 5.2.9
assel rolling mill 5.4.18
auto body sheet 5.6.99
auxiliary equipment 7.4.57
auxiliary tooling 7.3.20
awning steel 6.6.42
axis of drawing 6.0.11

B

back fin 5.1.168
back pull 5.1.25, 6.0.4
–, force 6.0.3
backer 7.3.64
–, bolster 7.3.57
backing ring 7.3.18
backup roll (counter-) bending 5.1.144
backup rolls 5.3.42
backward extrusion 7.1.17
–, inverted extrusion 7.1.44
backward slip 5.1.90, 5.1.113
backward slip zone 5.1.92
bar 5.6.152, 6.6.61, 7.6.32
–, drawing 6.1.98
–, drawing bench 6.4.57
–, end preparation 6.9.2
–, sequence time 5.1.126
–, shear 5.4.190
–, steel 5.6.158
barrel 5.3.7
–, length 5.3.5
bastard round pass design 5.1.36
bastard round-oval pass design 5.1.5
batch 5.6.104
bath patenting 6.1.41
beam mill 5.4.253
bear, output, produce 6.7.1
bed plate 5.6.139
bend straightening (adjusting) 6.1.53
bending rolls for tube welding plants 5.4.4
billet 5.6.121, 7.1.14
–, annealing 7.5.4
–, axis 7.1.15
–, cleaners 7.4.44
–, conveyor 7.4.46
–, cooling bath 5.4.120
–, diameter 7.1.20
–, diameter 7.1.3
–, end face 7.1.28
–, freezing 7.1.33
–, furnace 7.5.5
–, head 7.1.26
–, loader 7.4.28
–, magazine 7.4.24
–, mill 5.4.118
–, rolling mill 5.4.118
–, shear 5.4.125
–, surface 7.1.43
–, surface layer 7.1.27
–, temperature 7.1.29
billet-by-billet extrusion 7.1.16
biplane drawblock 6.4.12
bite angle 5.1.87
bite condition during rolling 5.1.86
black sheet 5.6.135
blank wedge steel 6.6.44
blast descaling 6.1.4
blasting 6.1.75
–, medium 6.9.7
blind pass 5.3.8
bloom 5.6.198
blooming 5.1.177
–, mill 5.4.24, 5.4.26
–, train pass design 5.1.15
blooming-slabbing mill 5.4.14
blow line 7.6.21
blued sheet 5.6.26
bogie hearth furnace 5.5.6
boiler plate 5.6.71
bonderizeing 6.1.13

bore of drawing die 6.3.5
boric carbide 6.3.4
bottom force 6.0.8
bottom fracture 6.6.31
bottom tear 6.6.31
box pass design 5.1.58
bridge die 7.3.15
bright bar (En) 5.6.13
bright smooth drawn 6.6.15
buckled plate 5.6.32
buckles 5.1.184
bulb plate 5.6.199, 5.6.229
bunch 6.6.30
bundle 5.6.25, 6.6.30
bundling equipment 5.4.49
butt 7.6.5
–, shear 7.4.33
–, weld, cross weld 7.6.20
butterfly pass design 5.1.132

C
cable sheathing press 7.4.8
calibrating mill 5.4.129
calibration drawing 6.1.7
calibration during drawing 6.0.1
camber 5.3.4
capillary steel tube 6.6.27
carbide drawing die 6.3.11
casement section 5.6.54
cast rolling 5.1.71
cavity of the drawing die 6.3.29
centerless grinding 6.1.103
central burst (chevron) (1) 6.6.72
central lubricating system 7.4.56
centre buckles 5.1.55
chain conveyor 5.4.101
chain drag (skid) cooling bed 5.4.99
chain drawing bench 6.4.25
chalking 6.1.40
chamber furnace 5.4.121
chatter 6.6.88
chatter marks 6.6.92, 7.6.13
checkered plate (sheet) 5.6.145
chock 5.4.60
chuck carriage 6.4.50
circle of circumscription 7.9.2
circular arc oval groove 5.3.13
circular knife shear 5.4.112
clad sheet and strip 5.6.144
cleaning disc 7.3.35
closed groove 5.3.10
closure plate 7.3.63
cluster mill 5.4.211
coarse drawing 6.1.29
coarse grain 6.6.18
coarse grain zone 7.6.10
cogged ingot 5.6.198
coil 5.6.22, 5.6.131
–, coating 5.1.31
–, stock 5.6.131
coilbox 5.4.58
coiled strip
coiled wire 6.6.14
coiler 5.4.73, 7.4.11
coiler cooling 5.4.74
coiling 5.1.74
–, equipment 5.4.277
–, tension 5.1.84
cold (wide) strip mill 5.4.114
cold bent profile 5.6.79
cold drawing 6.1.11
cold drawn 6.6.43
cold drawn blank steel 6.6.9
cold drawn shaft 6.6.41
cold extrusion 7.1.45
cold finished bar stock (Am) 5.6.13
cold forming 5.1.57
cold pass 5.1.65
cold pilger mill 5.4.110
cold pilgering 5.1.78
cold profile 6.6.24
cold rolled flat products 5.6.75
cold rolled strip 5.6.78
cold rolling 5.1.56
–, factor 5.0.28
–, mill 5.4.131, 5.4.132
–, of tubes 5.1.76
cold saw 5.4.115
cold scarfing machine 5.4.116
cold shaping 5.1.67
cold shear 5.4.117
cold sheet mill 5.4.127
cold strip 5.6.85
cold wide strip 5.6.84
cold-shaped profile 5.6.73
cold-upsetting wire 6.6.25
collecting equipment 5.4.187
colloidal graphite 7.1.50
column type 7.4.25
combined dummy and scavenger block 7.3.39
composite extrusion 7.1.38
compound flat product (rolled) 5.6.235
compressed area 5.0.21
compressed length 5.0.23
compressive drawing 6.1.17
con-casting (Am) 5.1.145

cone angle 7.3.31
cone-type piercing mill (Stiefel) 5.4.119
confining chamber, barrel 7.3.32
conform process 7.1.32
conical angle of the holder of the drawing die 6.3.25
conical die 7.3.41
contact zone 5.0.25
container 7.3.16, 7.3.32
container clamping force 7.0.11
container evacuation 7.1.4
container friction 7.1.5
container heating 7.4.34
container holder 7.4.40
container inner wall 7.3.23
container temperature 7.1.11
continous product 6.6.39
continuous (rolling) mill 5.4.124
continuous casting process according to Hazelett 5.1.142
continuous furnace 5.5.4
continuous patenting 6.0.6
continuous rolling 5.1.83
continuous strip furnace 5.5.2
continuous tube mill 5.4.123
continuous wire furnace 6.5.1
cooling and lubricating facility 5.4.126
cooling bed 5.4.130
cooling device 7.4.5
cooling of drawing disks 6.4.52
cooling rate 7.5.3
core drawing 6.1.36
coring 7.6.26
corner steel 5.6.233
corrugated sheet 5.6.228
coupling spindle 5.4.109
crane rail 5.6.82
crank press 7.4.4
cratering 6.3.20
critical cooling rate 7.0.8
cropping 5.1.96
cross-cutting 5.1.128
cross-rolling 5.1.103
–, for piercing 5.1.105
–, mill 5.4.175
–, of profiles 5.1.111
cross-section reduction 5.0.36
crosshead 7.4.21
crossrolling (lengthening) machine 6.4.14
crossrolling (straightening) 6.1.10
crow feet 6.6.36
crown 5.0.55, 5.3.4
crown drawing machine 6.4.38
crown stand 6.4.24
crown, thermal- 5.3.2
crowned (turned spherically) drawing die 6.3.12
cut-off lathe 6.4.18
cuting to length 6.1.1
cutting to length 5.1.1
cylinder crosshead 7.4.59
cylindrical guiding land 6.3.49

D

dancer roll 6.4.35
dead metal region 7.0.15
dead zone 7.0.15
decarburized sheet 5.6.43
decoiling 5.1.28
decrease of cross section 6.0.21
deformation coefficient 6.0.2
deformation velocity 7.0.23
deformation work 7.0.14
deformation zone (extrusion) 7.0.21
descaling by bending 6.1.26
descaling by blasting 6.1.77
descaling equipment 5.4.56
detaching mill 5.4.122
deviation from concentricity 6.6.76
diagonal pass 5.1.34
–, design 5.1.14
diagonal roll straightening machine 6.4.44
diagonal roller cooling bed 5.4.170
diameter reduction 6.0.5
diamond drawing die 6.3.8
diamond pass design 5.1.138
diamond-square pass design 5.1.95
die 7.3.49
die angle of ironing die 6.3.15
die changer 7.4.13
die cone 7.3.37
die end face 7.3.30
die entry angle 7.3.44
die entry radius 7.3.48
die face 7.3.30
die holder 6.3.10, 6.3.28, 7.3.40
die insert 7.3.43
die land 6.3.16, 7.3.45
die loader 7.4.13
die mark (die scratch) 6.6.79
die opening angle 7.3.31
die rolling 5.1.59
die set 7.3.59
die throat 7.3.47
diescher mill 5.4.50
direct drive 7.4.22
direct extrusion 7.1.21

direct pressure 5.1.11
disc roller cooling bed 5.4.162
discard 7.6.5
discard separator 7.4.35
discard shear 7.4.33
discharger 5.4.2
disk method 7.9.4
dog bone 5.6.69
double T section 7.6.15
–, beam 5.6.9
double draw 6.1.27
double drawing
–, block 6.4.12
–, disk 6.4.9
–, machine 6.4.13
–, plate 6.4.9
double duo stand 5.4.54
double step drawing machine 6.4.12
double two-high stand 5.4.64
double-T pass design 5.1.12
doubling 5.1.13
draft 5.3.1
drag cooling bed 5.4.176
drag draw 6.1.87
drag roll device 6.3.30
drag roll machine 6.3.30
draw 6.0.14
–, cladding 6.1.82
–, plating 6.1.82
–, rolling 6.1.65
draw-in chain 6.3.19
drawing ring 6.3.40
drawing (process) 6.1.100
drawing bench 6.4.57
drawing carriage 6.4.50
drawing carriage return fixture 6.4.49
drawing chain 6.4.58
drawing chuck 6.3.47
drawing cone (2) 6.6.72
drawing defect 6.6.64
drawing die 6.3.9, 6.3.34
–, cone angle 6.3.33
–, cooling 6.3.37
–, diameter 6.3.32
–, holder 6.3.27
–, inclination angle 6.3.14
drawing direction 6.0.15
drawing disk 6.4.56
–, diameter 6.4.55
drawing drum, shifting disk 6.4.56
drawing force 6.0.16
drawing iron 6.3.46
drawing jaws 6.3.48
drawing metal coating 6.1.20
drawing nozzle 6.3.50
drawing of tubes over rod 6.1.73
drawing over a floating mandrel 6.1.19
drawing over a plug (mandrel) 6.1.76
drawing over fixed mandrel 6.1.52
drawing over fixed or floating plug 6.1.72
drawing over floating rod (bar) 6.1.80
drawing plug 6.6.84
drawing point 6.0.12
drawing product 6.6.68
drawing sequence 6.0.23
drawing sheet 5.6.234
drawing sled 6.4.51
drawing sled return fixture 6.4.53
drawing stress 6.0.20
drawing temperature 6.0.10
drawing throat 6.3.49
drawing through 6.1.15
drawing tool 6.3.45
drawing tool (die) 6.3.31
–, inclination angle 6.3.26
–, holder 6.3.27
drawing velocity 6.0.24
drawing with annealing 6.1.89
drawing with back pull 6.1.88
drawing with rotating die 6.1.67
drawing without sliding 6.1.58
drawn dry bright 6.6.95
drawn special profile 6.6.10
drawn wire 6.6.19
dressing 5.1.32, 5.1.129
–, mill 5.4.42
drive control 5.1.7
drum 6.9.10
–, drawing machine 6.4.28
–, mill 5.4.259
dry drawing 6.1.102
dry extrusion 7.1.62
dummy block 7.3.22
–, conveyor 7.4.45
duo stand 5.4.57
dynamo sheet, transformer sheet 5.6.33

E

eccentricity 6.6.76
–, of the aperture 7.3.19
edge buckles 5.1.141
edge crack 6.6.23
edge drop 5.1.77
edge trimming 5.1.33
edging pass 5.1.91, 5.3.20
edging stand (edger) 5.4.191

effective roll diameter 5.0.17
ejection of the discard 7.1.18
ejector plate 7.3.4
electric resistance welding machine 6.4.54
electric sheet (strip) 5.6.33
electrode wire 6.6.89
elongation of the wire 6.0.7
elongator 5.4.43
embedding 5.0.10
embossed sheet 5.6.81
emulsion 5.1.4, 6.1.49
emulsion lubrication 5.1.2, 6.1.35
end loss during rolling 5.6.42
entry line 5.0.5
enveloping circle 7.9.2
Eurobeam 5.6.116
evacuation of the container 7.1.56
exit cross-section 5.6.51
exit line 5.0.4
exit temperature 7.1.9
exit velocity 7.1.8
exiting cross-section 5.0.9
expand drawing 6.1.18
expanding mill 5.4.28
expansion prechamber die 7.3.5
extra lattens 5.6.58
extrudability 7.0.2
extruded 7.6.4
–, rod 7.6.30
–, tube 7.3.28
–, wire 7.6.14
extrusion 7.0.5, 7.6.30
–, channel 7.3.27
–, cooling 7.4.49
–, cylinder 7.4.14
–, defect 7.6.11
–, diameter 7.1.7
–, effect 7.6.12
–, equipment 7.0.18
–, force 7.0.9
–, installation 7.4.53
–, mouth 7.4.41
–, of a plug 7.1.52
–, press 7.4.52
–, pressure 7.1.57
–, ratio 7.0.13
–, temperature 7.1.19
–, temperature 7.1.65
–, tooling 7.3.36
–, velocity 7.1.64

F

feed openings (porthole dies) 7.3.60
feeder plate 7.3.61
fin 5.6.63
fine drawing 6.1.59
finish 5.1.26
finish rolled product 5.6.55
finishing pass 5.1.8, 5.3.9
finishing shop 5.4.1, 5.4.271
finishing stand 5.4.40
finishing train 5.4.39
fishmouth in the drawing process 6.6.3
fishplate 5.6.109
fishtail 5.6.53
five-high stand 5.4.95
fixed crosshead 7.4.7
fixed length 5.6.56, 5.6.59
fixed mandrel 6.3.24
fixed plug 6.3.24
flakes 5.6.177
flame cleaning 5.1.45
flame cutting equipment 5.4.47
flame scarfing 5.1.44
flaring 6.1.18
flat bar 5.6.106, 7.6.1
–, pass design 5.1.47
flat bars 7.6.18
flat container 7.1.54
flat cross-rolling 5.1.40
flat die 7.3.1
flat drawing 6.1.23
flat longitudinal rolling 5.1.43
flat pass 5.1.48
flat product 5.6.101, 6.6.2
flat products 5.6.103
flat rolling 5.1.53
flat section 5.6.108
flat semi-product 5.6.118
flat steel 5.6.105
flat transverse rolling 5.1.39
flatness control 5.1.116
flatness defects 5.1.134
flattening 5.0.8
flooring plate 5.6.44
flow marks 5.2.5
flow type 7.0.3
flying saw 5.4.77
flying shear 5.4.82
foil 5.6.95
fold angle machine 6.4.22
follow-on equipment 7.4.6
force measurement process 5.1.68
form wire 6.6.26
forming die, contour die 7.3.49

forming under combination of tensile and compressive conditions 6.1.79
forward extrusion 7.1.21, 7.1.59
forward slip 5.1.160
–, zone 5.1.161
foundation section 5.6.93
four-edged tube 5.6.216
four-high roughing stand 5.4.210
four-high stand 5.4.203
frame type 7.4.39
free bending 6.1.16
friction work 7.0.12
fully continuous (rolling) mill 5.4.208
fully continuous mill 5.4.124
furnace 5.5.10
–, machine 5.4.184
–, pusher 5.4.16

G
Garrett rolling mill 5.4.92
gauge - meter equation 5.0.29
generator sheet 5.6.83
girder 5.6.219
glass lubrication 7.1.36
glide drawing, slip drawing 6.1.25, 6.1.32
–, drawing through 6.1.61
goffered plate 5.6.217
graduation 6.4.5
grease-dawn 6.6.91
grey drawn 6.6.21
grey-bright drawn 6.6.91
grid method 7.9.1
grinding machine for blank steel 6.4.39
groove 5.3.11
–, filling 5.0.30
–, rolling 5.1.69
–, taper 5.3.14
grooved rail pass design 5.1.130
grooved roll 5.3.17
grooving ring 5.3.16
ground drawn steel 6.6.13
group 5.4.196
group drive (in continuous rolling mills) 5.4.68
group drive with superimposed gearing (in continuous rolling mills) 5.4.67
guide channel 5.4.96
guides in tube mills 5.4.93
guiding equipment 5.4.94

H
hV-arrangement 5.4.91
half-moon zone 7.6.16
half-oval bar 5.6.113
half-oval steel 5.6.111
half-round bar 5.6.66
half-round steel 5.6.68
hard steel sheet 5.6.74
hazelett continuous casting process 5.1.80
heat check marks 5.6.7
heat cracks 7.6.28
heating defect 5.1.6
heating furnace 7.5.2
heating rate 7.5.1
height reduction 5.0.24
hexagonal bar 5.6.163, 6.6.69
hexagonal steel 5.6.143
high frequency sheet 5.6.62
high reduction plant 5.4.83
hitting reel 6.4.41
hollow billet 7.1.24
hollow drawing 6.1.50
hollow profile dies 7.3.25
hollow punch 7.3.24
hollow roll drawing 6.1.74
hollow section 5.6.64
homogenization annealing 7.1.22
hood-type (annealing) furnace 5.5.5
hook conveyor 5.4.70
horizontal (mill) stand 5.4.86
horizontal extrusion press 7.4.9
horizontal stand 5.4.209
hot bed 5.4.235
hot charging 5.1.171
hot cracks 5.3.30
hot dimension 5.3.36
hot extrusion 7.1.60
hot extrusion tool 7.3.54
hot pilger mill 5.4.229
hot pilgering 5.1.153
hot rolled flat product 5.6.204
hot rolled wire 6.6.71
hot rolling 5.1.151
hot rolling mill 5.4.221, 5.4.225
hot saw 5.4.227
hot scarfing machine 5.4.79
hot shape 5.3.28
hot shear 5.4.256
hot sheet 5.6.207
hot strip 5.6.210
–, levelling 5.1.19
–, mill 5.4.251
hot wide strip 5.6.212
–, mill 5.4.249, 5.4.260
hotform drawing 6.1.85
H-section 5.6.89, 5.6.112
hydrafilm process 7.1.23

hydraulic press 7.4.12
hydrodynamic drawing 6.1.46, 6.1.95
hydrodynamic lubrication 6.1.48
hydrostatic drawing 6.1.42, 6.1.101
hydrostatic extrusion 7.1.30

I

I-beam
I-pass design 5.1.82
I-section 5.6.76
I-steel 5.6.76
ideal deformation work 7.0.1
idling roll 5.4.178
impact during rolling 5.1.101
indicator method 7.9.3
indirect extrusion 7.1.44
indirect pressure 5.1.81
individual drive
(in continuous rolling mills) 5.4.55
ingot 5.6.30
ingot casting 5.6.39
ingot defects 5.4.17
ingot scarfing 5.1.30
ingot segregation 5.2.2
ingot shear 5.4.22
ingot stripper 5.4.13
ingot tilter 5.4.20
ingot tilting chair 5.4.21
ingot turntable 5.4.15
ingress defect 7.6.34
initial billet diameter 7.1.3
–, length 7.1.6
initial pass 5.1.9
initial product (initial material) 5.6.211
inner sleeve 7.3.34
inner tool 6.3.38
inner tool bar 6.3.39
insert diameter 6.3.2
intensive reduction plant 5.4.98
intermediate roll 5.3.45
intermediate sleeve 7.3.52
intermediate train 5.4.276
iron wire 6.6.8
ironing 6.1.3
–, ring (die for ironing process) 6.3.1
–, roll drawing 6.1.2
irregular pass design 5.1.61
isothermal extrusion 7.1.49

J

joist 5.6.219

K

Kipper profile 6.6.33
knife pass 5.3.22

L

L-section 7.6.36
lamination 5.6.5, 7.6.23
lap 5.6.5, 7.6.23
large I, U and H sections 5.6.72
lateral conveyor 7.4.26
–, extrusion 7.1.12
layer method 7.9.4
Lauth's trio 5.4.105
laying head 5.4.35
lead plate 7.3.61
length of the guiding land 6.3.23
levelling 5.1.118
lifting table 5.4.90
light section 5.6.98
–, mill 5.4.52, 5.4.172
light steel section 5.6.166
liner 7.3.34
long product 5.6.96
longitudinal rolling 5.1.50
–, of sections 5.1.106
longitudinal tension 5.1.42
longitudinal weld 7.6.22
loop calculation during rolling 5.1.121
loop thrower 5.4.195
looper 5.4.186, 5.4.246
looping 5.1.154
–, during rolling 5.1.99
–, pit 5.4.192
–, tower 5.4.194
lubricant 6.1.90
–, carrier 6.1.97
–, drawing 6.1.91
lubrication 5.1.94
lug steel 5.6.181
Lüders line 5.2.3

M

main axis of the press 7.4.38
main cylinder 7.4.14
mandrel 5.3.3, 6.3.13, 7.3.7
–, bar 6.3.39
–, cooling 7.3.11
–, drawing 6.1.45
–, drawing 6.1.9
–, force 7.1.42
–, friction force 7.1.51
–, head 7.3.9
–, holder 7.3.3

–, positioning device 7.4.47
–, rotating device 7.4.23
–, shaft 7.3.2
–, stem 7.3.8
Mannesmann cross-rolling mill 5.4.175
mannesmann cross-rolling process 5.1.41
manual control 7.4.10
manual scarfer 5.4.71
marking roll 5.3.15
material flow 7.0.22
maximum extrusion velocity 7.1.35
maximum width method 5.0.22
medium section mill 5.4.103, 5.4.111
medium sheet 5.6.115
medium strip 5.6.114
merchant bar 5.6.57
–, mill 5.4.48
metal conduit 5.6.168
middle drawing 6.1.33
mill guide 5.4.213
mill stand 5.4.224
–, characteristic curve 5.0.20
–, modulus 5.0.27
–, spring 5.0.26
mill stands with diagonal rolls 5.0.57
mine support section 5.6.67
mine support steel 5.6.196
minimum wall thickness 7.6.2
Monier steel 5.6.120
Morgan furnace 5.5.9
morgoil bearing 5.4.181
mould 5.5.7
moving crosshead 7.4.18
moving mandrel 6.3.7
moving plug, running mandrel (plug), floating mandrel (plug) 6.3.7
multi-aperture dies 7.3.29
multi-roll cold rolling stand 5.4.102
multi-roll mill stand 5.4.230
multi-roll stand 5.4.211
multi-strand extrusion 7.1.53
multi-strand rolling 5.1.46
multiple (step) drawing 6.1.43
–, of bars 6.1.55
multiple or multi-hole die 7.3.29
multiple part drawing tool (die) 6.3.18
multiple step drawing machine 6.4.27
multiple wire drawing 6.1.28

N

narrow strip 5.6.169
near net shape strip casting 5.1.156
near-net strip 5.6.187
needle tube 6.6.50
neutral line 5.0.32
neutral point 5.1.49
nipple plate 5.6.222
nitrided die 7.3.26
non-uniform heating of the billet 7.1.63
number of passes 5.1.147

O

oblong billet 5.6.147
octagon bar 5.6.46
octagonal bar 5.6.45
octagonal steel (bar) 6.6.38
offcut 5.6.50
open groove 5.3.18
open mill 5.4.182
open profile 6.6.53
open rolling mill 5.4.180
open section 5.6.162
opening of the drawing die 6.3.21
operating pressure 7.4.27
optimal division of rolling stock 5.1.124
orange skin 6.6.48
organically coated sheet and strip 5.6.38
orifice 7.3.47
oscillating shear 5.4.153
over-draft (Am) 5.1.117
over-draught (En) 5.1.117
over-filling 5.0.52
overdrawing 6.0.13
overhead drawing machine 6.4.37
oxalic acid treatment 6.1.44, 6.1.51
oxidation layer 7.1.47
oxide inclusion 7.6.6
oxide skin (billet) 7.1.47

P

pack 5.4.166, 5.6.189
packaging equipment 5.4.207
packing sheet (strip) 5.6.214
packing strip 5.6.220
padded plate 5.6.149
panel 5.6.221
parallel flange beam 5.6.160
partial melting 7.2.2
parting-off saw 7.4.31
pass 5.1.89
–, reduction 5.0.35
–, schedule 5.1.181
–, sequence 5.1.64
–, series 5.1.62
pass-through condition during rolling 5.1.22
patenting 6.1.39

–, in lead bath 6.1.47
patterned plate 5.6.129, 5.6.189;
patterned sheet 5.6.29
pay-off reel 5.4.27
peeled bright (smooth) steel 6.6.22
peeling machine 6.4.42
peening 6.1.75
pendulum shear 5.4.185
perforated plate 5.6.100
periodic profile 5.6.156
phosphating 6.1.37
piano string wire 6.6.34
pickling 5.9.3, 6.1.24
pickling agent 5.9.2
piercer 7.3.38
piercing cylinder 7.4.2
piercing equipment 7.4.1
piercing force 7.0.4
piercing mandrel 7.3.38
piercing mill 5.4.128
piercing part 5.3.12
piggyback press 7.4.15
pilger roll 5.3.19
pilger stroke 5.1.110
pilger tube 5.6.154
pilgering 5.1.109
pilgrim step process 5.1.112
pilot hole 7.1.40
pin wire 6.6.49
pinch roll unit 5.4.245
pinion drive 5.4.108
pinion stand 5.4.107
pipe end milling machine 6.4.46
pipe thread cutting machine 6.4.45
piping defect 7.6.26
pit furnace 5.5.13
planetary cross rolling mill 5.4.173
planetary mill stand 5.4.171
plastic coated sheet and strip 5.6.88
plastic coating 5.1.66
plasticine 7.6.17
plate 5.6.86
–, mill 5.4.72
–, rolling mill 5.4.9
–, tilter 5.4.10
plated tube 6.6.55
platen 7.3.17
plating drawing 6.1.20
plating extrusion 7.1.38
platzer planetary mill 5.4.150
plug 5.3.35
plug bar 5.3.40
plug mill 5.4.263
plug, mandrel 6.3.38
pointen 6.1.60
pointing rolling machine 6.4.10
polishing mill 5.4.146
porosity 7.6.8
porthole die 7.3.46
pot furnace 5.5.17
powder metal extrusion 7.1.13
powder rolling 5.1.127
pre-stressed mill stand 5.4.202
prechamber 7.3.65
–, die 7.3.62
precise length 5.6.87
precision profile 7.6.19
precision steel tube 6.6.52
prefinishing pass 5.1.100
preliminarily shaped tube 5.6.213
preliminary shaped semi-product 5.6.209
press frame 7.4.30
press velocity 7.1.25
pressed in chips (inner side) 6.6.11
pressure die 6.3.17
pressure nozzle 6.3.6
pressure pad 7.3.17
pressure water plant 5.4.61
prestressed concrete steel 5.6.134
prestressed steel 5.6.134
primary bench 6.4.40
process control of rolling mills 5.1.125
production batch 5.6.60
profile 6.6.54, 7.6.9
–, drawing 6.1.63
–, drawing die 6.3.41
–, roll straightening machine 6.4.34
–, section, section 7.6.9
–, steel 6.6.93
–, tube 5.6.130
–, tube 6.6.94
–, wire 6.6.96
profiled sheet 5.6.132
profilometer 6.3.44
program control 7.4.37
programmable logic control 7.4.37
programmed control of rolling mills 5.1.119
Properzi process 5.1.123
pull draw 6.1.87
pull straightening (adjusting) 6.1.66
puller 7.1.10
punch 6.3.36, 7.3.42
punch force 6.0.22
punch holder 7.4.50
punch velocity 7.1.66
push bench 5.4.265

pusher furnace 5.5.15
pushing in 6.1.30
pushing through 7.0.5

Q

quarto sheet 5.6.151
quarto stand 5.4.134
quenching at the press 7.6.24
quenching bath 7.4.55

R

rabbet profile 6.6.65
rail 5.6.124
rail mill 5.4.168
railway permanent way material 5.6.31
railway track products 5.6.102, 5.6.174
rake-type cooling bed 5.4.198
ram 7.3.42, 7.3.53
ram velocity 7.1.66
raw ingot 5.6.161
raw product 5.6.159
raw slab 5.6.137
rectangualr semi-product 5.6.175
rectangular bar 6.6.67, 6.6.77
redrawing 6.1.7
reducing mill 5.4.141
reduction of cross section 6.0.18
reduction of diameter 6.0.5
redundant work 7.0.16
reel 5.4.25, 5.6.4, 6.9.10
reeled wire, wound wire 6.6.14
reeling 6.1.64
reeling machine 5.4.142
regular pass design 5.1.97
reinforcing bars 5.6.11
reinforcing shapes 5.6.3
reinforcing steel 5.6.10
rejects 5.6.34, 6.6.47
remote control 7.4.17
repeater 5.4.246
residual end 5.6.165
resistance to forming during rolling 5.0.50
retractable shear 5.4.247
reversing duty 5.1.120
reversing stand 5.4.147
reversing train 5.4.240
ribbed flat 5.6.182
ribbed plate 5.6.80
ribbed reinforcing bars 5.6.2
ribbed steel 5.6.173
ribbed tube 5.6.141
ring (1), coil (2) 5.6.178
ring mill 5.4.152
rock and roll mill 5.4.151
rod 5.6.224, 6.6.61, 6.6.71, 7.6.32
rod and tube extrusion press 7.4.48
rod coil 5.6.1
rod pass design 5.1.38
rod-ring cooling section 5.4.35
Roeckner mill 5.4.155
roll 5.3.27
–, adjustment 5.4.223
–, arrangement in the stand 5.4.222
–, barrel 5.3.29
–, beading 5.1.173
–, bearing 5.3.44
–, bending 5.1.180
–, bending 6.1.81
–, camber 5.3.26
–, changing equipment 5.4.241
–, cladding 5.1.178
–, contour 5.3.39
–, cooling equipment 5.4.231
–, deflection 5.0.56
–, deposit welding 5.3.34
–, drafting 5.1.72
–, drawing 5.1.155
–, drawing 6.1.69
–, drawing and bending 5.1.157
–, drawing of solid workpiece 6.1.83
–, drawing over moving rod (bar) 6.1.84
–, drawing over running plug 6.1.86
–, drive 5.4.264
–, flanging 5.1.179
–, forging 5.1.98
–, gap 5.0.53
–, gap entry 5.0.44
–, gap exit 5.0.45
–, gap geometry 5.0.43
–, gap opening 5.0.42
–, grinding machine 5.3.32
–, housing 5.4.239
–, lathe 5.3.25
–, lubrication equipment 5.4.237
–, material 5.3.38
–, neck 5.3.41
–, opening 5.0.48
–, pass 5.1.162
–, pass design 5.1.70
–, ring roll 5.3.37
–, rounding 5.1.163
–, spring 5.1.167
–, stamping 5.1.166
–, straightening (levelling) machine 5.4.257
–, straightening machine 6.4.43
–, stress 5.3.43

–, wear 5.3.33
roll-neck bearing 5.4.255
roll-smoothing 5.1.75
rolled product defect 5.6.226
rolled section 5.6.191
rolled strand 5.6.218
rolled-in 5.6.35
roller guide 5.4.165
roller hearth furnace 5.5.11
roller table 5.4.167
rolling 5.1.174
–, angle 5.0.40
–, batch 5.6.190
–, block 5.4.215
–, cut shear 5.4.188
–, defect 5.1.165
–, drawing over fixed rod (bar) 6.1.68
rolling force 5.0.54
–, strip thickness - diagram 5.0.49
–, measurement 5.1.152
rolling line 5.0.47
rolling mill 5.4.243, 5.4.250
–, defect 5.1.158
–, furnace 5.5.16
–, product 5.6.194
–, rolls 5.3.31
rolling process 5.1.159
rolling programme 5.1.164
rolling scale 5.2.11
rolling skin 5.2.10
rolling speed 5.0.46
rolling stock 5.6.192
rolling stock characteristic curve 5.0.38
rolling stock guides 5.4.232
rolling stock welding machine 5.4.236
rolling temperature 5.0.41
rolling texture 5.2.8
rolling tolerance 5.6.200
rolling tongue 5.6.203
rolling train for heavy products 5.4.69
roofing sheet 5.6.12
rope wire 6.6.81
rotary hearth furnace 5.5.3
rotary shear 5.4.169
rotary straightening 5.1.54
rotating drawing tool (die) 6.3.35
rough drawing 6.1.29
roughed slab 5.6.205
roughing 5.1.183
roughing pass 5.1.169
–, design 5.1.182
–, sequence 5.1.146
roughing stand 5.4.201
roughing train 5.4.206
round (bar) steel 6.6.75
round bar 5.6.128
round pass design 5.1.107
round semi-product 5.6.157
round steel 5.6.125, 6.6.74
round wire 6.6.78
round-oval pass design 5.1.136
rpm measuring process 5.1.29
runout 6.6.76
runout area 7.4.19
runout equipment 7.3.10
runout track 7.3.6

S

safety off-cut 5.6.167
saw 5.4.177
scale 5.2.12
–, breaker 5.4.274
–, washer 5.4.268
scaling 5.5.14
–, loss 5.5.1
scarfing machine 5.4.85
scavenger block 7.3.4
scavenger plate 7.3.33
scoring 6.6.85, 7.6.3
scrap 5.9.4, 6.6.47
–, chopper 5.4.159
–, end 5.6.52
–, pusher 5.4.189
–, shear 5.4.161
screwdown 5.4.33
–, diagram 5.0.15
–, spindle 5.4.19
seal (container) 7.3.21
seal shape 7.3.12
sealing wedge 7.3.51
seamed tube 5.6.183
seamless tube 5.6.184
section 5.4.244, 5.6.140
–, mill 5.4.140, 5.4.88
sectional steel 5.6.176
segregation 5.2.6
–, lines 7.6.33
self-lubricating extrusion material 7.1.58
semi-continuous mill 5.4.78
semi-product 5.6.70
semi-product mill 5.4.75
semi-product pass design 5.1.88
Sendzimir cold mill 5.4.138
–, planetary mill 5.4.135
shape rolling 5.1.175
shaping 5.1.102

sharpen 6.1.60
sharpening roll 6.4.10
sharpening swaging hammer 6.4.8
shear 5.4.164
–, zone 7.0.20
shearing and slitting plant 5.4.266
shearing work 7.0.17
sheet 5.6.16, 5.6.17, 5.6.48
–, bar 5.6.146
–, bar mill 5.4.145
–, blisters 5.6.14
–, doubler 5.4.8
–, mill 5.4.41
–, panel 5.6.21, 5.6.221
–, pile 5.6.148, 5.6.170
–, pile section 5.6.148
–, piling product 5.6.150
–, shear 5.4.6
–, with good bending properties 5.6.47
shell 7.1.34, 7.1.48
–, defect 7.6.25
–, extrusion 7.1.37
–, thickness 7.1.31
shifting edge 6.4.36
shifting flange 6.4.36
shifting of the wire 6.0.17, 6.1.54
shipbuilding sections 5.6.123
shoulder 5.3.23
–, mandrel 6.3.42
–, mill 5.4.157
–, pass design 5.1.114
–, plug 6.3.42
shrink allowance 7.6.31
–, (dies) 7.6.31
shrinkage cavity 5.2.4
side extrusion 7.1.12
side guard 5.4.214
–, (in tube mills) 5.4.106
side guide 5.4.139
sideways extrusion 7.1.12
single aperture die 7.3.13
single block 6.4.1
–, single step drawing block 6.4.7
single draw 6.1.12
single groove mill 5.4.45
single step drawing machine 6.4.7
single strand extrusion 7.1.39
single wire 6.6.80
six-high stand 5.4.149
sizing mill 5.4.113
skid transfer 5.4.174
skin-passing 5.1.73, 5.1.140
slab 5.6.40
slab cooling wheel 5.4.30
–, pusher 5.4.29
–, shear 5.4.31
slabbing mill 5.4.32, 5.4.34
sleeve 7.1.34
slicing machine 6.4.18
slide bar 5.4.204
slide drawing 6.1.25, 6.1.61
slide drawing of solid workpieces 6.1.32
slip during continuous rolling 5.1.131
slit cold wide strip 5.6.90
slit hot wide strip 5.6.91
slit strip 5.6.127
slitting 5.1.51, 5.1.60, 5.1.104
slitting pass 5.3.21
slitting plant 5.4.137
sloping loop channel 5.4.193
slug, ingot 7.1.14
small I, U and H sections 5.6.119
smooth wire 6.6.45
smoothing mill 5.4.76
snap shear 5.4.156
sole plate 5.4.143
solid bar (hot rolled) 5.6.188
solid crude steel 5.6.61
solid profile 6.6.82
solid section 5.6.197
special bar 5.6.138
special profile 6.6.63
special section 5.6.126, 5.6.136
–, pass design 5.1.115
special sections mill 5.4.144
special steel 5.2.1
–, path design 5.1.20
specific cross-section reduction 5.0.12
specific reduction of cross sectional area 6.0.9
specific thickness reduction 5.0.14
spider die 7.3.55
spindle nut 5.4.53
spinner block 6.4.29
split tube 5.6.122
spooling off reels 6.1.21
spray bar 5.4.148
spray tube 5.4.148
spray water tube 5.4.158
spread 5.0.6
–, equation 5.0.7
–, factor 5.0.3
spring 5.1.133
–, spring back of the drawing material 6.2.1
spring steel 6.6.5
–, wire 6.6.4
spring wire 6.6.6

spring play 5.1.167
square bar 5.6.179, 5.6.215
square billet 5.6.153
square die 7.2.1
square pass design 5.1.137
square semi-product 5.6.155
square steel 5.6.206
square-oval pass design 5.1.139
stacking equipment 5.4.197
staggered mill 5.4.267, 5.4.97
stand 5.4.80
–, construction 5.4.87
standard section 5.6.180
steckel mill 5.4.133
steel cord wire 6.6.60
steel section pass design 5.1.52
steel wire 6.6.66
–, grain 6.9.9
step disk drawing machine 6.4.38
Stiefel mill 5.4.242
–, pushing device 5.4.160
–, stand 5.4.254
stitching wire 6.6.35
stock dividing 5.1.149
stop 5.4.205
straight drawing machine with dancer roll 6.4.21
straight drawing machine with inclined axes 6.4.20
straightened wire 6.6.32
straightener 7.4.29
straightening 5.1.118
–, (adjusting) 6.1.62
–, machine 6.4.30
–, machine with rotating adjusting heads 6.4.11
–, marks 6.6.86
straightness 6.9.1
–, deviation 6.9.3
strain 7.0.19
strand 5.6.41
–, casting 5.1.145
stranding wire 6.6.81
strapping equipment 5.4.5
stretch rolling 5.1.98
stretch-reducing mill 5.4.233
stretch-reducing rolling mill 5.4.216
stretcher 7.4.29
stretching 5.0.51, 6.1.34
stretching (adjusting) 6.1.71
stretching machine 5.4.234, 6.4.31
stretching rate 5.0.39
strip 5.6.37
–, coil 5.6.18, 5.6.36
–, coiler 5.4.23
–, crown 5.0.1
–, edge drop 5.0.19
–, ends 5.6.28
–, galvanizing 5.1.10
–, pass design 5.1.24
–, profile, absolute- 5.6.27
–, profile, relative- 5.6.24
–, rolling mill 5.4.3
–, shear 5.4.11
–, skin-pass mill (wide strip) 5.4.7
–, steel 5.6.19
–, tension 5.1.35
–, thickness 5.0.13
–, thickness control 5.1.21
stripper 5.4.12
–, guide 5.4.89
–, rolls 5.4.183
stripping 5.1.143, 7.1.61
–, chisel 5.4.12
structural steel 5.6.94
–, for mines 5.6.65
–, section 5.6.164
submersion patenting 6.1.104
super-fine drawing 6.1.5
superfine drawing 6.1.96
supporting tool 7.3.57
surface finished flat product 5.6.172
swedish oval 5.3.24
swedish plug mill 5.4.154
switch 5.4.226
–, tongue rail 5.6.236

T

T-beam 5.6.185
T-section 5.6.208, 7.6.27
T-steel 5.6.185
t/t diagram 5.0.33
tMT 5.1.176
tandem die 7.3.58
tandem drawing machine 6.4.32
tandem mill 5.4.252
tear plate 5.6.199
tectangular pipe 6.6.57
temper rolling 5.1.73, 5.1.93
tension during rolling 5.1.185
textile wire 6.6.62
texture 5.2.7
–, of drawing 6.0.19
thermomechanical treatment 5.1.148
thick film process 7.1.46
thickness reduction 5.0.11
thin slab 5.6.23
–, casting 5.1.27

thread rolling 5.1.63
three roll straightening machine 6.4.3
three-high stand 5.4.44
thrust in 6.1.30
thrust-in machine 6.4.2
tilter 5.4.104
tilting 5.1.85
–, table 5.4.272
tin sheet 5.6.227
tinned sheet or strip 5.6.201
tinning of steel wires 6.1.92
tinplate 5.6.227
tire reinforcement wire 6.6.87
TMB 5.1.170
tongue 5.6.230
tool carrier 7.3.50
tool cooling system 7.3.56
torque 5.0.2
–, measuring process 5.1.37
torque-time diagram 5.0.16
total extrusion force 7.0.6
total including angle 7.3.31
total work 7.0.7
TPS steel 5.6.202
tractor draw 6.1.87
train 5.4.248
transfer equipment 5.4.262
transformer sheet 5.6.195
transport rope wire 6.6.1
transverse crack 7.6.7
transverse cutting 5.1.122
transverse flow 5.0.37
transverse rolling 5.1.135
–, of profiles 5.1.108
transverse weld 7.6.20
traversing (in winding on reels) 6.1.99
triangular bar 5.6.49
triangular section steel 6.6.12
triangular steel 5.6.20
trimming 5.1.18
trio stand 5.4.261
tube 5.6.171, 6.6.83, 7.4.20
tube blank 5.6.107, 5.6.133
tube cut-off machine 6.4.47
tube drawing 6.1.6, 6.1.78
tube extrusion press 7.4.32
tube hollow drawing 6.1.70
tube mill 5.4.163
tube welding plant 5.4.179
tubular drawing 6.1.14
tubular roll drawing 6.1.8, 6.1.74
turks head 5.4.217
turning device 5.4.46
turnover 5.1.23
twelve-roll stand 5.4.270, 5.4.278
twin drive 5.4.218, 5.4.275
twin punch press 7.4.42
twisting device 5.4.36
Two punch system 7.4.58
two roll straightening machine 6.4.48
two sled drawing bench 6.4.33
two-high stand 5.4.273
two-layer sheet 5.6.231
type of press 7.4.36

U

U-beam 5.6.186
U-pass design 5.1.150
U-section 5.6.223, 7.6.29
U-steel 5.6.186
ultrasonic drawing 6.1.94
under-filling 5.0.58
underdraft (Am) 5.1.172
underdraught (En) 5.1.172
universal beam mill 5.4.258
universal plate 5.6.193
universal stand 5.4.238
unsupported bending 6.1.16
unwinding device 6.4.19
unwinding off reels 6.1.21
unwinding reel 6.4.26
upsetting 7.1.1
upsetting factor 5.0.34
upsetting work 7.1.2

V

valve spring wire 6.6.59
vertical (mill) stand 5.4.212
vertical extrusion press 7.4.54
vertical stand 5.4.136

W

W-sheet 5.6.225
walking beam furnace 5.5.8, 5.5.12
warmform drawing 6.1.31
water bath stream 5.4.220
water roller table 5.4.219
wedge steel 6.6.28
weldable extrusion material 7.6.35
welded tube 5.6.77
welding wire 6.6.89
wet blank 6.6.51
wet drawing 6.1.22
wet extrusion 7.1.55
wheel disc rolling mill 5.4.200
wheel tyre rolling mill 5.4.199

whitening of steel wires 6.1.92
wide flange I-beam 5.6.110
wide flange beam 5.6.6
wide flange beam mill 5.4.59
wide flat steel 5.6.8
wide flat steel pass design 5.1.17
wide strip mill 5.4.37
width measuring process 5.1.16
winder 6.4.6
winding method 6.6.70
winding operation 6.1.38
winding reel 6.4.15, 6.4.23
wing straightenung machine 6.4.11
wire 5.6.15, 6.6.29
wire (or rod) coil 5.6.4
wire accumulation 6.9.4
wire coil 6.6.17
wire container 6.9.6
wire drawing 6.1.57
wire drawing machine 6.4.4
wire furnace 6.5.2
wire mesh 6.6.20, 6.6.37
wire nail 6.6.16
wire pin 6.6.16
wire reel 6.4.16, 6.6.17
wire rod 5.6.224
–, block 5.4.66
–, mill 5.4.38, 5.4.62, 5.4.63
–, reel 5.4.65
wire welding machine 6.4.17, 6.4.54
wire winding machine 6.4.6
wire-die-thermocouple 6.9.5
work roll counter-bending 5.1.3
work rolls 5.3.6
working die 6.3.22
working point 5.0.18
working pressure 7.4.27
wound product 6.6.73
wrinkle formation 6.6.7

Y

yield 5.7.1, 6.7.1

Z

Z-profile 5.6.232
Z-section pass design 5.1.187
zinc coating of steel wires 6.1.93
zinc-coated steel wire 6.6.58
zinc-plated tube 6.6.56
zone cooling 5.4.269

A

accumulateur (m) 7.4.43
accumulation (f) de fil 6.9.4
acier
–, à clavettes 6.6.28
–, à ressorts 6.6.5
–, étiré à froid 6.6.9
–, blanc écrouté 6.6.22
–, brut à l'état solide 5.6.61
–, brut étiré et rectifié 6.6.13
–, crénelé 5.6.181
–, crénelés ou nervurés 5.6.173
–, de précontrainte 5.6.134
–, demi-rond 5.6.68
–, demi-rond méplat 5.6.111
–, en barres 5.6.158
–, lisse pour clavettes 6.6.44
–, Monier 5.6.120
–, plat 5.6.105
–, pour armatures 5.6.10
–, pour béton précontraint 5.6.134
–, pour soutènement de mines 5.6.196
–, pour stores 6.6.42
–, profilé 5.6.94, 5.6.176, 6.6.93
–, rectangulaire 6.6.77
–, rond 5.6.125, 6.6.74
–, TPS 5.6.202
–, spéciaux 5.2.1
agent (m) de décapage 5.9.2
aiguillage (m) 5.4.226
aiguille (f) 7.3.7
–, de perçage 7.3.38
ajustement/calage (m) des cylindres 5.4.223
aller avec striation 6.6.85
allonge (f) articulée 5.4.84
allongement (m) 5.0.51, 6.1.71
âme (f) (du conteneur) 7.3.34
amincissement
–, de rive de bande 5.0.19
–, de rives 5.1.77
angle
–, (total) de la filière 7.3.31
–, au sommet de la cage d'étirage 6.3.25
–, d' ouverture longitudinale 6.3.15
–, d'attaque 5.0.40
–, d'inclinaison de la filière 7.3.44
–, du cône d' étirage 6.3.33
–, limite d'attaque 5.1.87
anneau
–, d'étirage 6.3.40
–, de cannelure 5.3.16
–, de pression 7.3.18
–, de repassage 6.3.1
–, couronne 5.6.178
anodisation (f) 7.2.1
aplatissement (m) 5.0.8
appareillage (m) à galets 6.3.30
aptitude (f) au filage 7.0.2
arbre (m) (barreau) étiré à froid 6.6.41
arrosage (m) fractionné 5.4.269
atelier
–, de filage 7.0.18
–, de finissage 5.4.1
–, de finissage 5.4.271
ateliers (m, pl) périphériques d'une ligne de laminage 5.4.81
axe (m)
–, d' étirage 6.0.11
–, de la billette 7.1.15
–, principal de la presse 7.4.38

B

bac (m) de fil 6.9.6
bague (f) d'appui de la filière 7.3.57
bain (m) d'immersion 7.4.55
banc
–, d'étirage 6.4.57
–, d'extrusion 5.4.265
–, d'étirage alternatif 6.4.33
–, d'étirage de barres 6.4.57
–, d'étirage à chaîne 6.4.25
–, de dressage 7.4.29
–, de tréfilage droit (en ligne) à axes inclinés 6.4.20
–, de tréfilage droit avec galet de renvoi (de tension) 6.4.21
–, primaire 6.4.40
bande
–, laminée à froid 5.6.78, 5.6.85
–, moyenne 5.6.114
–, refendue 5.6.127
–, à chaud 5.6.210
barre (f) 6.6.61, 7.6.32
–, brillante 5.6.13
–, d'acier octogonale 6.6.38
–, d'acier ronde 6.6.75
–, de manchon 5.3.40
–, de retournement des tôles 5.4.10
–, filée, barre (f) brute de filage 7.6.30
–, hexagonale 6.6.69
–, octogonale (octogone) 5.6.46
–, plate 7.6.18
–, support de mandrin intérieur 6.3.39
–, triangulaire 5.6.49
–, à section rectangulaire 6.6.67
barreau (m) 6.6.61

–, d'acier ronde 6.6.75
–, hexagonal 6.6.69
barres (f, pl) 5.6.152
–, pleines (laminées à chaud) 5.6.188
–, profilées pour béton armé 5.6.3
–, spéciales 5.6.138
bavure (f) 5.6.63
billette (f) 5.6.121, 7.1.14
–, carrée 5.6.153
–, creuse 7.1.24
–, plate 7.6.1
–, rectangulaire 5.6.147
bloc (m) 7.1.14
–, de laminage 5.4.215
–, de transmission (dans les trains continus) 5.4.68
–, de tréfilage double 6.4.12
–, machine de tréfilage à double passe 6.4.12
–, simple 6.4.7
–, tréfileuse (f) monopasse 6.4.7
bloc (m) à fil 5.4.66
bloom (m) 5.6.198
blooming (m) 5.4.24, 5.4.26
–, -slabbing (m) 5.4.14
bobinage (m) 5.1.74, 6.1.64
bobine (f) 5.6.22, 5.6.131, 6.9.10
–, de bande 5.6.36
–, de fil 6.6.17
–, de tôle 5.6.18
–, dévideuse 6.4.26
–, enrouleuse 6.4.23
bobineuse (f) 5.4.23, 5.4.73, 5.4.277, 6.4.15, 7.4.11
–, bobinoir (m) 6.4.6
bombé (m) 5.0.55, 5.3.4
–, de bande 5.0.1
–, de rectification 5.3.26
–, thermique 5.3.2
bondérisation (f) 6.1.13
bord (m) de renvoi 6.4.36
bordage (m) par laminage 5.1.179
bords (m, pl) longs 5.1.141
botte (f) 5.6.25 ,6.6.30
–, de fil 5.6.1
bouchon (m) 5.3.35, 7.3.63
bouclage (m) 5.1.154
boucleuse (f) 5.4.186
boursouflures (f, pl) 5.6.14
boîte
–, à eau 5.4.158, 5.4.220
–, à galets 5.4.165
–, de torsion 5.4.36
brame (f) 5.6.40
–, brute 5.6.137
–, d'ébauche 5.6.205
–, mince 5.6.187
–, mince 5.6.23
brise (f) oxyde 5.4.274
brosses (pl,f) de billette 7.4.44
broutage (m) 6.6.88
brut (adj) de laminage 5.2.9
brut (d'étirage) humide 6.6.51
butoir (m) 5.4.205
bâti (m) de cage 5.4.239

C

c/t (m) diagramme 5.0.33
cabestan (m) de tréfilage 6.4.56
cadence (f) de laminage de barres 5.1.126
cadre (m) dissymétrique 5.6.97
cadres (m, pl) de mines 5.6.65
cage (f) 5.4.80
–, à cylindres croisés 5.0.57
–, à deux cylindres 5.4.273
–, à douze cylindres 5.4.270
–, à vingt cylindres 5.4.278
–, à pignons 5.4.107
–, de laminage) verticale 5.4.212
–, (de laminoir) horizontale 5.4.86
–, Stiefel 5.4.254
–, Trio 5.4.44
–, avec préserrage des cylindres 5.4.202
–, de laminoir 5.4.224
–, de laminoir planétaire 5.4.171
–, duo 5.4.57
–, duo double 5.4.54
–, duo double 5.4.64
–, dégrossisseuse 5.4.201
–, dégrossisseuse universelle 5.4.210
–, edger 5.4.191
–, finisseuse 5.4.40
–, horizontale 5.4.209
–, multi-cylindres 5.4.211
–, multicylindres de laminage à froid 5.4.102
–, planétaire Platzer 5.4.150
–, quarto 5.4.134
–, quinto 5.4.95
–, réversible 5.4.147
–, sexto 5.4.149
–, trio 5.4.261
–, universelle 5.4.238
–, verticale 5.4.136
calaminage (m) 5.5.14
calamine (f) 5.2.12
–, de laminage 5.2.11
calcul (m) de la hauteur de bouche pendant le laminage 5.1.121

cale (f) 7.3.64
calibrage
–, à épaulements 5.1.114
–, Box Pass 5.1.58
–, U 5.1.150
–, carré - losange 5.1.95, 5.1.137
–, carré - ovale 5.1.139
–, cylindrique 6.3.49
–, d'ébauche 5.1.182
–, de dégrossissage 5.1.146
–, de fil-machine 5.1.38
–, de laminage pour rails à gorges 5.1.130
–, de profils irréguliers 5.1.61
–, durant étirage 6.0.1
–, en «Papillon» 5.1.132
–, en I 5.1.82
–, en double T 5.1.12
–, en passe diagonale 5.1.14
–, faux rond-ovale 5.1.5, 5.1.36
–, losange 5.1.138
–, pour le laminage de cornières 5.1.186
–, pour profilés Z 5.1.187
–, pour ronds 5.1.107
–, rond-ovale 5.1.136
–, régulier 5.1.97
calibre (m) de passe à vide 5.3.8
calibre (m) en tête de turc 5.4.217
canal
–, de doubleuse 5.4.193
–, canal (m) de guidage 5.4.96
cannelure (f) 5.3.11
–, fermée 5.3.10
–, ouverte 5.3.18
–, ovale à arcs circulaires 5.3.13
carbure (m) de bore 6.3.4
carrés (m, pl) 5.6.179, 5.6.215
cavité (f) de la filière 6.3.29
centrale (f) de lubrification 7.4.56
centres (m) longs 5.1.55
cercle-enveloppe (m) du profilé 7.9.2
chaise (f) pour coucher les lingots 5.4.21
chalumeau (m) manuel d'écriquage 5.4.71
changeur de filière 7.4.13
chargeur (m) de billettes 7.4.28
chariot (m) d'étirage 6.4.50
chauffage (m) du conteneur 7.4.34
chauffage (m) non-uniforme de la billette 7.1.63
chaulage (m) 6.1.40
chaîne (f) d' étirage 6.3.19, 6.4.58
chemise (f) 7.1.34
–, de filage 7.1.48
chenal (m) de filage 7.3.27
choc (m) au laminage 5.1.101
chutage (m) de sécurité 5.6.167
chute (f) 5.6.50
–, de rives 5.1.77
chutes (f, pl) d'extrémité au laminage 5.6.42
châssis (m) de la presse 7.4.30
cisaillage (m) 5.1.104
–, de rives 5.1.18
cisaille (f) 5.4.156, 5.4.164
–, à billettes 5.4.125
–, à chaud 5.4.256
–, à froid 5.4.117
–, à lingot 5.4.22
–, circulaire à couteaux 5.4.112
–, de bande 5.4.11
–, de brames 5.4.31
–, de culot 7.4.33
–, de feuille 5.4.6
–, oscillante 5.4.153
–, rotative 5.4.169
–, roulante 5.4.188
–, rétractable 5.4.247
–, volonté 5.4.82
cisaille-morceleuse (f) 5.4.161
ciseau (m) stripeur 5.4.12
clavette (f) de fermeture 7.3.51
cloques (f, pl) 5.6.14
clou (m) 6.6.16
co-étirage (m) 6.1.20, 6.1.82
coefficient (m) d'élargissement 5.0.3
coefficient (m) de déformation 6.0.2
cofilage (m) 7.1.38
coil (m) 5.6.22
coilbox (m) 5.4.58
collerette (f) de renvoi 6.4.36
commande
–, manuelle 7.4.10
–, programmable 7.4.37
–, à distance 7.4.17
conception (f) de cage 5.4.87
condition (f) d'engagement au laminage 5.1.22, 5.1.86
conduite (f) automatique 5.1.119
conduite (f) de procédé sur trains de laminoirs 5.1.125
conteneur (m) 7.3.32
–, plat 7.1.54
contour (m) du cylindre 5.3.39
contrainte
–, d' étirage 6.0.20
–, sur cylindre 5.3.43
contre-filière (f) 7.3.57
contre-réaction (f) 6.0.4
contre-traction (f) 5.1.25

contreflexion (f) des cylindres de travail 5.1.3
convoyeur
–, à chaîne 5.4.101
–, à crochets 5.4.70
–, de refroidissement en spires 5.4.35
–, transversal 7.4.26
copeaux (m, pl) adhérents (incrustés) sur paroi interne 6.6.11
corde (f) à piano 6.6.34
cornière (f) 5.6.233, 7.6.36
–, pour planchers 6.6.40
coulée
–, continue 5.1.145
–, d'ébauches de bande 5.1.156
–, de brames minces 5.1.27
–, en lingots 5.6.39
–, -laminage (m) 5.1.71
coupe (f) à longueur 5.1.1, 6.1.1
couple (m) 5.0.2
courbe (f) caractéristique
–, (de déformation) du produit 5.0.38
–, d'une cage de laminoir 5.0.20
couronne
–, abrasive dans la filière d' étirage 6.3.51
–, de fil 5.6.4
cratérisation (f) 6.3.20
crique
–, d'arête 6.6.23
–, transversale 7.6.7
–, en chevron (gueule de poisson), (défaut d'étirage) 6.6.3
–, à chaud 7.6.28
croûte (f) oxydée 7.1.47
culot
–, d'étirage 6.6.84
–, de filage 7.6.5
cylindre (m) 5.3.27
–, cannelé 5.3.17
–, circulaire à bagues de laminage 5.3.37
–, de laminoir à pas de pélerin 5.3.19
–, de laminoirs 5.3.31
–, de marquage 5.3.15
–, de soutien 5.3.42
–, de travail 5.3.6
–, fou 5.4.178
–, intermédiaire 5.3.45
–, stripeurs 5.4.183
cédage (m) 5.1.167
–, cédage 5.1.133
–, de cage 5.0.26
cône
–, d'étirage (outil) (2) 6.6.72
–, de la filière 7.3.37
–, d' étirage 6.3.50
–, engagement de l'emprise 5.0.44
côté (m) sortie de l'emprise 5.0.45

D

décalaminé 6.6.9
demi-produits (m) 5.6.70
–, carrés 5.6.155
–, de section rectangulaire 5.6.175
–, plats 5.6.118
–, ronds 5.6.157
demi-ronds (m, pl) 5.6.66
–, méplat 5.6.113
diagramme
–, Couple – temps 5.0.16
–, de SIMS 5.0.15
–, de vis 5.0.15
–, force de laminage - épaisseur produit 5.0.49
diamètre
–, de la billette 7.1.20
–, de la bobine de traction (cabestan) 6.4.55
–, de la filière d' étirage 6.3.32
–, de la filière d' étirage 6.3.5
–, de noyau 6.3.2
–, de sortie 7.1.7
–, effectif de cylindre 5.0.17
–, initial de la billette 7.1.3
dimension (f) à chaud 5.3.36
direction (f) d'étirage 6.0.15
dispositif
–, de déroulage 6.4.19
–, de perçage 7.4.1
–, de retour du chariot d'étirage 6.4.49
–, de retour du traîneau d'étirage 6.4.53
–, de rotation de l'aiguille 7.4.23
–, de transfert du grain de poussée 7.4.45
disposition
–, HV 5.4.91
–, des cylindres dans la cage 5.4.222
disque
–, de nettoyage 7.3.35
–, de pression 7.3.17
–, -racloir (m) 7.3.33
doublage (m) 5.1.13
double étirage (m) 6.1.27
doubleuse (f) de feuilles 5.4.8
dressage (m) 5.1.118, 6.1.34
–, par laminage à froid 5.1.32
–, rotatif 5.1.54
dresseuse/planeuse (f) à rouleaux 5.4.257
débobinage (m) 5.1.28, 6.1.21
décalaminage
–, par flexion 6.1.26

–, par projection 6.1.4, 6.1.77
décalamineuse (f) 5.4.56, 5.4.274
–, hydraulique 5.4.268
décapage (m) 5.9.3
–, chimique 6.1.24
décaper (vb) 5.9.1
déchet (m), débris (m, pl) 6.6.47
déchiqueteuse (f) 5.4.159
découpage
–, en feuilles 5.1.128
–, en travers 5.1.122
découper (vb) les bords 5.1.33
dédoublure (f) 5.6.5
défaut
–, (d'étirage) en cône (1) 6.6.72
–, d'écoeurement 7.6.26
–, d'étirage 6.6.64
–, de filage 7.6.11
–, de laminage 5.1.165
–, de lingot 5.4.17
–, de peau 7.6.25
–, de produit laminé 5.6.226
–, de recirculation 7.6.34
–, de réchauffage 5.1.6
–, dû au recuit 5.1.79
–, de planéité 5.1.134
–, liés aux laminoirs 5.1.158
définition (f) le calibrage 5.1.70
déformation (f) 7.0.19
défourneuse (f) 5.4.2
dégazage (f) du conteneur 7.1.4, 7.1.56
dégrossissage (m) 5.1.183
démouleur (m) de lingot 5.4.13
déplacement (m) du fil 6.0.17
dépouille (f) 5.3.1
–, de cannelure 5.3.14
déroulage (m) de bobines 6.1.21
dérouleuse (f) 5.4.27
dévidoir (m) 6.4.16, 6.4.41

E

ébauchage (m) au blooming 5.1.177
ébauche (f) 5.6.189
de tube 5.6.213
–, (produit de départ) 5.6.211
–, brute de tube 5.6.133
–, de tube 5.6.107
ébauches (f, pl) pour profilés 5.6.209
éboutage (m) 5.1.96
écailles (f, pl) 5.6.177
écart (m) de rectitude 6.9.3
écartement (m) des cylindres 5.0.48
éclisse (f) 5.6.109
écoulement (m) du matériau (filage) 7.0.22
écriquage (m) des lingots 5.1.30
ècriquage (m) à la flamme 5.1.44
ecrou (m) de serrage 5.4.53
écroui grisâtre 6.6.21, 6.6.91
effet
–, de presse 7.6.12
–, resort, jeu (m) 5.1.167
effilage (m) 6.1.60
effort
–, d'étirage 6.0.16
–, de contre-réaction 6.0.3
–, pour l' étirage sur mandrin 6.0.22
éjection (f) du culot 7.1.18
elargissement (m) 5.0.6
elongateur (m) 5.4.43
élongation (f) 6.0.7
embouchure (f) de la presse 7.4.41
empaqueteuse (f) 5.4.49
empileur (m) 5.4.197
empreintes (f, pl) de criques thermiques 5.6.7
emprise (f) 5.4.60
émulsion (f) 6.1.49, 5.1.4
encastrement (m) 5.0.10
enfilage (m) par pression 6.1.30
enfournement (m) à chaud 5.1.171
enfourneuse-défourneuse (f) 5.4.184
engagement (m) 5.1.9
enroulement (m) par translation 6.1.54
enrouleuse (f) 5.4.25, 6.4.6, 6.4.16, 7.4.11
entraînement
–, à accumulateur 7.4.51
–, des cylindres 5.4.264
–, direct 7.4.22
–, double 5.4.218
–, groupé avec transmissions superposées (pour trains continus) 5.4.67
–, par pignons 5.4.108
entrefer (m) cylindre 5.0.42
épaisseur (f)
–, de bande 5.0.13
–, chemisée 7.1.31
–, minimale de paroi 7.6.2
épaule (f) 5.3.23
équation (f)
–, d'élargissement 5.0.7
–, de l'épaisseur de sortie 5.0.29
équilibrage (m) des veines de laminage 5.1.124
équipement
–, de bobinage 5.4.277
–, de guidage 5.4.94
–, de positionnement de l'aiguille 7.4.47
–, de refroidissement 7.4.5

–, de réception 7.3.10
–, de suite 7.4.6
équipements (m, pl) auxiliaires 7.4.16, 7.4.57
étamage (m) de fils d'acier 6.1.92
étirage (m) 6.0.14, 6.1.15, 6.1.61, 6.1.100
–, à creux 6.1.50
–, à froid 6.1.11
–, à sec 6.1.102
–, à tiède 6.1.31
–, assisté par ultrasons 6.1.94
–, avec effort arrière de contre-réaction 6.1.88
–, avec filière rotative 6.1.67
–, avec lubrifiant 6.1.91
–, avec préchauffage 6.1.85
–, avec recuit continu 6.1.89
–, de bande 6.1.23
–, de barreaux 6.1.32
–, de barres 6.1.98
–, de calibration 6.1.7
–, de produits creux ou tubulaires 6.1.70
–, de tubes 6.1.6, 6.1.8, 6.1.78
–, de tubes sur barre 6.1.73
–, des profilés 6.1.63
–, en expansion 6.1.18
–, fin 6.1.59
–, hydrodynamique 6.1.46, 6.1.95
–, hydrostatique 6.1.101, 6.1.42
–, hyperfin 6.1.96
–, lubrifié avec émulsion 6.1.22
–, moyen 6.1.33
–, multi-pas 6.1.43
–, multi-passes de barres 6.1.55
–, par compression à creux 6.1.17
–, par glissement 6.1.25
–, par laminage 6.1.65
–, sans glissement 6.1.58
–, simple 6.1.12
–, super-fin 6.1.5
–, sur mandrin 6.1.76
–, sur mandrin fixe ou flottant 6.1.72
–, sur mandrin long et flottant 6.1.80
–, sur mandrin mobile 6.1.9, 6.1.45
–, sur un mandrin fixe 6.1.52
–, sur un mandrin flottant 6.1.19
–, sur âme déformable 6.1.36
–, tubulaire 6.1.14
étirage-laminage (m)
–, de matériaux solides 6.1.83
–, de tubes 6.1.74
–, sur mandrin flottant 6.1.86
–, sur mandrin long et mobile 6.1.84
étirage-profilage (m) 5.1.157
étireur (m) 5.4.43
étiré
–, à froid 6.6.43
–, à sec (état) 6.6.95
–, blanc 6.6.15
excentration (f) de l'orifice de la filière 7.3.19
excentricité (f) 6.6.76
extraction (f) 7.1.61
extrusion (f) 7.0.5
–, arrière 7.1.17
–, à froid 7.1.45
extrémité
–, chutée 5.6.165
–, d' étirage 6.0.12
–, de cylindres 5.3.41
–, de bande 5.6.28

F

faisceau (m) 6.6.30
fer
–, blanc 5.6.227
–, carré 5.6.206
–, en T 5.6.185
–, hexagonal 5.6.143
–, U 5.6.186
ferraille (f) 5.9.4
feuillard (m) 5.6.37, 5.6.169
–, à chaud 5.6.19
–, à frois 5.6.85
–, de cerclage 5.6.220
feuille (f) 5.6.95
–, plane de tôle 5.6.221
figeage (m) de la billette 7.1.33
fil (m) 5.6.15, 6.6.29
–, à ressorts 6.6.6
–, bobiné 6.6.14
–, brillant 6.6.45
–, d'acier 6.6.66
–, d'acier pour (toiles de) pneumatiques 6.6.60
–, d'acier zingué 6.6.58
–, d'acier à ressorts 6.6.4
–, d'agraphage 6.6.35
–, de blindage 6.6.46
–, de fer 6.6.8
–, de frettage 6.6.46
–, de soudage 6.6.89
–, electrode pour soudage 6.6.89
–, enroulé 6.6.14
–, extrudé 7.6.14
–, laminé à chaud 6.6.71
–, machine 5.6.224
–, pour aiguilles 6.6.49
–, pour armatures de pneumatiques 6.6.87
–, pour cablerie 6.6.81

–, pour cables de transport 6.6.1
–, pour forgeage à froid 6.6.25
–, pour machines textiles 6.6.62
–, pour ressorts de soupapes 6.6.59
–, profilé 6.6.26
–, profilé (à profil spécial) 6.6.96
–, redressé 6.6.32
–, rond 6.6.78
–, simple pour pneumatique de bicyclette 6.6.80
–, tréfilé 6.6.19
filage (m) 7.0.5, 7.1.60
–, à sec 7.1.62
–, avant 7.1.59
–, billette-à-billette 7.1.16
–, chemisé 7.1.37
–, continu 7.1.16
–, d'un goujon 7.1.52
–, de poudres métalliques 7.1.13
–, direct 7.1.21
–, humide 7.1.55
–, hydrostatique 7.1.30
–, inverse 7.1.44
–, isotherme 7.1.49
–, latéral 7.1.12
–, mono-écoulement 7.1.39
–, multi-écoulements 7.1.53
–, sous film épais 7.1.46
filière (f) 7.3.49
–, à nourrice 7.3.46
–, à orifices multiples 6.3.46
–, à pont 7.3.15
–, à profil courbe 6.3.12
–, à préchambre 7.3.62
–, araignée 7.3.55
–, avec préchambre d'élargissement 7.3.5
–, cônique 7.3.41
–, d' étirage 6.3.31, 6.3.34
–, d' étirage ajustable 6.3.52
–, d' étirage en parties multiples 6.3.18
–, d' étirage rotative 6.3.35
–, de filage multi-écoulements 7.3.29
–, de profilé tubulaire 7.3.25
–, en carbure 6.3.11
–, en diamant 6.3.8
–, mono-écoulement 7.3.13
–, nitrurée 7.3.26
–, plate 7.3.1
–, profilée d' étirage 6.3.41
filé (adj) 7.6.4
fini (m) de surface 5.1.26
fissure (f) de bord 6.6.23
fissures (f, pl) à chaud 5.3.30
flexion (f) du cylindre 5.0.56
flux (m) transverse 5.0.37
force
–, arrière 6.0.8
–, de bridage du conteneur 7.0.11
–, de filage 7.0.9
–, de frottement de l'aiguille 7.1.51
–, de laminage 5.0.54
–, de perçage 7.0.4
–, de sortie 7.0.10
–, sur l'aiguille 7.1.42
–, totale de filage 7.0.6
formage (m) sous sollicitations de traction-compression combinées 6.1.79
formation (f) de boucles pendant le laminage 5.1.99
forme
–, du joint d'étanchéité 7.3.12
–, à chaud 5.3.28
fouloir (m) 7.3.42
–, pilon (m) 7.3.53
four (m) 5.5.10
–, à bande continue 5.5.2
–, à chariots mobiles 5.5.6
–, à longerons mobiles 5.5.12
–, à longerons mobiles 5.5.8
–, à rouleaux 5.5.11
–, à sole rotative 5.5.3
–, (de recuit) base – à cloche 5.5.5
–, continu 5.5.4
–, de chauffage 7.5.2
–, de chauffage au défilé 6.5.1
–, de chauffage de fil 6.5.2
–, de chauffage des billettes 7.5.5
–, de chauffage en continu 6.5.1
–, de laminoir 5.5.16
–, dormant 5.4.121
–, marmite 5.5.17
–, Morgan 5.5.9
–, Pit 5.5.13
–, poussant 5.5.15
fracture (m) à la base de la coupelle 6.6.31
frette (f) intermédiaire 7.3.52
frittage-laminage (m) 5.1.127
frottement (m) du conteneur 7.1.5
fusion (f) partielle 7.2.2
fût (m) de l'aiguille 7.3.2

G

gaine (f) blindée d'acier 5.6.168
galet (m) mobile de mesure de tension 6.4.35
galvanisation (f) de bande 5.1.10
gamme (f) de réduction 6.4.5
garett-puits (m) 5.4.187

garde (m) 5.4.12
glissement
–, arrière 5.1.90
–, avant 5.1.160
–, pendant le laminage continu 5.1.131
grain
–, de poussée 7.3.22
–, de poussée racleur (m) 7.3.39
graphite (m) colloïdal 7.1.50
grenaille (f) métallique de fil 6.9.9
grillage (m) en fil métallique, treillis (m) 6.6.20
gros
–, grain (m) 6.6.18
–, profilés (m, pl) I, U et H 5.6.72
groupe (m) 5.4.196
guidage (m) à coussin pneumatique 7.4.3
guide
–, latéral (sur trains à tubes) 5.4.106
–, ripeur 5.4.214
–, stripeur 5.4.12
guides (f, pl)
–, pour les produits laminés 5.4.232
–, dans les laminoirs à tubes 5.4.93
–, de ripage 5.4.204
–, latéraux 5.4.139
géométrie (f) de l'entrefer cylindre 5.0.43

H

hexagones (m, pl) 5.6.163

I

inclinaison (f) de la filière d'extrusion 6.3.14
inclusion (f) d'oxyde 7.6.6
incrustations (f, pl) 5.6.35
injecteur (m) 6.3.6
inlinaison (f) de la filière d' étirage 6.3.26
insert (m) de filière 7.3.43
installation (f)
–, à forte déformation 5.4.83
–, d'eau à haute pression 5.4.61
–, de cisaillage et refendage 5.4.266
–, de filage 7.4.53
–, de formage intense 5.4.98
–, de soudage de tube 5.4.179
inverseur (m) 5.4.246

J

jeu (m) d'outil 7.3.59
joint
–, d'étanchéité (conteneur) 7.3.21
–, universel 5.4.109

L

laminage (m) 5.1.174
–, à chaud 5.1.151
–, à chaud à pas de pélerin 5.1.153
–, à froid 5.1.56
–, à froid de tubes 5.1.76
–, à froid à pas de pélerin 5.1.78
–, à pas de pélerin 5.1.109
–, à plat dans le sens long 5.1.43
–, à section variable, forgeage (m) entre cylindres 5.1.98
–, continu 5.1.83
–, de lissage 5.1.75
–, de plats 5.1.53
–, de produit plat avec croisement de cylindres 5.1.40
–, de profils 6.1.10
–, des profilés avec cylindres obliques 5.1.111
–, des profilés sur cages obliques 5.1.108
–, en cannelures 5.1.69
–, en long des profilés 5.1.106
–, en matrice 5.1.59
–, longitudinal 5.1.50
–, multi-veines 5.1.46
–, oblique de produits plats 5.1.39
–, sur cage oblique 5.1.103
–, sur cage-perceuse oblique 5.1.105
–, sur laminoir à forger 5.1.98
–, sur skin-pass 5.1.93
–, transversal 5.1.135
laminage-étirage (m) 5.1.155, 6.1.69
–, sur mandrin fixe 6.1.68
laminoir (m) 5.4.243
–, à billettes 5.4.118
–, à chaud 5.4.221
–, à chaud pour larges bandes 5.4.260
–, à chaud à pas de pélerin 5.4.229
–, à dresser 5.4.42
–, à froid 5.4.132
–, à froid Sendzimir 5.4.138
–, à froid à pas de pélerin 5.4.110
–, à jantes (circulaire) 5.4.199
–, à mandrin 5.4.263
–, à poutrelles 5.4.253
–, à quatre cylindres 5.4.203
–, à simple cannelure 5.4.45
–, à tube 5.4.175
–, à tube de Mannesmann 5.4.175
–, à tôles fortes 5.4.9
–, à épaulements 5.4.157
–, «en ligne» 5.4.182
–, Assel 5.4.18
–, Cluster 5.4.211

–, calibreur 5.4.113
–, circulaire 5.4.152
–, continu à tubes 5.4.123
–, de bandes minces 5.4.3
–, de petits profilés 5.4.52
–, de roues (laminoir circulaire) 5.4.200
–, Diescher 5.4.50
–, en ligne 5.4.180
–, expanseur 5.4.28
–, multi-cylindres 5.4.230
–, oscillant 5.4.151
–, perceur Stiefel 5.4.242
–, planétaire Sendzimir 5.4.135
–, polisseur 5.4.146
–, polisseur 5.4.76
–, pour poutrelles à larges ailes 5.4.59
–, réducteur-étireur 5.4.216
–, skin pass pour bandes (larges bandes) 5.4.7
–, Steckel 5.4.133
–, tandem 5.4.252
–, universel à poutrelles 5.4.258
laminoir-calibreur (m) 5.4.129
laminoir-extracteur (m) 5.4.122
laminoir-perceur (m) 5.4.128
–, Stiefel 5.4.119
laminoir-tambour (m) 5.4.259
laminoir-étireur (m) 5.4.233
laminoirs (m, pl) à tôles fortes 5.4.72
laminés (m, pl) marchands 5.6.57
langue (f) 5.6.230
–, de laminage 5.6.203
large bande (f) 5.6.16
–, à chaud 5.6.212
–, à chaud refendue 5.6.91
–, à froid refendue 5.6.90
–, laminée à froid 5.6.84
large plat (m) 5.6.8
larget (m) 5.6.146, 7.6.1, 7.6.18
ligne
–, d'entrée 5.0.5
–, de Lüders 5.2.3
–, de laminage 5.0.47
–, de refendage 5.4.137
–, de sortie 5.0.4
–, neutre 5.0.32
lignes (f, pl) de ségrégation 7.6.33
lingot (m) 5.6.30
–, brut 5.6.161
lingotière (f) 5.5.7
longueur
–, de bombé 5.3.5
–, de guidage 6.3.23
–, définie 5.6.59
–, en compression 5.0.23
–, fixe 5.6.56
–, initiale de la billette 7.1.6
–, précise 5.6.87
lot (m) 5.6.104
–, de fabrication 5.6.60
–, de laminage 5.6.190
lubrifiant (m) 6.1.90
lubrification (f) 5.1.94
–, au verre 7.1.36
–, hydrodynamique 6.1.48
–, par émulsion 5.1.2
–, par émulsion 6.1.35

M

machine (f)
–, à disques de Stiefel 5.4.160
–, à fileter les (extrêmités de) tubes 6.4.45
–, à laminer le fil 5.4.62
–, à ligaturer 5.4.5
–, à tronçonner 6.4.18
–, à tronçonner les tubes (tronçonneuse) 6.4.47
–, à tréfiler 6.4.4
–, à tréfiler à cônes 6.4.24
–, à écriquer 5.4.85
–, (banc) d'étirage sur tambour 6.4.28
–, (fraiseuse) pour chanfreiner les bouts des tubes 6.4.46
–, d'ajustement à aile 6.4.11
–, d'ajustement à cadre 6.4.11
–, d'appointage (de formage) par pliage 6.4.22
–, d'appointage à galets 6.4.10
–, d'appointage à marteau circulaire 6.4.8
–, d'appointage à rouleaux 6.4.10
–, d'emballage 5.4.207
–, d'enfilage par poussée 6.4.2
–, d'écriquage à froid 5.4.116
–, d'étirage 6.4.31
–, de dressage 6.4.30
–, de dressage (redressement) à deux rouleaux 6.4.48
–, de dressage de profilés à rouleaux 6.4.34
–, de dressage par traction 5.4.234
–, de dressage à rouleaux 6.4.43
–, de dressage à rouleaux croisés 6.4.14
–, de dressage à rouleaux diagonaux («croisés») 6.4.44
–, de dressage à trois rouleaux 6.4.3
–, de meulage pour acier brut 6.4.39
–, de mise en couronnes 5.4.65
–, de pelage 6.4.42
–, de scarfing à chaud 5.4.79
–, de soudage des fils par résistance 6.4.54

–, de tréfilage double 6.4.12
–, de tréfilage simple 6.4.7
–, de tréfilage à bobine double 6.4.13
–, de tréfilage à passe unique 6.4.7
–, simple d'étirage (ou de tréfilage) 6.4.1
magasin (m) à billettes 7.4.24
manchon (m) 5.3.35
–, de guidage 6.3.16
mandrel (m) épaulé flottant 6.3.42
mandrin (m) 6.3.13
–, de repassage 6.3.36
–, fixe 6.3.24
–, flottant 6.3.7
–, intérieur 6.3.38
manipulateur (m) de lingot 5.4.20
marche (f) réversible 5.1.120
marquage (m) 5.1.166
marques (f)
–, d'ajustement 6.6.86
de broutage 7.6.13
de broutement 6.6.92
matière (f) à filer autolubrifiante 7.1.58
matrice (f)
–, d' étirage 6.3.9
générateur de pression de l'huile 6.3.17
matrice-tandem (f) 7.3.58
matériau
–, cylindre 5.3.38
soudable en filage 7.6.35
matériel (m)
–, de voie 5.6.174
–, de voie ferrées 5.6.31, 5.6.102
mesure (f) de la force de laminage 5.1.152
mise en forme (f) à froid 5.1.57
mode (f) de bobinage 6.6.70
module (m) de cédage de cage 5.0.27
montants (m, pl)
–, de cage 5.4.239
–, de guidage 5.4.213
mords (m, pl)
–, d'outil multiple d'étirage 6.3.48
–, d'étirage 6.3.47
moteurs (m, pl) jumeaux 5.4.275
méthode (f)
–, de la largeur maximale 5.0.22
–, des feuillets 7.9.4
–, des grilles 7.9.1
–, des inserts 7.9.3

N

nervurage (m) 5.1.173
nettoyage (m) à la flamme 5.1.45
nez d'étirage 6.3.49
nombre (m) de passes 5.1.147
nourrices (f pl) (filière à nourrice) 7.3.60

O

ondulations (f, pl) 5.1.184
–, ondulations (f, pl) de rives 5.1.141
opération (f) de bobinage 6.1.38
orifice (f) de la filière 7.3.47
os (m) de chien 5.6.69
ossature (f) 5.4.213
outil (m)
–, actif 6.3.22
–, de filage 7.3.54
outilage (m) d'étirage 6.3.45
outillage (m)
–, auxiliaire 7.3.20
–, de filage 7.3.36
ouverture (f) de la filière d' étirage 6.3.21
oval (m) suédois 5.3.24
oxycoupage (m) 5.4.47
oxydation (f) anodique 7.2.1

P

pailles (f, pl) 5.6.177
palier (m) Morgoil 5.4.181
palplanches (f, pl) 5.6.148, 5.6.150
panneau (m) 5.6.221
paquet (m) 5.4.166
parcours (m) de réception 7.3.6
paroi (f) intérieure du conteneur 7.3.23
pas (m) de pélerin 5.1.110
passe (f)
–, à froid 5.1.65
–, couteau 5.3.22
–, de dégrossissage 5.1.169
–, de finition 5.1.8
–, de laminage 5.1.162
–, de laminage à plat 5.1.48
–, de préfinissage 5.1.100
–, de réduction de largeur 5.1.91
–, en diagonale 5.1.34
–, finisseuse 5.3.9
–, passe 5.1.89
–, refendeuse 5.3.21
–, refouleuse 5.3.20
patentage (m) 6.1.39
–, à l'air 6.1.56
–, continu 6.0.6
–, de bobine par immersion 6.1.104
–, par immersion dans un bain de plomb 6.1.47
pattes (f, pl) de corbeau 6.6.36
peau (f)
–, d'orange 6.6.48

–, de laminage 5.2.10
perte (f) par calamine 5.5.1
petits profilés (m, pl) U, I, H 5.6.119
phosphatation (f) 6.1.37
pieux (m, pl) caissons 5.6.170
pilon (m) 7.3.42, 7.3.53
planage (m) 5.1.118
–, de bande à chaud 5.1.19
plaquage (m)
–, par laminage 5.1.178
–, par étirage 6.1.82
plaque (f)
–, de pression 7.3.17
–, intermédiaire 5.4.143
plaque-préchambre (f) 7.3.61
plasticine (f) 7.6.17
plat (m) universel 5.6.193
plateau (m) de tréfilage double 6.4.9
plats (m, pl) 5.6.106
–, à boudin 5.6.229
pliage (m)
–, à l' air 6.1.16
–, par enroulement 6.1.81
–, par rouleaux 5.1.180
plissement (m) 6.6.7
pofilomètre (m) 6.3.44
point (m)
–, de fonctionnement 5.0.18
–, neutre 5.1.49
pointage (m) 5.1.9
pointe (f) 6.6.16
poinçon (m) creux 7.3.24
pont (m) 7.3.14
porosité (f) 7.6.8
porte-aiguille (m) 7.3.3
porte-filière (m) 7.3.40
porte-fouloir (m) 7.4.50
porteur (m) de lubrifiant 6.1.97
portée (f) de la filière 7.3.45
positionnement (m) (à l'enroulement
 sur bobine) 6.1.99
pousseurs (m, pl) de rebuts 5.4.189
pousseuse (f)
–, à brame 5.4.29
–, de four 5.4.16
poutrelle (f)
–, à ailes parallèles 5.6.160
–, à larges ailes 5.6.6
–, Europa 5.6.45
–, I à larges ailes 5.6.110
–, I, fer (m) I 5.6.76
–, T 5.6.185
poutrelles (f, pl) 5.6.219
–, H 5.6.89
–, I à ailes moyennes 5.6.116
–, standard (à ailes inclinées) 5.6.180
presse (f)
à califourchon 7.4.15
à double fouloir 7.4.42
à filer 7.4.52
à filer des tubes 7.4.32
à filer des tubes et des barres 7.4.48
à filer horizontale 7.4.9
à filer verticale 7.4.54
à vilebrequin 7.4.4
–, de gainage de câbles 7.4.8
–, hydraulique 7.4.12
pression (f)
–, de filage nominale 7.1.57
–, directe 5.1.11
–, hydraulique 7.4.27
–, indirecte 5.1.81
prise (f) en compte du retrait (filière) 7.6.31
procédé (m)
–, conform 7.1.32
–, de coulée continue Hazelett 5.1.80
–, de laminage à pas de pélerin 5.1.112
–, de mesure d'effort 5.1.68
–, de mesure de couple 5.1.37
–, de mesure de largeur 5.1.16
–, de mesure des vitesses de rotation 5.1.29
–, Hazelett de coulée continue 5.1.142
–, hydrafilm 7.1.23
–, Mannesmann de laminage
 avec croisement de cylindres 5.1.41
–, Properzi 5.1.123
procédés (m, pl) de laminage 5.1.159
produit (m)
–, blanc (clair) 5.6.13
–, bobiné 6.6.73
–, brut 5.6.159
–, de décapage 6.9.7
–, enroulé 6.6.73
–, étiré 6.6.68
–, filé 7.6.30
–, fini laminé 5.6.55
–, laminé 5.6.192, 5.6.194
–, long 6.6.39, 5.6.96
–, plat 6.6.2, 5.6.103, 5.6.101
–, plat composite (laminé) 5.6.235
produits (m, pl)
–, crénelés ou nervurés pour béton armé 5.6.2
–, plats laminés à chaud 5.6.204
–, plats laminés à froid 5.6.75
–, plats revêtus 5.6.172
profil (f) plein 6.6.82

profil (m)
–, creux 5.6.64
–, de bande, absolu- 5.6.27
–, de bande, relatif- 5.6.24
–, périodique 5.6.156
–, spécial «Kipper» 6.6.33
–, spécial étiré 6.6.10
–, Z 5.6.232
profilage (m) 5.1.102, 5.1.175
–, à froid 5.1.67
–, en rond 5.1.163
–, sur mandrin 6.1.2
profils (m, pl)
–, ouverts 5.6.162
–, plats 5.6.108
–, pleins 5.6.197
profilé (m) 6.6.54, 7.6.9
–, à feuillure 6.6.65
–, à froid 6.6.24
–, acier de section triangulaire 6.6.12
–, de précision 7.6.19
–, en T 7.6.27
–, en U 7.6.29
–, en double T 7.6.15
–, en double T (poutrelle) 5.6.9
–, fondamental 5.6.93
–, H 5.6.112
–, I 5.6.76
–, laminé 5.6.191
–, mince 5.6.98
–, ouvert 6.6.53
–, plié à froid 5.6.79
–, pour fenêtres 5.6.54
–, spécial 6.6.63
–, T 5.6.208
–, U 5.6.186, 5.6.223
profilés (m, pl) 5.6.140
–, à nez 5.6.182
–, d'acier minces ou allégés 5.6.166
–, de construction 5.6.164
–, longs formés à froid 5.6.73
–, navals 5.6.123
–, pour soutènement de mines 5.6.67
–, spéciaux 5.6.126
–, spéciaux 5.6.136
programme (m) de laminage 5.1.164
projection (f) de particules solides 6.1.75
préchambre (f) 7.3.65
prélaquage (m) 5.1.31
préparation (f) en bout de barre 6.9.2
puits (m) de bouclage 5.4.192

Q

qualité (f) d'anodisation 7.1.41
queue (f) de poisson 5.6.53

R

racloir (m) 7.3.4, 7.3.33
rail (m) 5.6.124
–, pour aiguilles 5.6.236
–, pour grues 5.6.82
rampe (f) de décalaminage 5.4.148
rapport (m)
–, d'extrusion 7.0.13
–, de filage 7.0.13
rapporteur (m) 6.3.3
rayon (m) d'entrée de la filière 7.3.48
rayure (f) d'étirage 6.6.79
rebut (m) 6.6.47
rebuts (m, pl) 5.6.34
rechargement (m) des cylindres par soudage 5.3.34
rectification (f) centerless 6.1.103
rectifieuse (f) à cylindres 5.3.32
rectitude (f) 6.9.1
recuit (m)
–, d'homogénéisation 7.1.22
–, des billettes 7.5.4
–, par immersion 6.1.41
redressage (m)
–, (planage) 6.1.62
–, par flexion 6.1.53
–, sous tension 6.1.66
refendage (m) 5.1.51, 5.1.60, 5.1.104
refoulement (m) 5.1.113, 7.1.1
refroidissement (m)
–, de l'aiguille 7.3.11
–, de la filière 6.3.37
–, des produits filés 7.4.49
–, tambours de tréfilage 6.4.52
–, par zone 5.4.269
refroidissoir (m) 5.4.130
–, à billettes 5.4.120
–, à chaînes 5.4.99
–, à couronnes 5.4.74
–, à disques 5.4.162
–, à ripeurs 5.4.176
–, à rouleaux à axes inclinés 5.4.170
refroidissoir-rateau (m) 5.4.198
remplissage (m) de cannelure 5.0.30
rendement (m) 5.7.1, 6.7.1
repassage (m) de tubes 6.1.3
repliure (f) 5.1.168
retassure (f) 5.2.4
retenue (f) 5.1.25

retour (m) élastique du matériau étiré 6.2.1
retourneur (m) 5.4.104
revêtement (m) organique 5.1.66
ripeurs (m, pl) 5.4.174
ronds (m, pl) ronds 5.6.128
rotation (f) 5.1.85
roue (f) à refroidir les brames 5.4.30
roulage (m) de filets 5.1.63
rouleau (m) 5.6.131
–, de fil 6.6.17
rouleaux (m, pl)
–, cambreurs pour installation de soudage de tube 5.4.4
–, pinceurs 5.4.245
roulement (m)
–, d'empoise 5.4.255
–, de laminoirs 5.3.44
ré-étirage (m) 6.1.7
récepteur (m) de billette 7.3.16
réduction (f)
–, d'épaisseur 5.0.11
–, de diamètre 6.0.5
–, de hauteur 5.0.24
–, de section 5.0.36
–, de section droite 6.0.18
–, de section droite 6.0.21
–, de section droite 6.0.9
–, de surface 5.0.31
–, par passe 5.0.35
–, spécifique d'épaisseur 5.0.14
–, spécifique de section 5.0.12
régulation (f)
–, de l'épaisseur de bande 5.1.21
–, de planéité 5.1.116
–, des moteurs 5.1.7
réparation (f) de surface 5.1.129
répartition (f) des produits à l'intérieur d'une veine 5.1.149
résistance (f) à la déformation au laminage 5.0.50

S

schéma (m)
–, (de laminage, calibrage) d'un train à blooms 5.1.15
–, de calibrage 5.1.64
–, de calibrage d'aciers spéciaux 5.1.20
–, de calibrage de profilés 5.1.52
–, de laminage d'un demi-produit 5.1.88
–, laminage de larges bandes d'acier 5.1.17
–, de laminage de plats 5.1.47
–, de laminage pour profilés spéciaux 5.1.115
–, de laminage-calibrage d'une bande d'acier 5.1.24
scie (f) 5.4.177
–, à chaud 5.4.227
–, à froid 5.4.115
–, de culot 7.4.31
–, pendulaire 5.4.185
–, pour barres 5.4.190
–, volante 5.4.77
section (f) 5.4.244
–, de sortie 5.0.9, 5.6.51
sequence (f) de passes 5.1.181
skin-pass (m) 5.1.140
skin-passe (m) 5.1.73
slabbing (m) 5.4.32, 5.4.34
sommier (m) (de presse) 7.4.7
sortie (f) de presse 7.4.19
soudeuse (f) 5.4.236
–, (electrique) à résistance 6.4.54
–, de fil 6.4.17
soudure (f)
–, longitudinale 7.6.22
–, transversale 7.6.20
soufflure (f) 7.6.21
sous-remplissage (m) 5.0.58
striation (f) 7.6.3
stripeur (m) 5.4.12, 5.4.89
strippage (m) 5.1.143
support (m)
–, de filière 6.3.10
–, de filière 6.3.27
–, de filière 6.3.28
sur-étirage (m) 6.0.13
surface (f)
–, de contact 5.0.21
–, de la billette 7.1.43
–, de la tête de billette 7.1.26
–, frontale de la billette 7.1.28
–, frontale de la filière 7.3.30
surremplissage (m) 5.0.52
système (m)
–, à double fouloir 7.4.58
–, de changement de cylindres 5.4.241
–, de lubrification des cylindres 5.4.237
–, de refroidissement (m) des outils 7.3.56
–, de refroidissement des cylindres 5.4.231
–, de refroidissement et de lubrification 5.4.126
ségrégation (f) 5.2.6
–, de lingot 5.2.2
séparateur (m) du culot 7.4.35
séquence (f)
–, d' étirage 6.0.23
–, séquence (f) de calibrage 5.1.62

T

tMT () tMT 5.1.176
table (f) 5.3.7
–, d'arrosage 5.4.219
–, d'étendage à chaud 5.4.235
–, de transfert 5.4.262
–, des cylindres 5.3.29
–, élévatrice 5.4.272
–, élévatrice 5.4.90
–, tournante 5.4.46
–, tournante à lingot 5.4.15
tambour (m) de tréfilage 6.4.56
taux (m)
–, d'allongement (ou d'étirage) 5.0.39
–, d'écrasement 5.0.34
–, de laminage à froid 5.0.28
température (f)
–, d' étirage 6.0.10
–, de filage 7.1.19
–, de laminage 5.0.41
–, de sortie du produit filé 7.1.65
–, de sortie du produit filé 7.1.9
–, de la billette 7.1.29
–, du conteneur 7.1.11
texture (f) 5.2.7
–, d' étirage 6.0.19
–, de laminage 5.2.8
thermocouple (m) de filière 6.9.5
tige (f) de l'aiguille 7.3.8
tireur (m) 6.1.87
tiroir (m) porte-outillage 7.3.50
tissu (m) métallique 6.6.37
tolérance (f) de laminage 5.6.200
torsion (f) 5.1.23
tour (m)
–, à cylindres 5.3.25
–, de doubleuse 5.4.194
tourillon (m) 5.3.41
tracteur (m) de filage 7.1.10
traction (f)
–, dans la bande 5.1.35
–, de bobinage 5.1.84
–, longitudinale 5.1.42
tractions (f, pl) au laminage 5.1.185
tracé (m) des cannelures 5.1.72
train (m) 5.4.248
–, à bandes 5.4.251
–, à barres plates 5.4.145
–, à billettes 5.4.118
–, à cages décalées 5.4.267
–, à chaud à larges bandes 5.4.249
–, à demi-produits 5.4.75
–, à fers marchands 5.4.48
–, à fil 5.4.63
–, à fils 5.4.38
–, à froid pour tôles de fines épaisseurs 5.4.127
–, à larges bandes 5.4.37
–, à mandrin de type suédois 5.4.154
–, à petits profilés 5.4.172
–, à produits lourds (gros trains) 5.4.69
–, à profilés 5.4.140
–, à profilés 5.4.88
–, à rails 5.4.168
–, à tôles minces 5.4.41
–, échelonné 5.4.97
–, (de laminage) continu 5.4.124
–, continu à froid pour (larges) bandes 5.4.114
–, de (laminage) totalement continu 5.4.208
–, de laminage 5.4.250
–, de laminage à chaud 5.4.225
–, de laminage à froid 5.4.131
–, de rouleaux 5.4.167
–, dégrossisseur 5.4.206
–, finisseur 5.4.39
–, Garrett 5.4.92
–, intermédiaire 5.4.276
–, moyen à profilés 5.4.103
–, moyen à profilés 5.4.111
–, planétaire à cylindres croisés 5.4.173
–, pour laminage de profilés spéciaux 5.4.144
–, réducteur 5.4.141
–, réversible 5.4.240
–, Roeckner 5.4.155
–, semi-continu 5.4.78
–, totalement continu 5.4.124
traitement (m)
–, à l'acide oxalique 6.1.44
–, d'homogénéisation 7.5.4
–, thermomécanique (TTM) 5.1.148
–, par acide oxalique 6.1.51
transmission (f) individuelle (dans les trains continus) 5.4.55
transporteur (m) de billettes 7.4.46
travail (m)
–, de cisaillement 7.0.17
–, de formage 7.0.14
–, de frottement 7.0.12
–, de refoulement 7.1.2
–, idéal de déformation 7.0.1
–, redondant 7.0.16
–, total 7.0.7
traverse (f) 5.6.139, 7.4.21
–, du vérin principal 7.4.59
–, mobile 7.4.18
–, porte-conteneur 7.4.40
traîneau (m) d'étirage 6.4.51

trempe (f) sur presse 7.6.24
tresse (f) de fil 6.6.20
triangles (m, pl) 5.6.20
trio (m) Lauth 5.4.105
tronçonneuse (f) 6.4.18, 5.4.228
trou (m)
–, de la filière 7.3.47
–, pilote 7.1.40
tréfilage (m) 6.1.57
–, des gros fils 6.1.29
–, multiple 6.1.28
tréfileuse (f) 6.4.4
–, à accumulation (avec torsion) 6.4.37
–, multipasse 6.4.27
–, multipasse à étages 6.4.38
–, tandem 6.4.32
tréfilé au gras 6.6.21, 6.6.91
tubage (f) 7.6.23
tube (m) 5.6.171, 6.6.83, 7.4.20
–, à nervures 5.6.141
–, à pas de pélerin 5.6.154
–, acier de précision 6.6.52
–, capillaire en acier 6.6.27
–, d'arrosage 5.4.148
–, fendu 5.6.122
–, filé 7.3.28
–, plaqué 6.6.55
–, pour seringue 6.6.50
–, profilé 5.6.130
–, profilé 6.6.94
–, quadrangulaire 6.6.57
–, sans soudure 5.6.184
–, soudé 5.6.183
–, soudé 5.6.77
–, zingué 6.6.56
tuberie (f) 5.4.163
tubes (m, pl) carrés ou rectangulaires 5.6.216
type (m)
–, à cadre 7.4.39
–, à colonnes 7.4.25
–, d'écoulement 7.0.3
–, de presse 7.4.36
tête (f)
–, d'enfant 5.6.117
–, de l'aiguille 7.3.9
–, de mise en boucles 5.4.195
–, de tréfilage double 6.4.9
tôle (f) 5.6.17
–, à bossages 5.6.32
–, à boutons 5.6.222
–, à chaud 5.6.207
–, à larmes 5.6.199
–, à motif 5.6.92
–, à relief 5.6.29
–, à relief 5.6.92
–, étamée en acier doux 5.6.227
–, (bande) très fine 5.6.58
–, (bande) électrique 5.6.33
–, bi-couche 5.6.231
–, bleue 5.6.26
–, d'acier dur 5.6.74
–, de dallage 5.6.44
–, en bande 5.6.37
–, en feuille 5.6.21
–, et bande à revêtement organique 5.6.38, 5.6.88
–, forte 5.6.86
–, gaufrée 5.6.217
–, gravée 5.6.81
–, mince (fine) 5.6.48
–, mince décarburée 5.6.43
–, moyenne 5.6.115
–, nervurée 5.6.80
–, noire 5.6.135
–, ondulée 5.6.228
–, perforée 5.6.100
–, pour carrosserie 5.6.99
–, pour chaudières 5.6.71
–, pour emballage, (bande (f) pour emballage) 5.6.214
–, pour emboutissage 5.6.234
–, pour générateur 5.6.83
–, pour pliage 5.6.47
–, pour toiture et bardage 5.6.12
–, quarto 5.6.151
–, striée 5.6.149
–, W 5.6.225
tôles (f, pl)
–, à motifs 5.6.129
–, ou bandes plaquées 5.6.144
–, ou bandes étamées 5.6.201
–, pour applications haute fréquence 5.6.62
–, pour transformateurs 5.6.195
–, profilées 5.6.132
2rainurées 5.6.145

U

usure (f) de cylindre 5.3.33

V

veine (f) 5.6.41
–, de laminage 5.6.218
vermiculures (f, pl) 5.2.5
vis (f) 5.4.33
–, vis (f) de serrage 5.4.19, 5.4.51
vitesse (f)
–, critique de refroidissement 7.0.8

–, d' étirage 6.0.24
–, de chauffage 7.5.1
–, de déformation 7.0.23
–, de filage 7.1.25
–, de laminage 5.0.46
–, de refroidissement 7.5.3
–, de sortie 7.1.8
–, de sortie de la barre (produit) 7.1.64
–, du fouloir (poinçon) 7.1.66
–, limite 7.1.35
vérin (m)
–, de perçage 7.4.2
–, principal 7.4.14

Z

zingage (m) de fils d'acier 6.1.93
zone
–, à gros grains 7.6.10
–, corticale de la billette 7.1.27
–, de cisaillement 7.0.20
–, de contact 5.0.25
–, de déformation (filage) 7.0.21
–, de glissement arrière 5.1.92
–, de glissement en avant 5.1.161
–, en demi-lune 7.6.16
–, morte 7.0.15
–, perçante 5.3.12

Schrifttum

Bibliography

Bibliographie

Teil 5 Walzen Part 5 Rolling Partie 5 Laminage

[1] Neumann, H.: ABC Umformtechnik Metall
VEB Deutscher Verlag für Grundstoffindustrie, Leipzig 1984
[2] Walczok, K.: Lexikon der Begriffe in der Eisen- und Stahlindustrie mit Definitionen und Erklärungen
Beratungsstelle für Stahlanwendung/Verein Deutscher Eisenhüttenleute, Düsseldorf 1974
[3] Stahl-Lexikon
BDS Fachbuchreihe, Band 1
Beratungs- und Vertriebsgesellschaft des BDS, Düsseldorf 1991
[10] DIN EN 10 079
Begriffsbestimmungen für Erzeugnisse aus Stahl (Schlußentwurf, kurz vor Inkrafttreten 1992)
[24] DIN 24500
Walzwerke für Stahl, Übersicht über Begriffe, Januar 1973

Teil 6 Durchziehen Part 6 Drawing Partie 6 Etirage et Tréfilage

[1] Neumann, H.: ABC Umformtechnik Metall
VEB Deutscher Verlag für Grundstoffindustrie, Leipzig 1984
[2] Walczok, K.: Lexikon der Begriffe in der Eisen- und Stahlindustrie mit Definitionen und Erklärungen
Beratungsstelle für Stahlanwendung/Verein Deutscher Eisenhüttenleute, Düsseldorf 1974
[3] Stahl-Lexikon
BDS Fachbuchreihe, Band 1
Beratungs- und Vertriebsgesellschaft des BDS, Düsseldorf 1991
[6] Ziehfehlerkatalog
Fehlererscheinungen an gezogenen Drähten, Rohren, Stäben
Verlag DGM-Informationsgesellschaft mbH, Oberursel 1985
[7] Draht
BDS Fachbuchreihe, Band 10
Beratungs- und Vertriebsgesellschaft des BDS, Düsseldorf 1972
[8] Mang, T.: Die Schmierung in der Metallbearbeitung
Vogel-Buchverlag, Würzburg 1983
[10] DIN EN 10 079
Begriffsbestimmungen für Erzeugnisse aus Stahl (Schlußentwurf, kurz vor Inkrafttreten 1992)
[20] Bühler, H.: Sammlung und Auswertung des Schrifttums über das Rohrziehen
Institut für Werkzeugmaschinen und Umformtechnik, TU Hannover 1968
[24] DIN 24 500
Walzwerke für Stahl, Übersicht über Begriffe, Januar 1973
[26] VDEh (Hrsg.): Herstellung von Stahldraht (Teil 1 und Teil 2)
Verlag Stahleisen mbH, Düsseldorf 1969
[32] Gräfen, H. (Hrsg.): VDI Lexikon Werkstofftechnik
VDI Verlag, Düsseldorf 1991
[40] Lange, K. (Hrsg.): Umformtechnik,
Handbuch für Industrie und Wissenschaft, Band 2: Massivumformung
Springer-Verlag, Berlin, Heidelberg 1999

Teil 7 Strangpressen Part 7 Extrusion Partie 7 Filage

[41] Laue, K.; Stenger, H.: Strangpressen
Aluminium-Verlag GmbH Düsseldorf

[42] Lange, K. (Hrsg.): Umformtechnik, Handbuch für Industrie und Wissenschaft, Band 2 Massivumformung
Springer-Verlag Berlin Heidelberg 1999
[43] Aluminium-Zentrale Düsseldorf: Aluminium-Taschenbuch
Aluminium-Verlag GmbH Düsseldorf
[44] Spur, G.; Stöferle, Th.: Handbuch der Fertigungstechnik, Band 2/2 Umformtechnik
Carl Hanser Verlag München, Wien
[45] Schloemann-Siemag-Hasenclever: Strang- und Rohrpreßanlagen
Informationsbroschüre Nr.: 6000/1/77, Laupenmühlen Druck KG, Bochum

Druck: Mercedes-Druck, Berlin
Verarbeitung: Buchbinderei Lüderitz & Bauer, Berlin